本书精彩实例欣赏

展示历史 品味辉煌
故宫
5
珍宝
辉煌大典
展示时间：5月1日-5月30日 展示地点：故宫博物院

滴滴香甜

新春
宴
会
Banquet
敬请赴宴

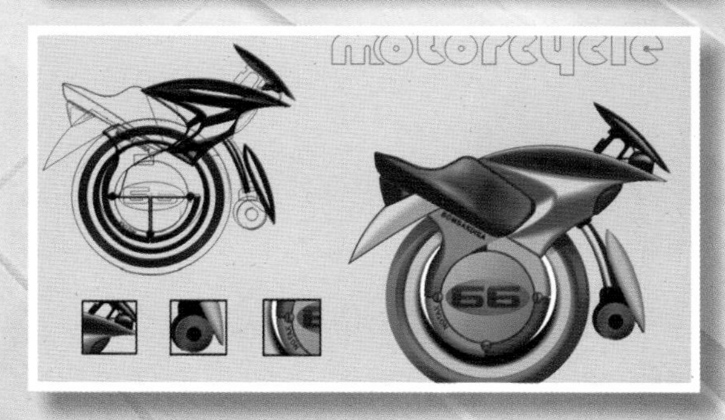
motorcycle
66

母亲节快乐

本书精彩实例欣赏

1．软件运行说明

将本光盘放入光驱后，会自动运行本教学软件，稍等片刻会出现本教学软件的主界面。如果软件没有自动运行，请打开“我的电脑”→“光盘”，用鼠标双击其中的“XYF.exe”执行文件即可。运行环境要求：

CPU	Pentium Ⅱ 300MHz 及以上
内　存	64MB 及以上
光　驱	8 倍速及以上
声　卡	16 位及以上声卡（完全兼容 Sound Blaster 16）
鼠　标	Microsoft 兼容鼠标

操作系统	中文版 Windows 98、Windows Me、Windows 2000、Windows XP，以及 Windows Server 2003
颜　色	16 位颜色及以上
屏幕分辨率	1024 × 768 像素及以上

2．主界面操作说明

光盘运行主界面如下图所示。

① 主菜单	单击主菜单按钮会出现子菜单项，再单击子菜单项就可以进入播放界面，开始所单击的子菜单对应的教学内容的讲解和学习
② 飞思数码	单击此处，如果当前电脑在接入因特网的状态下，将在浏览器中打开北京易飞思信息技术有限公司的主页
③ 电子工业出版社	单击此处，如果当前电脑在接入因特网的状态下，将在浏览器中打开电子工业出版社的主页
④ 帮助	单击可打开本软件的操作说明
⑤ 退出	单击可退出本软件

3．播放界面操作说明

单击主界面上的主菜单后，再单击出现的子菜单项，就会进入本教学软件的播放界面，如下图所示。

（1）播放界面操作说明

如下图所示是播放界面的控制条区域，该区域提供了各种交互功能。

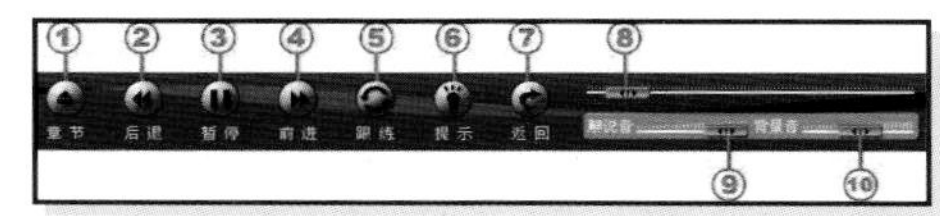

① 章节	单击该按钮将弹出一个菜单，用鼠标选择不同章节，单击后即可进入相应学习内容。如果该按钮是灰色的，则说明这部分内容没有章节可以选择
② 后退 / ④前进	单击可后退 / 前进至上一步 / 下一步讲解内容
③ 暂停 / 播放	单击该按钮可以在“暂停播放”和“播放”之间切换
⑤ 跟练	单击该按钮使播放界面缩小为一个窗口，并可在屏幕上随意拖动。此时，你可打开已安装的应用程序，然后跟随讲解的内容进行练习
⑥ 提示	单击该按钮使播放界面缩小为一个更小的文本提示窗口，并可以在屏幕上随意拖动，其中的文本显示的是当前播放章节的文字步骤提示。此时，你可以打开已安装的应用程序，然后跟随讲解的内容进行练习
⑦ 返回	单击该按钮可返回到主界面
⑧ 学习进度指示	进度条中的滑块表示当前讲解小节的播放进度情况，可用鼠标拖动该滑块重新定位播放位置
⑨ 解说音 ⑩ 背景音	拖动滑块可以调节讲解声音 / 背景音乐的音量。注意：如果你已经通过该滑块把音量调整到最大，但感觉声音还是比较小，则可以通过单击桌面右下角任务栏上的小喇叭来调整音量
其他说明	当①～⑥的某个按钮为灰色时，表示该按钮此时为无效状态，单击时不会有任何反应

（2）章节菜单与播放流程说明

下图为在播放界面中单击“章节”按钮后，弹出菜单的情形。

下图“章节”菜单中带蓝色框的为当前正在播放的小节，鼠标移动到弹出的“章节”菜单上来单击某个小节标题，就会开始播放该小节对应教学内容的讲解演示。“卡通指示”是专门在讲解演示过程中用来指示操作点的。

整套软件的自动播放流程为：当软件播放完一个小节的讲解演示后，会自动开始播放下一小节的讲解演示，当播放完当前章最后一个小节时，会出现一个提示窗口，提示8秒钟后会自动开始播放下一部分的讲解演示，若想返回，可以通过单击控制条上的“返回”按钮返回主界面。

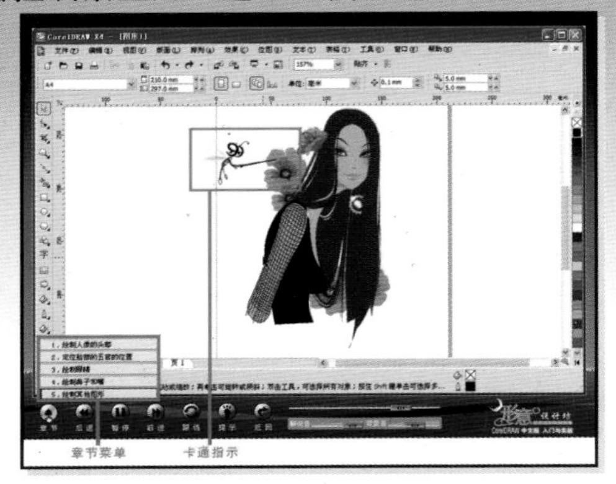

4. 跟练界面操作说明

下图为在播放界面中单击“跟练”按钮后，弹出的跟练窗口。

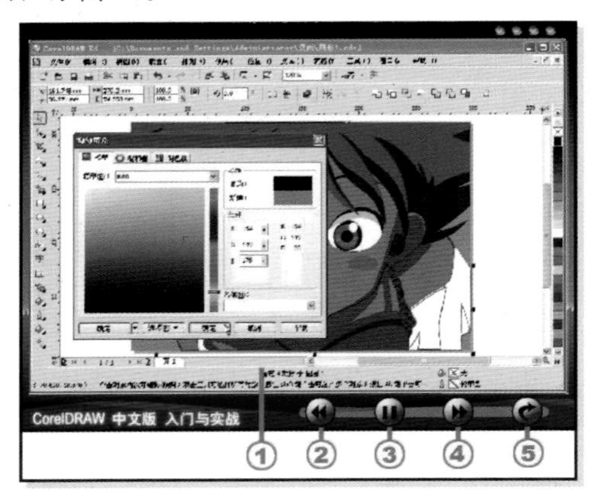

① 演示区域	该区域的演示和原播放界面中演示内容相同，只是窗口尺寸缩小了
② 后退	单击该按钮可后退至上一步讲解内容
③ 暂停	单击该按钮可以暂停播放，同时该按钮将变为“播放”按钮，再单击“播放”按钮可以继续播放
④ 前进	单击该按钮可前进至下一步讲解内容
⑤ 返回	单击该按钮后可返回到播放界面

5. 提示界面操作说明

下图为在播放界面中单击“提示”按钮后，弹出的提示窗口。

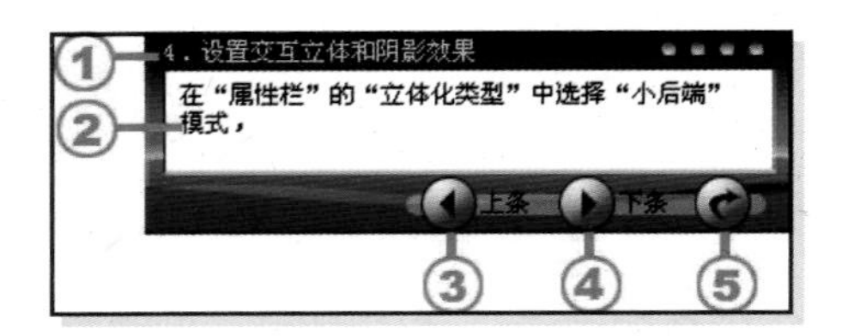

① 小节标题	当前提示文本对应的小节标题
② 提示文本	讲解操作步骤提示
③ 上条	单击该按钮查看上一条提示文本
④ 下条	单击该按钮查看下一条提示文本
⑤ 返回	单击该按钮后可返回到播放界面

6. 光盘内容导航

（1）简单图形的绘制

应用最简单的图形组合来绘制出一个构成。通过学习能让读者掌握绘制矩形、圆形等简单图形，以及输入文本的方法，还能掌握图形造型的知识和应用。

（2）特色Logo设计

绘制一个具有特色的Logo图形，通过学习能让读者掌握基本图形的绘制和编辑方法、添加和设置辅助线的方法，以及修剪、封套和分割图形的方法和技巧。

（3）用曲线工具绘制卡通

绘制一个卡通得轮廓图形，在绘制过程中应用了变化无限的“贝济埃工具”和“形状工具”，通过学习能让读者认识曲线工具的强大功能，用这种方法来绘制卡通，非常便捷，产生的边缘线条变化生动，并不是用没有变化的轮廓线封闭而成的。

（4）为卡通上色

为绘制好的卡通轮廓图形填充颜色，通过学习能让读者掌握设置背景色、均匀填充、渐变填充、图样填充的方法，以及设置轮廓线的方法和技巧，从中体会填充工具的神奇之处。

（5）制作立体字

制作一个“母亲节快乐”的Logo图形，通过学习能让读者掌握文本的输入和设置、将文本转化曲线、绘制曲线等知识，以及利用“交互式立体化工具”制作立体字的方法和技巧。

（6）制作公司邀请卡

制作一幅公司邀请卡的效果，通过学习可让读者掌握“交互式轮廓图工具”、“交互式调和工具”、“交互式变形”工具、“交互式立体化工具”、“交互式封套工具”的应用方法，以及垂直排列文本的设置、填充和轮廓的设置等技巧。

（7）商业插画的绘制

通过制作一幅完整的商业插画，综合应用以上所学的各种知识和技巧。

朱长利　彭宗勤　　　主编
飞思数码产品研发中心　监制

形意设计坊 DESIGNER

CorelDRAW 中文版 入门与实战

電子工業出版社
Publishing House of Electronics Industry
北京·BEIJING

内容简介

CorelDRAW 是 Corel 公司推出的一款功能强大的软件，它集绘图、平面设计、网页制作、文字编排功能于一体，深受平面设计人员和图像爱好者的青睐。

本书深入浅出地介绍了最新 CorelDRAW X4 中文版的强大功能，以及它在标志设计、卡通绘制、平面设计、造型设计和插画绘制等方面应用的方法与技巧。全书共 14 章，内容包括：CorelDRAW 中文版快速入门、图形绘制和编辑工具应用实战、艺术笔的使用与实战、图形对象的填充与实战、文本的编辑与实战、对象操作与实战、交互式工具的使用与实战、位图的编辑与实战、文件的打印与输出、商业人物插画的绘制、概念产品造型设计、游戏角色——剑侠的绘制、招贴画的设置与绘制、草莓奶汁广告插画的绘制。

本书所附的教学光盘设计独具匠心，是专业的多媒体教学软件，具有长达数个小时共 36 个全真操作演示，结合全程标准语音讲解、全程交互、全程边学边练。内容包括 CorelDRAW 的基础知识和各种典型案例的详细讲解，读者能亲眼目睹设计和制作人员创作各种效果的全过程。光盘中还提供了书中实例的源文件及所需的素材文件。

本书适用于想快速学会 CorelDRAW 中文版的初级用户、广大绘画制作的爱好者、准备或已经从事平面和广告设计的制作人员，还可作为高等院校相关专业和社会相关培训班的教材。

图书在版编目（CIP）数据

CorelDRAW 中文版入门与实战 / 朱长利，彭宗勤主编.—北京：电子工业出版社，2009.2
（形意设计坊）
ISBN 978-7-121-07424-0

I. C… Ⅱ.①朱…②彭… Ⅲ.图形软件，CorelDRAW Ⅳ.TP391.41

中国版本图书馆 CIP 数据核字（2008）第 147026 号

责任编辑：王树伟　侯琦婧
印　　刷：北京天宇星印刷厂
装　　订：涿州市桃园装订有限公司
出版发行：电子工业出版社
　　　　　北京市海淀区万寿路 173 信箱　邮编：100036
开　　本：787×1092　1/16　印张：19　字数：486.4 千字　彩插：2
印　　次：2009 年 2 月第 1 次印刷
印　　数：4 000 册　　定价：45.00 元（含光盘 1 张）

凡所购买电子工业出版社图书有缺损问题，请向购买书店调换。若书店售缺，请与本社发行部联系，联系及邮购电话：（010）88254888。

质量投诉请发邮件至 zlts@phei.com.cn，盗版侵权举报请发邮件至 dbqq@phei.com.cn。

服务热线：（010）88258888。

前言

关于“形意设计坊”系列

源自：

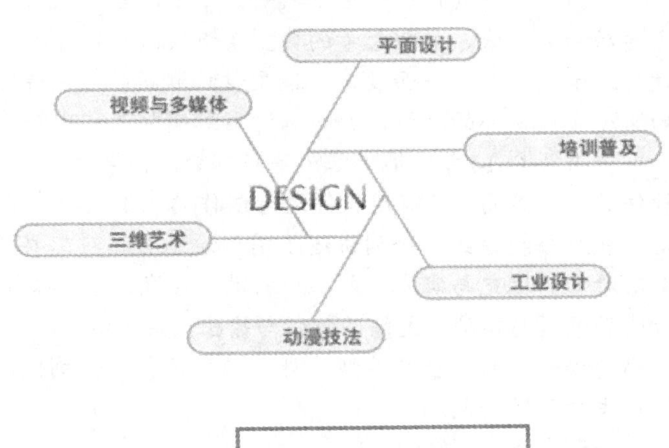

“形意设计坊”系列源自电子工业出版社计算机研发部沉淀已久的力量。“飞思数码”是我们长期以来精心培育的计算机数码设计类品牌。这个品牌是由多个专题系列组成的横向大系列，品牌架构纵横交错，囊括了所有的电脑设计技术和所有的设计技术层面。本次推出的“形意设计坊”系列以更专业的眼光关注于图形图像软件的技术传播。

“形”与“意”：

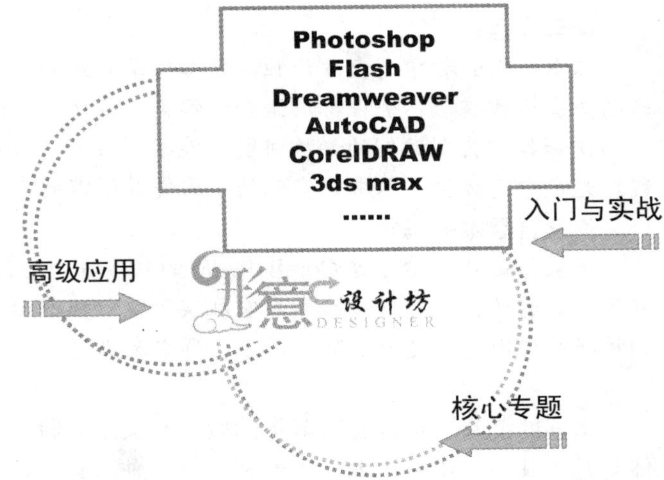

我们认为，对于此类图形图像设计，既要体现“形”，也要表达“意”。“形”就是软件技术，“意”则是创作的思维、意识、艺术美感，设计应该是“形”和“意”的完美结合，而本系列图书除了要很好地将读者“领进门”，也要使读者能融合“形”和“意”进行独立的设计和创意。

系列架构：

“形意设计坊”深入剖析当今各类设计软件的应用特质，结合国人的学习方式和学习特点，全面整合主流设计软件的各领域、各层次的应用。“形意设计坊”从全局上分为3个层次：入门与实战、高级应用和核心专题，尽心打造一套适合绝大多数设计软件学习者的“图书＋多媒体”的优秀产品，为你提供全角度的横向、纵向选择。形意设计坊，必有一款适合你！

与众不同：

- ✓ 图书：“形意设计坊”系列以当今最流行的图形图像软件的功能为主线，配合大量的典型案例实战，循序渐进地讲解了应用核心知识，使你以最快的速度掌握软件的功能，并熟练运用到实际工作中，达到“学以致用”的效果。
- ✓ 多媒体软件：配套光盘是真正的专业级多媒体教学光盘，长达若干个小时的全真操作演示、全程标准语音讲解、全程交互、全程边学边练。演示讲解、跟练、步骤操作提示等功能，用全程交互的方式提供最轻松的学习方式、最充实的多媒体学习内容，讲解生动直观，同时在全真操作演示的过程中配有丰富的卡通指示，让你在短短几小时内就可以掌握一种软件的关键应用本领。

关于本书

本书讲了什么：

作为"形意设计坊"丛书之一，本书以当前最流行的图形处理软件 CorelDRAW X4 的主要功能为主线，配合大量的典型案例实战，循序渐进地讲解了用 CorelDRAW 进行标志设计、卡通绘制、平面设计、造型设计和插画绘制等方面应用的方法与技巧，使你以最快的速度掌握软件的功级，并熟练运用到实际工作中，达到"学以致用"的效果。

全书共分 14 章，第 1 章为基础部分，初学者可以从中掌握图形图像的基本概念、熟悉软件的操作界面、了解用软件进行创作的基本过程；第 2～9 章为功能应用部分，以功能与实例相结合的方式，分别讲述了图形绘制和编辑工具的应用实战、艺术笔的使用与实战、图形对象的填充与实战、文本的编辑与实战、对象操作与实战、交互式工具的使用与实战、位图的编辑与实战、文件的打印与输出，第 10～14 章是大型综合案例实战，包括商业人物插画的绘制、概念产品造型设计、游戏角色——剑侠的绘制、招贴的设置与绘制、草莓奶汁广告插画的绘制。

配套光盘：

本书所附的教学光盘设计独具匠心，是真正的专业级多媒体教学软件，长达 3 个多小时的全真操作演示、全程标准语音讲解、全程交互、全程边学边练。包括 CorelDRAW 基础知识和各种典型案例的详尽讲解，能亲眼目睹节目设计和制作人员创作各种效果的全过程。光盘中还提供了本书中实例的源文件及所需的素材文件。

你适合看本书吗？

如果你是从未学习过 CorelDRAW 的初学者，想快速地掌握它；如果你对 CorelDRAW 有了一定的认识，想进一步学习它在实际设计中的应用；如果你想掌握各种领域的插画绘制技巧并使用它们进行实际应用……那么本书将成为你的良师益友。

本书的编写人员都有着多年的教学和实践经验，在编写过程中力求将这些经验和实践体会融入其中。本书主编为朱长利、彭宗勤，其中彭宗勤负责教材提纲设计、稿件主审，副主编为宋锦萍和田岗，其中宋锦萍和田岗负责稿件初审、视频教程开发等工作。在编写过程中，我们力求精益求精，但难免存在一些错误和不足之处，敬请广大读者批评指正。

编 著 者

联系方式

咨询电话：（010）88254160　88254161-67

电子邮件：support@fecit.com.cn

服务网址：http://www.fecit.com.cn　　http://www.fecit.net

通用网址：计算机图书、飞思、飞思教育、飞思科技、FECIT

目 录

01 CorelDRAW 中文版快速入门

CorelDRAW 是由 Corel 公司开发的图形设计软件，在绘制矢量图形方面有其他软件不可比拟的许多优点。随着版本的不断更新，其功能也在不断完善。

本章详细介绍了图形图像的基本知识和 CorelDRAW 中文版软件界面的组成，最后还安排了一个卡通制作的入门训练。通过学习，读者能掌握该软件界面中各元素的功能，能基本了解用 CorelDRAW X4 进行设计工作的过程。

学习提要

- 图形图像的相关知识
- 走进 CorelDRAW
- 绘制一张卡通图

1.1 图形图像的相关知识

计算机在处理图形图像时采用矢量和位图两种类型，在这两种类型中可以使用多种颜色模式，因此在设计图形图像时选择矢量图还是位图，以及使用哪种色彩模式，都是用户需要考虑的。下面将对矢量图、位图和色彩模式和其他基本概念进行介绍。

1.1.1 位图与矢量图

计算机图像分为两种，一种是位图图像，另一种是矢量图形。位图图像又称为点阵图，是由许多点组成的，这些点被称为像素。许许多多不同色彩的像素组合在一起便构成了一幅图像。由于位图采取了点阵的方式，每个像素都能够记录图像的色彩信息，因而可以精确地表现色彩丰富的图像。图像的色彩越丰富，图像的像素就越多（即分辨率越高），文件也就越大。因此，在处理位图图像时，对计算机硬盘和内存的要求也较高。由于位图本身的特点，图像在缩放和旋转变形时会产生失真的现象，如图 1-1 所示。

矢量图形是相对位图图像而言的，它是以数学的矢量方式来记录图像内容的。矢量图形中的图形元素称为对象，每个对象都是独立的，具有各自的属性（例如颜色、形状、轮廓、大小和位置等）。矢量图形在缩放时不会产生失真的现象，并且文件的容量较小，如图 1-2 所示。但它的缺点是不易制作出色调丰富的图像，而且不能像位图那样精确地描绘出各种绚丽的效果。

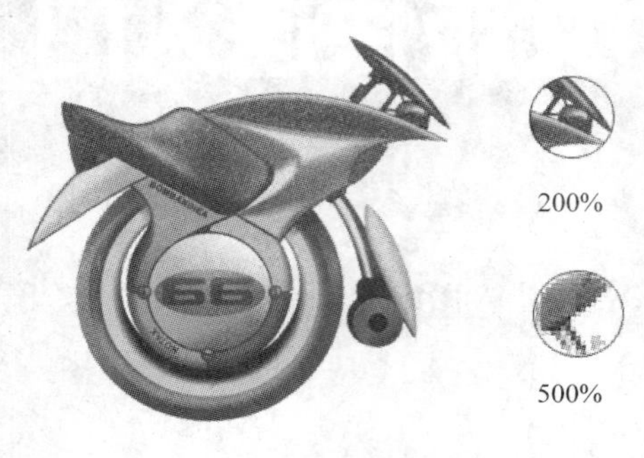

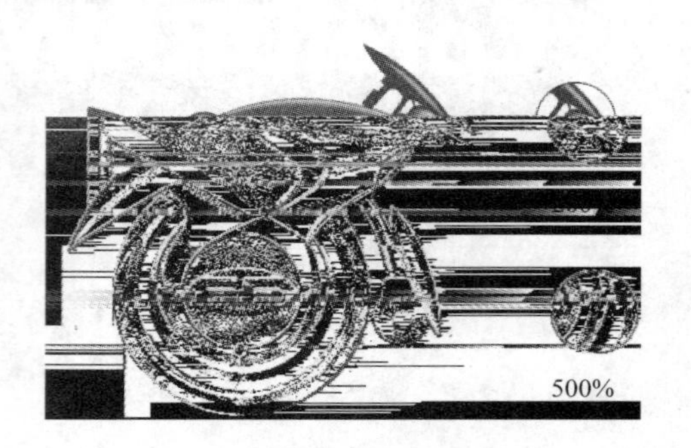

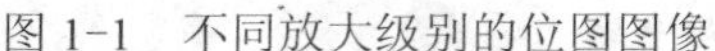

图 1-1　不同放大级别的位图图像　　图 1-2　不同放大级别的矢量图形

这两种类型的图像各具特色，也各有优缺点，并且两者之间具有良好的互补性，因此在图像处理和绘制图形的过程中，将这两种图像交互使用、取长补短，才能使创作出来的作品完美。

1.1.2 常见的色彩模式

◆ **CMYK 模式**：只要是在印刷品上看到的图像，都为 CMYK 模式，例如期刊、杂志、报纸、宣传画等。与 RGB 类似，CMY 是 3 种印刷油墨名称的首字母，分别为 Cyan（青色）、Magenta（洋红色）和 Yellow（黄色）。而 K 是 Black 的最后一个字母，之所以不取首字母，是为了避免与 Blue（蓝色）混淆。

◆ **RGB 模式**：基于自然界中 3 种基色光的混合原理，以 R（红）、G（绿）和 B（蓝）3 种颜色为基色，按照从 0（黑色）到 255（白色）的亮度值在每个色阶中分配，从而指定其色彩。当不同亮度的基色混合后，便会产生出 256×256×256 种颜色，约为 1 670 万种。例如，一种明亮的红色可能 R 值为 246，G 值为 20，B 值为 50。当 3 种基色的亮度值相等（不为 255 或 0）时，产生灰色；当 3 种基色的亮度值都是 255 时，产生纯白色；当所有亮度值都是 0 时，产生纯黑色。3 种色光混合生成的颜色一般比原来的颜色亮度值高，所以 RGB 模式产生颜色的方法又称为色光加色法。

◆ **HSB 模式**：HSB 色彩是将颜色分为色相、饱和度、明度 3 个因素，将人脑的“深浅”概念扩展为饱和度（S）和明度（B）。饱和度相当于家庭电视机的色彩浓度，饱和度高色彩较艳丽，饱和度低色彩就接近灰色。明度也被称为亮度，等同于彩色电视机的亮度，亮度高色彩明亮，亮度低色彩暗淡，亮度最高得到纯白色，最低得到纯黑色。

◆ **灰度模式**：所谓灰度，就是指纯白色与纯黑色，以及两者中的一系列从黑色到白色的过渡色。黑白照片、黑白电视，实际上都应该称为灰度色才正确。灰度色中不包含任何色相，即不存在红色和黄色这样的颜色。但灰度隶属于 RGB 色域（色域指色彩范围）。

◆ **Lab 模式**：Lab 的原型是由 CIE 协会在 1931 年制定的一个衡量颜色的标准，在 1976 年被重新定义并命名为 CIELab。此模式解决了由于不同的显示器和打印设备所造成的颜色的差异，也就是它不依赖设备。Lab 颜色是以一个亮度分量 L 及两个颜色分量 a 和 b 来表示颜色的。其中 L 的取值范围是 0~100，a 分量代表由绿色到红色的光谱变化，而 b 分量代表由蓝色到黄色的光谱变化，a 和 b 的取值范围均为–120~120。

1.1.3 基本概念

在学习 CorelDRAW 之前，我们先来明确几个概念。

◆ **对象**：所有在工作区内可编辑的元素都是对象。对象包括很多种类，例如曲线、美术字等，这些元素构成了作品。

◆ **曲线**：曲线是构成矢量图形的基本元素，由节点（Node）的位置、切线（可以认为 CorelDRAW 里面的曲线控制柄就是曲线的切线）的方向和长度控制。曲线也分为几类，其中最特殊的一种是直线，其他种类将在后面的章节中详细讲解。

提示：并非 CorelDRAW 里面所有的图形都是曲线。因为一些对象拥有特殊的属性。为了方便控制这些属性，CorelDRAW 提供了其他的操控方法，而非上述的节点与切线的方法。最明显的例子就是方形、圆形、多边形与文字，这些图形都可以通过【转换为曲线】命令使之成为曲线。需要注意的是这一过程是不可逆的。

◆ **属性**：对象的参数，例如宽高、大小、颜色等，特殊对象有特殊属性。例如文字对象有字体属性和字间距属性等。

◆ **填充**：只有闭合曲线才能进行填充，填充可以是单一颜色、渐变色和图案等。CorelDRAW X4 允许对象没有填充。

◆ **轮廓线**：轮廓线与对象不可分割，但 CorelDRAW X4 允许对象没有轮廓线，轮廓线有粗细、笔触、颜色等属性。

◆ **交互**：在 CorelDRAW X4 中，利用交互二字开头的工具，无须通过执行命令，只需通过鼠标操作就可以立即对当前被选对象的属性样式进行更改，这是 CorelDRAW X4 中一个非常受欢迎的功能。

1.2 走进 CorelDRAW X4

熟悉 CorelDRAW 的应用和工作界面，是熟练用 CorelDRAW 绘图的起点，下面分别讲解 CorelDRAW X4 的应用及工作界面上的若干重要元素。

1.2.1 CorelDRAW X4 的应用

CorelDRAW X4 是一个可以让你事半功倍的设计工具。使用它来制作和设计作品，不仅得心应手，还会在创作的过程中得到源源不断的启发。在实际工作中，它已经被广泛地应用于广告设计、封面设计、产品包装、漫画创作等多个领域，如图 1-3～图 1-5 所示。

图 1-3　摩托车造型设计

图 1-4　封面设计

在后面的章节中，将详细介绍这些效果图的设计和制作方法。

1.2.2 启动 CorelDRAW X4

运行 CorelDRAW X4，首先显示软件的各种信息，如图 1-6 所示。

图 1-5 绘制插画

图 1-6 CorelDRAW X4 信息

显示信息后屏幕将出现一个欢迎页面，如图 1-7 所示。

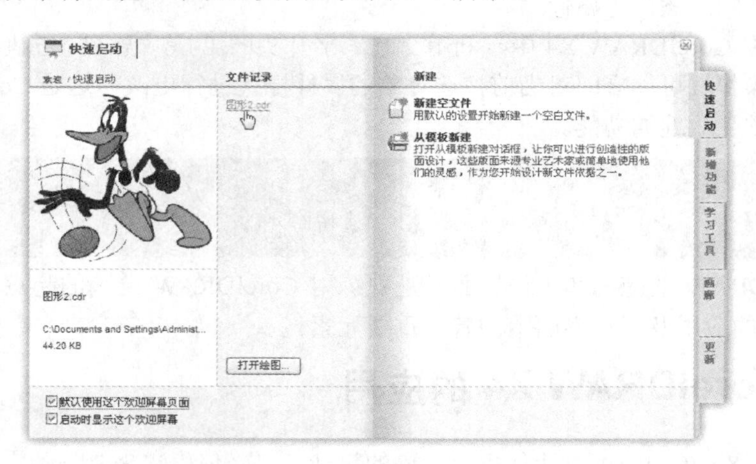

图 1-7 CorelDRAW X4 的欢迎页面

欢迎页面中包括 5 个选项卡，下面介绍它们的主要功能。

- 快速启动：在此选项卡中可以方便地新建或打开已经存在的图形文件。
- 新增功能：介绍 CorelDRAW X4 的一些新增功能。
- 学习工具：在选项卡中可以启动 Corel 教程，此教程可以引导我们进行一系列的练习，从而学习和掌握 CorelDRAW X4 的简单使用技巧。
- 画廊：展示使用 CorelDRAW X4 创作的各种新作品。
- 更新：介绍 CorelDRAW X4 最新的更新资讯。

下面介绍欢迎页面中提供的 4 个选项功能。

- ◆ 新建空文件：单击此选项可以开始创建一个新的图形。
- ◆ 从模板新建：单击此选项可以选择 CorelDRAW X4 自带的绘图模板，从而新建图形文件。
- ◆ 文件记录：此选项显示了最近编辑过的图形文件，将鼠标放置在文件名上时，在左侧可以预览图形和文件信息，单击文件名可打开相应的文件。
- ◆ 打开绘图：单击此按钮可以通过使用“打开”对话框，打开已经存在的图形文件。

如果经常会使用此选项卡中的内容，可选择“默认使用这个欢迎屏幕页面”复选框，在下次启动时，“欢迎屏幕页面”将显示此选项卡的内容。

如果不希望这个欢迎页面在每次运行 CorelDRAW X4 时都出现，那么可以取消勾选左下角的“启动时显示这个欢迎屏幕”复选框。

1.2.3 熟悉操作界面

（1）在欢迎页面中，单击“新建空文件”选项，会进入新建图形的绘图界面，CorelDRAW X4 所有的绘图工作都将在这里完成。

（2）在熟悉操作界面之前，先打开一个已经制作好的图形文件，执行【文件】→【打开】命令，弹出“打开绘图”对话框，选择“概念车设计”文件（文件路径：配套光盘\material\第 1 章\），单击【打开】按钮。可以看到，文件已经被打开了，在页面中可以看到一辆概念摩托车，执行【窗口】→【泊坞窗】命令，可打开相应的泊坞窗口。

如果在这里执行【对象管理器】命令，可以看到“对象管理器”泊坞窗已经被打开了，如图 1-8 所示。

图 1-8　CorelDRAW X4 的操作界面

下面来熟悉一下操作界面上的各种元素功能。

◆ 菜单栏

CorelDRAW X4 的主要功能都可以通过执行菜单栏中的命令来完成，执行菜单命令是最基本的操作方式。菜单栏包括【文件】、【编辑】、【视图】、【版面】、【排列】、【效果】、【位图】、【文本】、【表格】、【工具】、【窗口】和【帮助】12 个功能各异的菜单。

◆ 常用工具栏

在常用工具栏上放置了最常用的一些工具按钮，这些都是从菜单命令中挑选出来的，利用它们能更快捷地进行各种常用的操作。

◆ 属性栏

属性栏能提供在操作中选择对象和使用工具时的相关属性。通过对属性栏中的相关属性的设置，可以控制对象产生相应的变化。当没有选中任何对象时，系统默认的属性栏则会提供文档的一些版面布局信息。

◆ 工具箱

默认时，工具箱位于界面的左侧，工具箱中收藏了各种基本绘图工具，如果工具在它的右下角显示一个黑色小三角，则表示里面有被隐藏的其他工具。移动鼠标到它上面，按住鼠标左键片刻，会弹出其他工具，使用它们能使操作更加灵活、方便。下面列出了工具箱中所有的对象，如图 1-9 所示。

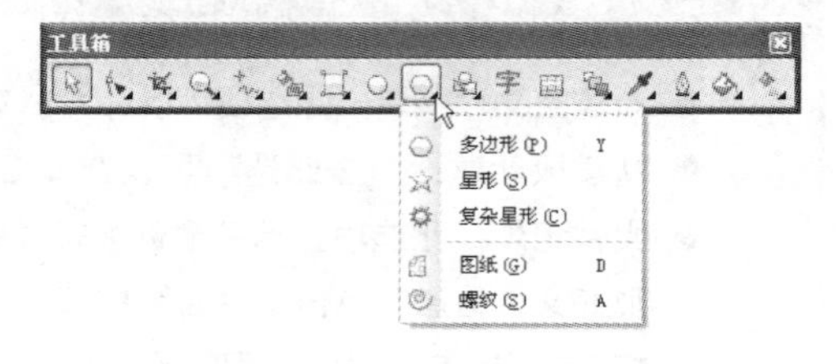

图 1-9 工具箱

◆ **状态栏**

状态栏中将显示当前工作状态的相关信息。例如，选中对象的简要属性、工具使用状态提示及鼠标坐标位置等信息，如图 1-10 所示。

图 1-10 状态栏

◆ **导航器**

导航器中间显示的是文件当前活动页面的页码和总页码，可以通过单击页面标签或箭头来选择需要的页面。导航器适用于进行多文档操作，如图 1-11 所示。

2/3 页 1 页 2 页 3

图 1-11 导航器

◆ **绘图页面**

绘图页面是用于绘制图形的区域。

◆ **工作区**

工作区（又称为“桌面”）是指绘图页面以外的区域。在绘图过程中，用户可以将绘图页面中的对象拖到工作区存放，类似于一个剪贴板，它可以存放不止一个图形，使用起来很方便。

◆ **调色板**

系统默认时调色板位于工作区的右边，利用调色板可以快速地选择轮廓色和填充色。

◆ **视图导航器**

通过单击工作区右下角的视图导航器图标，可启动该功能，可以在弹出的含有文档的迷你窗口中随意移动，以显示文档的不同区域。特别适合对象放大后的编辑，如图 1-12 所示。

图 1-12 视图导航器

◆ **泊坞窗**

CorelDRAW X4 中的泊坞窗类似于 Photoshop 中的浮动面板。CorelDRAW X4 中的泊坞窗包括属性、对象管理器、对象数据管理器、视图管理器等 24 个不同类型及功能的控制面板。

当打开多个控制面板时，窗口的右侧会出现相互之间进行切换的选项卡，单击名称即可切换到相应的面板中。

当不需要某一控制面板时，可单击该控制面板右上角的“关闭”按钮 ×，即可将该控制面板关闭。

注意：当多个控制面板处于层叠状态时，在当前控制面板的右上角有两个“关闭”按钮 ×，前一个是关闭当前控制面板，后一个是关闭所有层叠的控制面板。

完成了 CorelDRAW X4 界面的学习，就需要学习 CorelDRAW X4 文件的各种操作方法了。

1.3 文件的基本操作

在学习 CorelDRAW X4 文件的操作之前，应先掌握 CorelDRAW X4 的基本操作，例如文件的新建和打开、文件的保存和关闭等。这样可以为更好地学习 CorelDRAW X4 的其他命令与操作方法打下良好的基础。

1.3.1 创建文件

运行 CorelDRAW X4 后，用户需要创建新文件或打开已有的文件，才可以进行文件的编辑或修改等操作。CorelDRAW X4 中有多种创建和打开文件的方式，用户可以根据需要选择使用。

1. 通过“欢迎到 CorelDRAW X4”页面

在“欢迎到 CorelDRAW X4”页面的快速启动选项卡中，选择“新建空文件”选项，将会按默认设置创建一个空白的工作页面，即创建一个新文件。

在“欢迎到 CorelDRAW X4”页面中，取消“启动时显示这个欢迎屏幕”复选框，在下次运行 CorelDRAW X4 时不显示此页面。可以通过执行【版面】→【页面设置】命令，打开“选项”对话框。在该对话框左侧的导航栏中，展开“工作区”选项。在展开的选项中选择“常规”选项，这时对话框右侧会显示该选项的参数设置。在该参数设置区域的 CorelDRAW X4 启动列表中选择“欢迎屏幕”选项，如图 1-13 所示。设置完成后，单击【确定】按钮，即可在下次运行 CorelDRAW X4 时显示“欢迎到 CorelDRAW X4”页面。

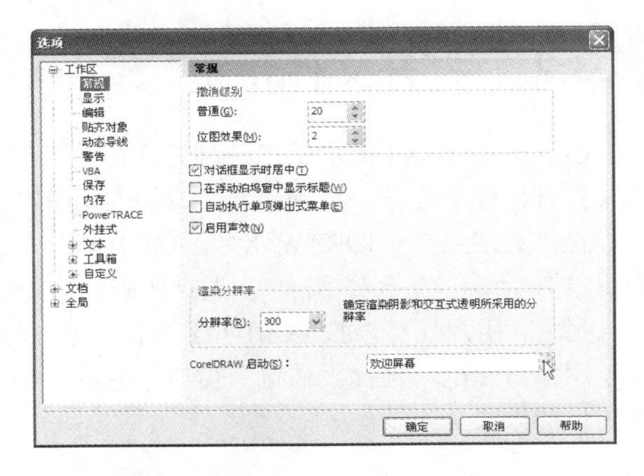

图 1-13 设置启动时打开“欢迎到 CorelDRAW X4”页面

2. 使用菜单命令

在 CorelDRAW X4 中，用户可以执行【文件】→【新建】命令，即可在工作界面中创建一个新文件。

3. 使用快捷和标准工具栏按钮

使用【Ctrl+N】组合键，用户可以创建新文件。在 CorelDRAW X4 中，用户单击标准工具栏中的“新建”按钮，也可以快速地在工作界面中创建新文件。

4. 使用模板

CorelDRAW X4 中还提供了根据模板创建文件的功能，该功能方便了用户创建不同类型文件的需求。用户可以通过两种方法使用模板。一种是在“欢迎到 CorelDRAW X4”页面中选择“从模板新建”选项，另一种是执行【文件】→【从模板创建】命令。无论采用哪种方法，都会打开“从模板新建”对话框，如图 1-14 所示。在该对话框中，用户可以自由地选择所需类型的模板。只需单击所需样式的名称，在“从模板新建”对话框下方的“增加\减小缩略图尺寸”滑块，来观看所选模板的效果。设置完成后，单击【打开】按钮，在操作界面中会创建出由所选模板建立的文件，如图 1-15 所示。

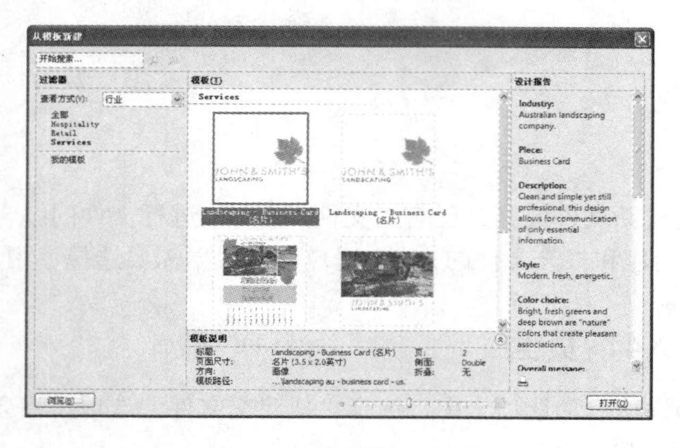

图 1-14　选择模板文件

图 1-15　打开模板文件

1.3.2 打开文件

CorelDRAW X4 提供了多种打开文件的方法。例如在“欢迎到 CorelDRAW X4”页面中单击【打开绘图】按钮，或通过菜单命令打开文件。

在“欢迎到 CorelDRAW X4”页面中单击【打开绘图】按钮，会打开“打开绘图”对话框，如图 1-16 所示。在该对话框中，选择所需要的文件，然后单击【打开】按钮，即可打开所选文件。

另外，用户还可以按【Ctrl+O】组合键或在标准工具栏中单击“打开”按钮，来打开“打开绘图”对话框，选择“预览”窗口下方的“预览”复选框，可以在“预览”窗口中观看到选择图形的效果。

1.3.3 保存与关闭文件

当用户创建或编辑已有的文件后，可以直接进行保存操作，也可以使用其他文件格式另行保存，还可以直接关闭文件不进行保存。

通常在设计制作时，用户需经常对文件进行保存操作。保存文件的操作包括设置文件的名称、文件格式等。

1. 保存文件

保存文件时，用户需执行【文件】→【保存】命令，即可保存当前的文件。当前文件如果是保存过的文件，则执行【保存】命令可直接保存当前改动结果至原文件中；当前文件如果是新建文件，则执行【保存】命令后会打开“保存绘图”对话框，如图 1-17 所示，再通过设置该对话框中的选项进行保存。用户除了通过执行【保存】命令进行保存文件外，还可以单击标准工具栏中的“保存”按钮或按【Ctrl+S】组合键保存文件。

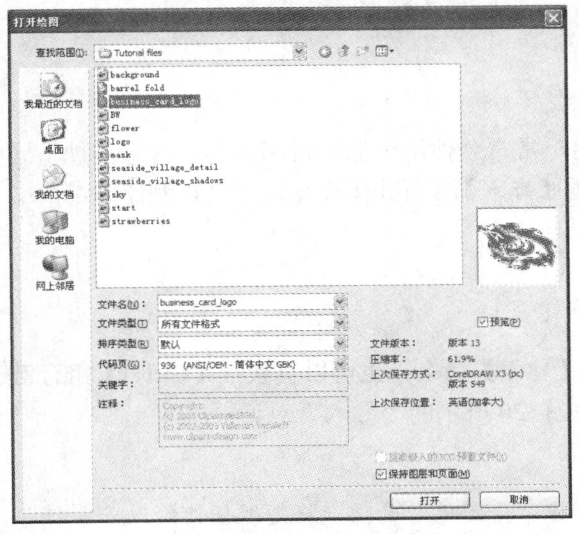

图 1-16 “打开绘图”对话框

图 1-17 “保存绘图”对话框

2. 另存文件

要将当前已有的文件保存在其他文件夹中，或更换当前文件名称、文件格式、CorelDRAW 保存的文件版本等文件属性，用户可以执行【文件】→【另存为】命令，打开“保存绘图”对话框，进行保存操作。在该对话框中，可以在“保存在”列表中选择文件的位置；在“文件名”文本框中设置文件的名称；在“保存类型”列表中选择需要的文件格式；在“版本”列表中选择需要保存的 CorelDRAW 版本。设置完成后，单击【保存】按钮即可。

要进一步设置保存文件的参数选项，用户可以单击“保存绘图”对话框中的【高级】按钮，打开图 1-18 所示的“选项”对话框，在该对话框中可以设置“文件优化”、“底纹”等参数选项。

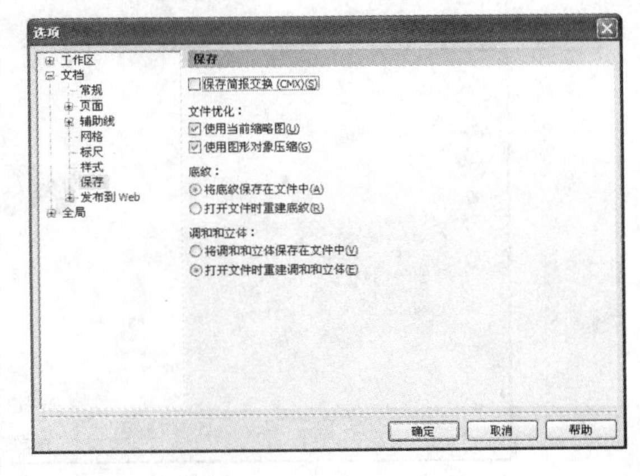

图 1-18 “选项”对话框

3. 关闭文件

想要关闭当前工作界面中的选择文件，执行【文件】→【关闭】命令即可。想要关闭工作界面中所有打开的文件，执行【文件】→【全部关闭】命令即可。

在关闭操作执行时，如果用户对新建文件或已有文件进行过编辑但未进行保存操作，会弹出一个系统提示信息对话框，如图 1-19 所示。该对话框用于设置是否保存该文件。如果单

图 1-19 系统提示信息对话框

击【是】按钮，则保存当前文件后关闭对话框；如果单击【否】按钮，则不保存当前文件直接关闭对话框；如果单击【取消】按钮，则取消关闭当前文件的操作。

1.3.4 导入与导出文件

在平面设计、图文混排版面制作过程中，用户常常会使用图像资料和图形素材等多种不同文件格式的文件。使用 CorelDRAW X4 中提供的【导入】、【导出】命令，可以将制作的当前文件快速地导出为多种文件格式。

1. 导入文件

（1）想要导入文件，可以执行【文件】→【导入】命令，也可以直接按【Ctrl+I】组合键或单击标准工具栏中的“导入”按钮，打开图 1-20 所示的“导入”对话框。

（2）选择需要导入的图像文件。

提示：在“文件类型”右侧的列表中选择“全图像”选项，将不做任何修改而直接导入图像至工作区中；选择“裁剪”选项再单击【导入】按钮，将会打开图 1-21 所示的“裁剪图像”对话框，可以通过拖动控制点或设置参数来调整需要的图像部分；选择“重新取样”选项再单击【导入】按钮，将会打开“重新取样图像”对话框，在该对话框中可以对所要导入的图像文件进行参数设置，如图 1-22 所示。

图 1-20 “导入”对话框

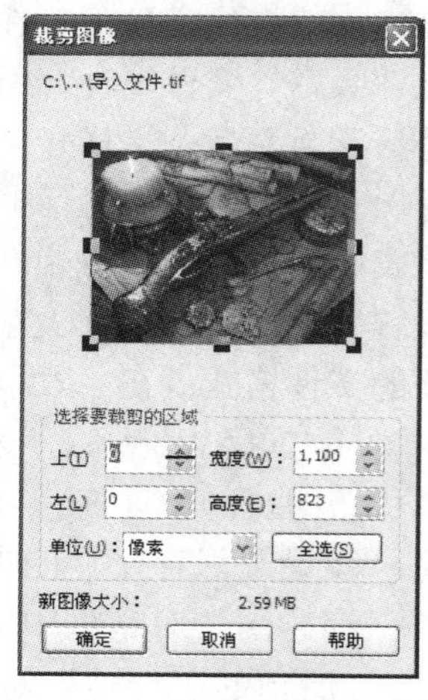

图 1-21 “裁剪图像”对话框

（3）设置完成后单击【确定】按钮，然后在当前文件工作区中，选择放置导入图像的位置并单击，如图 1-23 所示。这样就会放置导入的图像到需要的位置上，如图 1-24 所示。

2. 导出文件

想要导出当前文件，可以执行【文件】→【导出】命令，也可以直接按【Ctrl+E】组合键或单击标准工具栏中的“导出”按钮，打开图 1-25 所示的“导出”对话框。在该对话框中的“保存类型”列表中选择需要导出文件的文件格式；在“文件名”文本框中设置导出文件的名称。设置完成后，单击【导出】按钮即可。

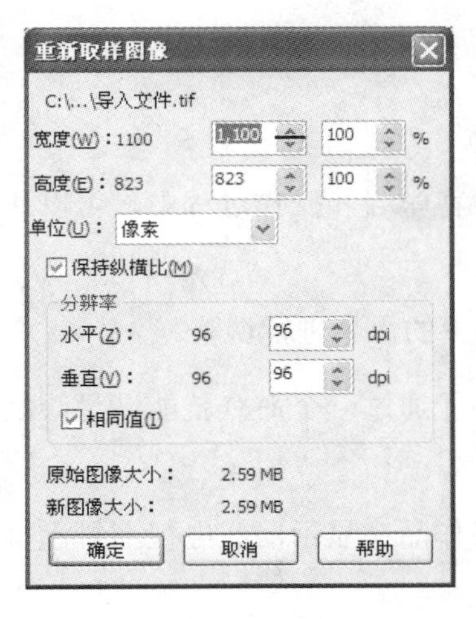

图 1-22 “重新取样图像”对话框

图 1-23 设置导入图像的位置

图 1-24 导入图像后的工作区效果

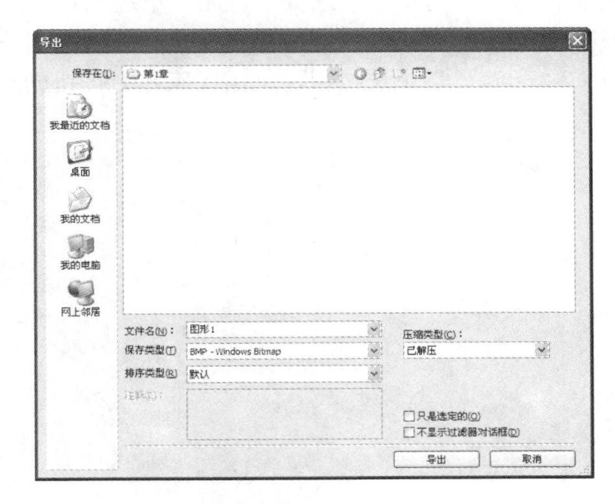

图 1-25 “导出”对话框

想要导出当前文件中选择的图形或图像，可以选择所需要的操作对象，打开“导出”对话框。在该对话框中，单击【选项】按钮展开对话框的选项区域，然后选择“只是选定的”复选框，设置完成后单击【导出】按钮即可。

至此，就完成了 CorelDRAW X4 的基本操作的学习。

经验与技巧分享

本章详细介绍了图形图像的基本知识、学习 CorelDRAW X4 时需要明确的一些基本概念及 CoreDRAW X4 操作界面上的各种元素功能，并利用 CorelDRAW X4 绘制了第一个作品，使读者能快速入门。

万事开头难，虽然 CorelDRAW X4 的功能很强大，看起来也很复杂，但通过本章的学习，你会发现它的使用其实也不难。

经验与技巧分享如下。

1．熟记各种工具的功能，有助于在实际操作中的应用。在学习和操作过程中，可以通过反复的实验来加深认识。

2．如果窗口中的界面产生了变化，可执行【窗口】菜单中的命令进行调整。

3．使用软件绘制矢量图时需要有一定的耐心。因为并不能通过一个命令就能满足绘制需求，这需要你有一定的心理准备。

4．在设计不同的作品时需要使用不同的颜色模式，如果作品在显示器或电视上显示可选择 RGB 模式。

5．如果在绘制图形前认为在造型上有难度，那么可以执行【版面】→【页面背景】命令，打开“选项”对话框，选择“位图”单选按钮，然后单击【浏览】按钮，导入位图。在这张位图的基础上绘制，绘制完成后再次执行【版面】→【页面背景】命令。打开“选项”对话框，选择“无背景”单选按钮，单击【确定】按钮删除背景。

02 图形绘制和编辑工具应用实战

CorelDRAW X4 是一款功能强大的图形处理软件，其操作界面非常友好，为我们创建各种图形对象提供了一整套工具，这些工具都有形象的按钮和图标，使用它们能快速地绘制出各种图形对象。本章就来详细介绍这些绘制图形和编辑图形的强大功能。

学习提要

- 绘制几何形
- 简单的几何形构成
- 特色 Logo 设计
- 绘制线段及曲线
- 用曲线工具绘制卡通

2.1 绘制几何形

在绘制图形对象的过程中，有很多图形是由几何图形组成的，其中矩形、椭圆形和多边形是各种复杂图形的基本组成部分。CorelDRAW X4 在其工具箱中提供了一些用于绘制几何图形的工具。

2.1.1 绘制矩形

通过使用“矩形工具”沿对角线拖动鼠标或使用“三点矩形工具”指定宽度和高度，来绘制矩形或方形。使用“三点矩形工具”以一个角度快速绘制矩形。绘制矩形或方形之后，可以通过将其中一个或多个角弯改成圆角来改变它的形状。

1. 利用“矩形工具”绘制矩形

（1）运行 CorelDRAW X4，创建一个新的文件。

（2）选择工具箱中的“矩形工具”□，在页面中开始绘制矩形的位置按鼠标左键，按对角线的方向拖动，即可绘制出矩形。按住键盘上的【Ctrl】键的同时，拖动鼠标可绘制出正方形。如图 2-1 所示。

提示：按住【Shift】键的同时按住鼠标左键拖动，可绘制出以鼠标单击点为中心的图形，而按住【Ctrl+Shift】组合键后拖动鼠标，则可绘制出以鼠标单击点为中心的“正”圆形。

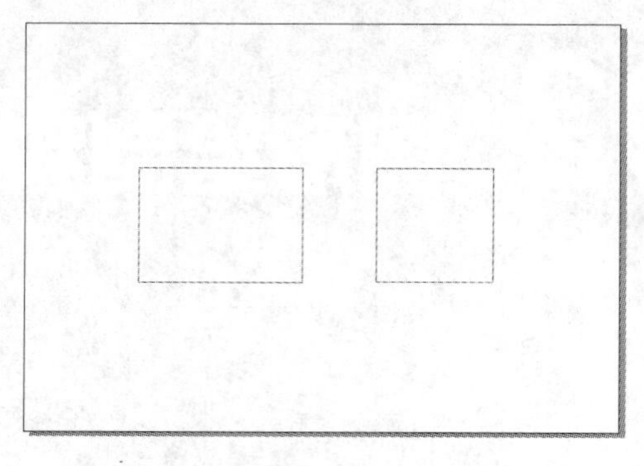

图 2-1　绘制的矩形和正方形

（3）使用“矩形工具”，绘制矩形或正方形后，属性栏将显示出该图形对象的属性参数，通过改变相关参数，可以精确地创建矩形或正方形。属性栏如图 2-2 所示。

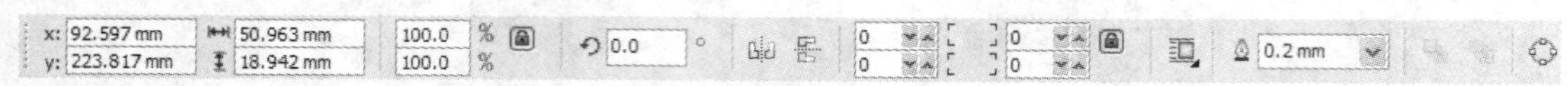

图 2-2　矩形的属性栏

（4）在对象位置的“x”和“y”框中输入参数，可设置或更改图形中心点位置的坐标值；改变“对象大小”的“宽”和“高”的参数，可以改变图形的宽和高的值；在“缩放因子”参数框中设置或改变参数，可以改变图形的宽和高的比例值；在“角度”框中可以设置或更改图形的旋转角度值；单击“水平镜像”按钮或“垂直镜像”按钮可对矩形进行水平或垂直镜像；在“轮廓宽度”下拉列表中，可以设置或更改图形边线线条的宽度。

2. 利用“三点矩形工具”绘制矩形

（1）单击工具箱中“矩形工具”下方的黑色小三角，展开矩形工具组，单击“三点矩形工具”。

（2）在页面中，在开始绘制矩形的地方按鼠标左键，拖动鼠标以绘制宽度，然后释放鼠标键，移动鼠标指针绘制高度，然后单击，完成矩形的绘制，如图 2-3 所示。

（3）要调整矩形的大小，可以在属性栏上的“对象大小”框中输入相应的值。

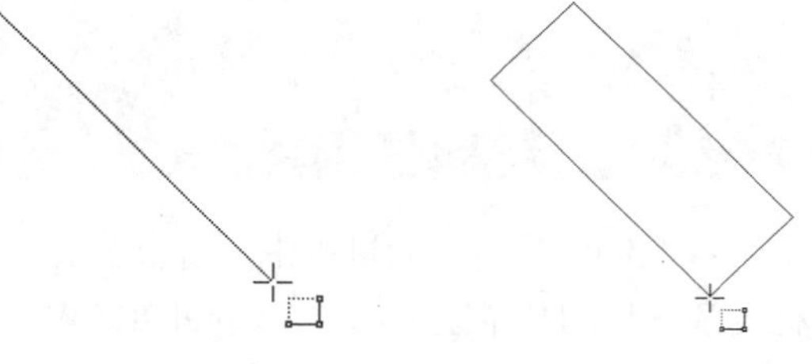

图 2-3　“三点矩形工具”绘制矩形

2.1.2　利用矩形创作作品

把简单的矩形填充为不同的颜色、旋转为不同的角度及形成不同的排列，都可以组合成精美的图形，如图 2-4 所示的各种 Logo 作品效果图。

图 2-4　利用简单的矩形制作的作品

2.1.3 绘制椭圆形

绘制椭圆形也有两个工具。通过使用“椭圆形工具”沿对角线拖动鼠标可以绘制椭圆形或圆形，或者通过使用“三点椭圆形工具”指定宽度和高度绘制椭圆形。使用“三点椭圆形工具”是以一个角度快速创建椭圆形，这样就不必旋转椭圆形了。

1. 使用“椭圆形工具”绘制椭圆

（1）选择工具箱中的“椭圆形工具”，在属性栏中可看到“椭圆形”、“饼形”和“圆弧形”按钮，如图 2-5 所示。

图 2-5 椭圆形的属性栏

（2）椭圆形属性栏中的参数与矩形属性栏中的基本相同。在页面中绘制图形，然后在中单击不同的按钮，可以生成椭圆形、饼形和圆弧形。在“起始和结束角度”框中，可设置饼形或圆弧形的起止角度，从而得到不同的饼形或圆弧形，如图 2-6 所示。

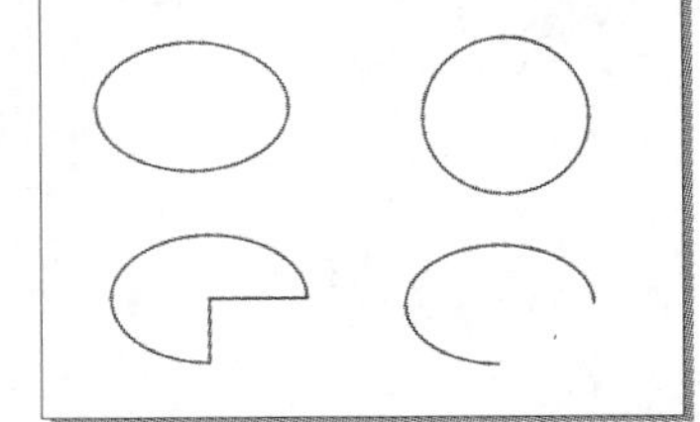

图 2-6 “椭圆形工具”的应用

2. 使用“三点椭圆形工具”绘制椭圆

用户还可以使用工具箱中的“三点椭圆形工具”绘制椭圆形。单击工具箱中的“椭圆形工具”右下角的黑色小三角，在打开的工具组中选择“三点椭圆形工具”。然后在工作区中按住鼠标左键拖动，先拖出椭圆形的长度，再拖动鼠标确定椭圆形的宽度，在适当的位置单击即可完成，如图 2-7 所示。

2.1.4 利用圆形创作作品

以不同方式组合在一起的圆形也同样能表现出精美的作品效果，如图 2-8 所示。

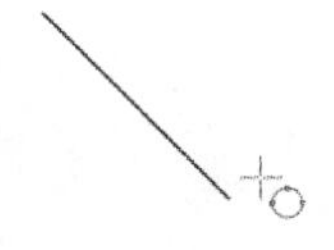
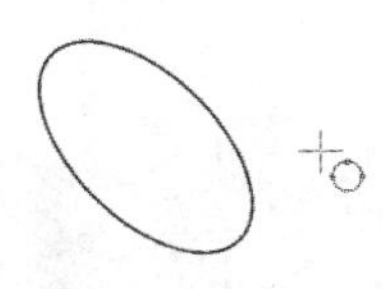

图 2-7 “三点椭圆形工具”的应用

图 2-8 利用圆形制作作品

2.1.5 多边形与星形

多边形与星形的绘制方法与矩形和椭圆形的绘制方法基本相同，只是要根据需要对图形的边数进行设置。

（1）在工具箱中选择“多边形工具”，在页面中单击并拖动即可绘制出多边形（默认状态的多边形为五边形)，如图 2-9 所示。

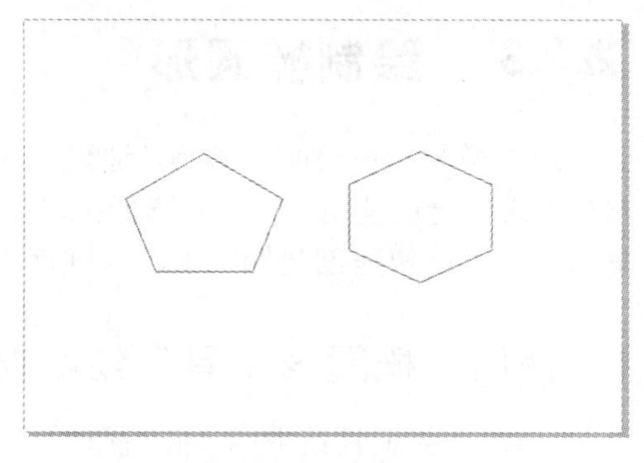

图 2-9　绘制多边形

绘制多边形后，在属性栏中将显示出该图形对象的属性参数，通过改变相关参数，可以精确地创建多边形。多边形属性栏如图 2-10 所示。

在多边形工具组中选择“星形工具”，在页面中单击并绘制出一个星形（默认为五角星形），通过改变属性栏中的“边数”参数来改变星形角的数量，通过调整星形锐角的参数来改变星形的形状，如图 2-11 所示。

在多边形工具组中还有“复杂星形工具”、“图纸工具”和“螺纹工具”，使用这些工具可以绘制出相应的图形，如图 2-12 所示。

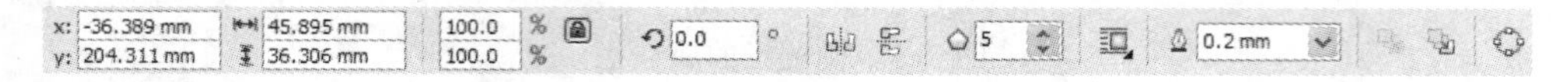

图 2-10　多边形的属性栏

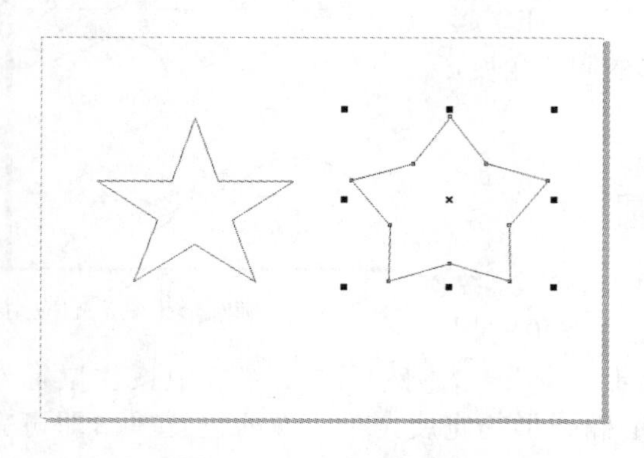

图 2-11　五边形变成星形

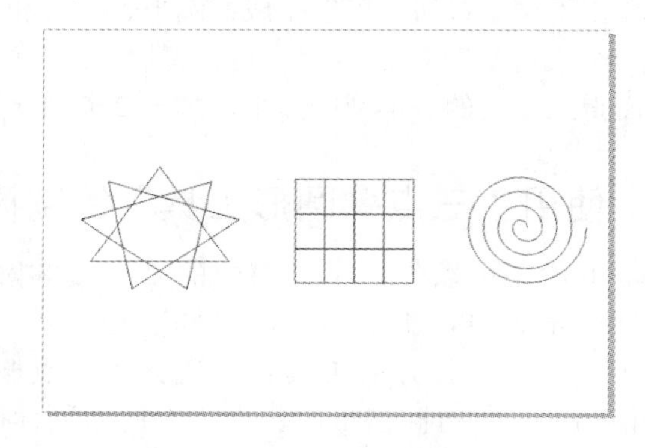

图 2-12　绘制多边形

（2）通过上面的例子可以看出，星形是从多边形变化而来的。在多边形工具组中经过调整参数，可以绘制出多种形状。

（3）在工具箱中还有“基本形状工具”、“箭头形状工具”、“流程图形状工具”、“标题形状工具”和“标注形状工具”，绘制方法与上面图形的绘制方法完全相同，这里不再赘述，大家可以自己练习一下。

2.2　实战——简单的几何形构成

最优秀的构成是简单、容易记忆而且寓意深刻的，在这里，我们就应用简单的图形组合来绘制出一个构成图，完成后的效果如图 2-13 所示。

通过本案例的讲解，读者可以掌握上面所学知识的具体应用。

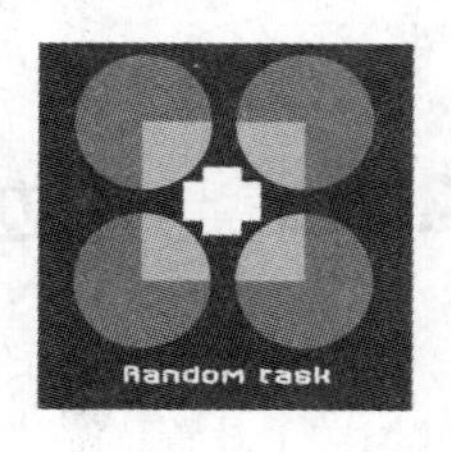

图 2-13　完成后的效果

2.2.1 绘制矩形与圆形

（1）执行【文件】→【新建】命令，创建新的页面，在工具属性栏的单位列表中选择“毫米”选项。

（2）在工具箱中选择“矩形工具”，按住【Ctrl】键，在页面中心拖动鼠标，绘制出一个正方形。在属性栏中，设置“对象大小”的“宽”和“高”都为45.54mm，如图2-14所示。

选择工具箱中的“挑选工具”，拖动刚绘制出来的正方形。还可改变它的位置。

（3）选择工具箱中的“缩放工具”，在图形上单击，可将图形放大显示。选择工具箱中的“椭圆形工具”，按住【Ctrl】键，按住并拖动鼠标左键，绘制出一个圆形。在属性栏的“对象大小”中，设置“宽”和“高”都为38. 4mm，选择工具箱中的“挑选工具”，拖动圆形，使它的圆心正好与正方形的一个顶点重合，如图2-15所示。

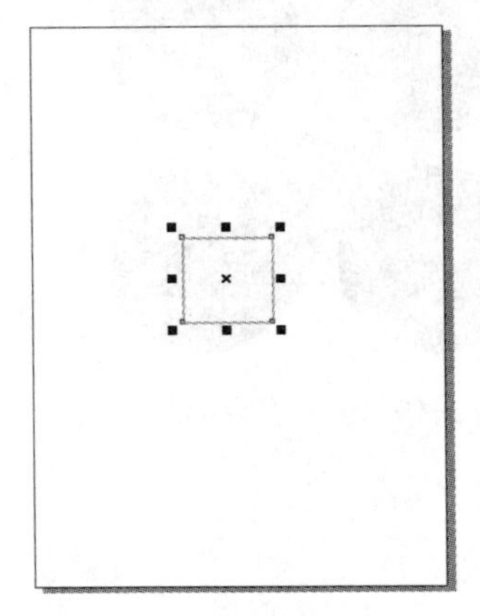

图2-14　绘制正方形

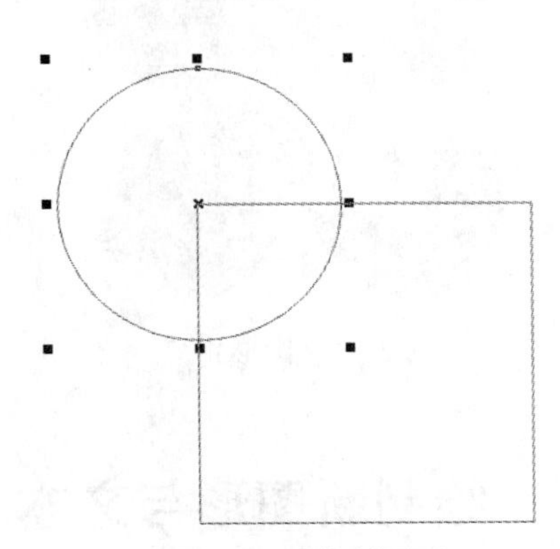

图2-15　绘制圆形

（4）保持圆形处于选中状态，连续执行【编辑】→【再制】命令3次（快捷键为【Ctrl+D】组合键），复制出圆形。选择“挑选工具”，调整被复制出来的圆形的位置，使它们的圆心与矩形的其他顶点重合，效果如图2-16所示。

（5）先用“挑选工具”选中任意一个圆形，然后按下键盘上的【Shift】键，单击其他圆形，将4个圆形同时选中。执行【排列】→【结合】命令（快捷键为【Ctrl+L】组合键），将4个圆结合在一起。单击右侧调色板上的红色，将结合在一起的4个圆填充为红色，单击下面的正方形，确定其处于激活状态。单击右侧调色板上的粉红色来填充正方形，效果如图2-17所示。

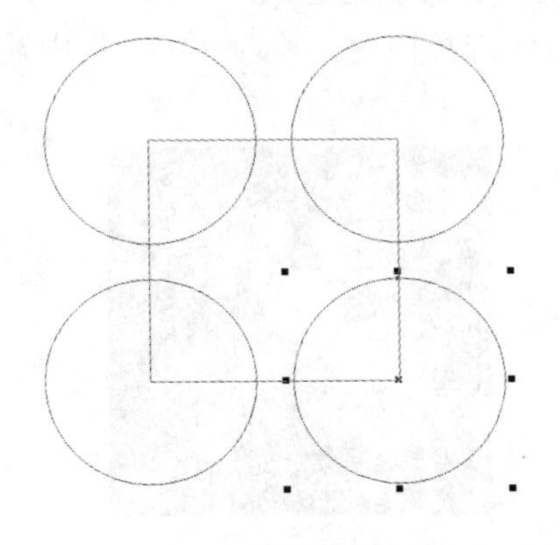

图2-16　复制出新的圆形

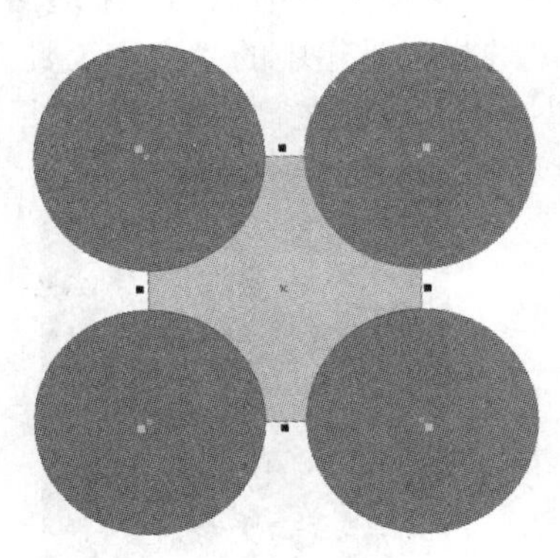

图2-17　填充图形

2.2.2 剪切矩形

（1）选择“挑选工具”，单击正方形选中它，在界面右侧调色板上方的按钮上单击鼠标右键，删除轮廓线。

（2）圈选全部图形，在属性栏上单击“相交”按钮（这样会使正方形与结合圆相交的部分与其他部分分离，其实这也是一种造型方式。在属性栏中还有其他按钮，例如“焊接”、“简化”和“修剪”等按钮，可以进行实验来认识它们的功能）。现在图形并没有变化，只是控制点存在于正方形周围，按【Ctrl+Page Up】组合键，将正方形移到前一层，效果如图 2-18 所示。

（3）用“挑选工具”在空白处单击，取消对图形的选择。重新选择正方形，按键盘上的【Delete】键删除图形，产生图 2-19 所示的效果。

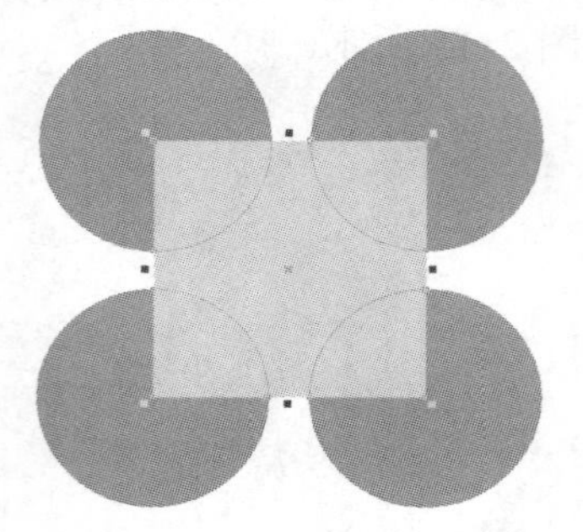

图 2-18　图形相交

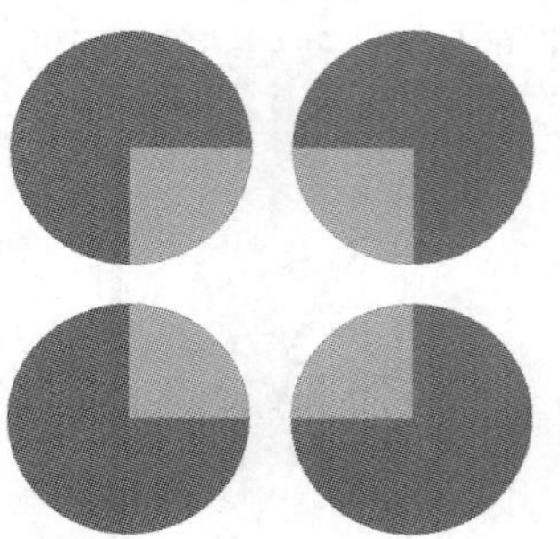

图 2-19　删除多余的部分

2.2.3 绘制新图形与文本

（1）选择工具箱中的“矩形工具”，绘制出一个矩形，在属性栏的“对象大小”中，设置“宽”和“高”都为 104. 88mm。

选择工具箱中的“挑选工具”，调整图形的位置，保持矩形处于选中状态。单击右侧调色板中的黑色，将图形填充为黑色。按【Shift+Page Down】组合键，将正方形移到底层。效果如图 2-20 所示。

（2）选择工具箱中的“基本形状工具”，在属性栏中打开“完美形状”选单，选择其中的“十字形状”，在页面的中心处拖动鼠标，绘制出一个十字形。在调色板中选择填充颜色为白色，选择“挑选工具”来适当调整图形的位置。效果如图 2-18 所示。

（3）选择工具箱中的“文本工具”，在调色板中选择白色，输入文字，选中输入的文字，在属性栏上设置文字的属性。效果如图 2-21 所示。

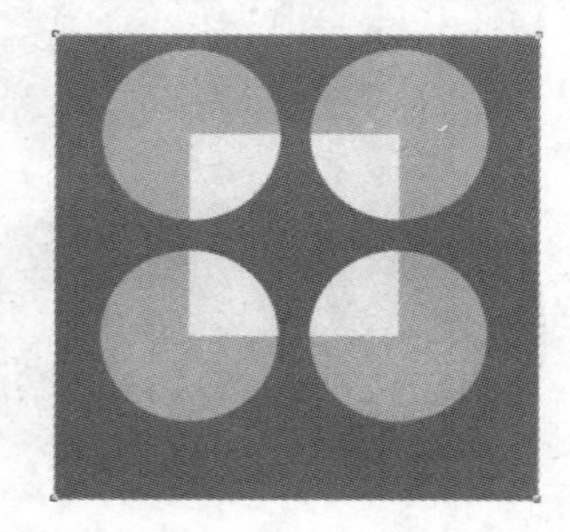

图 2-20　绘制新的矩形为背景

图 2-21　绘制十字形并添加文字

至此，图形就绘制完成了。将两个或多个图形通过相交和合并等操作，可以创建出新的图形形状。

下面学习图形的变换与转换功能，应用此功能能使图形的形状更加丰富。

2.3 实战——制作光盘盘面的效果

下面再用基本绘图工具来制作一张盘面的效果，制作完成后的效果如图 2-22 所示。

具体操作步骤如下。

（1）单击工具箱上的“椭圆形工具”，按住【Ctrl】键绘制出一个圆，复制并缩小这个圆，得到两个同心圆，如图 2-23 所示。

（2）运用“挑选工具”将两个圆形全选，执行【排列】→【结合】命令，或者按【Ctrl+L】组合键将两个同心圆结合，得到一个圆环，即光盘的盘封。

（3）复制一个圆环图形，执行【文件】→【导入】命令，导入一张图片。运用“挑选工具”调整图片的大小与位置，使其位于复制出的圆环的上方，如图 2-24 所示。

图 2-22　光盘盘面效果

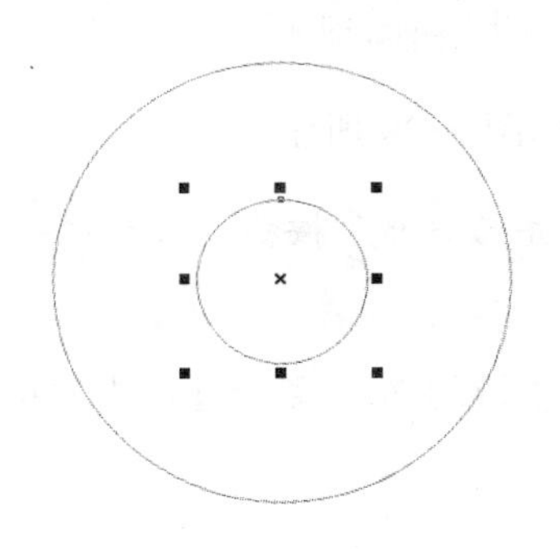

图 2-23　绘制两个同心圆

图 2-24　导入图片

（4）在图片上单击鼠标右键，在弹出的快捷菜单中执行【顺序】→【到后部】命令，得到图 2-25 所示的效果。

（5）执行菜单上的【效果】→【精确剪裁】→【放置在容器中】命令，此时视图页面上将出现一个黑色的箭头。将其在圆环上单击，即可将图片精确放置在圆环中。效果如图 2-26 所示。

图 2-25　调整图形的顺序

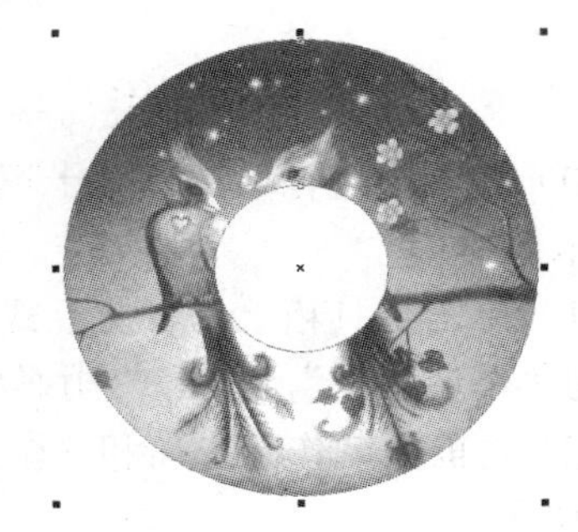

图 2-26　将图片精确放置在圆环中

（6）将盘封图形置于一旁，单击圆环轮廓线图形。光盘的实际外轮廓应该比这个盘面要稍微大一些，所以要留有盘面制作时的“出血”。单击工具箱上的“交互式轮廓图工具”，向外拖动，在属性栏上设置轮廓图步数为 1，轮廓图偏移值为 1.5mm，得到一个图 2-27 所示的轮廓图形。

（7）单击轮廓图形，执行菜单栏上的【排列】→【拆分轮廓图】命令，将它们分离成两个对象，选择上面的小圆环并删除，只保留大的轮廓图形，如图 2-28 所示。

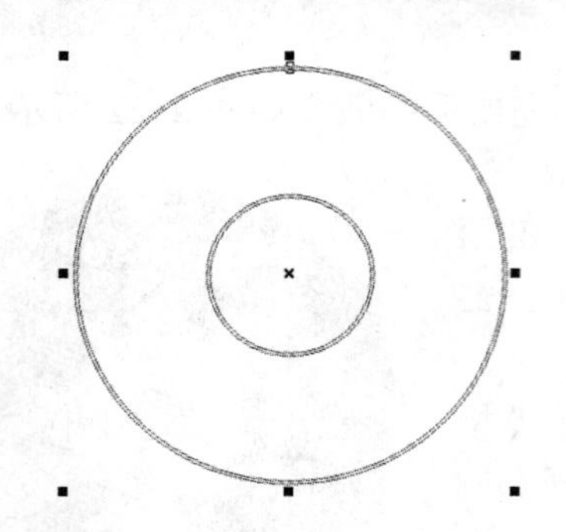

图 2-27 制作盘面的“出血”

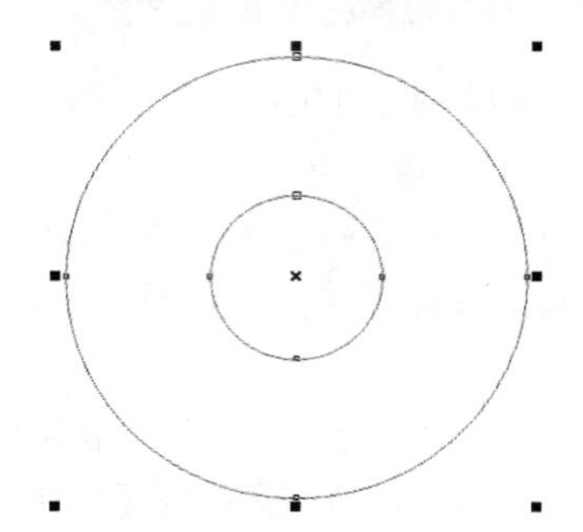

图 2-28 拆分轮廓图

提示：在制作光盘的盘面时，有一定的制作尺寸要求。制作规格要符合标准，大盘的直径是 120mm，外圆直径≤118mm，内圆直径≥20mm；小盘的直径为 80mm，外圆直径≤78mm，内圆直径≥20mm。光盘的内外圆必须为同心圆。

（8）运用复制、缩小的方法制作一个小的同心圆环，如图 2-29 所示。

提示：在对齐同心圆时，可以在属性栏上单击“对齐与分布”按钮，打开“对齐与分布”对话框，在其中进行设置。

（9）按【Ctrl＋G】组合键将两个圆环群组，在右边调色板的 20%黑色处单击鼠标右键，将所有的圆环轮廓色更改为 20%黑色，效果如图 2-30 所示。

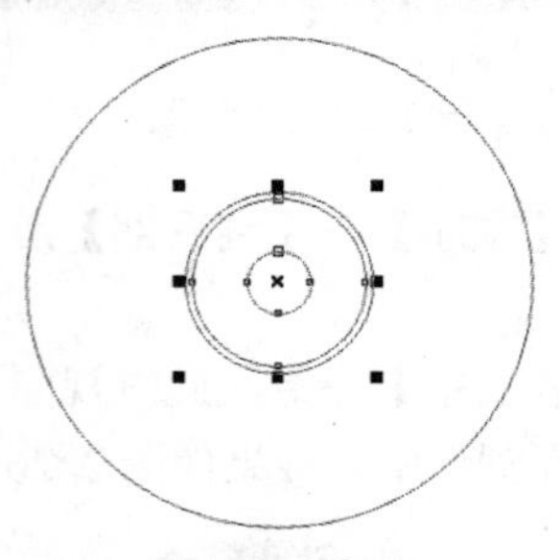

图 2-29 中心圆环

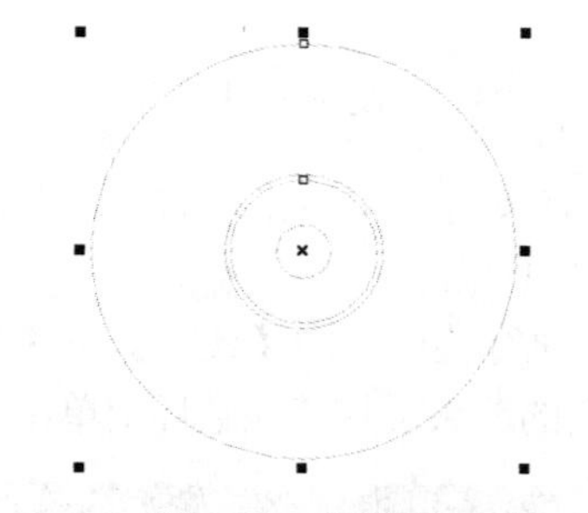

图 2-30 调整轮廓色

（10）对图形进行填充。关于填充的知识将在第 4 章介绍，这里先应用一下，效果如图 2-31 所示。

（11）单击工具箱上的“交互式阴影工具”，向右下方拖动光盘的中心，并在属性栏中设置阴影的“不透明度”为 50，“阴影羽化”为 3，得到光盘的光面，如图 2-32 所示。

（12）将前面制作的盘面和这个阴影图形居中排列在一起，构成一个光盘的正面图形，如图 2-33 所示。

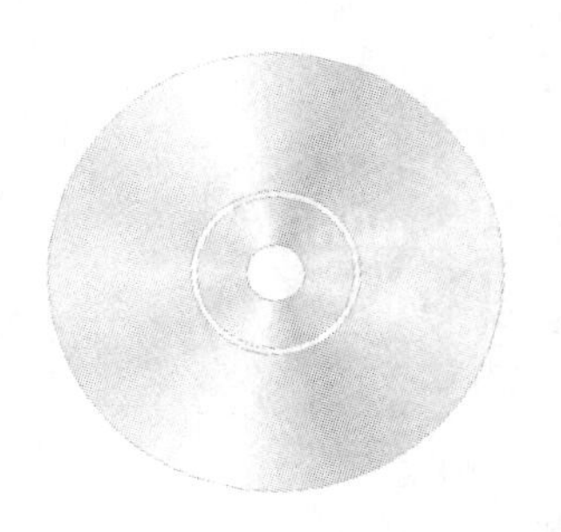

图 2-31　渐变填充效果

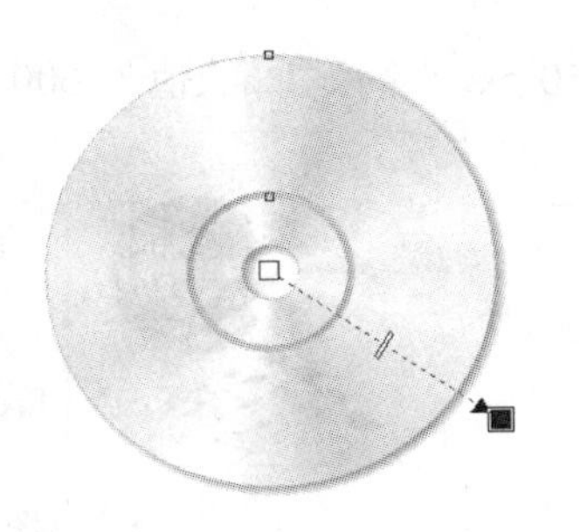

图 2-32　添加阴影效果

（13）单击工具箱上的“文本工具”，在光盘的盘封上输入所需的文字，最终效果如图 2-34 所示。

图 2-33　添加光盘正面图形

图 2-34　输入文本

2.4　将几何图形转换为曲线

前面使用绘图工具绘制的矩形、圆形及多边形都是几何图形，这类图形的节点比较少，编辑和操作方法也比较简单。如果想要更进一步地编辑几何图形对象，就必须将它们转换成具有较多节点的曲线图形对象。

（1）选中绘制出来的几何图形（例如一个圆形），在属性栏上单击“转换为曲线”按钮，可以看到，圆形对象中的节点由 1 个变成了 4 个。

（2）选择工具箱中的“形状工具”，拖动圆形最上方的节点，改变圆形的轮廓线，如图 2-35 所示。

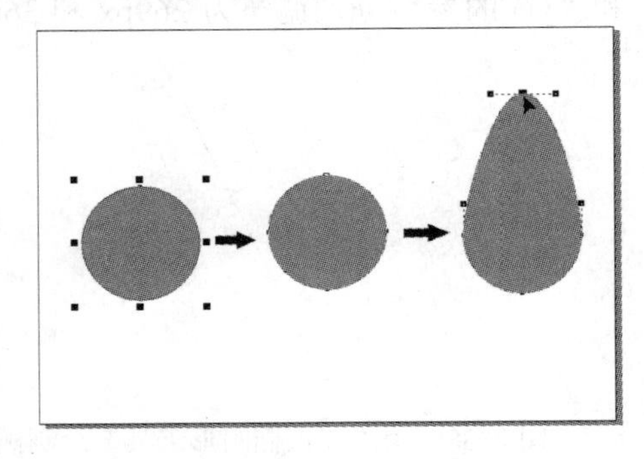

图 2-35　改变圆形的形状

2.5　实战——特色 Logo 设计

以下这些是完全使用椭圆形制作出的 Logo 图形，应用了修剪、封套和分割图形的方法和技巧，效果如图 2-36 所示。

2.5.1　创建新的文件

（1）运行 CorelDRAW X4，创建一个新文件，在属性栏的单位列表中选择“像素”项，“宽”

的值为 450 px，“高” 的值为 600 px，如图 2-37 所示。

图 2-36　Logo 的效果图

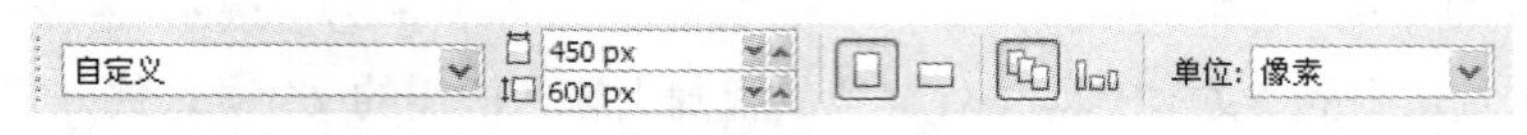

图 2-37　页面属性的设置

（2）保存文件。执行【文件】→【另存为】命令，打开“保存绘图”对话框，在文本框中输入“LOGO 制作”，单击【保存】按钮来保存文件。

2.5.2　绘制椭圆形

（1）单击“轮廓工具” ，弹出扩展工具组，选择其中的“细线轮廓工具” ，这样在绘制图形时图形的轮廓线就会是细线轮廓。

（2）单击工具箱中的“椭圆形工具” ，弹出扩展工具组，选择“三点椭圆形工具” ，在页面中拖动鼠标，绘制出一个椭圆形，如图 2-38 所示。

（3）在属性栏中调整椭圆形的属性参数。设置“宽” 为 274 px，“高” 为 360 px，将“x”和“y”的参数分别调整为 269px 和 360 px，“旋转角度”的参数为 65.5，效果如图 2-39 所示。

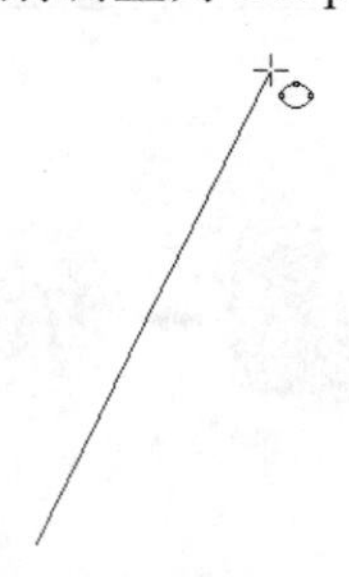

图 2-38　用“三点椭圆形工具”绘制椭圆

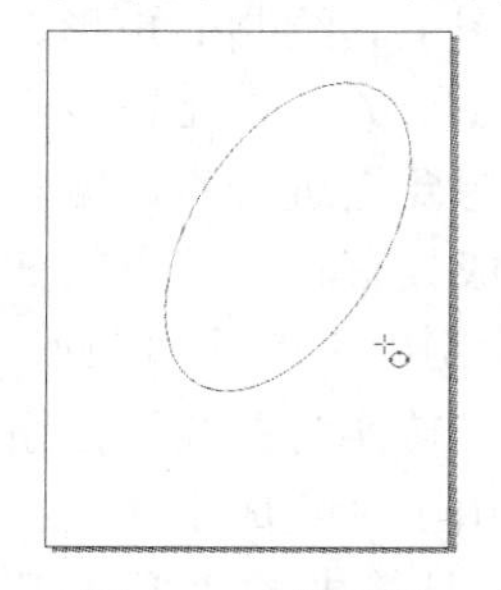

图 2-39　椭圆形

（4）给绘制好的椭圆形内部填充颜色。确定图形处于选择状态。在工具箱中单击“填充工具” ，弹出扩展工具组，选择其中的“填充框” ，打开“均匀填充”对话框。在“模型”下拉列表中选择“RGB”选项，在“组件”选项中将 R、G、B 的参数调整为 255、203、49，单击【确定】按钮，完成椭圆形内部的颜色填充，如图 2-40 所示。

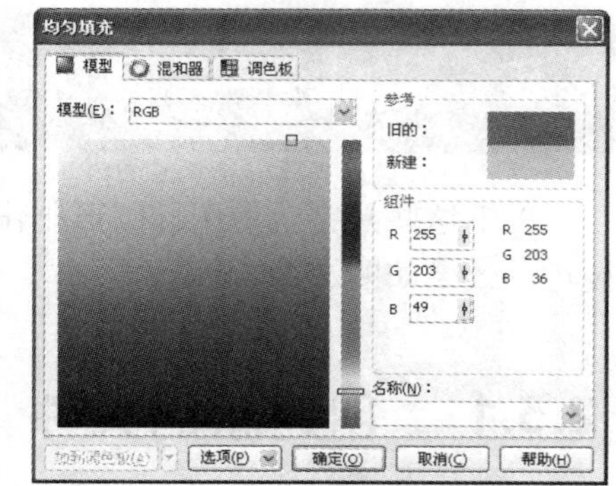

图 2-40　填充椭圆形内部的颜色

（5）删除椭圆形的轮廓线形。选择椭圆形，在工具箱中单击“轮廓工具” ，弹出扩展工具组，选择其中的“无轮廓工具” ✕。删除轮廓线的效果如图 2-41 所示。

（6）用同样的方法再绘制一个椭圆形，可以不使用“填充工具”（如果位置与图 2-41 中所示的位置不同，可选择工具箱中的“挑选工具”进行移动调整）。完成后的效果如图 2-42 所示。

图 2-41　删除轮廓线的效果

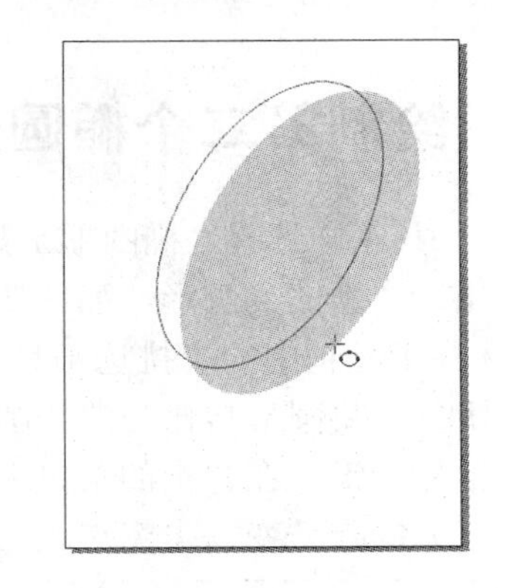
图 2-42　绘制新的椭圆形

2.5.3　修剪及切割椭圆形

（1）圈选两个椭圆形。执行【排列】→【造型】→【修剪】命令，完成修剪。上面的椭圆形与下面的黄色椭圆形相交的部分将被修剪掉。

（2）选择工具箱中的“挑选工具”，移开两个椭圆形，可以看到经过修剪得到的图形，如图 2-43 所示。

（3）切割修剪后的图形。在切割之前，为了确保切割的准确度，需要设置几条辅助线。在默认情况下，“标尺”处于打开状态。如果没有被打开，那么可执行【视图】→【标尺】命令，将“标尺”打开，在水平标尺上拖曳出一条辅助线到图形的顶部。用同样的方法，拖曳出 3 条辅助线，第 1、2 条之间的间距与第 3、4 条之间的间距大小可以参看标尺的刻度，保证参数值相等，大致位置如图 2-43 所示。

选择该图形，在工具箱中单击“裁剪工具”，弹出扩展工具组，选择“刻刀工具”，在第 1 条辅助线与图形的交点处单击，在第 2 条辅助线与图形的交点处单击，这样就在整个图形中切割出了一个角，如图 2-44 所示。

（4）用同样的方法，在第 3、4 条辅助线与图形的交点处分别单击，从图形的下方切割出一个角，选择工具箱中的“挑选工具”，将切割下来的两个角移动到其他位置，得到图 2-45 所示的图形。

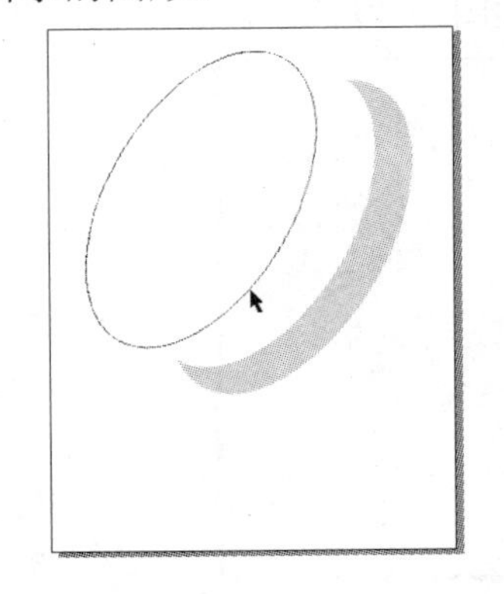
图 2-43　修剪后的图形

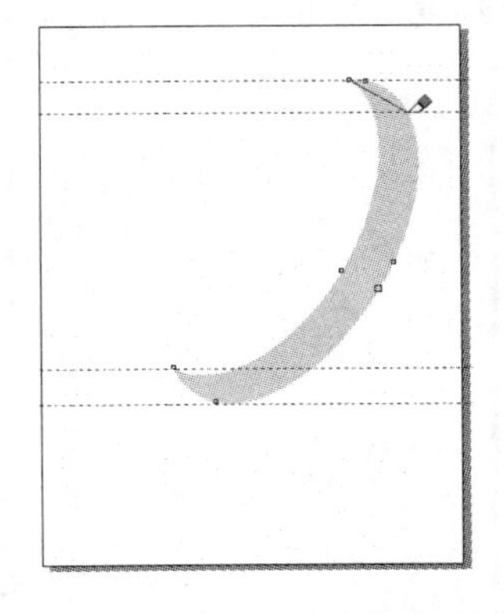
图 2-44　辅助线的位置与切刀的使用

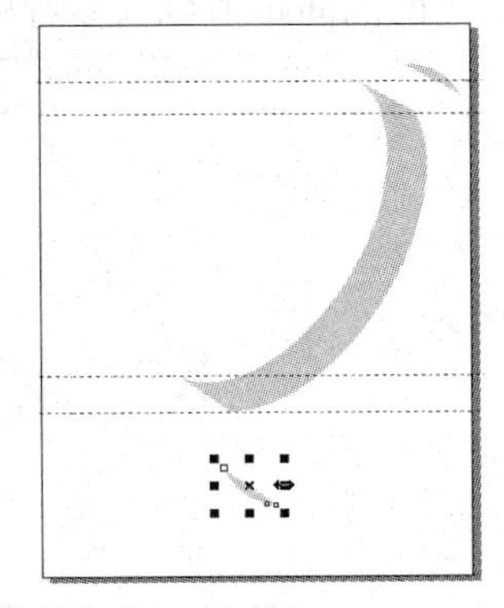
图 2-45　切割后的图形

提示：先不要删除移出的图形，留下备用。

2.5.4 绘制第二个椭圆形

（1）在工具箱中选择“椭圆形工具” 中的“三点椭圆形工具”，在已切割好的图形左侧再绘制出一个新的椭圆形，如图 2-46 所示。

（2）选择工具箱中的“挑选工具”，选中刚刚绘制的椭圆形。在属性栏上单击“转换为曲线”按钮，将圆形转化为曲线圆。在工具箱中选择“形状工具”，在椭圆形最上方的节点处单击鼠标右键，在弹出的菜单中选择【尖突】命令，如图 2-47 所示。用同样的方法，将椭圆形最下方的点转变为尖突点。

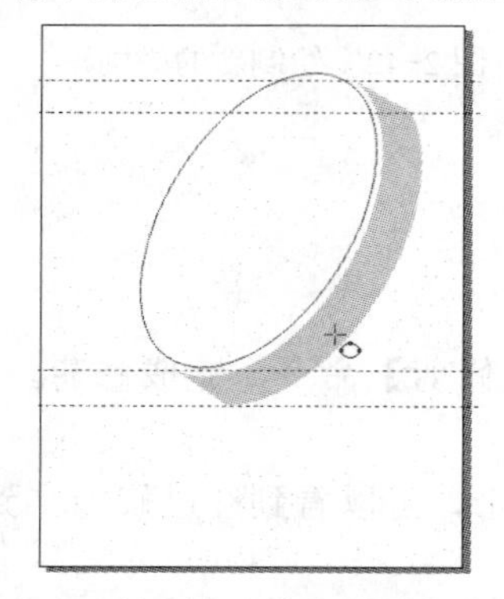

图 2-46　绘制出一个新的椭圆形

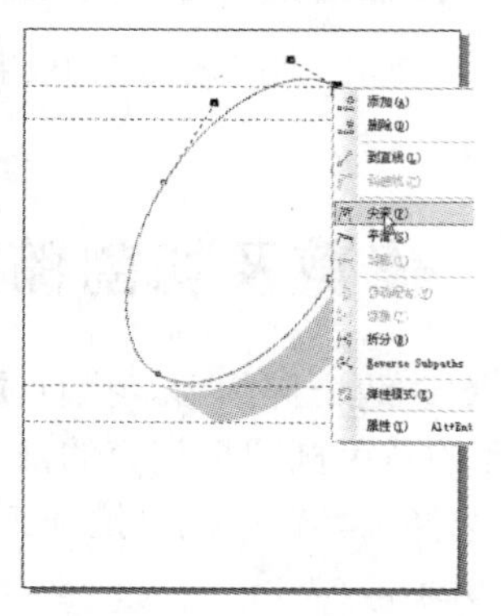

图 2-47　转变节点为尖突

（3）继续使用“形状工具”。选中左边的节点，调整节点的位置和节点的控制手柄，根据需要再细致地调节其他节点，将椭圆形的曲度调节得圆滑些，效果如图 2-48 所示。

对刚调节的图形进行填充。在工具箱中单击“填充工具”，弹出扩展工具组，选择其中的“填充框”，打开“均匀填充”对话框。在“模型”下拉列表中选择“RGB”选项，在“组件”选项中将 R、G、B 的参数调整为 255、203、49，单击【确定】按钮完成填充。

2.5.5 切割椭圆形

（1）切割调整后的椭圆形。先调整 4 条辅助线的位置，第 1、2 条之间的间距值和第 3、4 条之间的间距值可以参看标尺的刻度，保证参数值相等，效果如图 2-49 所示。

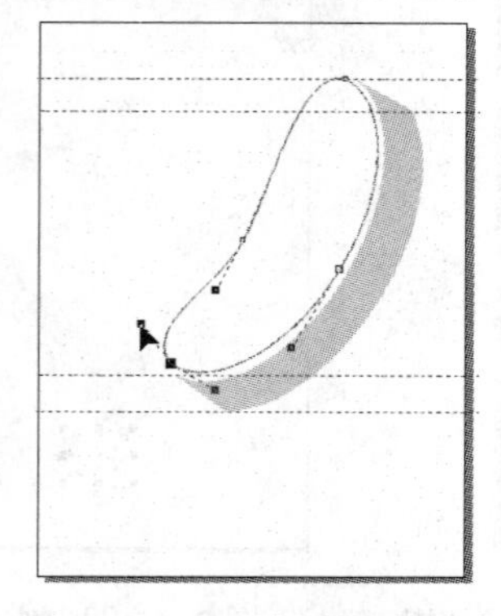

图 2-48　调节椭圆形的节点

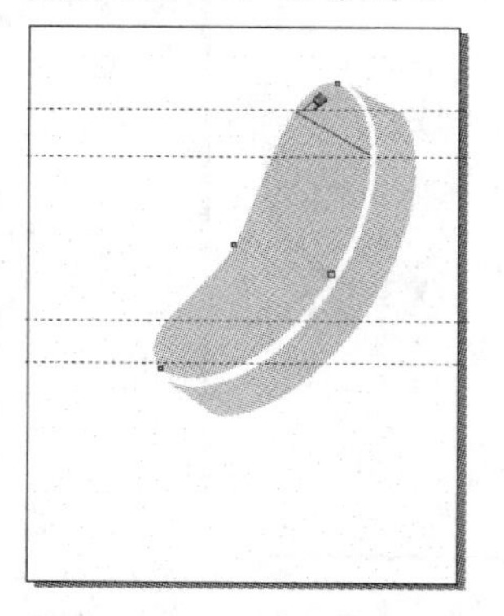

图 2-49　调节辅助线的位置与切刀的使用

（2）选择工具箱中的“挑选工具”选择图形，然后单击“形状工具”，弹出扩展工具组。选择其中的“刻刀工具”，使用此工具在第 1 条辅助线与图形的交点处单击，再在第 2 条辅助线与图形的交点处单击，形成了一条分割线。用同样的方法，在第 3、4 条辅助线与图形的交点处分别单击，再选择“挑选工具”，将切割下来的中间部分移开，产生图 2-50 所示的图形。将切割下来的角移出页面，但最好不要删除，留下备用。

（3）至此，Logo 的黄色底层制作完成，接下来绘制黑色圆的部分。

2.5.6 绘制圆形

（1）选择工具箱中的“轮廓工具”，弹出扩展工具组，选择其中的“细线轮廓工具”，选择此工具后在绘制图形时轮廓线为细线轮廓的粗细程度。

（2）在工具箱中选择“椭圆形工具”，按住【Ctrl】键，在页面上拖动鼠标，绘制出一个圆形。在“属性栏”中设置“宽”为 179 px，“高”为 179 px，将“x”和“y”的参数调整为 290 px 和 387 px，效果如图 2-51 所示。

图 2-50　切割椭圆形后的效果

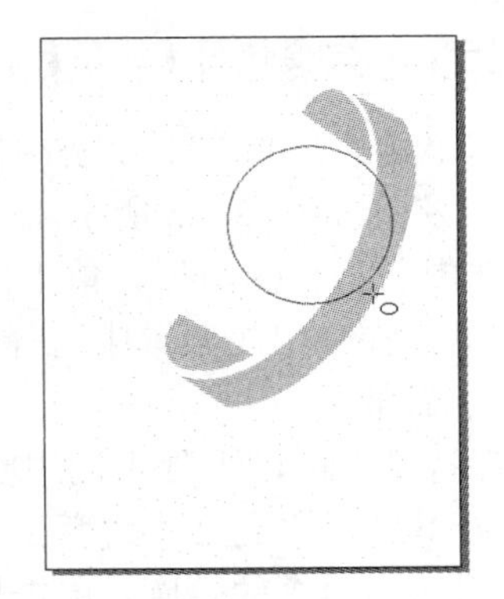

图 2-51　绘制圆

（3）选择工具箱中的“挑选工具”，单击圆形，使其处于选中状态。在调色板上单击黑色，为圆填充颜色。在调色板的黑色上单击鼠标右键，将轮廓线填充为黑色。

提示：这是设置图形填充的一种快捷方式，与使用“轮廓工具”和“填充工具”进行填充一样。

填充后的效果如图 2-52 所示。

（4）选择工具箱中的“椭圆形工具”，按住【Ctrl】键并拖动鼠标左键，绘制出圆形。在属性栏中设置“高”和“宽”都为 30 px，在右侧调色板的白色上单击，为图形填充白色。在右侧间距为 5 px 的位置上再绘制一个“高”和“宽”都为 25 px 的圆，完成后再以每个圆的参数减 5 px 的方式在右侧分别绘制 4 个圆。效果如图 2-53 所示。

（5）选择“挑选工具”，圈选刚刚绘制好的 6 个圆，在图形上单击鼠标右键。从弹出的快捷菜单中选择【复制】命令，复制图形。在画面的空白处单击，取消对图形的选择，在画面空白处单击鼠标右键，从弹出的菜单中选择【粘贴】命令，两行圆形产生重叠效果，向下移动复制出来的圆形，使两组圆的间距产生 3 px 的距离。

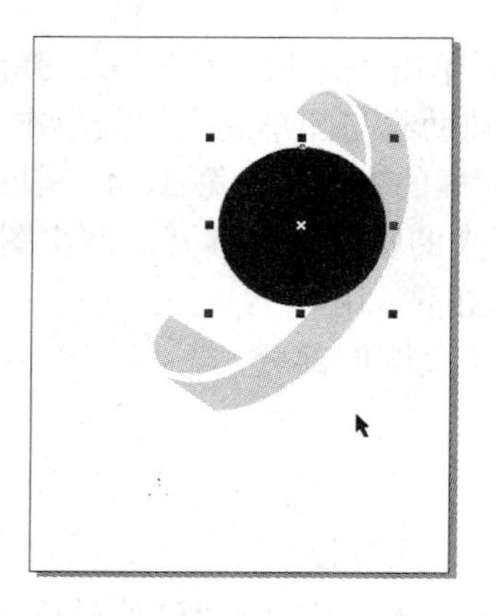

图 2-52　设置圆的填充颜色

图 2-53　绘制圆

用同样的方法复制出另一组圆形，分为 3 行 6 列，如图 2-54 所示。

（6）选择“挑选工具”，选中全部圆，执行【排列】→【结合】命令（或在属性栏上单击“结合工具”），将绘制的 18 个圆形结合成一个图形。

提示：一定要使用【结合】命令，不要使用【群组】命令，这是在为后面的制作打下基础。

（7）用“挑选工具”单击图形，使图形周围出现旋转形状，拖动旋转形状，调整结合图形的角度，效果如图 2-55 所示。

（8）选中新结合的圆形，单击鼠标右键，从弹出的菜单中选择【复制】命令。在空白处单击鼠标右键，在弹出的菜单中选择【粘贴】命令，复制出一个结合的图形，把它拖出页面，为制作黑色点做准备。

（9）保持结合的图形处于选中状态。单击工具箱中的“交互式调节工具”，弹出扩展工具组，选择其中的“交互式封套工具”。此时，在结合图形的周围出现了一个有红色虚线的矩形框，显示出封套的轮廓。单击属性栏上的“封套的双弧模式”按钮，使用鼠标拖动矩形框上的节点。调整完成后的效果如图 2-56 所示。

图 2-54　绘制圆组

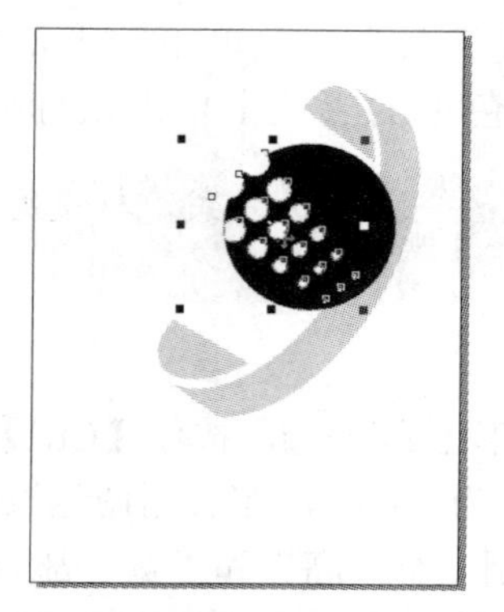

图 2-55　调整结合图形的角度

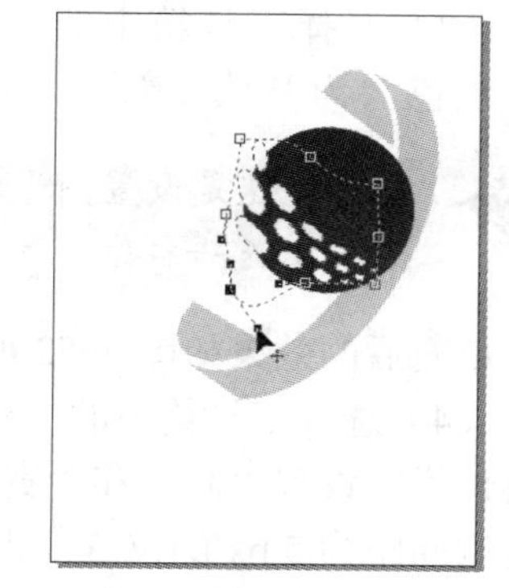

图 2-56　填充颜色后的结合图形

（10）选择工具箱中的“挑选工具”，将刚刚复制出的圆形结合图形拖动到页面中，放在白色圆组的下方，并与黄色底层相交。在工具箱中单击“填充工具”，弹出扩展工具组，选择其中的“填充框”■，打开“均匀填充”对话框。在“模型”下拉列表中选择“RGB”选项，在“组件”选项中将 R、G、B 的参数都调整为“0”，单击【确定】按钮完成填充，圆点变为黑色。效果如图 2-57 所示。

（11）保持结合图形处于选中状态。单击工具箱中的“交互式调节工具”，弹出扩展工具组，选择其中的“交互式封套工具”。单击“属性栏”中的“封套的双弧模式”按钮，用鼠标拖动矩形框上的节点。调整后的效果如图 2-58 所示。

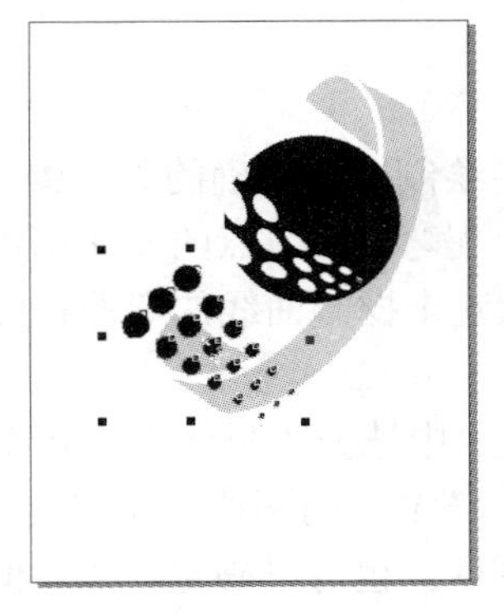

图 2-57　绘制黑色点

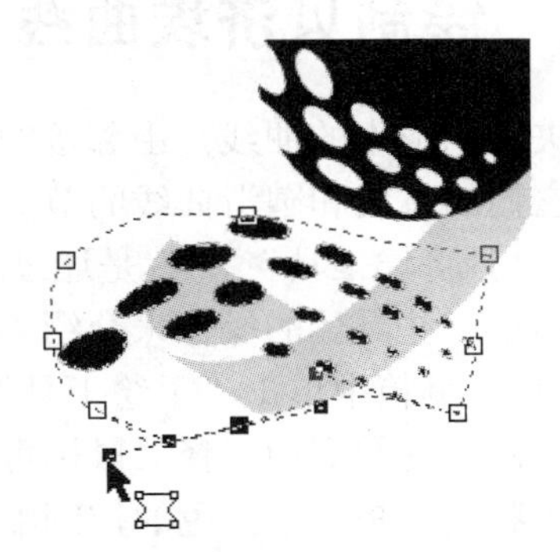

图 2-58　调整好的黑色圆组

至此，绘制 Logo 就完成了。

上面学习了几何图形的绘制方法，并通过实例介绍了几何图形组合创建图形的过程。到这里几何图形部分就学习完成了，下面将学习线段及曲线的绘制。

2.6　绘制线段及曲线

在绘制的图形对象中，除了基本的几何形状外，还能绘制出许多不规则的形状，而这些不规则的形状可以通过线段或曲线绘制而成。

2.6.1　手绘线条

“手绘工具”是使用鼠标在页面上直接绘制直线或曲线的一种工具。它的使用方法非常简单。在工具箱中选择“手绘工具”，把鼠标移动到页面中，鼠标指针变成带波浪形的“十”字形状，表明此时可以开始了直线的绘制。具体绘制方法如下。

（1）在绘图页面中单击，作为直线的起点。移动鼠标到直线的终点处后再次单击，即可完成直线的绘制。

（2）使用“手绘工具”可以绘制曲线。在页面中按住鼠标左键并拖动，绘制完曲线后释放鼠标，效果如图 2-59 所示。

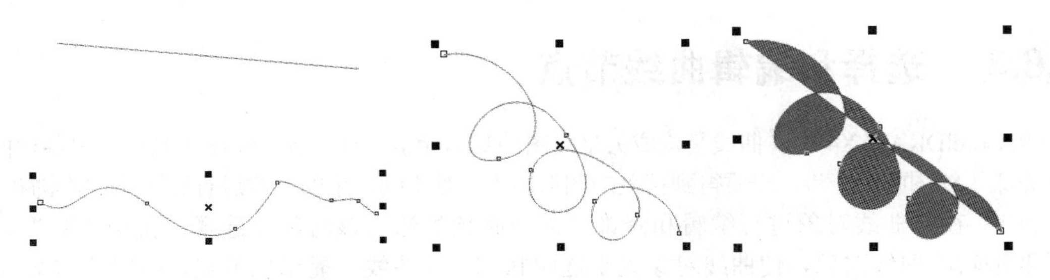

图 2-59　用“手绘工具”绘制直线、曲线和折线

（3）使用“手绘工具”也可以绘制出折线。在图面中单击，创建折线的起点，然后在每一个转折处双击，到达终点时再单击就可完成折线的绘制。

2.6.2 绘制贝济埃曲线

由于矢量图形中的曲线是由邻接的节点构成的，如果要绘制比较精确的矢量图形，就要精确地绘制它们的直线和圆滑曲线的节点。曲线上的任何一个拐弯处，节点的变化都可以使曲线改变方向，“贝济埃工具”就是通过改变节点控制点的位置来控制曲线的弯曲程度的。

下面通过一些具体的操作来介绍“贝济埃工具”。

（1）从工具箱中单击“手绘工具”，从弹出的工具组中选择“贝济埃工具”，在画面中按下鼠标左键并拖动，释放鼠标可确定曲线的起始点。该节点的两边会出现两个控制点，连接两个控制点的是一条蓝色的控制虚线。用鼠标单击绘图区，也可以确定一点，但不会出现控制手柄。只有当按下鼠标左键并拖动时才会出现以上的控制手柄，请大家注意。

（2）将鼠标移动到下一个节点处，按下鼠标左键并拖动，然后释放鼠标，此时两个节点之间会出现一条曲线线段，同时第二个节点也会出现控制手柄，如图 2-60 所示。

（3）拖动调节控制点连线的长度和角度，曲线的外观会随着发生改变。调整完成后，释放鼠标即可完成曲线线段的绘制。

（4）使用“贝济埃工具”也可以绘制直线或折线。选择“贝济埃工具”，在绘图页面中单击，确定第一个节点的位置，将鼠标移动到下一个节点的位置并单击，此时两个节点之间就会出现一条直线。如果要绘制折线，只需要继续在下一个节点处单击即可；如果要在直线或折线中绘制曲线，只需在确定节点时按下鼠标左键并拖动即可。绘制效果如图 2-61 所示。

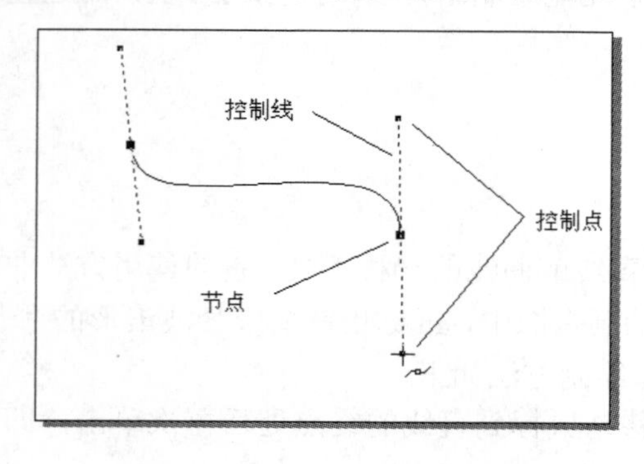

图 2-60　用“贝济埃工具”绘制的曲线

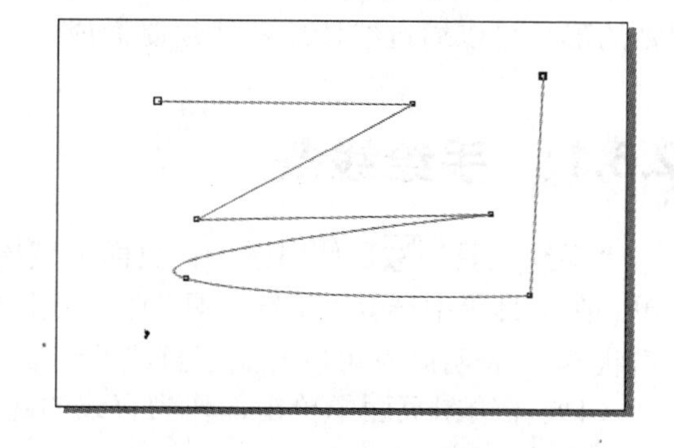

图 2-61　用“贝济埃工具”绘制的折线和曲线

按【Enter】键或选择其他工具就可结束曲线的绘制。

2.6.3 选择和编辑曲线节点

在 CorelDRAW X4 中，曲线是构成矢量绘图的基本元素。使用各种绘图工具绘制出各种曲线，只是完成了绘图的第一步。想要得到精美的图形，还得对绘制出来的曲线进行进一步的修饰和调整。

（1）在对曲线对象进行编辑和修饰之前，必须先选中该对象。选择“挑选工具”，单击需要编辑的曲线对象，使曲线对象处于选中状态。在曲线上显示出节点，编辑这些节点可以改变曲线的形状，编辑节点要使用“形状工具”。

（2）选择“形状工具”，单击节点可将节点选中，拖动节点可改变节点的位置，选中的节点将出现控制手柄，拖动控制手柄可调节曲线的形状，也可以进行圈选多个节点来进行操作。

提示：同时按【Ctrl】键和【Shift】键，单击曲线上的任何一个节点，曲线上的所有节点会被全部选中。

（3）在绘图过程中，为了更加精确地修改曲线的轮廓，通常会利用“形状工具”来改变曲线的属性和形状。可将直线转换为曲线、将曲线转换为直线、将一条直线拆分成数条曲线、将数条直线合并成一条直线。这些操作实际上都是针对节点进行的。

（4）当使用“形状工具”选择节点后，在属性栏中提供了设置节点属性的功能选项，熟练使用其属性功能可以更方便、快捷地编辑图形对象。属性栏如图 2-62 所示。

图 2-62　“形状工具”的属性栏

2.6.4　节点添加与删除

（1）为了方便地修改曲线的形状，需要在曲线的某个位置上添加节点。首先要确定曲线处于选择状态，选择“形状工具”，单击欲添加节点的位置。再单击属性栏中的“添加节点”按钮，即可完成节点的添加。效果如图 2-63 所示。

（2）如果需要删除节点，可选择“形状工具”。单击此节点，再单击属性栏中的“删除节点”按钮，就可完成节点的删除。效果如图 2-64 所示。

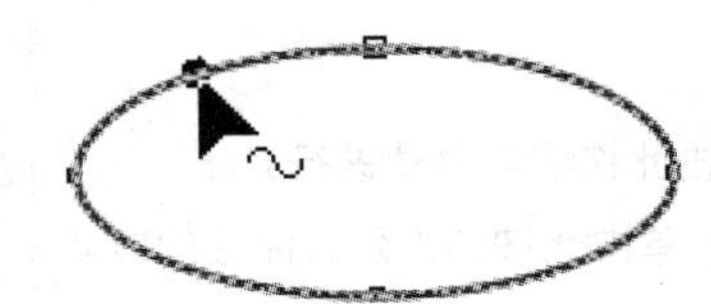

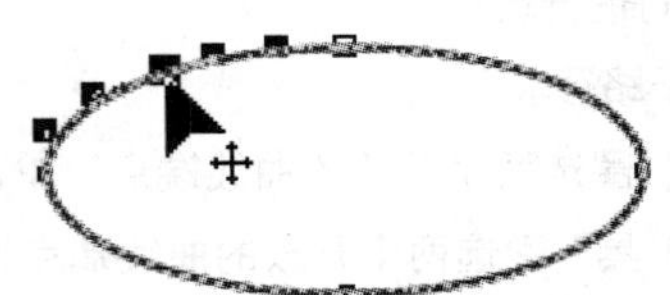

图 2-63　添加节点前后的对比效果

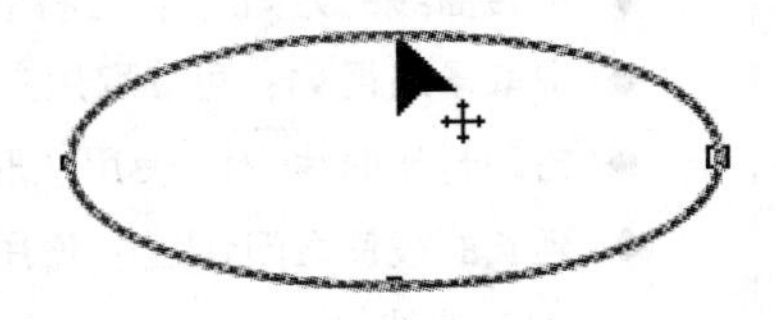

图 2-64　删除圆形曲线中的节点

提示：选择“形状工具”，在需要添加节点的曲线上双击可添加新的节点。在节点上双击，就可删除该节点。

2.6.5　曲线断开与连接

（1）选择“形状工具”，单击需要断开位置的节点，单击属性栏中的“分割曲线”按钮，可将曲线断开。拖动节点，可以观看到曲线的断开状态，如图 2-65 所示。

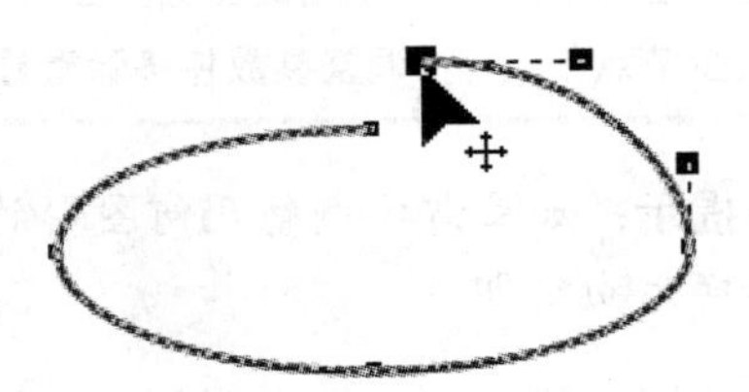

图 2-65　断开曲线前后的对比效果

（2）选择“形状工具”，圈选两条曲线的端点，单击属性栏中的“连接两个节点工具”，可以将选定的两个节点连接在一起，如图 2-66 所示。

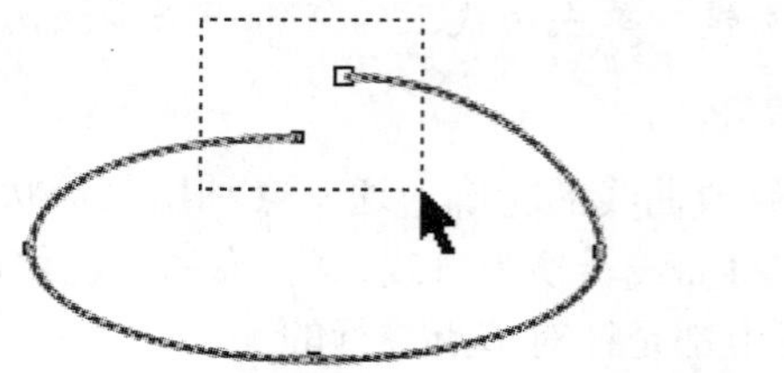

图 2-66　圈选将要合并的节点及完成连接的效果

提示：在实际绘图中，将要连接的节点拖到另外一个节点上去，就可以将两条曲线端点节点连接。

下面简单介绍“形状工具”的属性栏上的各工具。

- 转换曲线为直线：选择需要转换的曲线，单击此按钮可将曲线转换为直线。
- 使节点变为尖突：用“形状工具”选择需要转换的节点，单击此按钮，节点将变为尖突。
- 转换直线为曲线：选择需要转换的直线，单击此按钮可将直线转换为曲线。
- 平滑节点：可以将节点转换为平滑的节点。
- 生成对称节点：可将节点两侧的曲线转换成对称曲线。
- 反转曲线的方向：可将节点的方向进行转换。
- 提取子路径：可提取用户需要的子路径。
- 自动封闭曲线：使用“形状工具”圈选两个开放的曲线端点，单击此按钮可自动进行封闭。
- 延长曲线使之闭合：使用“形状工具”圈选两个开放的曲线端点，单击此按钮以延长曲线的方式封闭曲线。
- 伸长和缩短节点的连线：单击此按钮，在选择的节点的四周出现 8 个缩放的控制点，可以调整节点间的距离。
- 旋转和倾斜节点连线：单击此按钮，在选择的节点出现控制点，可以旋转或倾斜控制点。
- 对齐节点：将节点按不同的方向对齐。
- 水平反射节点：可用于编辑水平镜像的对象中的对应节点。
- 垂直反射节点：可用于编辑垂直镜像的对象中的对应节点。
- 弹性模式：选择两个或两个以上的节点，单击此按钮，节点的位置将产生相应的变化，如弹簧一样。
- 选择全部节点：单击此按钮，曲线上的所有节点都会被选择。
- 减少节点：调整参数将移除重叠的节点并可以平滑曲线对象。

提示：如果需要调整几何图形的节点，和上面的方法相同，只是在调整之前将图形变换为曲线即可。

下面将用曲线绘制一幅卡通画，来展示曲线在造型上的应用。

2.6.6 实战——绘制爱的翅膀

下面用曲线工具绘制一幅爱的翅膀的画面，完成后的效果如图 2-67 所示。

图 2-67　爱的翅膀

具体操作步骤如下。

（1）单击工具箱上的“贝济埃工具”，在绘图页面上绘制出一个闭合的翅膀图形。然后单击工具箱上的“形状工具”，在图形上单击并调整两个节点的位置与方向，制作出左侧的翅膀形状。效果如图 2-68 所示。

（2）运用“挑选工具”选中左侧的翅膀图形，在属性栏上调整轮廓宽度数值为 0.5mm，效果如图 2-69 所示。

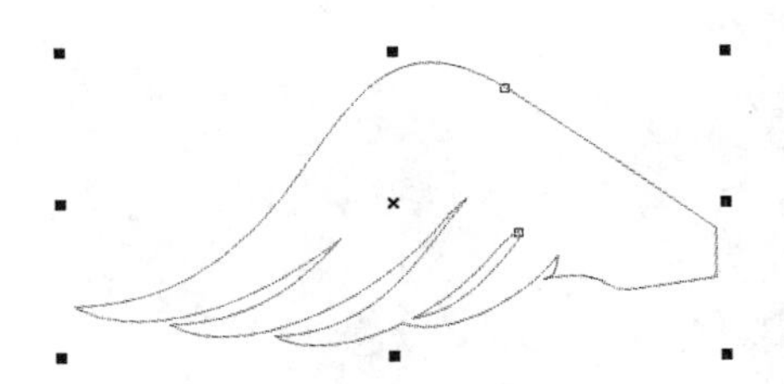

图 2-68　用“贝济埃工具”绘图

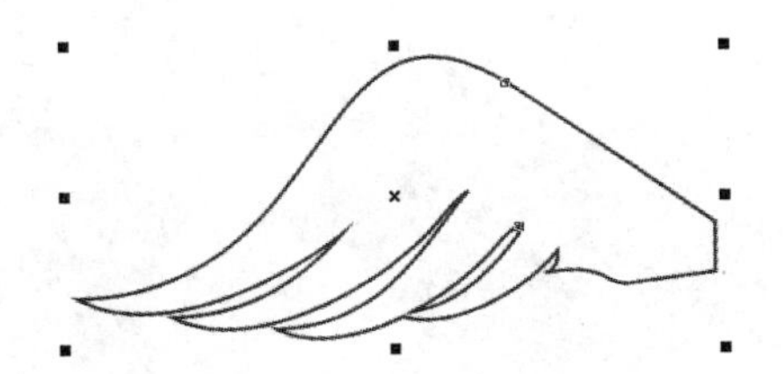

图 2-69　调整轮廓宽度

（3）按【Ctrl＋C】、【Ctrl＋V】组合键复制并粘贴一个翅膀图形，然后单击属性栏上的“水平镜像”按钮，将复制的图形进行水平镜像，效果如图 2-70 所示。运用挑选工具将镜像的图形移至相应的位置。单击中心控点，调出旋转节点，对镜像的翅膀进行角度旋转，效果如图 2-71 所示。

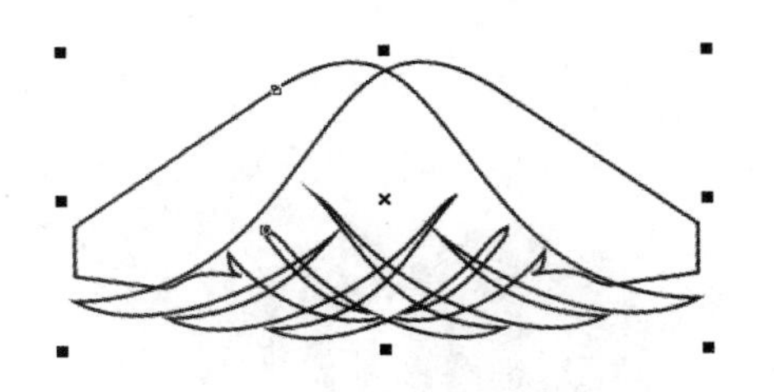

图 2-70　水平镜像效果

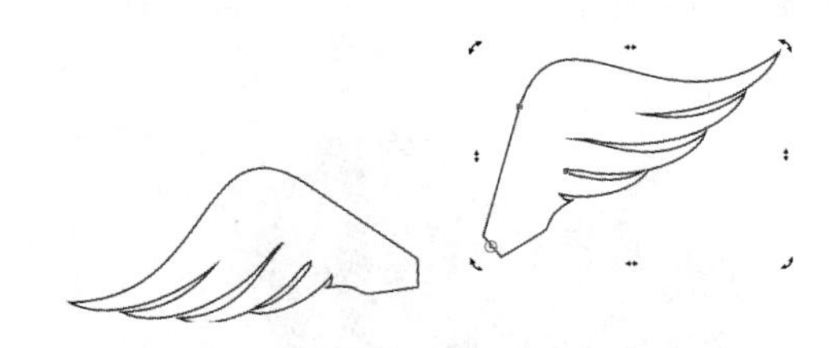

图 2-71　调整对象的位置和方向

（4）单击工具箱上的“基本形状”工具，在属性栏上单击“完美形状”按钮后的三角形，在弹出的形状选项中单击“心形”形状。用鼠标在两个翅膀中间拖出一个心形，按【Ctrl＋Q】组合键将其转换为曲线，然后用“形状工具”调整心形形状。效果如图 2-72 所示。

（5）运用“挑选工具”单击中心控点，调出旋转节点，对心形进行角度旋转，效果如图 2-73 所示。

（6）在属性栏上调整心形的轮廓宽度为 1.0mm，单击视图右侧调色板上的洋红色，为心形填充洋红色。效果如图 2-74 所示。

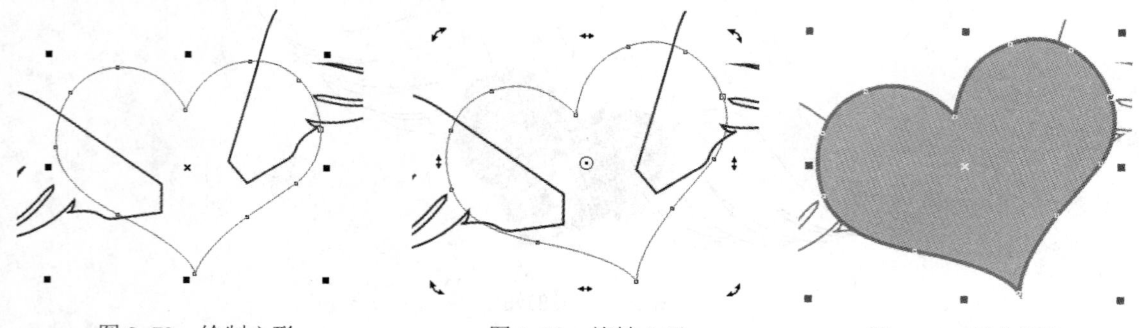

图 2-72　绘制心形　　图 2-73　旋转心形　　图 2-74　填充颜色

（7）在调色板上的白色处单击鼠标右键，将心形的轮廓色调整为白色，效果如图 2-75 所示。

（8）单击工具箱上的“贝济埃工具”，在心形上绘制一个曲线路径。然后单击工具箱上的“形状工具”，在曲线上单击并调整各个节点的位置与方向，制作出左侧人物面部线条。效果如图 2-76 所示。

（9）运用“挑选工具”选中左侧人物面部线条，在属性栏上调整轮廓宽度数值为 1.4mm，在调色板上的白色处单击鼠标右键，调整轮廓颜色为白色。效果如图 2-77 所示。

图 2-75　调整轮廓线颜色　　图 2-76　绘制曲线　　图 2-77　调整轮廓宽度和颜色

（10）按【Ctrl＋C】、【Ctrl＋V】组合键复制并粘贴一个面部线条图形，然后单击属性栏上的“水平镜像”按钮，将复制的图形进行水平镜像，效果如图 2-78 所示。运用“挑选工具”将镜像的图形移至相应的位置，单击中心控点，调出旋转节点，对镜像的翅膀进行角度旋转，效果如图 2-79 所示。

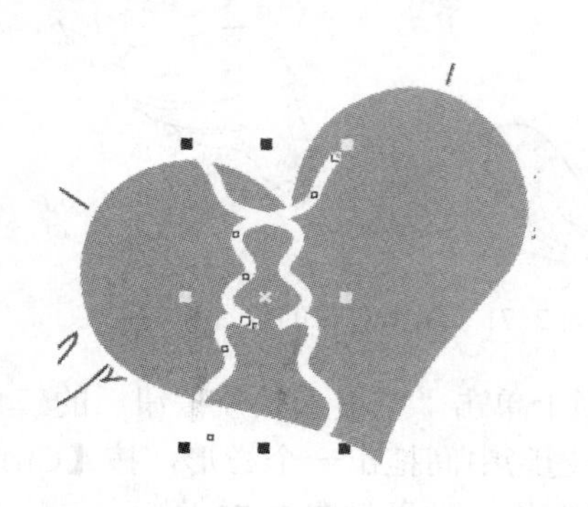

图 2-78　水平镜像效果

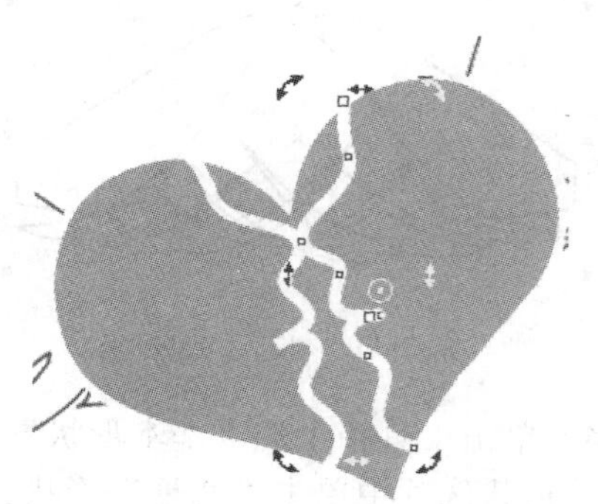

图 2-79　调整对象的位置和方向

（11）在属性栏上将右侧面部线条的轮廓宽度值调整为 1.0mm，效果如图 2-80 所示。单击工具箱上的“贝济埃工具”，在右侧面部上绘制出一个闭合图形。然后单击工具箱上的“形状工具”，在图形上单击并调整各个节点的位置与方向，制作出眼睫毛形状。效果如图 2-81 所示。

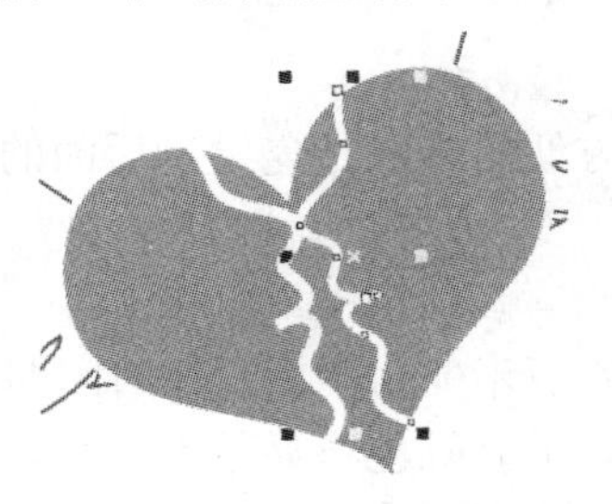

图 2-80　调整轮廓宽度

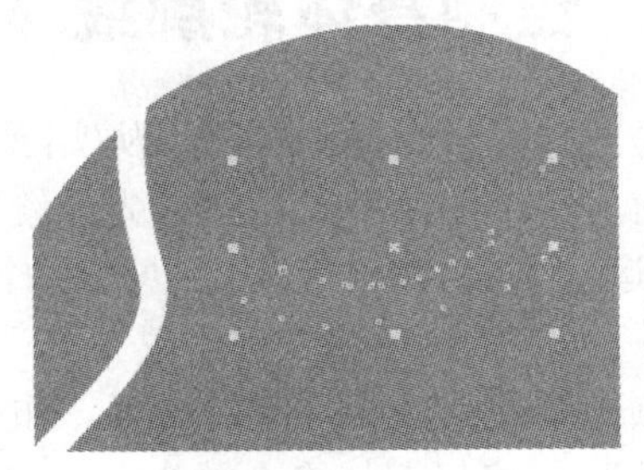

图 2-81　贝济埃绘图

（12）单击调色板上的黑色，为眼睫毛图形填充黑色，效果如图 2-82 所示。

（13）单击工具箱上的“贝济埃工具”，在左侧面部上分别绘制出两个闭合图形。然后单击工具箱上的“形状工具”，在图形上单击并调整各个节点的位置与方向，制作出左侧眼部造型。效果如图 2-83 所示。

（14）单击调色板上的白色，在调色板上的“无填充”按钮上单击鼠标右键，删除轮廓线，得到图 2-84 所示的效果。

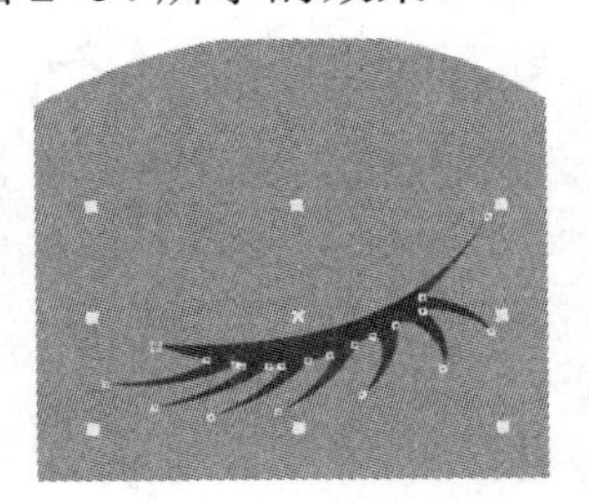

图 2-82　填充颜色

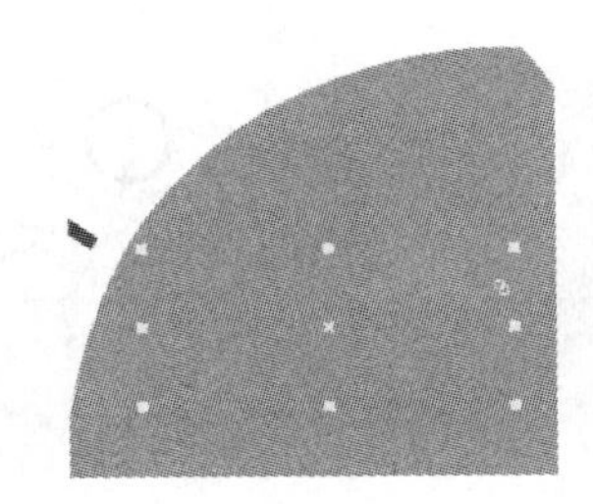

图 2-83　贝济埃绘图

图 2-84　填充颜色

（15）“爱的翅膀”制作完成，调整视图页面的显示大小，最终效果如图 2-67 所示。

2.7　实战——用曲线工具绘制卡通

此实例是应用变化无限的“贝济埃工具”和“形状工具”，绘制出卡通轮廓线。读者通过学习能认识曲线工具的强大功能，用这种方法来绘制卡通非常便捷，产生的边缘线条变化生动，并不是用没有变化的轮廓线封闭而成的。本实例的效果如图 2-85 所示。

图 2-85　完成后的卡通效果

下面将从基本的图形开始进行绘制。

2.7.1 绘制身体轮廓线

身体是此作品最后面的图形，从实际经验上来说，最方便的方法是先绘制后面的图形，再逐步绘制前面的图形，所以这里首先应绘制身体的形状。

（1）运行 CorelDRAW X4，创建一个新的文件。

（2）选择工具箱中的“贝济埃工具”，绘制图 2-86 所示的封闭图形（封闭图形是绘制线条的起点与终点结合在一起的图形。如果不是封闭图形，填充颜色将显示不出来，只有使用“形状工具”将起点与终点结合在一起才能填充颜色）。

（3）选择工具箱中的“形状工具”，单击需要调整轮廓形状位置上的节点。在“属性栏”中单击“转换直线为曲线”按钮，将节点两侧的直线转换为曲线，再拖动控制点调整曲线的形状，反复调整图形中的节点，使图形圆滑一些。效果如图 2-87 所示。

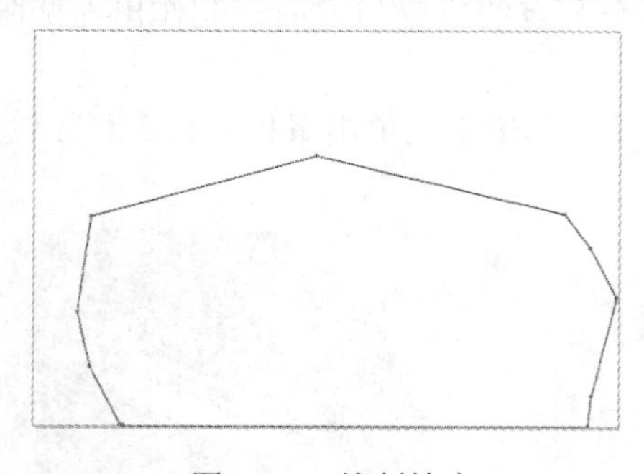
图 2-86　绘制轮廓

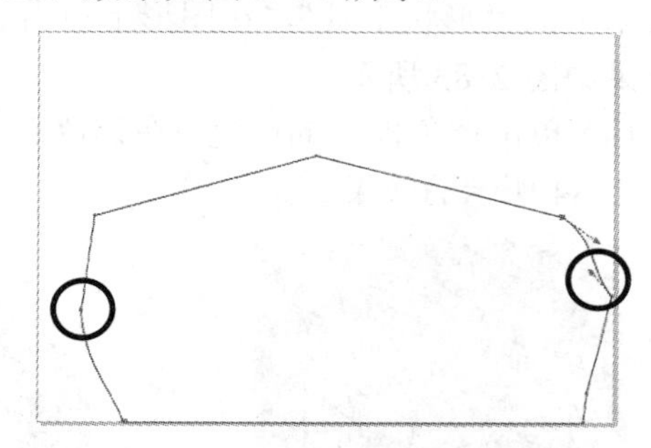
图 2-87　调整轮廓形状

2.7.2 绘制衣服和头发的轮廓线

衣服在身体的前面，头发又在衣服的前面，所以在绘制完身体后就要选择绘制衣服和头发。

（1）选择工具箱中的“贝济埃工具”，在卡通衣服轮廓线上使用“形状工具”进行调整，如图 2-88 所示。

（2）选择工具箱中的“形状工具”，调整图形的形状，如图 2-89 所示。

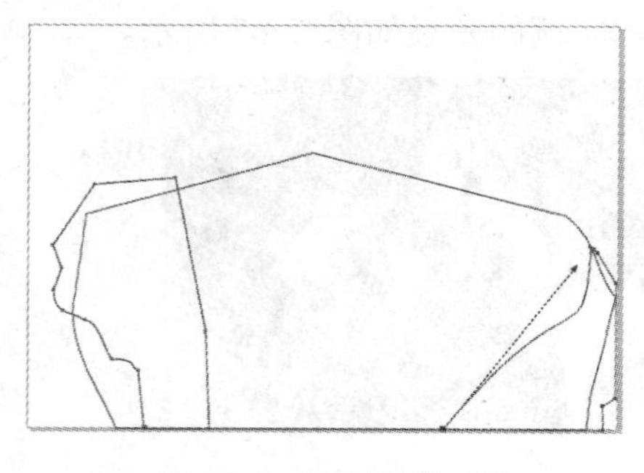
图 2-88　绘制脸的形状

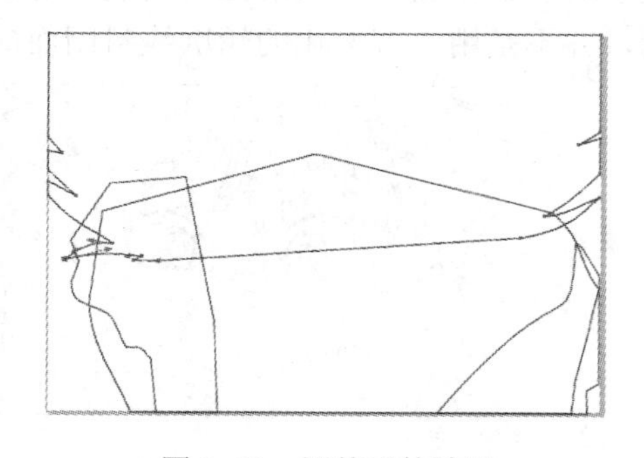
图 2-89　调整后的脸形

（3）选择工具箱中的“挑选工具”，将脸形移动到合适的位置，如图 2-90 所示。

至此，卡通的大致轮廓形状就确定完成了，下面将对各部分的细节进行绘制。

2.7.3 绘制耳朵和眼睛

（1）选择工具箱中的“贝济埃工具”，绘制封闭耳朵的基本图形。选择工具箱中的“形状工具”，对耳朵图形中的节点进行调整，如图 2-91 所示。

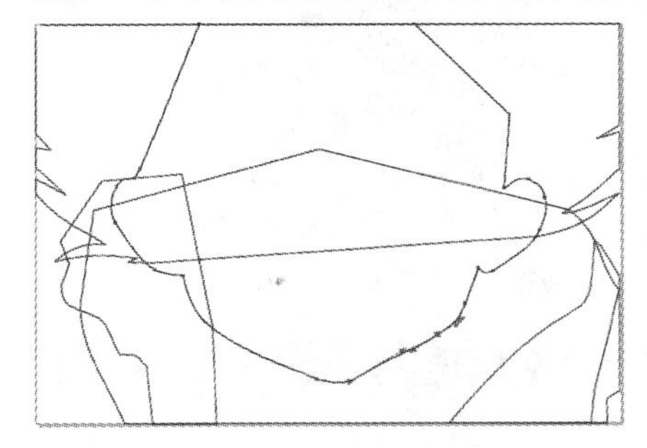

图 2-90　添加脸形的卡通

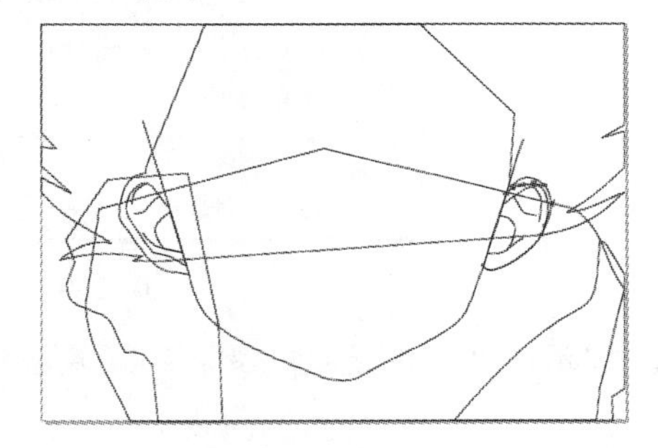

图 2-91　绘制并调整后的耳朵形状

用同样的方法，根据眼睛图形的大小，按照先绘制大的图形再绘制小图形的顺序，对眼睛的形状进行绘制，如图 2-92 所示。

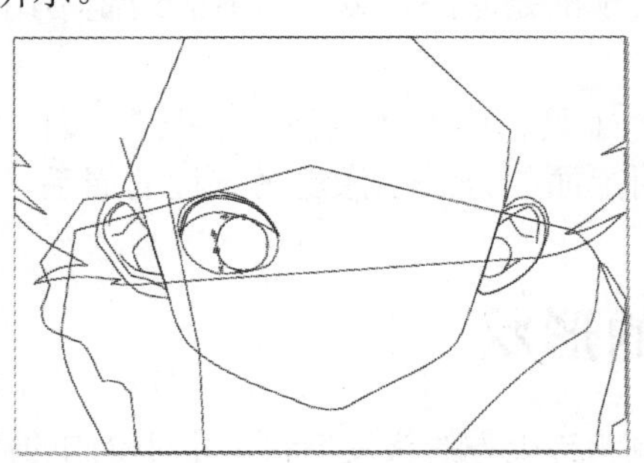

图 2-92　绘制眼睛

（2）使用“椭圆形工具”，绘制瞳孔和高光点。

（3）选择眼睛部位的图形。执行【窗口】→【泊坞窗】→【对象管理器】命令，打开“对象管理器”泊坞窗。使用“挑选工具”，按住【Shift】键，在“对象管理器”泊坞窗中由上到下选择眼睛的图形，如图 2-93 所示。

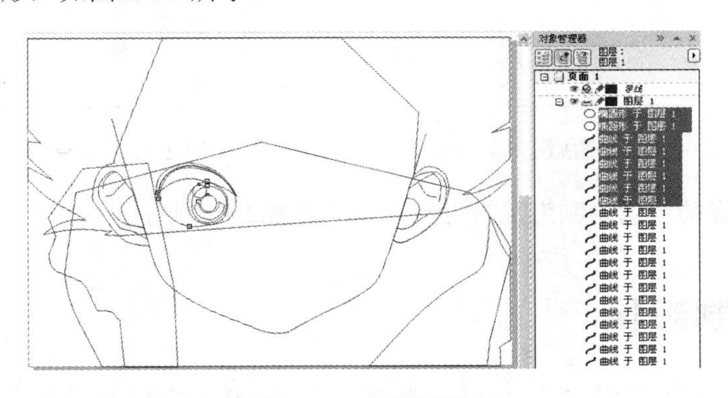

图 2-93　选择图形

（4）将耳朵图形移动到适当的位置，按【Ctrl+C】组合键复制耳朵，再按【Ctrl+V】组合键进行粘贴。单击属性栏中的“水平镜像”按钮，对复制出来的图形进行水平镜像，将两图形调整到合适的位置，如图 2-94 所示。

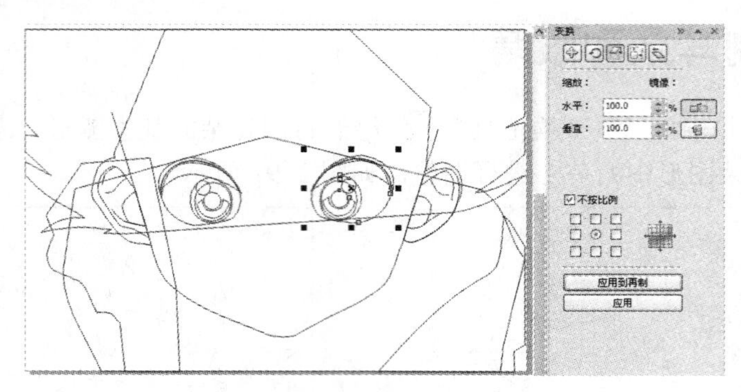

图 2-94　完成耳朵的效果

提示：也可以通过“变换”泊坞窗进行水平复制的操作。

2.7.4　绘制鼻子与嘴

因为在这幅作品中主要表现的是眼睛，鼻子与嘴的绘制不用刻画得很精细，只要绘制出基本的形状就可以了。

首先绘制眉毛。分别选择工具箱中的“贝济埃工具”和“形状工具”，在合适的位置绘制，并调整图形。再使用上面的方法镜像出另一边的眉毛，效果如图 2-95 所示。

2.7.5　绘制头发的形状

（1）使用同样的工具绘制头部上方的头发形状，并对绘制的曲线进行调整，如图 2-96 所示。

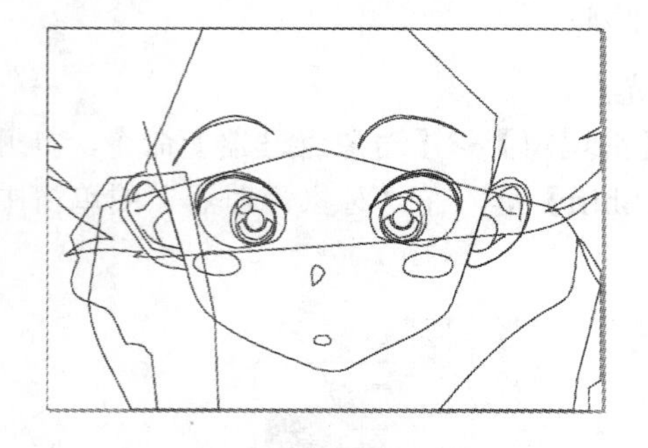

图 2-95　绘制的眉毛

图 2-96　绘制头发的形状

（2）根据头发的形状绘制头发的明暗部分，如图 2-97 所示。

2.7.6　绘制眼镜

（1）使用“贝济埃工具”和“形状工具”，绘制卡通胸前的眼镜图形，如

图 2-98 所示。

图 2-97　绘制头发的明暗

图 2-98　绘制眼镜

（2）绘制眼镜的吊带。还是使用“贝济埃工具”和“形状工具”，绘制眼镜的吊带图形，如图 2-99 所示。

图 2-99　绘制眼镜吊带

至此，卡通的图形的轮廓部分就绘制完成了，在后面的章节中将对图形进行填充。

图 2-100 所示为世界著名的卡通形象的轮廓效果。

图 2-100　卡通轮廓图形

经验与技巧分享

无论多么复杂的图形都是由简单的图形组合而成的，所以在学习时应多加练习，掌握绘制简单图形的方法和技巧。

经验与技巧分享如下。

（1）利用“三点椭圆形工具”可以绘制出带任意倾斜角度的椭圆形。比先用“椭圆形工具”绘制一个椭圆形再改变倾斜角度方便得多。

（2）“刻刀工具”实际上是切割图形的路径。所以，在使用时一定要在图形的边缘路径上单击。

（3）在绘制图形过程中会经常用到辅助线，它可以确保绘制效果的准确性。还可以通过【查看】菜单中的【辅助线】命令隐藏和显示辅助线。选中辅助线，单击鼠标右键，在弹出的菜单中选择【删除】命令，即可将辅助线删除。

（4）可以保证制作准确度的工具还有“网格”，可以通过执行【视图】→【网格】命令来显示它。

（5）当创建封套的新样式时，不能使用导入的对象、开放路径、组合对象或群组对象来创建封套。

03 艺术笔的使用与实战

在 CorelDRAW X4 中，“艺术笔工具”是一种奇妙而强大的绘图工具。当使用它绘制曲线时，并不是创建出简单的路径，而是依据不同的设置产生不同粗细的轮廓线。每一条轮廓线都具有一个封闭的路径，用户可以选用不同的颜色对轮廓线进行填充。

“艺术笔工具”的另一个特点是：可以在选项对话框中自由地设置笔头的形状和粗细，从而产生不同的绘图效果。“艺术笔工具”最奇妙的特点就是可以产生各种各样的图案。

在 CorelDRAW X4 中选择“艺术笔工具”后，在其属性栏上可以看到艺术笔有以下 5 种模式：预设模式、画笔模式、喷罐模式、书法模式和压力模式。

学习提要

- 预设模式应用
- 画笔模式应用
- 喷罐模式应用
- 书法模式应用
- 压力模式应用

3.1 预设模式

预设模式可以绘制根据预设形状来改变曲线的粗细，用户可以从其属性栏的列表中选择预设线条的形状。CorelDRAW X4 提供了 23 种线条形状，如图 3-1 所示。

图 3-1　线条形状

3.1.1 使用预设模式绘制曲线方法

（1）单击工具箱中的“手绘工具”右下角的黑色小三角，在弹出的隐藏工具中单击“艺术笔工具”。

（2）在属性栏中单击“预设”按钮，并在“手绘平滑”参数框中设置曲线的光滑度，在“艺术笔工具宽度”参数框中输入宽度，在“预设笔触”列表中选择各种画笔线条，如图 3-2 所示。

图 3-2 预设模式属性栏

（3）从预设笔触列表中选择预设曲线形状，将鼠标指针移动到绘图区上要开始绘制曲线的位置。

（4）沿所需要的路径拖动鼠标，即可按预设的形状绘制曲线。选择不同的形状可以绘制出不同的曲线效果。

下面通过 1 个简单的实例来展示预设模式艺术笔的创建方法。

3.1.2 预设模式艺术笔实例

此实例是通过调整美术字的形状，添加预设模式艺术笔，使作品有一种灵活变化的效果。实例的创建方法如下。

（1）执行【文件】→【打开】命令，弹出“打开绘图”对话框，选择预设模式文件（文件路径：配套教学软件\material\第 3 章\），单击【打开】按钮。可以看到，文件已经被打开了，在页面中可以看到是一支没有五官和轮廓的兔子，如图 3-3 所示。

（2）为兔子绘制五官。单击工具箱中的“艺术笔工具”，然后在属性栏中单击“预设”按钮，根据需要设置“手绘平滑值”为 100、“艺术笔工具宽度”值为 6.9，在“预设笔触”列表中选择笔触，在兔子图形嘴的位置按下鼠标左键并拖动笔触，如图 3-4 所示。

提示：如果将笔触画大了或小了，都可以选择工具箱中的“挑选工具”来单击笔触，在笔触的四周出现控制点，对其进行拖动可以调整大小。由于此作品的风格就是要达到一种手绘的自由线条的效果，所以绘制后一般不需要调整，因为调整后反而会失去此效果。

（3）单击调色板中的黑色，完成对笔触的填充，效果如图 3-5 所示。

图 3-3 打开文件

图 3-4 绘制笔触

图 3-5 填充笔触

（4）用同样的方法绘制嘴内部的笔触，填充颜色为黄色。接下来绘制眼睛。在属性栏的"预设笔触"列表中选择笔触，"艺术笔工具宽度"值为3.4，在嘴的上方绘制眼睛，如图3-5所示。这时兔子的表情惊讶、无奈，如图3-6所示。

（5）为兔子绘制外轮廓。在属性栏的"预设笔触"列表中选择笔触，"艺术笔工具宽度"值为2.1，在兔子的外轮廓上绘制，如图3-7所示。有时需要停顿，这样会使笔触产生效果，如图3-8所示。

图3-6　完成兔子五官的绘制

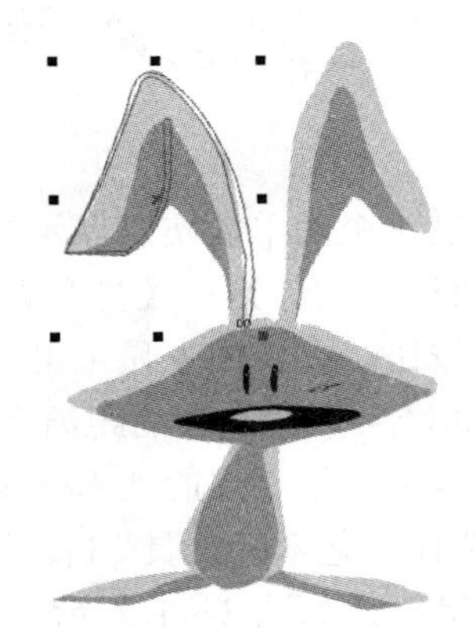

图3-7　绘制外轮廓

（6）绘制完成后如果需要修改，可以根据笔触的效果，使用工具箱中的"挑选工具"。单击笔触，选择笔触后，在属性栏的"预设笔触"列表中选择一种笔触，笔触将做相应的调整。完成调整后，分别选择笔触，单击调色板中的黑色色样框，将笔触填充为黑色，这样就完成了兔子的绘制。效果如图3-9所示。

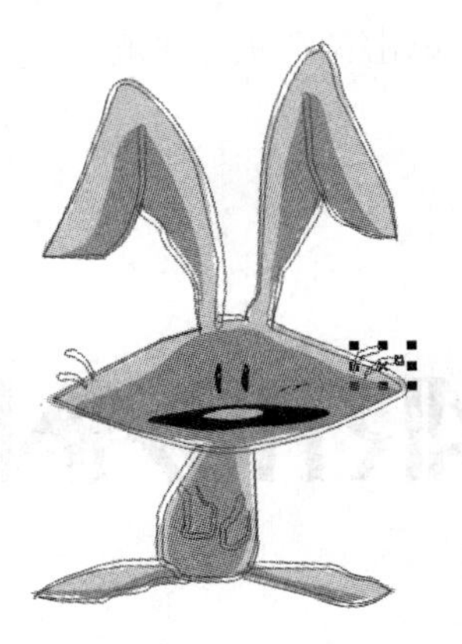

图3-8　完成外轮廓的绘制

图3-9　完成效果

至此，"预设笔触"创建图形的方法就介绍完了，下面将讲解画笔模式创建图形的效果。

3.2　画笔模式

画笔模式可以绘制类似刷子刷出的效果，在此也可以选择笔刷的形状，还可以自定义笔刷，CorelDRAW X4提供了24种画笔形状。

3.2.1 画笔模式属性栏设置

选择“艺术笔工具”后，在属性栏中单击“画笔模式”按钮。属性栏显示画笔模式的各种属性参数，在“笔触列表”中可以选择画笔模式的各种笔触形状，如图 3-10 所示。

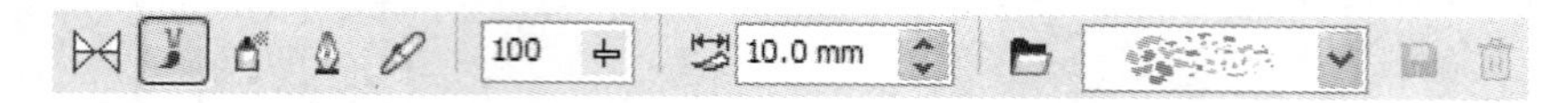

图 3-10　画笔模式属性栏

下面通过 1 个简单的实例展示画笔模式艺术笔的创建方法。

（1）执行【文件】→【打开】命令，弹出“打开绘图”对话框。选择画笔模式文件，单击【打开】按钮，在页面中显示出美术字文件。此时会发现一个问题，由于确定字体后，“S”与“A”之间产生了非常大的距离。这里可以使用画笔模式中的画笔来解决这一问题，并且还会使整个美术字产生更强的艺术效果。

（2）选择“艺术笔工具”后，在属性栏中单击“画笔模式”按钮， 在“笔触列表”中选择一款笔触，如图 3-11 所示。

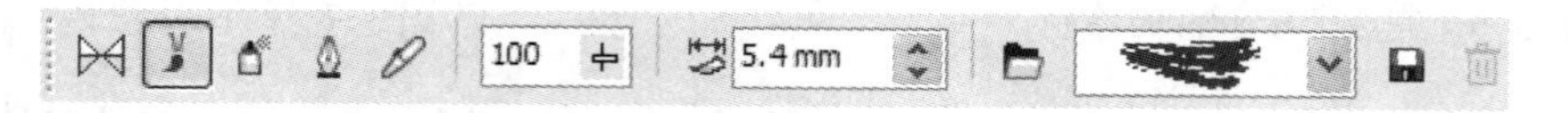

图 3-11　画笔模式属性栏

（3）在“S”的右上方按住鼠标左键向“A”的中心部分拖动，进入字母“N”的内部，产生的效果如图 3-12 所示。

（4）改变笔触的颜色。确定画笔图形处于选择状态，单击调色板中的黑色，完成画笔图形颜色的修改，效果如图 3-13 所示。

图 3-12　创建画笔图形

图 3-13　完成画笔图形的创建

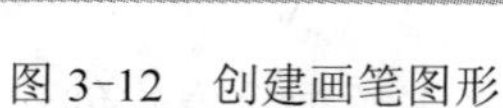

在应用画笔模式过程中，不仅可以利用“笔触列表”中的各种笔触，还可以自定义笔触，这使得创建的笔触效果更加丰富。

3.2.2 自定义画笔笔触

自定义画笔笔触主要是针对多次使用同一笔触创建图形这样的操作，通过自定义画笔笔触可以最大程度地减少工作强度及节约时间。

下面将通过绘制一只飞翔的凤凰来展示自定义画笔笔触的方法。

（1）打开背景。执行【文件】→【打开】命令，弹出“打开绘图”对话框，选择 “画笔背景.cdr”，单击【打开】按钮，打开一幅紫色射线渐变背景。

（2）绘制笔触。在设计画面时，想绘制一只特别有动感和中国绘画风格的凤凰，就要为其特定一个笔触。选择工具箱中的“贝济埃工具”绘制一个三角形。选择“形状工具”，选择节点并将节点设置为曲线，然后设置弧度，单击调色板中的灰色完成填充。效果如图 3-14 所示。

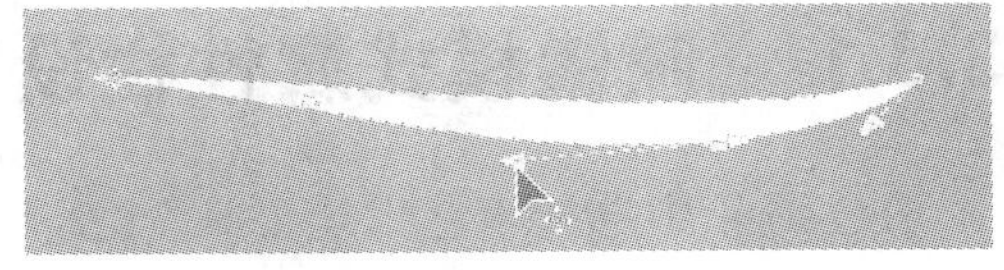

图 3-14　绘制图形

（3）在工具箱中展开“曲线”展开工具栏，然后选择“艺术笔工具”，单击属性栏上的“画笔模式”按钮。

（4）单击属性栏上的“保存艺术笔触”按钮，打开“另存为”对话框，在文件名文本框中输入笔触的文件名。单击【保存】按钮，完成艺术笔触的创建。

（5）在属性栏上的“笔触”列表框中可以选择使用自定义笔触，如图 3-15 所示。

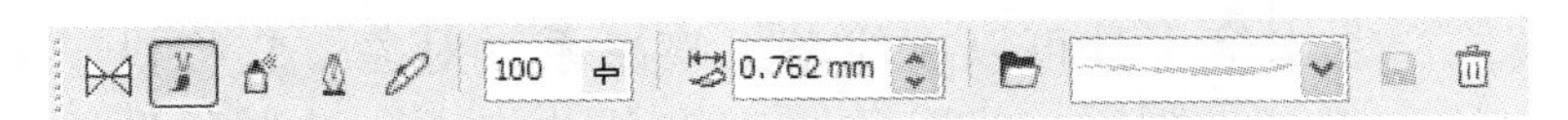

图 3-15　自定义画笔模式属性栏

这样就完成了绘制凤凰图的一切准备工作，下面开始绘制凤凰。

（6）在属性栏中设置“艺术笔工具宽度”值为 3.2，在页面中设置绘制出凤凰头部的图形，此作品不需要绘制得十分仔细，因为这里只要达到写意的效果即可。效果如图 3-16 所示。

提示：此处要注意画面的构图和凤凰头部的大小，为后面的图形留有绘制的空间。

（7）绘制凤凰翅膀与身体部分，这时可以看出飞翔的效果。这里也可以完全看出自定义画笔笔触的效果，如图 3-17 所示。

（8）绘制凤凰的螺旋形尾部，加强凤凰飞翔的动态效果，如图 3-18 所示。绘制完成后会发现，使用其他工具是完全绘制不出这样的效果的，自定义笔触会使作品更加生动。

图 3-16　绘制凤凰的头部

图 3-17　完成翅膀与身体的绘制

图 3-18　完成效果

（9）要删除自定义笔触，可以从属性栏上的“笔触”列表框中选择该笔触，然后单击“删除”按钮。

至此，使用画笔模式创建图形的方法就讲解完成了，下面将介绍喷罐模式的使用方法。

3.3 喷罐模式

喷罐模式可以创建很多不同的图案，CorelDRAW X4 提供了 27 种喷罐样式。

3.3.1 喷罐模式属性栏设置

在工具箱中选择“艺术笔工具”，单击属性栏上的“喷罐模式”按钮，显示图 3-19 所示的相关选项。

图 3-19 喷罐模式属性栏

使用喷罐模式的艺术笔工具可以在线条上喷罐系列对象，它提供了多种有趣的图形对象，例如气球、水泡、脚印、雪花等。在默认状态下，绘制的图形都是群组在一起的，我们可以将图形拆分或取消群组，然后再与其他图形组合在一起，从而制作出更加完美的作品。

喷罐模式属性设置介绍如下。

- 要喷涂的对象大小参数：用于设置要喷涂对象的大小。
- 浏览：选择所需的路径。
- 喷涂列表文件列表：单击按钮，可弹出图 3-20 所示的下拉列表框，可以从中选择所需的笔触类型。
- 选择喷涂顺序：提供了 3 种顺序，分别为随机、顺序、按方向。
- 添加到喷涂列表：可以将绘制完成的图形添加到喷雾列表中。
- 喷涂列表对话框：单击此按钮可以弹出图 3-21 所示的对话框。可以在喷涂列表中选择一种所需的对象，然后添加到播放列表中，还可以在喷涂列表中移除不需要的对象，或者将喷涂列表中的全部对象添加到播放列表中，单击【确定】按钮即可。如果不需要此操作可以单击【取消】按钮。
- 喷涂对象的小块颜料/间距：设置喷涂对象的多少与间距。
- 旋转：单击右下角的小三角形，可弹出图 3-22 所示的对话框，可以在该对话框中设置角度、增量和基于路径旋转还是基于页面旋转等。
- 偏移：单击它可以弹出图 3-23 所示的对话框，并且可以在其中设置喷涂的偏移值。
- 重置值：返回系统默认值。

使用喷罐模式艺术笔工具喷涂线条的具体操作步骤如下。

（1）在艺术笔工具的属性栏上单击“喷罐模式”按钮。

（2）展开“喷涂列表文件列表”来选择需要的喷涂图案。

（3）在绘图页面上按住鼠标左键并拖动鼠标，鼠标的指针所经过的路径将会显示为线条，如图 3-24 所示。拖动至合适的位置后释放鼠标，得到的喷涂效果如图 3-25 所示。

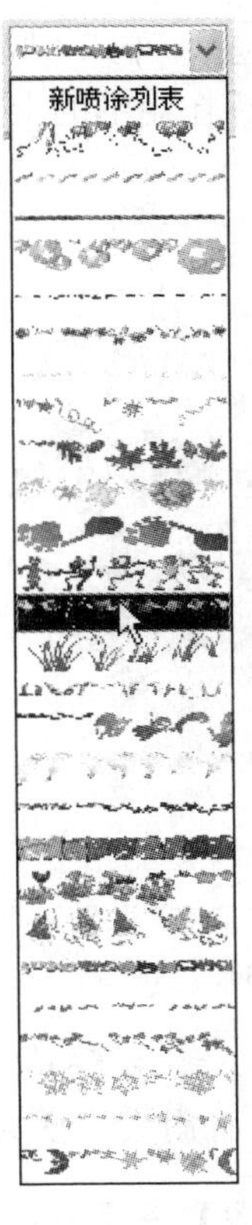

图 3-20　喷涂列表文件列表

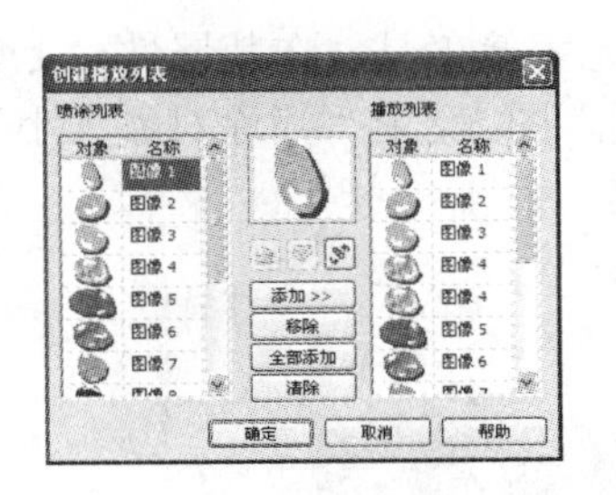

图 3-21　创建播放列表对话框

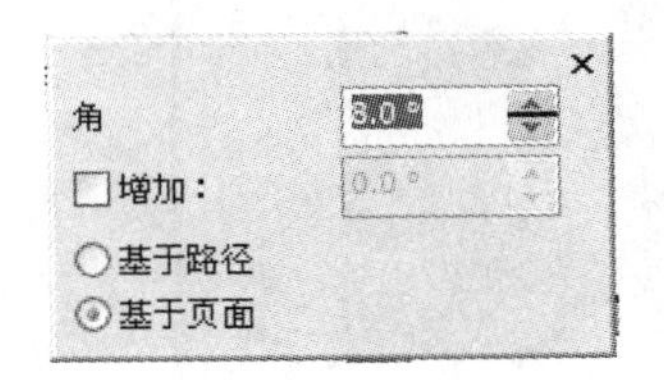

图 3-22　旋转对话框

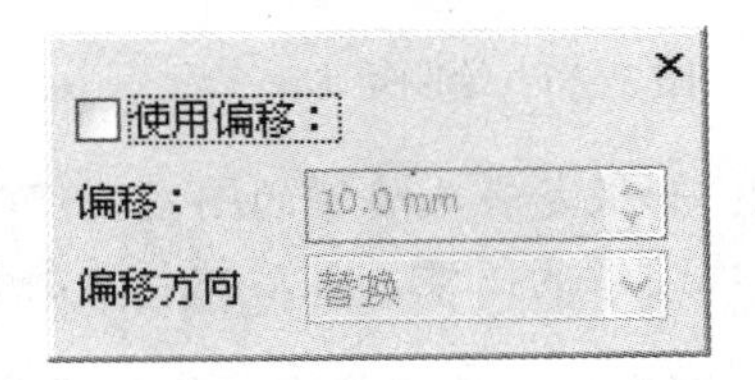

图 3-23　偏移对话框

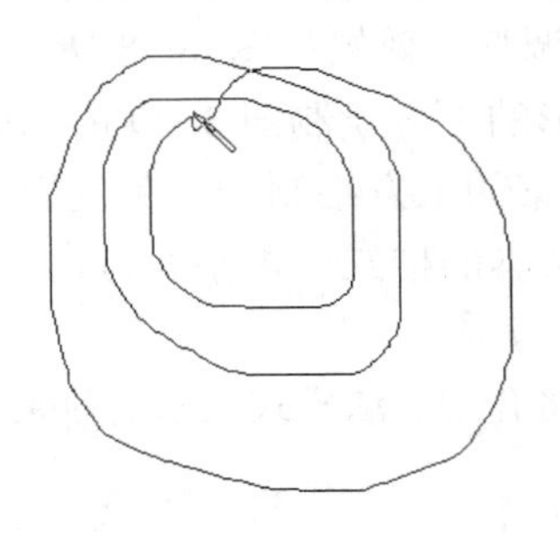

图 3-24　喷涂路径

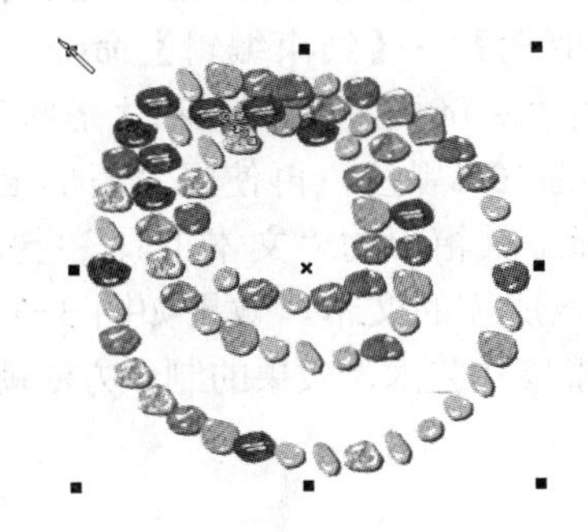

图 3-25　喷涂效果

下面通过 1 个简单的实例展示喷罐模式艺术笔的创建方法。

3.3.2　喷罐模式艺术笔实例

此实例是通过使用喷罐模式创建图形，添加一些简单的图形来完成一幅作品的创作过程。具体方法操作如下。

（1）选择工具箱中的“矩形工具”，在页面中绘制“宽度”和“高度”分别为 113.493、195.967 的矩形，单击调色板中的浅蓝绿色，对矩形进行填充，效果如图 3-26 所示。

（2）单击艺术笔工具，在其属性栏上单击“喷罐模式”按钮。展开“喷涂列表文件列表”，选择“雪花”图案，将“喷涂对象大小”设置为 75，然后用鼠标在矩形的上方拖出图 3-27 所示的喷涂图案。

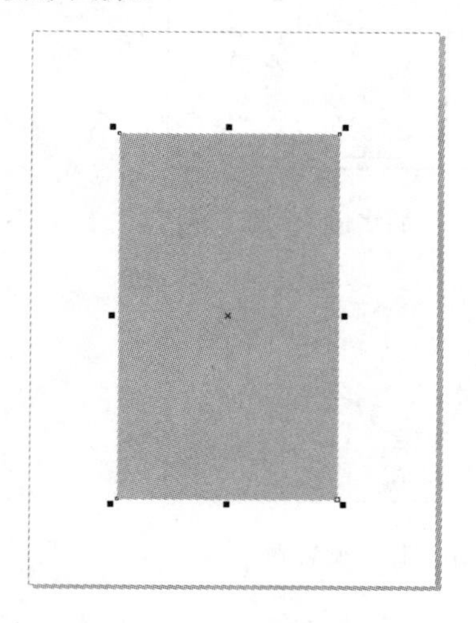

图 3-26　绘制矩形

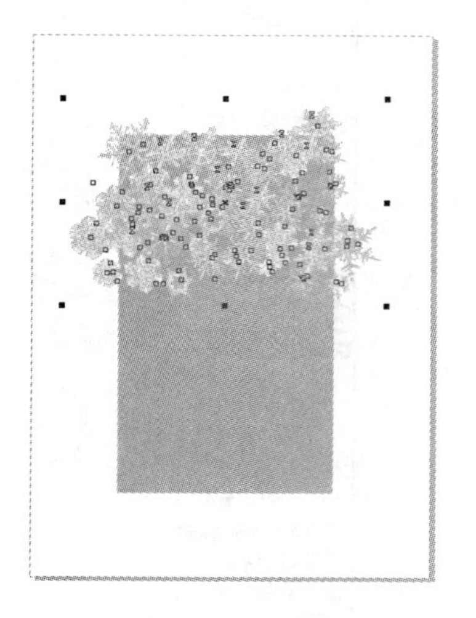

图 3-27　喷罐雪花

提示：如果是多次喷罐的图案，可以选择“挑选工具”，按住【Shift】键，分别选择多次喷罐的图案。然后执行【排列】→【群组】命令，将图案设置为 1 个组。

（3）确定图案处于选择状态，执行【效果】→【图框精确剪裁】→【放置在容器中】命令。单击矩形，此时“雪花”图案将被放置在矩形中。如果“雪花”图案的位置发生了变化，可执行【效果】→【图框精确剪裁】→【编辑内容】命令来调整位置，完成调整后执行【效果】→【图框精确剪裁】→【结束编辑】命令，完成图案位置的调整，效果如图 3-28 所示。

（4）使用“贝济埃工具”和“形状工具”，在矩形的下方绘制图 3-29 所示的图形，单击调色板中的 30%黑色，再使用“矩形工具”在雪花图案的上方绘制一个灰色的矩形。

（5）选择工具箱中的“文本工具”，调整属性栏中文本的样式、大小及方向，在绿色图形上分别输入所需的文本，效果如图 3-30 所示。

至此，喷罐模式艺术笔效果的制作方法就介绍完了，下面将介绍书法模式艺术笔效果的创建。

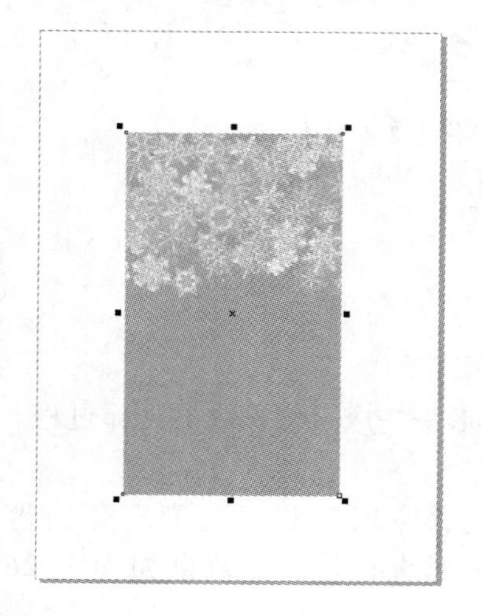

图 3-28　设置图案位置

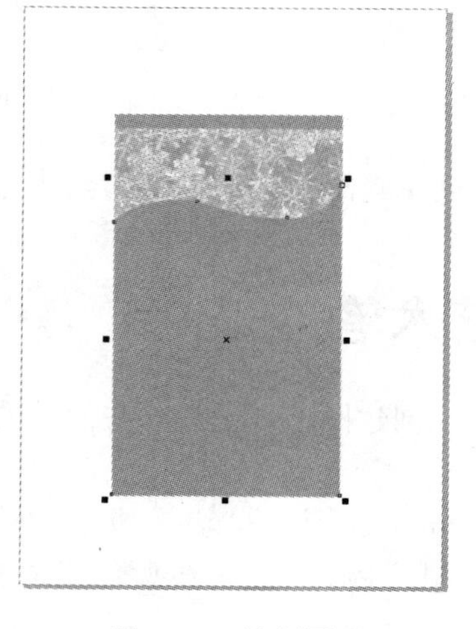

图 3-29　绘制图形

图 3-30　完成效果

3.4 书法模式

书法模式可以绘制根据曲线的方向改变粗细的曲线，类似于使用书法笔绘制的效果。

3.4.1 书法模式属性栏设置

（1）在工具箱中选择“艺术笔工具”，单击属性栏上的“书法模式”按钮，并在“手绘平滑参数”框100中设定曲线的光滑程度，在“艺术笔工具宽度”参数框10.0 mm中输入宽度，在“书法角度”参数框0.0°中输入角度值，如图 3-31 所示。按【Enter】键确认即可。

图 3-31　书法模式属性栏

（2）设置完成后，在绘图页面上按住鼠标左键沿着设想的方向移动，也可以像用毛笔一样移动，松开鼠标后的效果如图 3-32 所示。使用“挑选工具”将图形进行选择，将右侧的调色板上的颜色填入书法笔工具绘制的闭合路径中，即可得到图 3-33 所示的文字效果。

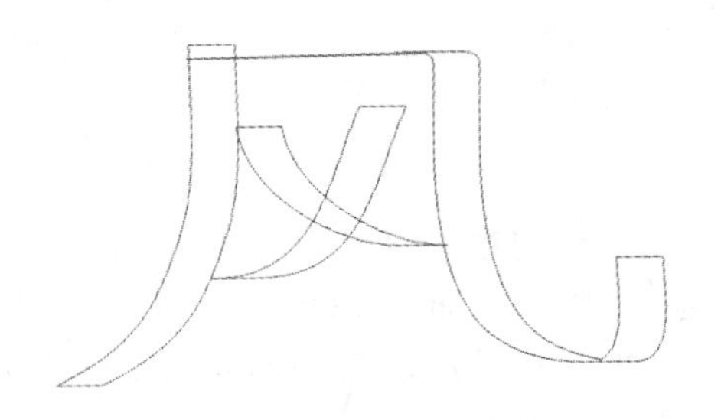

图 3-32　书法模式画笔轮廓

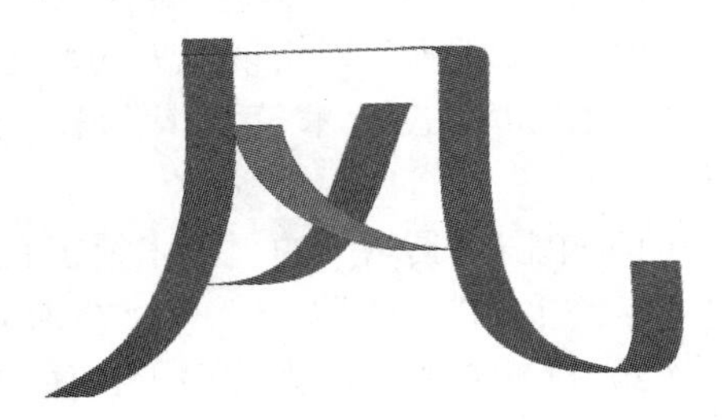

图 3-33　书法模式画笔填充

下面是运用了艺术笔工具的书法模式绘制的文字图形。

3.4.2 书法模式艺术笔实例

（1）执行【文件】→【打开】命令，打开“书法模式”文件，如图 3-34 所示。

（2）选中整个心形图形，使其处于当前选中状态。然后选择工具箱中的“艺术笔工具”，在属性栏中单击“书法模式”按钮，根据需要设置“手绘平滑参数”值为 100 和“艺术笔工具宽度”值为 2.6，得到图 3-35 所示的效果。

（3）选中图形，单击右侧调色板上的红色，为其填充红色，在右侧调色板上的“无”按钮⊠上单击鼠标右键，将图形上的轮廓线删除，得到图 3-36 所示的效果。

书法模式创建艺术笔效果的方法就介绍完了，下面将介绍压力模式创建艺术笔效果的方法。

图 3-34　打开素材

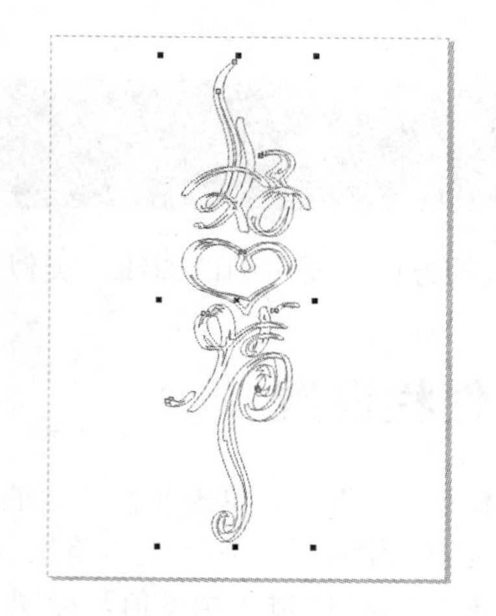

图 3-35　书法模式效果

图 3-36　完成书法模式设置

3.5　压力模式

压力模式的艺术笔效果是配合压感笔使用的，它可以根据压感笔在绘制过程中的压力变化绘制出不同粗细的笔触线条。如果用户没有压感笔，也可以通过鼠标模拟压感笔进行绘制。不过，绘制过程中需要不断调整属性栏中的压力选项的参数，如图 3-37 所示，以实现压力的变化。

图 3-37　压力模式属性栏

使用压力模式艺术笔工具绘图的具体操作步骤如下。

（1）单击工具箱中的“艺术笔工具”，然后在属性栏中单击“压力”按钮，根据需要将“手绘平滑”设置为 100，“艺术笔工具宽度”为 28.5 mm。也可以根据具体需要设置。

（2）设置完成后，在页面上按住按压感笔沿着所需的路径移动，根据不同的压感产生不同的粗细线条，效果如图 3-38 所示。运用“挑选工具”将图形进行选择，单击右侧的调色板上所需的颜色填入压力笔工具绘制的闭合路径中，即可得到图 3-39 所示的效果。

（3）运用“挑选工具”将图形进行选择后，单击工具栏上的“轮廓笔工具”，弹出隐藏的工具栏，再单击其中的“无轮廓工具”✕，将图形中的轮廓线删除，得到图 3-40 所示的效果。

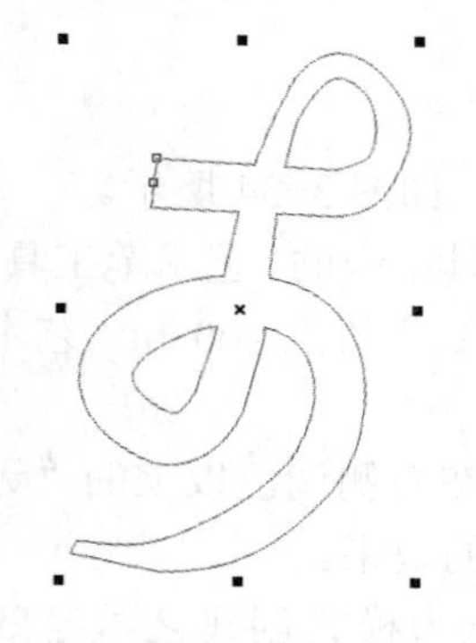

图 3-38　压力模式创建效果

图 3-39　压力模式创建填充效果

图 3-40　压力模式删除轮廓效果

至此，所有的艺术笔效果的制作方法就介绍完了，下面将通过实例加深对艺术笔功能的认识。

3.6 绘制装饰画

装饰画源于生活又高于生活，是对写实的景物、人物经过提炼、变形、夸张、再创作，追求似与不似的艺术效果。这其中需要丰富的想像力和审美水平。在 CorelDRAW X4 中，艺术笔工具是最能表达自然、变形和夸张效果的。本实例将通过一幅装饰画的绘制展示艺术笔工具的特点，装饰画完成效果如图 3-41 所示。

下面将开始装饰画的绘制。

图 3-41 完成绘制的装饰画

3.6.1 绘制背景与树干

（1）使用“矩形工具”，在页面中拖出图 3-42 所示的矩形，并单击调色板中的橘色，完成对矩形的填充，作为装饰画的背景。

（2）选择“艺术笔工具”，在属性栏中单击“压力”按钮，设置“艺术笔工具宽度”的值为 28。使用压感笔，在背景上使用不同的压感绘制出两株树干，单击调色板中的黑色，完成对图形的填充。效果如图 3-43 所示。

（3）用同样的方法绘制具有粗细变化效果的树枝，效果如图 3-44 所示。

图 3-42 绘制矩形

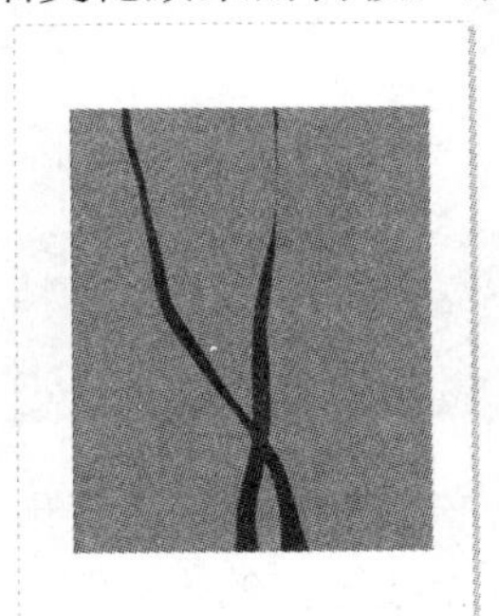

图 3-43 绘制树干

图 3-44 完成树干的绘制

3.6.2 绘制树叶

（1）在属性栏中单击“预设”按钮，并在“手绘平滑”参数框 100 中设置曲线的光滑度，在“艺术笔工具宽度”参数框 9.6 mm 中输入宽度，在“预设笔触”列表中可以选择各种画笔线条，在页面中绘制图 3-45 所示的叶子。单击调色板中的黑色来完成填充，如图 3-46 所示。

（2）用同样的方法绘制更多的叶子，效果如图 3-47 所示。

3.6.3 绘制小鸟

在属性栏中单击“预设”按钮，并在“手绘平滑”参数框 100 中设置曲线的光滑度，在“艺术笔工具宽度”参数框 2.5 mm 中输入宽度，在“预设笔触”列表中可以选择各种画笔笔触线条来绘制鸟的形状，如图 3-48 所示。

图 3-45　绘制树叶

图 3-46　填充树叶

图 3-47　完成叶片的绘制

最终的画面给人一种自然的艺术效果，如图 3-49 所示。

图 3-48　绘制小鸟

图 3-49　完成的装饰画效果

经验与技巧分享

使用“艺术笔工具”可以使作品产生新的韵味，表现出一种新的姿态。其线条粗细的变化和富于表现力的手绘效果是简单线条无法比拟的。

经验与技巧分享如下。

（1）使用“艺术笔工具”之前最好绘制一张草稿，对笔画的走向和粗细变化做到心中有数，这样才能使“艺术笔工具”创建的图形效果充分发挥出来。

（2）“艺术笔工具”创建的线条，最好多出现一些转折的形状，这会使艺术笔创建出的图形变化更加丰富。

（3）使用压感笔应用压力“艺术笔工具”绘制作品时，一定要多次进行、多次炼习，才能掌握不同轻重的手感产生线条粗细的效果。

（4）“艺术笔工具”比较适合表现自然界有生命力的生物，例如动物和植物等。

（5）可以多应用自定义画笔笔触功能创建各种笔触，这样对创建各种艺术效果十分有益。

04 图形对象的填充与实战

使用 CorelDRAW X4 绘制作品时若要对颜色进行最佳的应用，就需要有系统地规划与管理颜色。为了顺利达到这样的目的，本章将介绍色彩的调整和调色板的设置方法，并通过实战展示 CorelDRAW X4 在颜色使用方面的强大功能。

学习提要

- 色彩调整与变换
- 填充对象
- 使用滴管工具组填充
- 对象轮廓
- 综合实战——为卡通上色

4.1 色彩调整与变换

在 CorelDRAW X4 中通过选择【效果】→【调整】命令中的适当命令，可以调整图像的色彩与色调；通过执行菜单栏上的【效果】→【变换】命令中的适当命令，可以反转颜色和执行菜单栏上的色调分离等功能。

执行【效果】→【调整】命令，弹出一个图 4-1 所示的调整子菜单，使用其中的命令，可以直接在 CorelDRAW X4 中对影像的色彩进行调整。

4.1.1 色彩调整

CorelDRAW X4 允许将颜色和色调应用于位图。例如，可以替换颜色，在不同的颜色模式之间转换颜色，并且可以调整颜色的亮度、光度和强度。

通过应用颜色和色调效果，可以恢复阴影或高光中丢失的细节、移除颜色模型、校正曝光不足或曝光过度，并且可以全面提高位图质量。

导入位图后，执行【效果】→【变换】命令，弹出图 4-1 所示的菜单。利用其中的命令，可以将图像调整为另一种效果。

下面将对【调整】菜单中各命令的功能进行介绍。

4.1.2 高反差

使用【高反差】命令可以调整图像各颜色通道的色阶来增加图像的对比度。在工作区中，选择图像对象后，执行【效果】→【调整】→【高反差】命令，可以打开图 4-2 所示的“高反差”对话框。

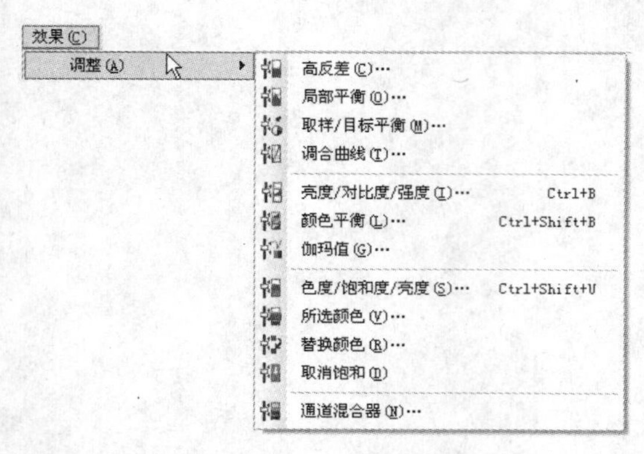

图 4-1 色彩【调整】子菜单

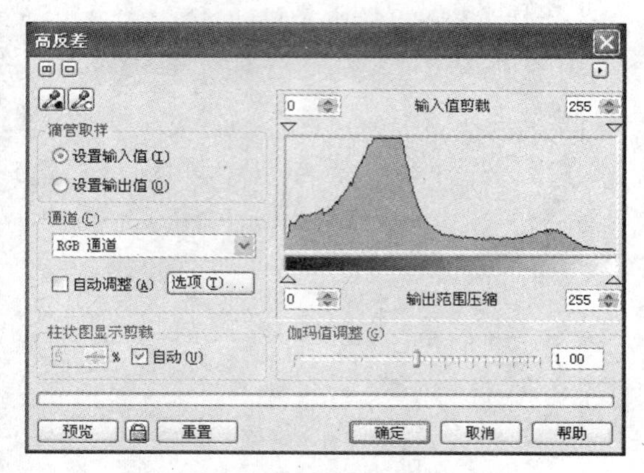

图 4-2 “高反差”对话框

在该对话框中，各主要参数选项的作用如下。

- “黑色滴管工具”和“折色滴管工具”：分别用于图像的明色调、暗色调的色彩选择。
- “滴管取样”选项区域：用于设置“滴管工具”的取样类别。
- “通道”选项区域：用于设置所需调整的颜色通道。
- “自动调整”复选框：启用该复选框，可以自动调整选择的颜色通道。
- 【选项】按钮：单击该按钮，打开“自动调整范围”对话框。在该对话框中，可以设置自动调整的色调范围。
- “柱状图显示剪裁”选项区域：用于设置色调柱状图的显示。
- “输入值剪裁”选项区域：用于设置图像输出色阶的暗部与亮部数值。
- “伽玛值调整”选项区域：用于调整图像明暗的伽玛值。

“高反差”对话框中的参数选项设置完成后，单击【确定】按钮，即可应用设置的参数选项至选择的图像中。图 4-3 所示为使用【高反差】命令调整图像画面的效果对比。

图 4-3 使用【高反差】命令调整图像画面的效果对比

4.1.3 局部平衡

【局部平衡】命令用于平衡处理图像各个局部区域内的色阶。需要注意的是局部平衡不能精确地调整设定的色调、色阶，用户仅能在指定局部区域进行调整，软件会自动对所设置区域的色阶进行统一的调整。

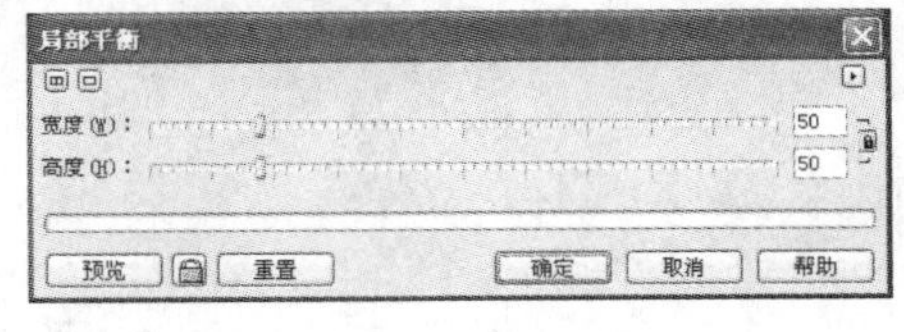

图 4-4 “局部平衡”对话框

（1）执行【效果】→【调整】→【局部平衡】命令，打开“局部平衡”对话框，如图 4-4 所示。该对话框中的“宽度”选项用于设置局部区域的宽度值，“高度”选项用于设置局部区域的高度值。

（2）将“高度”和“宽度”的值都调整为 100，与原始位图对比效果如图 4-5 所示。

图 4-5 使用【局部平衡】命令调整位图的对比效果

4.1.4 样本/目标平衡

使用从图像中选择的色样来调整位图中的颜色值。可以从图像的暗色、中间色调及浅色部分选择色样，并将目标颜色应用于每个色样。

（1）执行【效果】→【调整】→【取样/目标平衡】命令，打开“样本/目标平衡”对话框，如图 4-6 所示。

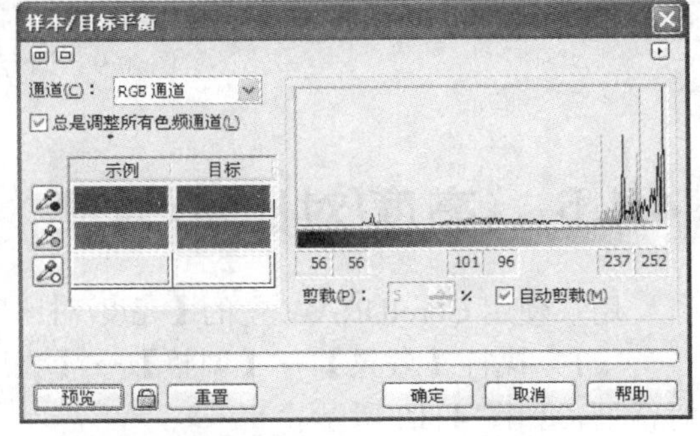

图 4-6 “样本/目标平衡”对话框

（2）在该对话框中单击“中间色”按钮，在画面中选择中间色后，再单击“中间色”的“目标”色样框，打开“选择颜色”对话框。选择自己认为理想的中间色，单击【确定】按钮返回“样本/目标平衡”对话框，再使用同样的方法设置浅色和暗色（也可以只处理一种色调），完成后单击【预览】按钮观看效果，满意后单击【确定】按钮完成调整。效果对比如图 4-7 所示。

4.1.5 调合曲线

调合曲线用来通过控制各个像素值来精确地校正颜色。通过更改像素亮度值，可以更改阴影、中间色调和高光。

图 4-7　应用【样本/目标平衡】命令前后的对比效果

（1）执行【效果】→【调整】→【调合曲线】命令，打开“调合曲线”对话框，如图 4-8 所示。

（2）在“曲样样式”中选择需要的曲线样式，单击样式按钮即可。在曲线的直方图的白色对角线上移动两个端点的控制点来调整色调，也可通过单击对角线上的任意点添加控制点，向上拖动为增加明度，向下为降低明度，图 4-9 所示的两张图片的对比效果就是通过调合曲线来完成的。

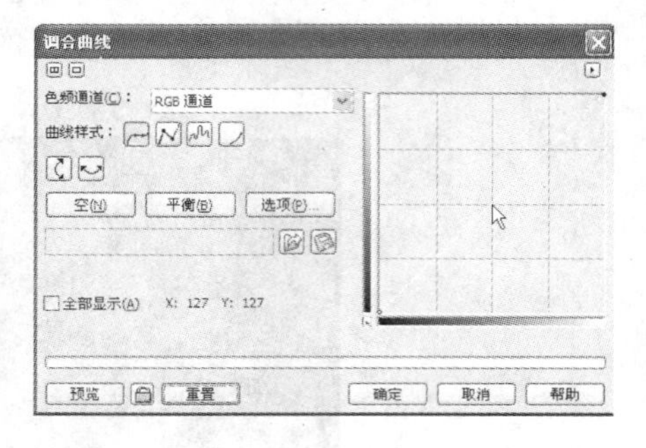

图 4-8　“调合曲线”对话框

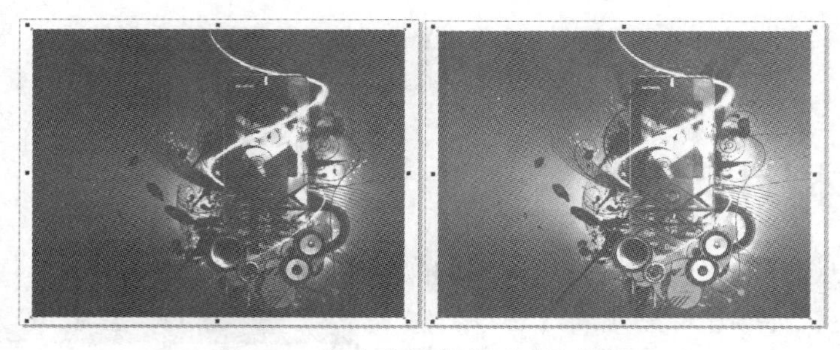

图 4-9　调合曲线的前后对比效果

4.1.6　亮度/对比度/强度

用户使用 CorelDRAW 中的【亮度/对比度/强度】命令，可以调整图像色彩的 3 个不同属性。

（1）执行【效果】→【调整】→【亮度/对比度/强度】命令，打开“亮度/对比度/强度”对话框，如图 4-10 所示。

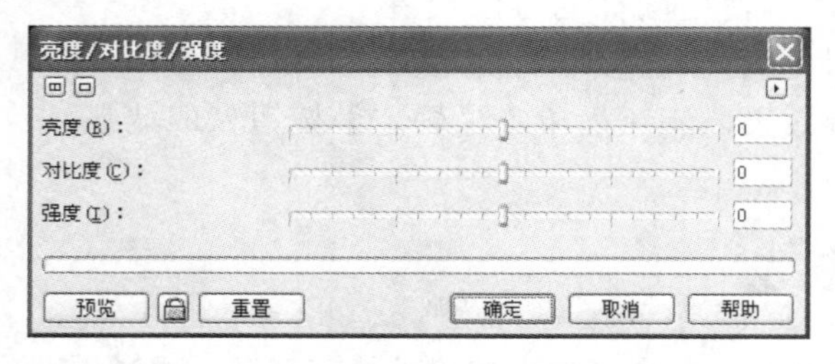

图 4-10　“亮度/对比度/强度”对话框

在该对话框中，各主要参数选项的作用如下。

◆ "亮度"选项：通过拖动亮度滑块或在其文本框中输入相应的数值，来调整图像中色彩的亮度值。该选项可以将所有色彩的亮度值在色调范围内升高或降低，使图像中所有色彩同等地变浅或变深。

◆ "对比度"选项：通过拖动对比度滑块或在其文本框中输入相应的数值，调整图像的色彩对比度。增加对比度可以提亮图像中的浅色区域的色彩。

◆ "强度"选项：通过拖动强度滑块或在对话框中输入相应的数值，调整图像的色彩强度。调整色彩的强度，增加或减少图像中最浅和最深色彩之间的距离。

（2）在"亮度/对比度/强度"对话框中完成设置参数选项后，用户可以单击该对话框中的"预览窗口类型"按钮或，打开预览显示窗口。然后单击【预览】按钮，即可查看设置的图像效果。如果对设置的参数选项满意，则单击【确定】按钮确定，即将应用设置的参数选项至选择的图像。图 4-11 所示为使用【亮度/对比度/强度】命令调整图像的颜色属性效果。

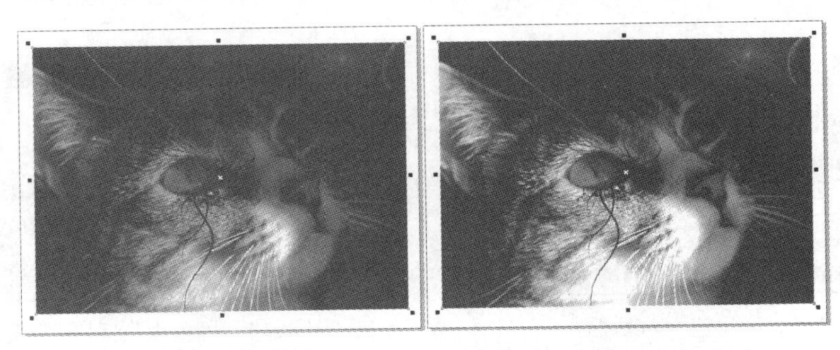

图 4-11　用【亮度/对比度/强度】命令调整图像的颜色效果

4.1.7　颜色平衡

使用【颜色平衡】命令可以调整颜色之间的互补关系，以便更好地校正位图图像的色彩效果。想要使用【颜色平衡】命令调整图像的色彩，可以执行【效果】→【调整】→【颜色平衡】命令，打开图 4-12 所示的"颜色平衡"对话框，然后在该对话框中进行相应的颜色调整即可。

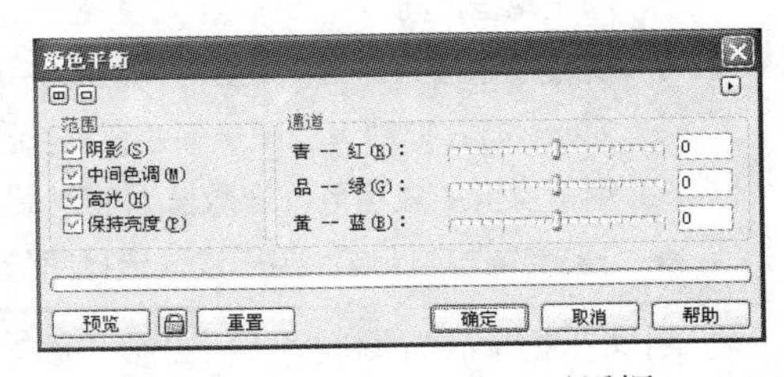

图 4-12　"颜色平衡"对话框

该对话框的"通道"选项区域的各参数选项的作用如下。

◆ "青--红"选项：通过拖动滑块或在文本框中输入数值，可以调整图像中青色和红色的平衡。

◆ "品--绿"选项：通过拖动滑块或在文本框中输入数值，可以调整图像中品红色和绿色的平衡。

◆ "黄--蓝"选项：通过拖动滑块或在文本框中输入数值，可以调整图像中黄色和蓝色的平衡。

该对话框中的"范围"选项组中有"阴影"、"中间色调"、"高光"及"保持亮度"4 个复选框。用户可以根据需要分别启用或禁用，以设定"通道"选项区域中的设置所对应的属性范围。

4.1.8 伽玛值

在 CorelDRAW X4 中，伽玛值能够对图像整体的阴影和高光进行调整，特别是对低对比度图像中的细节，能够有效地进行改善。伽玛值是基于色阶曲线中部进行调整的，因此图像色调的变化主要趋向于中间色调。执行【效果】→【调整】→【伽玛值】命令，打开“伽玛值”对话框，如图 4-13 所示。

在该对话框中，可以通过调整“伽玛值”标尺中的滑块或在文本框中输入数值，调整伽玛值的曲线数值。设置完成后，单击【确定】按钮，即可应用调整的参数数值。

4.1.9 色度/饱和度/光度

在 CorelDRAW X4 中，使用【色度/饱和度/光度】命令可以调整图像中颜色具有的 3 种特性。执行【效果】→【调整】→【色度/饱和度/光度】命令，打开“色度/饱和度/光度”对话框，如图 4-14 所示。

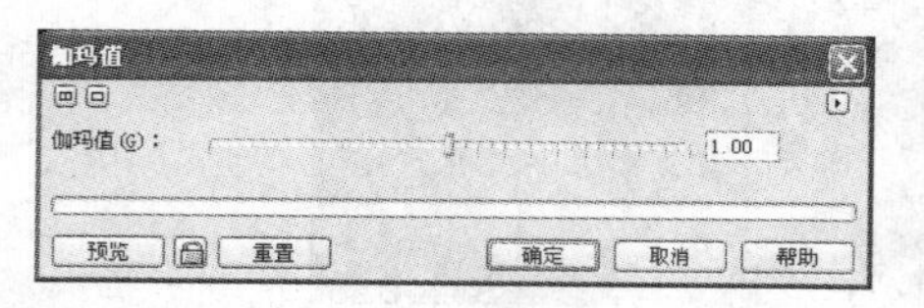

图 4-13 “伽玛值”对话框

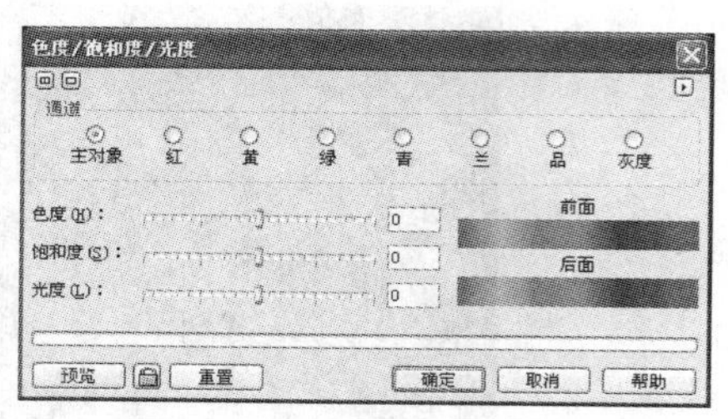

图 4-14 “色度/饱和度/光度”对话框

在该对话框中，各主要参数的作用如下。

- ◆“色度”选项：通过拖动滑块或输入相应的数值，调节红、黄、绿、青、蓝等纯色替换，取值的范围为–180~+180。
- ◆“饱和度”选项：拖动滑块或输入相应的数值，增加或减弱颜色的饱和度。向左调节滑块图像颜色的饱和度减弱，向右调节滑块图像颜色的饱和度增加。滑块可调整的饱和度取值范围为–100~+100。
- ◆“光度”选项：通过拖动滑块或输入相应的数值，调整图像颜色的明亮程度。向左拖动滑块图像颜色变暗，向右拖动滑块图像颜色变亮。该参数数值的变化范围为–100~+100。当数值调节到最小值时，图像完全变成黑色；当数值调节到最大值时，图像完全变成白色。
- ◆“通道”选项区域：用于设置选择图像中所调整的颜色范围。

图 4-15 所示为调整色度、饱和度与光度前后的图像效果对比。

图 4-15 调整色度、饱和度与光度前后的图像效果对比

4.1.10 所选颜色

可以通过更改位图中红、黄、绿、青、蓝和品红色的色谱 CMYK 印刷色百分比来更改颜色。例如，降低红色色谱中的品红色百分比会使颜色偏黄。

4.1.11 替换颜色

可以使用一种位图颜色替换另一种位图颜色，这样会创建一个颜色遮罩来定义要替换的颜色。根据设置的范围，可以替换一种颜色，或将整个位图从一个颜色范围变换到另一个颜色范围。还可以为新颜色设置色度、饱和度和亮度。

4.1.12 取消饱和

用来将位图中每种颜色的饱和度降到零，移除色度组件，并将每种颜色转换为与其相对应的灰度。这样将创建灰度黑白相片效果，而不会更改颜色模型。

4.1.13 通道混合器

使用【通道混合器】命令可以分别对选择图像的颜色模式中各单色通道进行调整，它是一种更为高级的调整色彩平衡的工具。例如，一张 RGB 颜色模式的位图绿色偏重，可以调节“绿”通道来清除多余的绿色，改善图像的色彩显示效果。

执行【效果】→【调整】→【通道混合器】命令，打开“通道混合器”对话框，如图 4-16 所示。

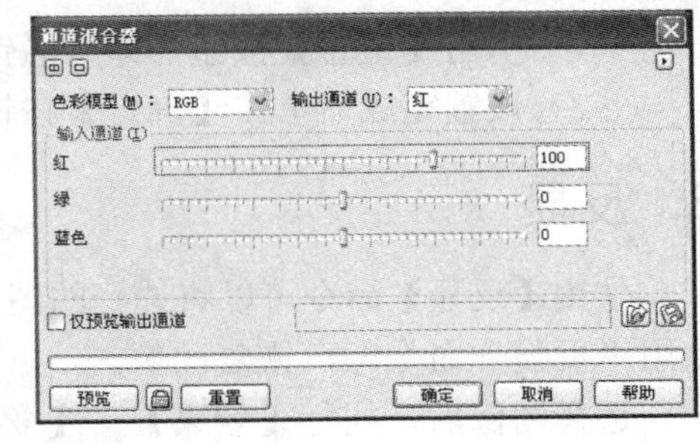

图 4-16 “通道混合器”对话框

在该对话框中，可以选择“色彩模型”列表框中图像的颜色模式，也可以选择“输入通道”下拉列表框中所需调整的颜色通道。“输入通道”选项区域用于设置调整所选颜色模式中的各个输入色彩通道的参数数值。如果启用“仅预览输出通道”复选框，那么在预览显示窗口中，只能显示输出色彩通道的颜色效果。“通道混合器”对话框中的“打开”按钮和“保存”按钮，分别用于载入和保存色彩通道混合的设置文件的操作。设置完成后，单击【确定】按钮确定，即可应用设置参数数值至选择的图像中。图 4-17 所示为使用通道混合器来调整图像色彩的前后效果对比。

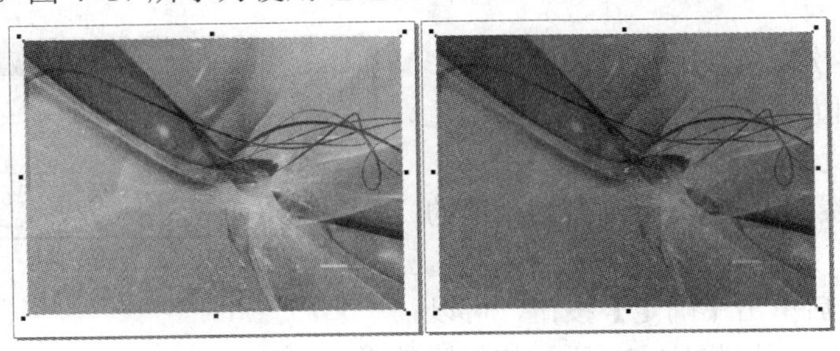

图 4-17 使用通道混合器调整图像色彩的前后效果对比

4.1.14 色彩变换

执行【效果】→【变换】命令，弹出子菜单，利用其中的命令，可以将图像变换为另一种效果。

使用变换功能可以对图像中的每行扫描线进行处理，使其显现出更加特殊的对比效果。

1. 去交错

使用【去交错】命令可以对图像中的每行扫描线进行处理，使其显现出更加特殊的对比效果。

（1）单击工具栏中的【导入】按钮，导入一幅位图图像。选择工具箱中的“挑选工具”，选择位图对象。

（2）执行【效果】→【变换】→【去交错】命令，弹出图 4-18 所示的“去交错”对话框。

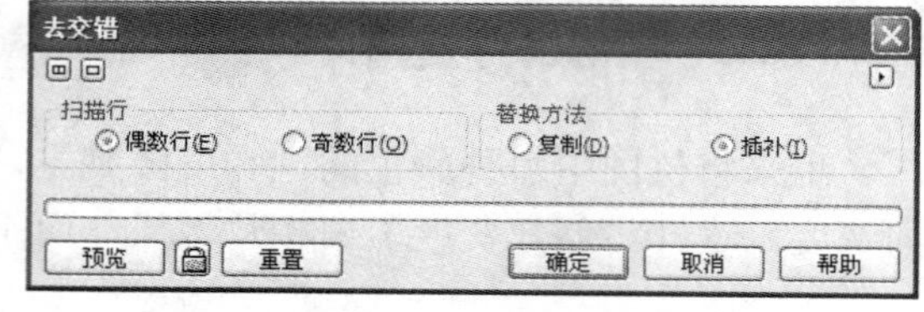

图 4-18 “去交错”对话框

单击该对话框顶部的“显示预览窗口”按钮，可以显示预览。

在“扫描行”选项组中可以设置扫描图像中偶数行或奇数行的扫描线。

在“替换方法”选项组中，可以设置对扫描到的扫描线是采取“复制”还是“插补”的方法进行处理。

（1）单击【重置】按钮，即可撤销当前的设置。

（2）设置完成后单击【确定】按钮，可以将设置应用到图像中。

2. 反显

使用【反显】命令可以将选择的图像中的颜色反显显示，例如黑色会变为白色，连续两次使用“反显”命令即可恢复图像。

选择图像后，执行【效果】→【变换】→【反显】命令即可。

3. 极色化

使用【极色化】命令可以指定图像色彩通道中色调的级数，将不同的色调映射为最接近的色调，从而得到特殊的效果。

选择图像后，执行【效果】→【变换】→【极色化】命令，弹出图 4-19 所示的“极色化”对话框。

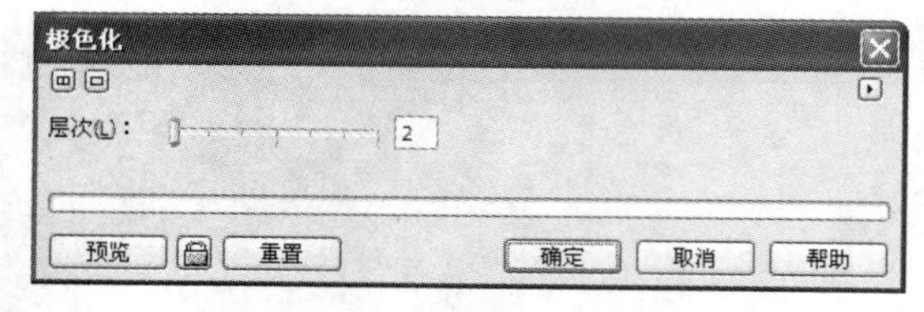

图 4-19 “极色化”对话框

（1）拖动“层次”滑块可以设置图像色彩通道中色调的级数值，数值越大，显示的颜色越丰富，极色效果就越不明显。

（2）单击【重置】按钮，即可撤销当前的设置。

（3）设置完成后单击【确定】按钮，可以将设置应用到图像中，得到图 4-20 所示的对比效果。

图 4-20　极色化处理的前后对比效果

4.1.15　图像校正

通过“校正”功能可以修正和减少图像中的色斑，减轻锐化图像中的亮点，用【尘埃和刮痕】命令可以通过更改图像中相异的像素来减少图像的杂色。

选择需要处理的图像，执行【效果】→【校正】→【尘埃与乱痕】命令，弹出图 4-21 所示的“尘埃和刮痕”对话框。

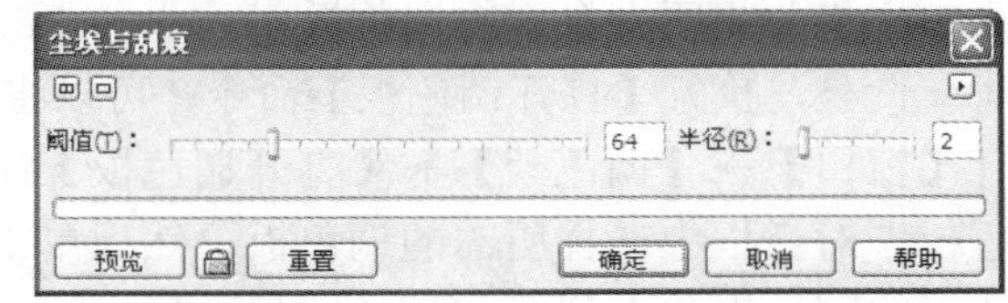

图 4-21　“尘埃与乱痕”对话框

◆ 拖动“阈值”滑块或输入数值，当调至合适数值时，可以消除色斑。

◆ 拖动“半径”滑块或输入数值，可以确定扫描范围的大小。

4.2　填充对象

一幅优秀的绘图作品除了有好的构图及轮廓外，合适的颜色也是非常重要的。在 CorelDRAW X4 中，颜色的填充包括外部轮廓和对象内部的色彩填充两部分。本节将通过讲解和制作案例的方式来介绍颜色填充的使用技巧。

4.2.1　认识调色板

使用 CorelDRAW X4 中的调色板，可以应用填充效果至闭合路径的图形对象和开放路径的图形对象轮廓线。另外，还可以对调色板进行调整显示位置、调整显示窗口的范围、添加颜色色样、改变色样大小等操作。

CorelDRAW X4 中的调色板是由控制按钮、颜色选择面板、浏览按钮、面板切换按钮等组件组成的。调色板基于不同颜色模式，其颜色选择面板中颜色样式是不同的。

调色板中各组件的主要功能如下。

◆ “调色板控制菜单”按钮：单击此按钮，可以打开调色板控制快捷菜单，通过菜单中的命令对调色板进行控制。

◆ “无”按钮：单击此按钮，可以取消选择对象的填充，单击鼠标右键可取消选择对象的轮廓色。

◆ “浏览”按钮：单击这两个按钮，可以浏览颜色选择面板中的颜色样式。

◆ “切换”按钮：单击此按钮，可以显示当前颜色选择面板中包含的所有颜色样式。

4.2.2 调色板设置

有效地设置调色板，根据不同的设计和绘图的需要，方便地创建出不同模式的调色板，使绘制的作品在颜色上符合要求。

1. 选择调色板

执行【窗口】→【调色板】命令，弹出子菜单，该子菜单中提供了多种不同的调色板。

提示：当选择一个调色板后，所选调色板将出现在 CorelDRAW X4 工作区中；再次单击【调色板】命令，即可将其关闭。在 CorelDRAW X4 中可以同时打开多个调色板，这样可以更方便地选择颜色。

如果不使用调色板，可以执行【窗口】→【调色板】→【无】命令，此时在 CorelDRAW X4 窗口中将关闭所有打开的调色板。

此外，执行【打开调色板】命令，可以将保存在磁盘中的调色板导入并进行使用，只需执行【窗口】→【调色板】→【打开调色板】命令。在打开的“打开调色板”对话框中选择所需的调色板，然后单击【打开】按钮，即可将选择的调色板导入到 CorelDRAW X4 中。

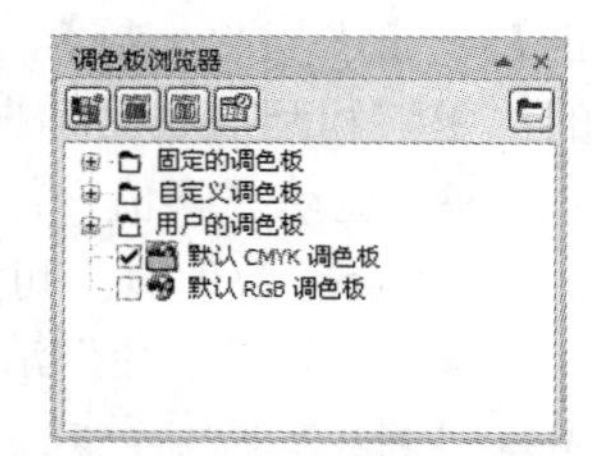

图 4-22 调色板浏览器

2. 使用调色板浏览器

执行【窗口】→【调色板】→【调色板浏览器】命令，打开图 4-22 所示的“调色板浏览器”泊坞窗，利用该泊坞窗可以打开、新建和编辑调色板。

- **打开调色板**：在“调色板浏览器”泊坞窗中，系统提供了多种调色板，选择所需要的“调色板”前面的复选框，该调色板即显示在工作视窗中。也可以单击泊坞窗中的“打开调色板”按钮，弹出图 4-23 所示的“打开调色板”对话框，在该对话框中可以将所需的调色板打开。
- **创建一个新的空白调色板**：单击泊坞窗中的“新的空白调色板”按钮，打开图 4-24 所示的“保存调色板为”对话框，在该对话框的“文件名”文本框中输入所需创建的调色板的名称；在“描述”文本框中输入相关说明信息的文字，然后单击【保存】按钮即可创建一个空白的调色板。

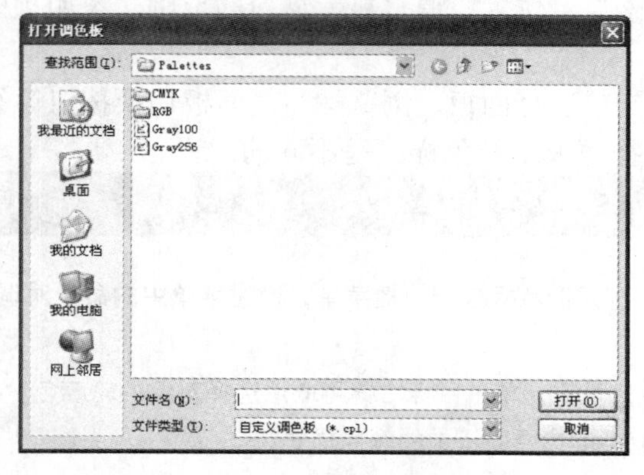

图 4-23 “打开调色板”对话框

图 4-24 “保存调色板为”对话框

◆ **使用选定的对象创建新调色板**：如果要在选择对象范围内新建调色板，只需选择一个或多个对象后，单击“调色板浏览器”泊坞窗中的使用选定的“对象创建新调色板”按钮，打开“保存调色板为”对话框，指定新建调色板的文件名，然后单击【保存】按钮即可。

◆ **使用文档创建新调色板**：单击“使用文档创建一个新调色板”按钮，可以打开“新建调色板”对话框，在该对话框的“文件名”文本框中输入新建调色板的名称；在“描述”文本框中可以输入相关说明信息的文字，然后单击【保存】按钮即可。

◆ **使用调色板编辑器**：单击“打开调色板编辑器”按钮，打开“调色板编辑器”对话框，如图4-25所示。

在调色板编辑器对话框中单击“新建调色板”按钮、打开“调色板”按钮、“保存调色板”按钮和“调色板另存为”按钮，可以新建、打开或保存编辑的调色板。

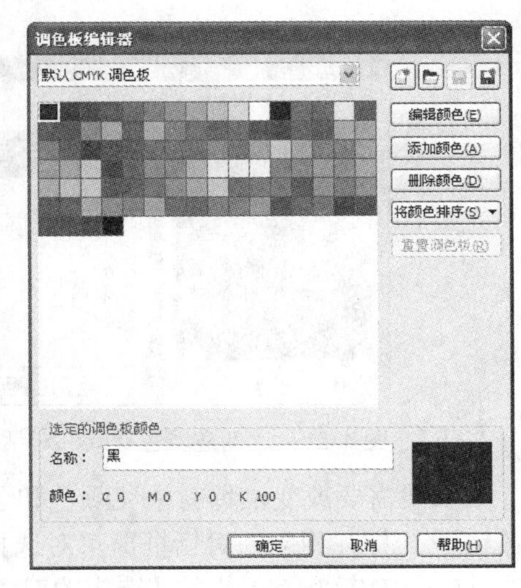

图 4-25 “调色板编辑器”对话框

◆【**编辑颜色**】**按钮**：在颜色选择区域中，单击要更改的颜色，然后单击【编辑颜色】按钮并在颜色选择区域中单击新颜色。

◆【**添加颜色**】**按钮**：单击【添加颜色】按钮。在颜色选择区域中单击一种颜色，然后单击“添加到调色板”按钮。

◆【**删除颜色**】**按钮**：在颜色选择区域中单击一种颜色，然后单击【删除颜色】按钮。

◆【**将颜色排序**】**按钮**：单击【将颜色排序】按钮，然后单击一种颜色排序的方法。

◆【**重置调色板**】**按钮**：在颜色选择区域中单击一种颜色，然后在“名称”框中输入颜色名称。

完成编辑后单击【确定】按钮，完成调色板的编辑工作。

4.2.3 使用颜色样式

执行【工具】→【颜色样式】命令或执行【窗口】→【泊坞窗】→【颜色样式】命令，都能打开图4-26所示的“颜色样式”泊坞窗。

该泊坞窗提供了多种颜色样式。使用颜色样式，可以调和颜色和改变图案，还可以链接一系列的两个或多个相似的颜色，以建立父子颜色关系。

“颜色样式”泊坞窗的使用方法介绍如下。

单击“颜色样式”泊坞窗中的“新建颜色样式”按钮，打开图4-27所示的“新建颜色样式”对话框。

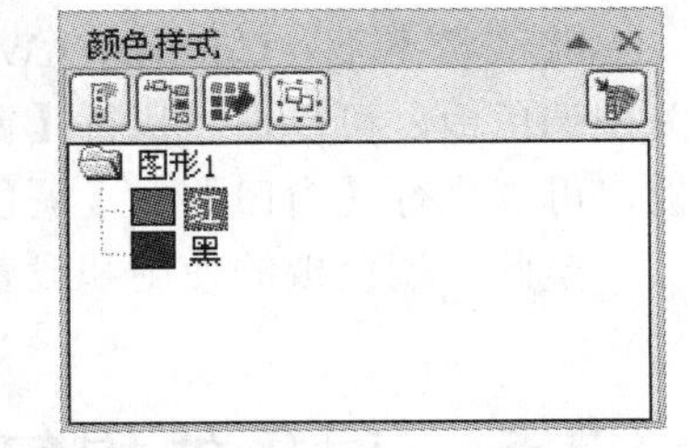

图 4-26 “颜色样式”泊坞窗

在该对话框中可以选择合适的颜色作为父颜色，单击【确定】按钮后即可在泊坞窗中显示添加的颜色样式。

提示：在颜色样式泊坞窗中，如果中间的两个按钮显示为灰色表示起作用，此时必须先单击“新建颜色样式”按钮产生父颜色。

单击“颜色样式”泊坞窗中的“新建子颜色”按钮，将打开图 4-28 所示的“创建新的子颜色”对话框，用于子颜色的设置。

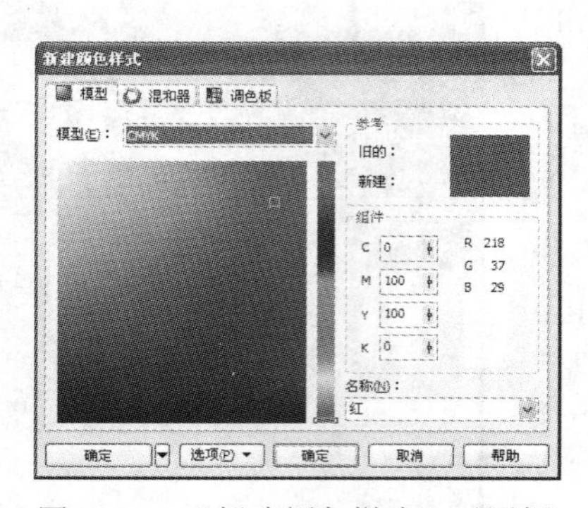

图 4-27 “新建颜色样式”对话框

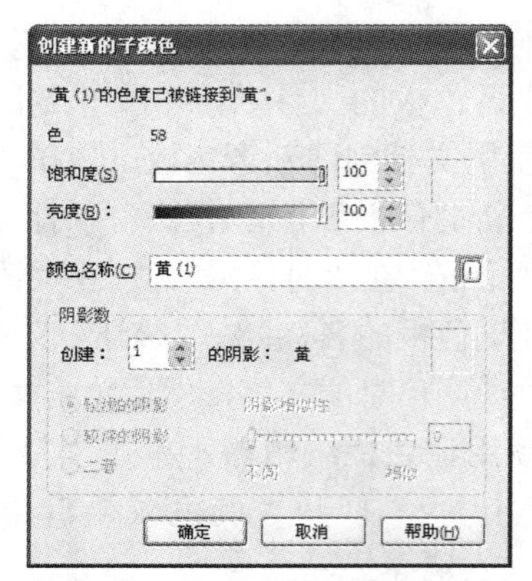

图 4-28 “创建新的子颜色”对话框

如果需要改变泊坞窗中父颜色和子颜色的颜色，可以选择颜色项，单击“编辑颜色样式”按钮，打开相应的对话框即可对选择的颜色进行修改。

CorelDRAW X4 具备从选定的对象创建颜色样式的自动创建功能。例如，可以导入绘图，然后从绘图中的对象自动创建颜色样式。从对象创建颜色样式时，颜色样式会自动应用于该对象，因此，如果决定更改颜色样式，该对象的相关颜色也会更新。

使用自动创建功能时，可以选择要创建多少种父颜色样式。例如，在将所有颜色都转换为颜色样式之后，就可以使用一种父颜色来控制所有的红色对象，也可以使用多种父颜色，每种对应于绘图中的一个红色阴影。

创建子颜色时，从颜色匹配系统中添加的颜色将被转换为父颜色的颜色模型，以便能够将它们自动归入相应的父子颜色组中。

单击“自动创建颜色样式”按钮，即可打开图 4-29 所示的“自动创建颜色样式”对话框，对需要的颜色进行设置。

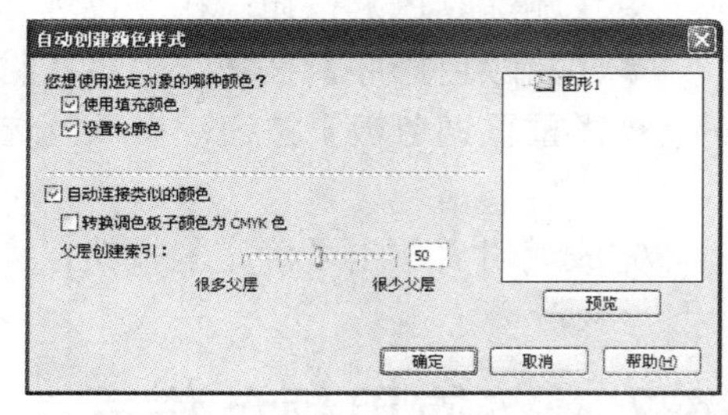

图 4-29 “自动创建颜色样式”对话框

4.2.4 关闭和显示调色板

默认状态下，CorelDRAW 的调色板处于显示状态。有时为了获得更多的操作区域需要关闭调色板，可以通过执行【窗口】→【调色板】→【无】命令，将调色板关闭。要显示调色板，可以执行【窗口】→【调色板】命令，选择一个颜色模式命令即可。

至此，调色板的使用和设置方法就介绍完了，下面将介绍对象的各种填充方法。

4.2.5 对象的均匀填充

在 CorelDRAW 中，能够应用填充属性的对象必须是具有闭合性的对象，例如矩形、椭圆形、多边形、星形等图形对象。如果需要对一个具有开放性的对象应用填充属性，那么必须先使它们的轮廓线闭合，才能对其进行填充操作。

均匀填充是 CorelDRAW 中基本的填充方式，也是各种填充方式中操作最简单的一种。采用这种填充方式，可以对具有闭合路径的图形对象以不同的纯色进行均匀着色。

1. 通过调色板均匀填充对象

使用调色板均匀填充对象的方法很简单，只需要使用“挑选工具”选择对象，接着单击调色板中的颜色即可完成对图形的填充，如图 4-30 和图 4-31 所示。

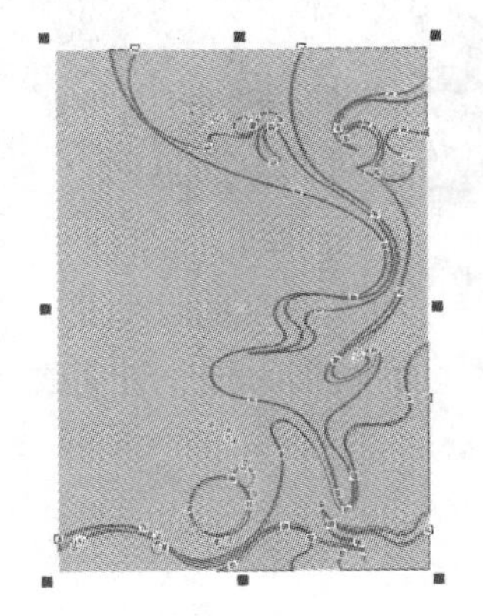

图 4-30 选择对象

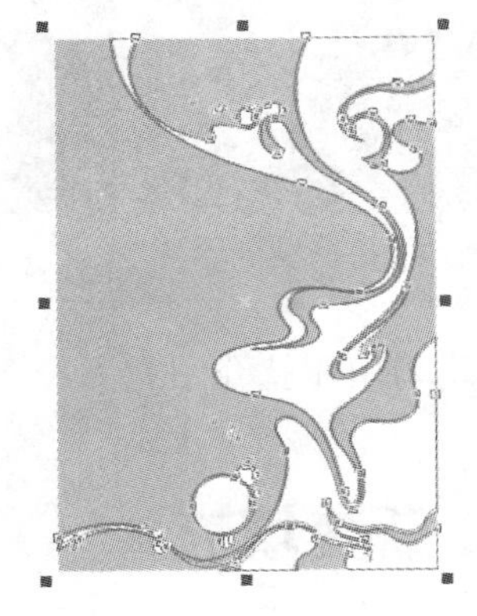

图 4-31 填充对象

提示：如果调色板中没有看到需要的颜色，可单击与需要颜色相近的颜色，可打开一个颜色色样窗口，在窗口中将显示 49 种相关的颜色，如图 4-32 所示。

2. 使用均匀填充对话框填充对象

除了使用调色板可以快速、均匀地填充对象外，还有其他均匀填充对象的方法。其中最常使用的是通过“均匀填充”对话框的方法。

使用“填充框”填充对象时，可以选择工具栏中的“挑选工具”，选择需要填充的对象，然后单击工具栏中的“填充工具”，弹出扩展工具条，选择其中的“填充框”，打开“均匀填充”对话框，如图 4-33 所示。在对话框中选择需要的颜色模式并从中选择需要的颜色，设置完成后单击【确定】按钮。这样就可以应用设置的颜色到选择的对象中了。

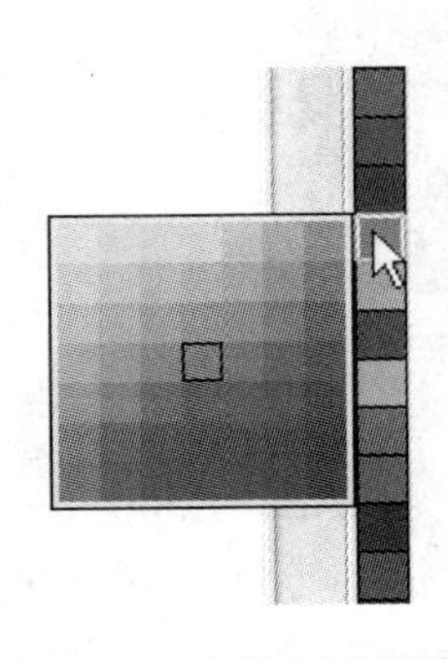

图 4-32 选择相近颜色

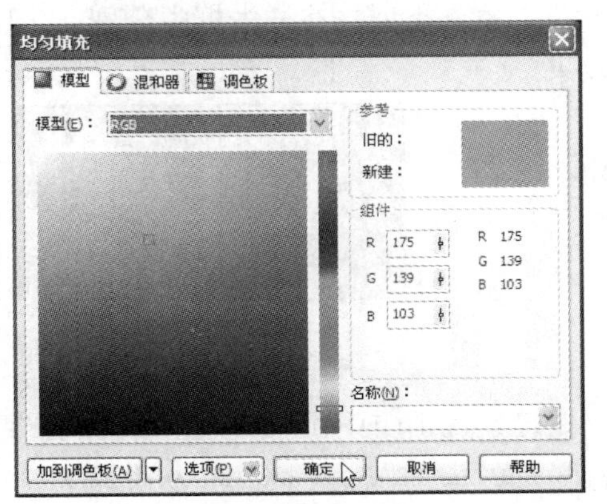

图 4-33 “均匀填充”对话框

使用均匀填充的作品给观者一种朴素、平面和时尚的感觉，效果如图 4-34 所示。

图 4-34　只使用均匀填充创建的图形效果

至此，均匀填充就介绍完了，下面将讲述另一种常用的填充方法——渐变填充。

4.2.6　渐变填充

渐变填充能够在同一图形对象上使用两种或多种颜色之间的渐变，从而创建出一种特殊的填充效果。应用渐变填充的方法，选择工具栏中的“挑选工具”，选择需要填充的对象。在工具栏中单击“填充工具”，弹出扩展工具条，选择其中的“渐变填充框”，弹出“渐变填充”对话框，在“类型”中包括“线性”、“射线”、“圆锥”、“方角”4 种渐变色，如图 4-35 所示。

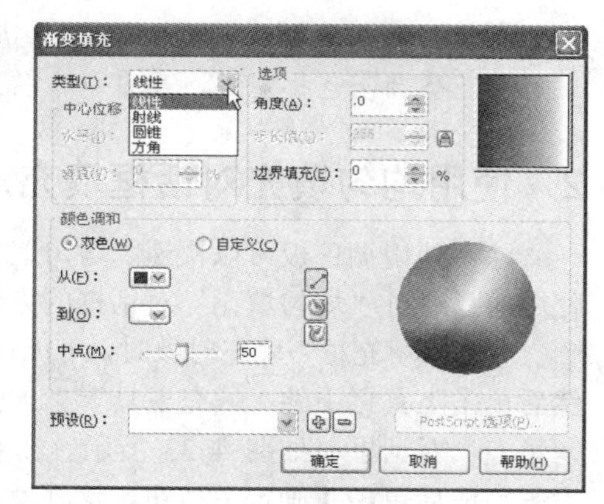

图 4-35　“渐变填充”对话框

在“颜色调和”选项组中，有“双色”、“自定义”两个单选按钮，其中“双色”填充的是默认的渐变色彩方式。

确认该选项组中“双色”单选按钮处于选中状态，在“类型”下拉列表中分别选择“线型”、“射线”、“圆锥”、“方角”填充类型，在样本框中分别产生图 4-36 所示的效果。

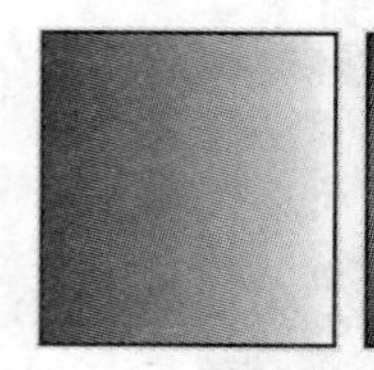

图 4-36　各种类型的渐变类型

在“选项”选项组中，“角度”是用于设置渐变填充的角度的，其范围为 360°～-360°。当在“角度”文本框中输入 45° 和 90° 时，渐变填充效果会以逆时针的方向旋转相应的角度，如图 4-37 所示。

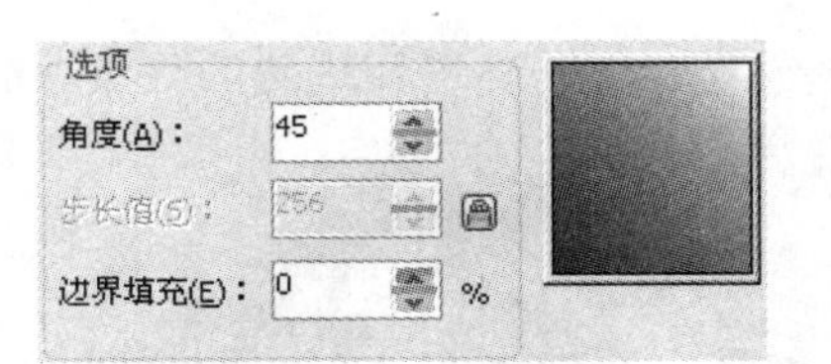

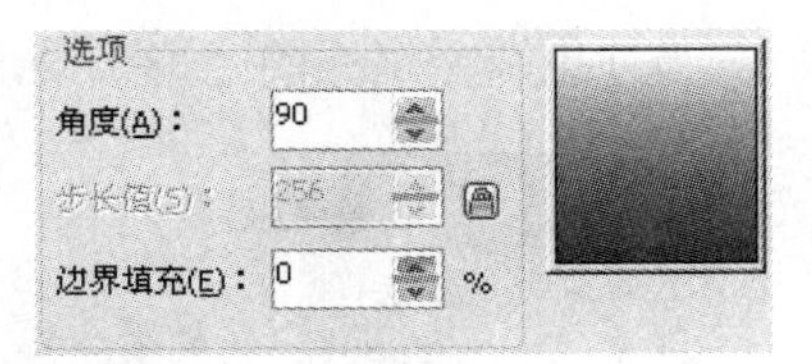

图 4-37　角度为 45° 和 90° 时的效果

“边界填充”用于设置边缘的宽度，其取值范围为 0~49。数值越大，相邻颜色间的边缘就越窄，其颜色的变化就越明显。边界填充为 0 的效果和边界填充为 50 的效果对比如图 4-38 所示。

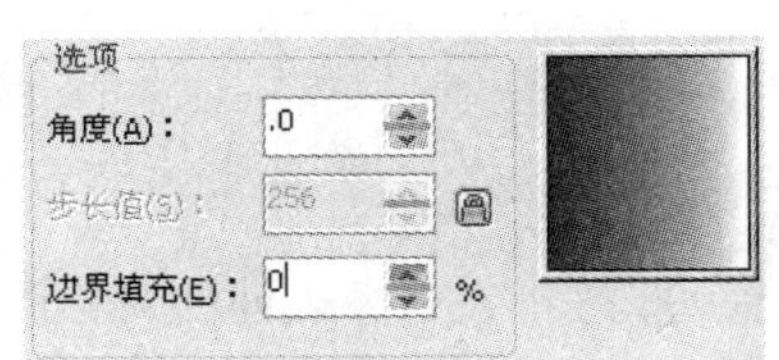

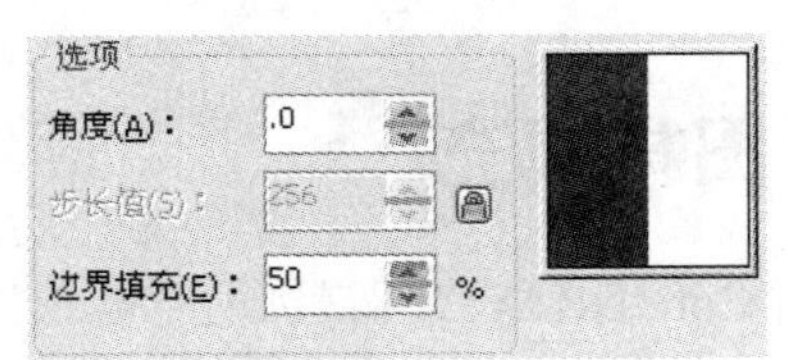

图 4-38　边界填充的参数为 0 和 50 时的效果

“步长值”用于设置渐变的阶层数，默认设置为 256。数值越大，渐变层次就越多，对渐变色的表现就越细腻，调整步长值需要在“锁定”开关上单击，将其打开，将参数调整为 5，填充效果对比如图 4-39 所示。

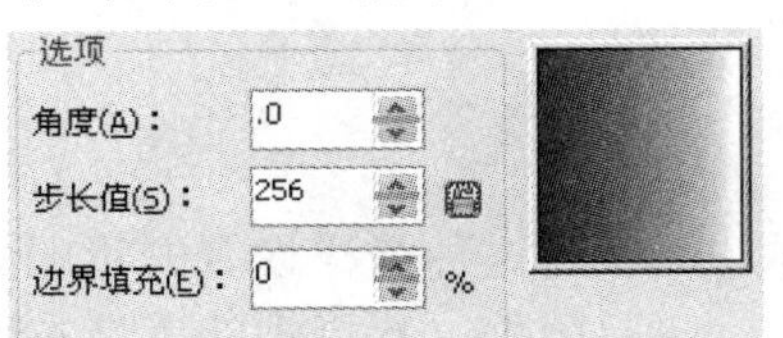

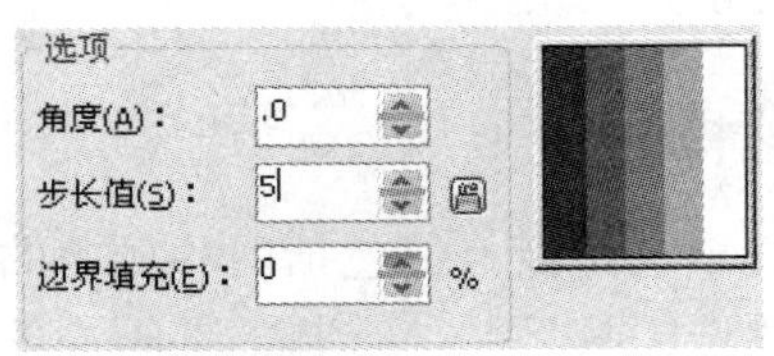

图 4-39　步长参数填充效果

“中心位移”可以调整“射线”、“圆锥”和“方角”渐变方式的填色中心点位置，默认值与调整参数后的对比效果如图 4-40 所示。

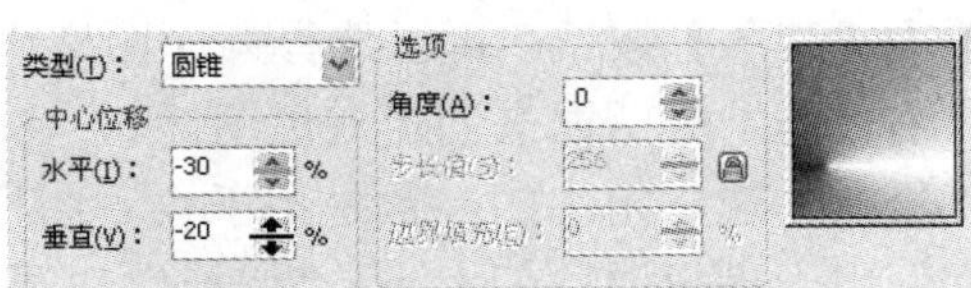

图 4-40　水平和垂直参数调整后中心点被移动了

此功能对表现圆形物体在不同光线下产生的明暗效果十分有用。

在“颜色调和”选项组中选择“自定义”单选按钮，可以在渐变轴上双击增加颜色控制点，通过调整“位置”文本框中的参数或拖动“控制点”来调整其位置。在右边的调色板中可设置颜色，或单击【其他】按钮自定义一种颜色。在添加的“控制点”上双击，可以删除“控制点”，如图 4-41 所示。

完成设置后单击【确定】按钮就可完成对选择图形的渐变填充。

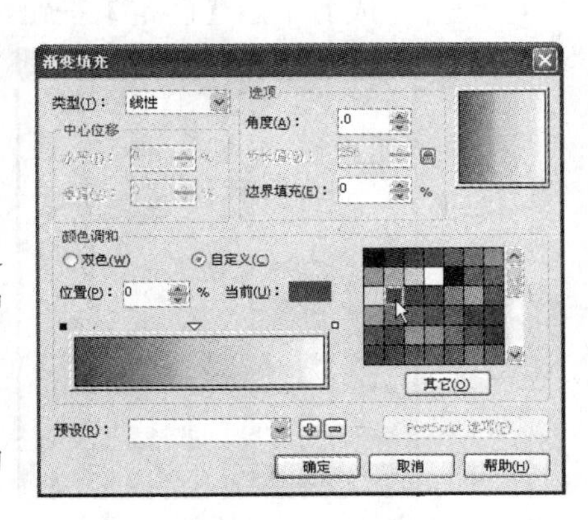

图 4-41　添加颜色控制点

图 4-42 所示为使用渐变填充的图形效果，给观者一种高贵和华美的效果。

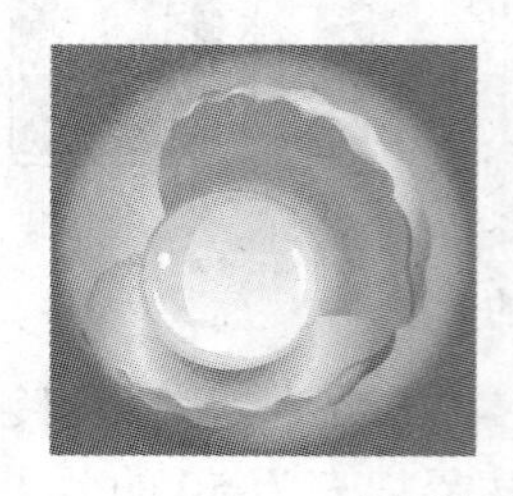

图 4-42　使用渐变填充的图形效果

4.2.7　图样填充

图样是由 CorelDRAW X4 提供的一些预先设置的、平铺在对象表面的对称图像。它们既可以当作一个独立的图形对象进行编辑处理，例如可以改变图样的线条形状和颜色等属性，也可以作为一种具有一定纹理的图形背景进行填充操作。进行图样填充操作时，用户可以使用默认预置的图样，也可以导入位图或矢量图作为图样，还可以将自己创建的双色图样进行填充操作。CorelDRAW X4 中的图样填充有双色图样、全色图样和位图图样。不同的图样应用于对象时可以产生不同的填充效果。

1. 双色图样填充

双色图样填充是指点仅包括两种颜色的图样。可以为这种图样设置鲜艳的颜色。选择工具栏中的“挑选工具”，选择需要填充的对象，然后单击工具栏中的“填充工具”，弹出扩展工具条，选择其中的“图样填充框”，打开的“图样填充”对话框如图 4-43 所示。

在此对话框中默认为双色，在“图样选择”列表中可以选择图样的样式，设置前部和后部色样框中的颜色可以改变图样的颜色。

单击【装入】按钮，可以选择外面图样作为填充的图样。单击【创建】按钮可以打开“双色图样编辑器”对话框来创建双色图样。

“原点”选项组中的参数是用于设置图样的起始位置的；“大小”选项组中的“宽度”和“高度”用于设定图样的大小；“变换”选项组中的“倾斜”和“旋转”参数可以使图样按设置的参数产生倾斜和旋转；“行或列位移”选项组用于设置填充时图样之间行或列的位置。

设置完成后单击【确定】按钮，完成对图形进行双色图样的填充，如图 4-44 所示。

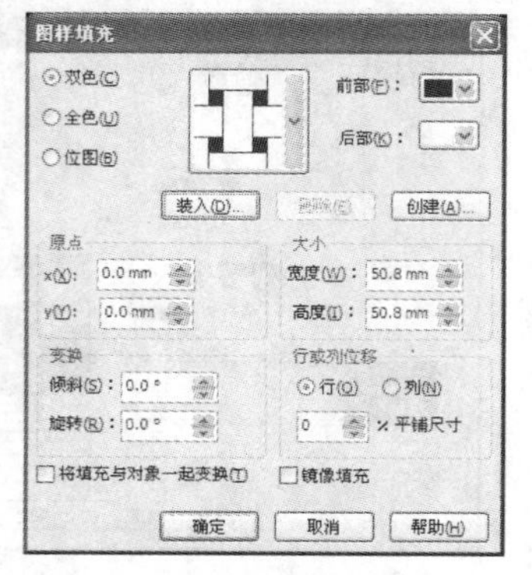

图 4-43　“图样填充”对话框

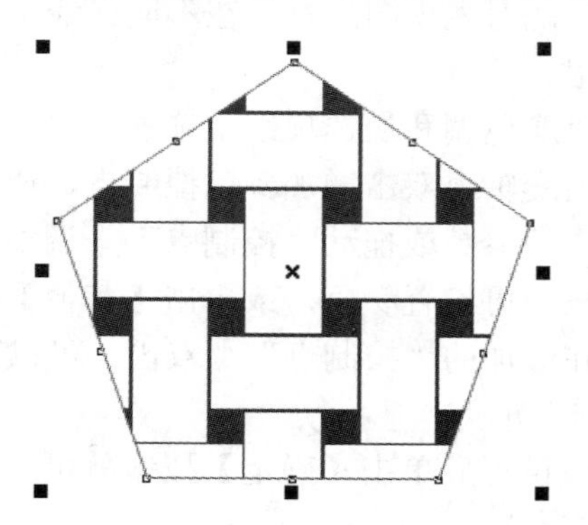

图 4-44　双色图样

2. 全色填充和位图填充

在“图样填充”对话框中选择“全色”单选按钮，全色图样都是由许多线条和与其相对应的填充属性组成的，可以使填充的图样更美观、更平滑，效果如图 4-45 所示。

位图图样填充是指 CorelDRAW X4 中预先设置的许多规则的彩色图片，用户可以导入新的位图作为图样进行填充，效果如图 4-46 所示。

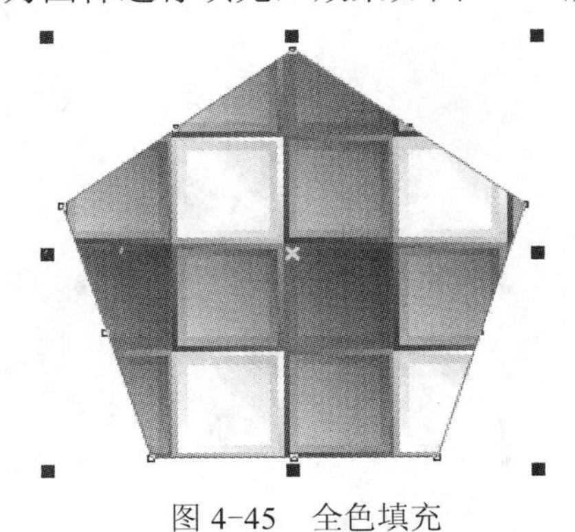

图 4-45　全色填充

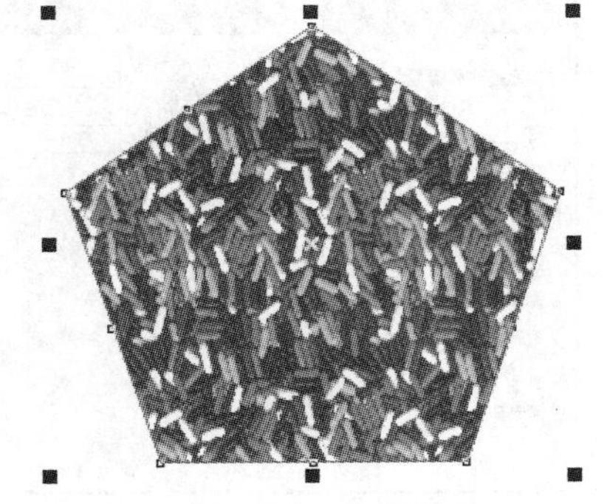

图 4-46　位图填充

4.2.8 底纹填充

底纹填充可随意生成填充方式。它主要为图形对象提供天然材料的外形，例如云彩、水和矿物等，能够产生一种非常真实的视觉效果。CorelDRAW X4 中提供了 300 多种预先设置的纹理。和其他填充方式一样，可以使用多种方法对图形对象进行填充。

选择工具栏中的“挑选工具”，选择需要填充的对象，然后单击工具栏中的“填充工具”，弹出扩展工具条，选择其中的“底纹填充框”，打开的“底纹填充”对话框如图 4-47 所示。

在“底纹库”中选择样式，在“底纹列表”中选择底纹，设置底纹不同位置的颜色后，单击【确定】按钮完成填充，如图 4-48 所示。

图 4-47　“底纹填充”对话框

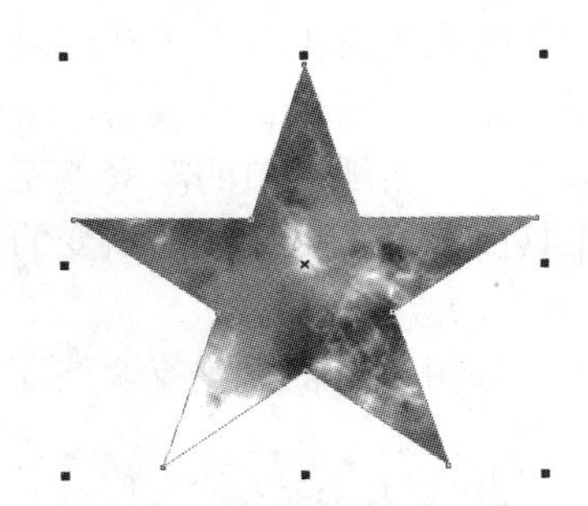

图 4-48　底纹填充效果

4.2.9 PostScript 纹理填充

PostScript 纹理是 CorelDRAW X4 中的一种特殊填充纹理。它是使用 PostScript 语言设计出来的。如果选用这类纹理进行填充，系统的处理速度会变慢，而且屏幕刷新时间也会变长。因此，CorelDRAW X4 在屏幕上显示 PostScript 填充时仅以 PS 表示，而不是显示实际的纹理。一般只有在选择增强视图显示模式时，才能够看到 PostScript 填充的效果。

选择工具栏中的“挑选工具”，选择需要填充的对象，然后单击工具栏中的“填充工具”，弹出扩展工具条。选择其中的“PostScript 填充框”，打开的“PostScript 底纹”对话框如图 4-49 所示。

在列表中选择一种底纹样式，选择“预览填充”复选框，在窗口中观看效果，在“参数”选项组中设置，单击【确定】按钮完成对图形的填充，效果如图 4-50 所示。

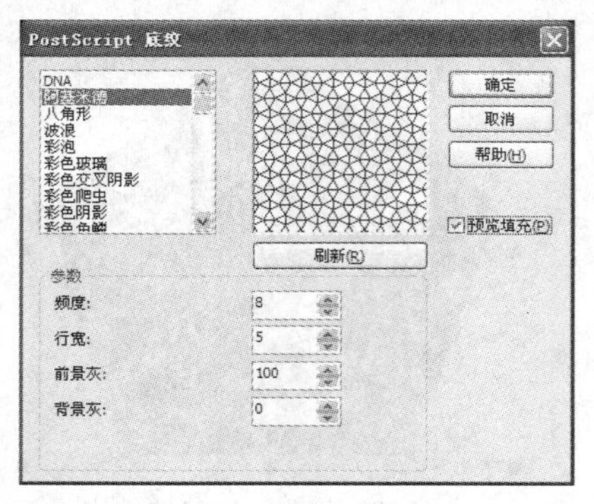

图 4-49 “PostScript 底纹”对话框

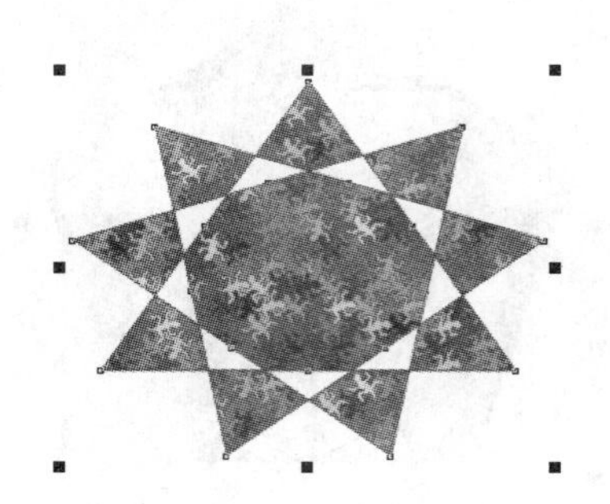
图 4-50 填充效果

4.2.10 无填充

无填充是不对图形对象区域应用填充效果，也可以利用此功能移除图形对象中现有的颜色或图案。无填充的操作方法十分简单，只需选中需要处理的图形，单击工具箱中的“填充工具”右下角的黑小三角形，在弹出的工具栏中选择“无填充”按钮即可。

4.2.11 交互式填充

“交互式网状填充工具”功能强大，使用它不仅可以创造出奇异的渐变填充效果，而且还可以改变填充对象的形状。不管所选对象填充的是渐变填充，还是 PostScript 纹理填充，使用“交互式网状填充工具”都可以把它们变为交互式渐变填充效果。

选择“交互式填充工具”，在页面中单击没有填充颜色的矩形左侧的轮廓线，并拖动到右侧轮廓线上，出现黑白的渐变填充。

在工具属性栏中可以设置渐变的类型、角度和左右矢量句柄位置的颜色，调整后的效果如图 4-51 所示。

选择矢量句柄调整位置或调整渐变中心点的位置都可以调整填充效果，如图 4-52 所示。

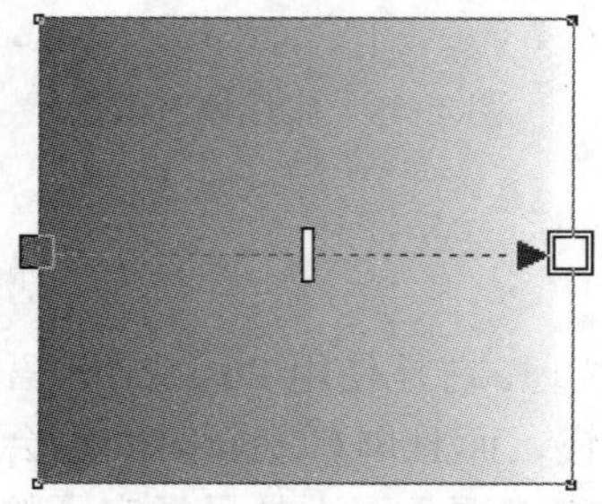
图 4-51 使用交互式填充

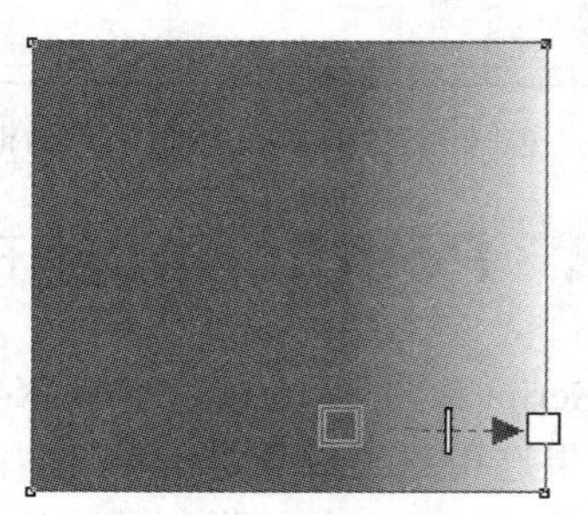
图 4-52 调整交互式填充

4.2.12 交互式网状填充

“交互式网状填充工具”可以轻松地创建复杂多变的网状填充效果，同时还可以为每一个网点填充不同的颜色，并定义颜色的扭曲方向。“交互式网状填充工具”的使用方法如下。

（1）选中需要网状填充的对象，在工具箱中选择“交互式网状填充工具”。在“属性栏”中设置网格数目。

（2）单击需要填充的节点，然后在调色板中选定需要填充的颜色，即可为该节点填充颜色。在网格线上单击可加入控制点，在属性栏中单击“添加交叉点”按钮，就可以加入网格线，如图 4-53 所示。

（3）拖动选中的节点，可扭曲填充颜色的方向，如图 4-54 所示。

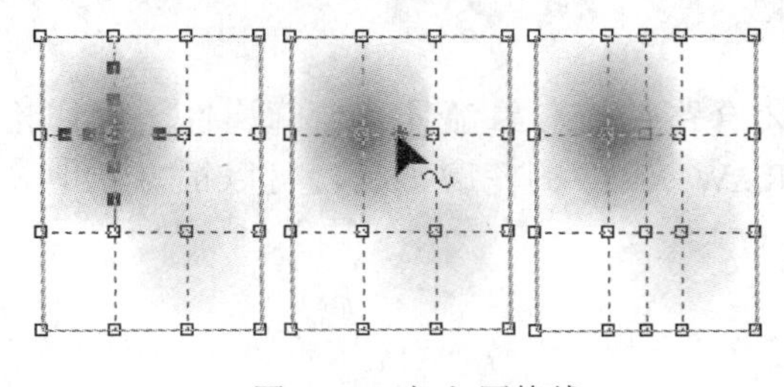

图 4-53　加入网格线

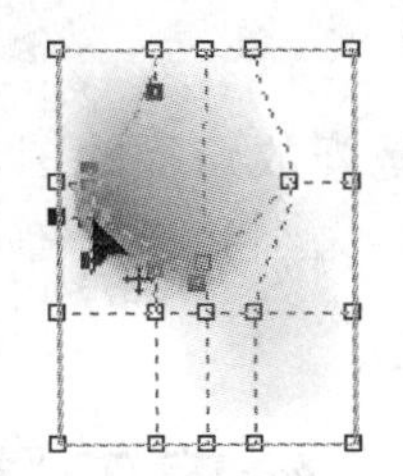

图 4-54　扭曲填充颜色的方向

也可以通过“渐变填充”对话框下方的“预设”列表，选择预先设置好的渐变色彩填充样式。

图 4-55 所示为使用“交互式网状填充工具”实现的图形创建，交互式网状填充对模拟具有真实场景的绘制十分有用。

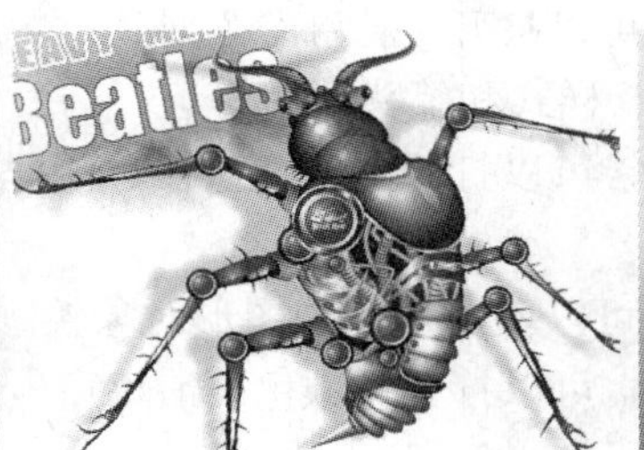

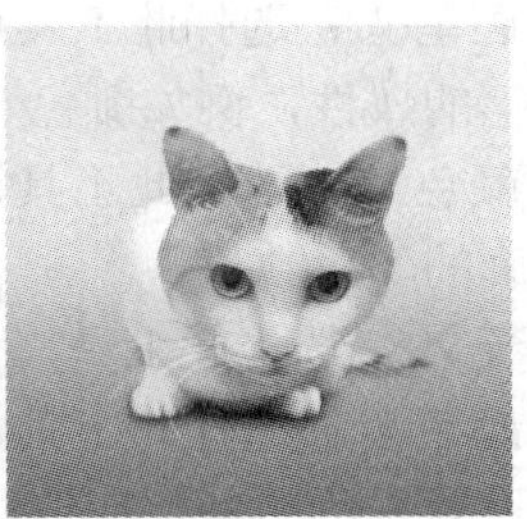

图 4-55　交互式网状填充的效果

至此，使用填充工具组中的各种填充方法就介绍完了，下面将对另一种具有智能复制的方法进行介绍。

4.3 使用滴管工具组填充

使用滴管工具组中的工具可以将对象填充、将轮廓或文本属性从一个对象复制到另一个对象。

（1）选中需要复制填充的图形对象。

（2）选择滴管工具，从属性栏的列表中选择“对象属性”选项。单击【属性】按钮，选择需要复制项目的复选框，然后单击【确定】按钮，如图 4-56 所示。

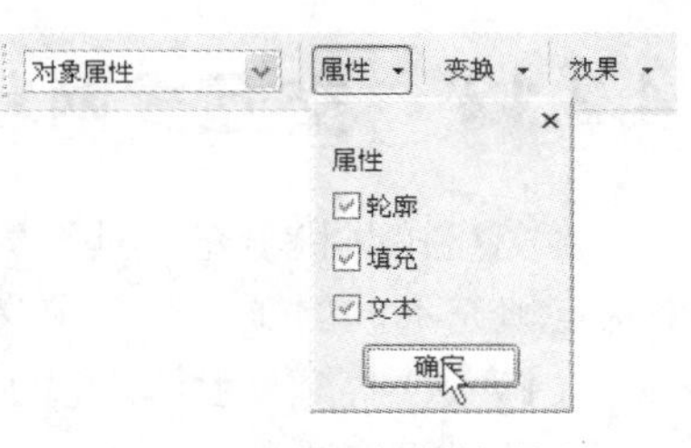

图 4-56 设置复制的项目

（3）单击要复制其属性的对象的边缘。

（4）单击“滴管工具”右下角的黑色小三角展开工具组，选择“颜料桶工具”。

（5）单击要向其复制属性的对象的边缘，完成填充。

至此，CorelDRAW X4 的填充方法就讲解完了，下面将介绍另一种对图形的效果产生重要影响的对象轮廓的设置方法。

4.4 对象轮廓

无论是开放路径的图形对象，还是闭合路径的对象都具有轮廓属性，例如轮廓线的颜色、宽度、大小和形状等。使用 CorelDRAW X4 中的轮廓工具，可以很方便地设置所需的轮廓属性。

4.4.1 轮廓工具概述

CorelDRAW X4 中提供了很多设置处理对象轮廓的工具，例如“轮廓画笔工具”、“轮廓颜色工具”、“对象属性”泊坞窗和工具属性栏等。

在工具栏中单击“轮廓画笔工具”上的黑色小三角，可以打开图 4-57 所示的轮廓工具组。

◆ **画笔**：选择此工具可以打开“轮廓笔”对话框。用于设置轮廓笔的属性，例如颜色、样式和笔头形状等。

◆ **颜色**：选择此工具，可以打开“轮廓色”对话框，用于设置轮廓的颜色数值。

◆ **无**✕：选择此工具，可以取消选择的图形对象轮廓。

◆ **颜色**：选择此工具，可以打开“颜色”泊坞窗。在该泊坞窗中设置颜色的参数数值。

其他工具为设置线的粗细的工具，单击这些工具就可改变轮廓的粗细。

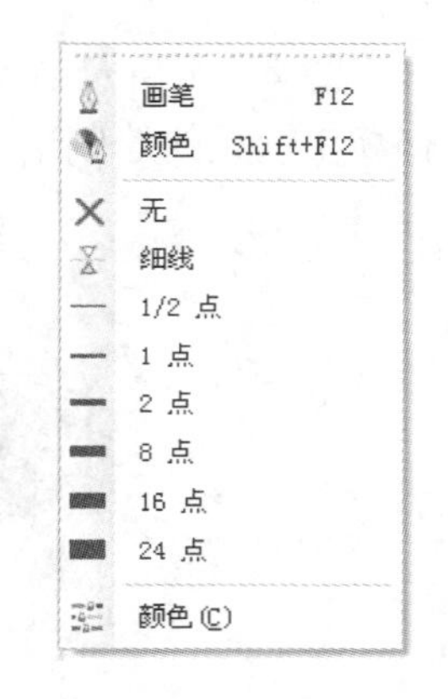

图 4-57 轮廓工具组

4.4.2 设置轮廓线的颜色

选择需要调整轮廓线颜色的图形后，选择工具栏中的“轮廓颜色工具”，打开“轮廓色”对话框，选择需要的颜色后单击【确定】按钮，就可完成对象轮廓线的颜色的修改。

4.4.3 设置轮廓线的宽度

选择需要调整轮廓线宽度的图形后，选择工具栏中的“轮廓画笔工具”，打开“轮廓笔”对话框，如图 4-58 所示。在“宽度”单位列表中选择一种单位，在“参数”框中输入参数，然后单击【确定】按钮，可完成轮廓线的宽度的调整。

4.4.4 设置轮廓线的样式

在实际工作中有时需要将对象的轮廓设置为各种样式的虚线，这样效果在 CorelDRAW X4 中也可以轻松实现。选择需要修改轮廓线的样式的对象，选择工具栏中的“轮廓画笔工具”。打开“轮廓笔”对话框，在“样式”列表中可以选择系统提供的各种轮廓线样式，也可以通过单击“样式”列表下方的【编辑样式】按钮，编辑需要的轮廓线样式，如图 4-59 所示。

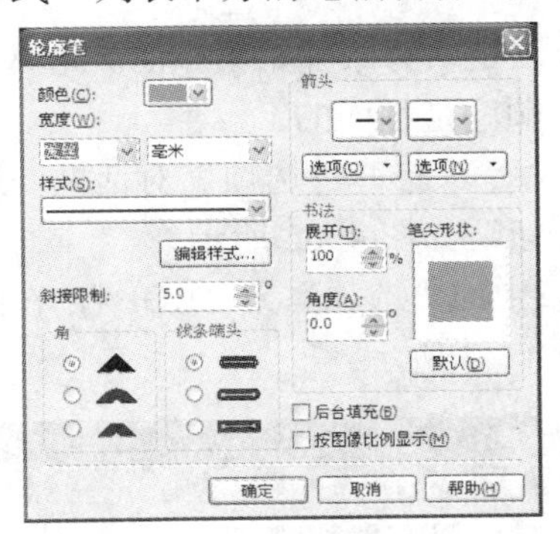

图 4-58 调整轮廓线宽度

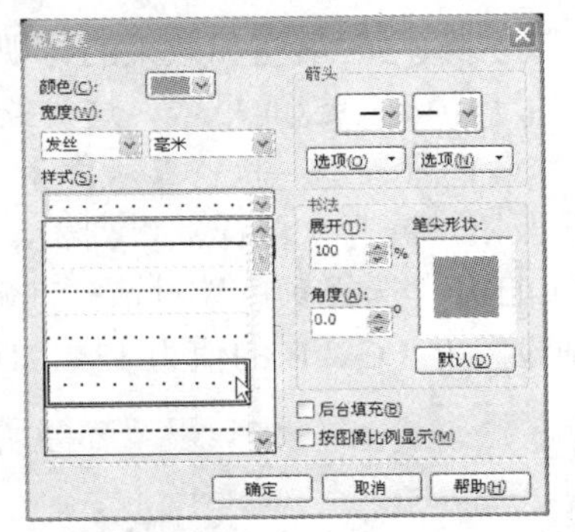

图 4-59 设置轮廓线样式

至此，轮廓线的设置方法就介绍完了，下面将通过一个综合的实例来展示 CorelDRAW X4 在对象填充和轮廓设置中的应用。

4.5 综合实战——为卡通上色

在第 2 章中，我们已经绘制了卡通的基本轮廓，在这里为其填充基本的颜色，使读者从中体会到填充工具的神奇。卡通上色后的效果如图 4-60 所示。

4.5.1 打开素材设置界面

（1）执行【文件】→【打开】命令，打开“打开”对话框，选择“卡通图形.cdr”文件，单击【打开】按钮，在页面中出现第 2 章中绘制的卡通图形，如图 4-61 所示。

图 4-60 上色完成效果

图 4-61 打开卡通图形文件

（2）设置调色板。执行【窗口】→【调色板】→【默认 RGB 调色板】命令，菜单中的【默认 RGB 调色板】命令的前面出现“√”，表明当前的调色板为默认 RGB 调色板，如果在界面中还有其他调色板，在菜单中可以看到其他命令前面也有“√”，只要执行此命令即可关闭。

4.5.2 设置背景色

为了方便颜色的填充和效果的体现，一般的填充方法是从背景开始填充的。先填充最后面的图形，最后填充眼镜的吊带，这与绘制图形时的前后顺序是相同的。

（1）设置背景色。执行【版面】→【页面背景】命令，打开“选项”对话框，选择“纯色”单选按钮，展开“色样框”列表，单击【其他】按钮，如图 4-62 所示。

（2）打开“选择颜色”对话框，确定“模型”列表中的“选项”为“RGB”，在组件选项组中分别设置 R、G、B 的值为 134、168 和 193，如图 4-63 所示。

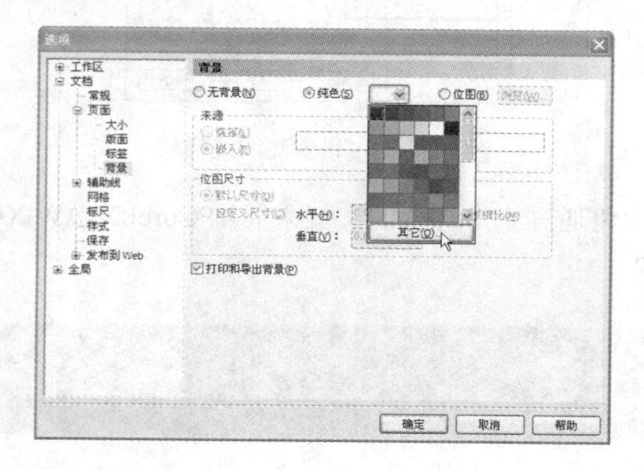

图 4-62 “选项”对话框

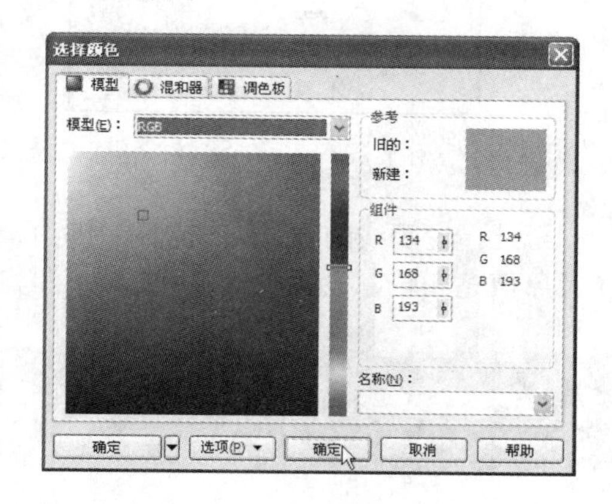

图 4-63 “选择颜色”对话框

（3）单击对话框中间偏下位置的【确定】按钮，返回到“选项”对话框，单击【确定】按钮，完成背景色的设置，页面将变为设置的颜色。

提示：单击“选择颜色”对话框左下方的【确定】按钮，是为了将颜色添加到标准的调色板中。

4.5.3 填充身体和服饰的颜色

（1）选择工具箱中的“挑选工具”，单击身体图形的轮廓，图形处于选择状态。单击工具箱中的“填充工具”，弹出扩展工具组，选择其中的“填充框”，打开“均匀填充”对话框。在“模型”中选择“RGB”选项，将 R、G、B 参数调整为 168、121、79，单击【确定】按钮完成填充。

（2）在属性栏的“轮廓宽度”参数框中选择 1.0mm，填充效果如图 4-64 所示。

（3）按住【Shift】键，分别单击左右两侧的服饰图形。单击调色板中的白色，服饰图形被填充为白色，再分别选择两个服饰图形，设置“轮廓宽度”值为 1.0mm。效果如图 4-65 所示。

图 4-64　设置身体的颜色和轮廓的宽度

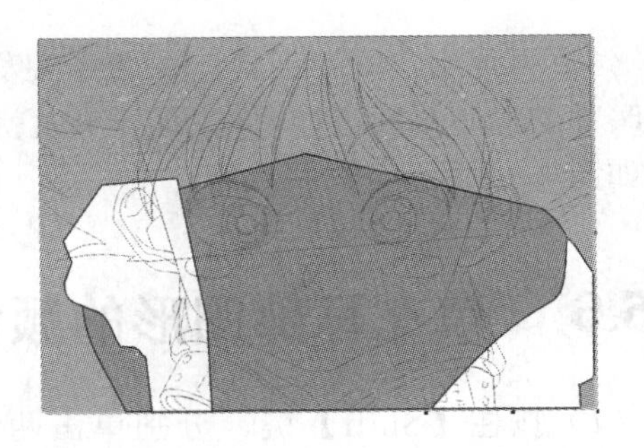
图 4-65　完成服饰颜色的填充

4.5.4　填充脸部颜色

这里为脸部图形填充的颜色与身体部分的颜色相同，可使用滴管工具组中的工具进行填充。

（1）选择身体图形，选择“滴管工具”。在属性栏中单击【属性】按钮，选择“填充和轮廓”复选框，单击身体图形，吸取图形属性。

（2）单击“滴管工具”右下角的黑色小三角展开工具组，选择“颜料桶工具”。单击脸部图形对象的边缘，完成脸部填充和轮廓的设置，再选择脸部左右两侧的线条，在属性栏的“轮廓宽度”参数框中输入“1.0mm”，脸部的效果如图 4-66 所示。

4.5.5　填充头发

（1）选择头发阴影部分的图形（头发图形中最大面积的图形）。单击工具箱中的“填充工具”，弹出扩展工具组，选择其中的“填充框”，打开“均匀填充”对话框。在“模型”中选择“RGB”选项，将 R、G、B 的参数调整为 47、22、13，单击【确定】按钮完成填充。

（2）选择头发的亮部图形。单击工具箱中的“填充工具”，弹出扩展工具组，选择其中的“填充框”，打开“均匀填充”对话框。在“模型”中选择“RGB”选项，将 R、G、B 参数调整为 164、44、31，单击【确定】按钮完成填充。效果如图 4-67 所示。

图 4-66　填充脸部

图 4-67　完成头部整体部分的填充

（3）再使用“滴管工具”选择头发阴影图形。使用“颜料桶工具”，分别单击头发前面暗部的轮廓对其进行填充，这样头发就产生了立体效果。设置头发轮廓宽度的值为 1.0mm。效果如图 4-68 所示。

4.5.6 填充耳部图形的颜色

（1）按住【Shift】键，分别单击两只耳朵内侧的图形，使两个图形处于选择状态。单击工具箱中的“填充工具”，弹出扩展工具组，选择其中的“填充框”，打开“均匀填充”对话框。在“模型”中选择“RGB”选项，将 R、G、B 参数调整为 116、68、31，单击【确定】按钮完成填充。在调色板上方的☒上单击鼠标右键来删除轮廓线，效果如图 4-69 所示。

图 4-68 填充头发暗部并设置轮廓

图 4-69 设置耳朵暗面颜色

（2）用同样的方法填充两个耳窝图形，设置 R、G、B 的颜色值为 63、39、27，并设置耳朵的其他“轮廓宽度”为 1.0mm，效果如图 4-70 所示。

4.5.7 填充眼睛图形对象

（1）使用“挑选工具”，按住【Shift】键，选择眼睑，单击调色板中的黑色，为眼睑填充黑色。

（2）用同样的方法选择眼部的外轮廓，单击调色板中的白色，为图形填充白色。单击“轮廓工具”上的黑色小三角，在展开的工具组中选择✕，删除眼睛轮廓。

（3）选择眼睫毛图形，将其填充为黑色。选择两个眼睫毛下方的影子图形，单击调色板黑色色块下方的 20%黑色即可。效果如图 4-71 所示。

图 4-70 填充耳窝的颜色

图 4-71 完成整体颜色的填充

（4）选择瞳孔图形，将其填充为黑色。选择高光图形将其填充为白色，选择瞳孔图形下方的角膜图形，对其进行均匀填充，设置 R、G、B 的值为 174、116、31。

（5）选择虹膜图形。单击“填充工具”下方的黑色小三角，从弹出的工具组中选择“渐变工具”，打开“渐变填充”对话框。在“类型”列表中选择“线性”选项、在“颜色调和”选项组中选择“双色”单选按钮；单击“从”色样框的下拉按钮，展开“从”的色列表；单击【其他】按钮，打开“选择颜色”对话框；在“模型”列表中选择“RGB”选项，设置 R、G、B 的值为 145、46、13。单击下方的【确定】按钮，返回到“渐变填充”对话框。单击“到”色样框的下拉按钮，展开“到”的色列表；单击【其他】按钮，打开“选择颜色”对话框；在“模型”列表中选择“RGB”选项，设置 R、G、B 的值为 171、101、66。单击下方的【确定】按钮，返回到“渐变填充”对话框，设置“中点”的值为 73，“角度”的值为 90°，如图 4-72 所示。

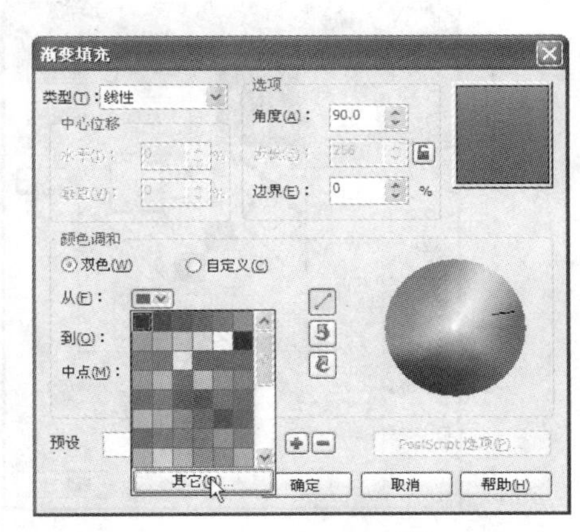

图 4-72 “渐变填充”对话框

（6）单击【确定】按钮，完成渐变色的填充。

（7）在页面中选择虹膜外侧的图形轮廓。单击调色板中的黑色，填充效果如图 4-73 所示。

4.5.8 填充脸部其他部分的图形

（1）选择脸部两块腮红图形。使用均匀填充的方法进行填充，其 R、G、B 的值为 178、71、46，删除轮廓。

（2）填充鼻子颜色的 R、G、B 的值为 114、67、26，选择嘴部图形，设置填充色 R、G、B 的值为 132、55、51。完成填充后，设置嘴部的轮廓颜色。单击“轮廓工具”上的黑色小三角，在展开的工具组中选择轮廓“颜色”，打开“轮廓色”对话框。设置 R、G、B 的值为 84、28、13，在属性栏中设置“轮廓宽度”值为 1.0mm。效果如图 4-74 所示。

图 4-73 眼睛的填充效果

图 4-74 完成脸部填充

4.5.9 对眼镜进行填充

（1）在“填充工具”工具组中选择“图样填充工具”，打开“图样填充”对话框。选择“双色”单选按钮，在“图样选择”列表中选择一款图样，设置后部颜色色样框的 R、G、B 的值为 71、92、101，如图 4-75 所示。

（2）单击【确定】按钮完成填充，效果如图 4-76 所示。

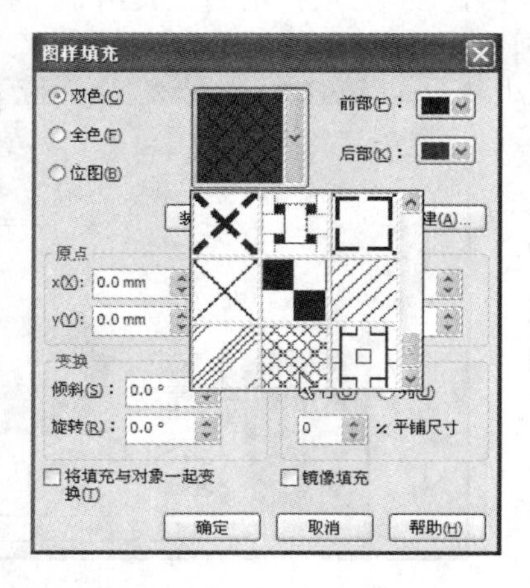

图 4-75　设置图样

图 4-76　完成整体填充

4.5.10　填充阴影

在完成整体的颜色填充后，会发现这个卡通人物缺少立体效果与光线效果。为了产生立体效果和光线效果，这里需要通过添加阴影的方法来实现。

（1）颈部阴影。使用“贝济埃工具”，在头部和身体的位置上绘制图 4-77 所示的图形，并使用均匀填充的方法对阴影进行填充，设置 R、G、B 的值为 115、67、30，效果如图 4-77 所示。

（2）这个阴影图形出现在脸部的前面，并没有产生阴影的效果。这时需要对阴影图形的前后顺序进行调整。多次按【Ctrl+Page Down】组合键，直到将阴影图形的顺序移到头发暗面图形的后面，这时产生了阴影效果，如图 4-78 所示。

图 4-77　绘制颈部阴影

图 4-78　调整阴影的顺序

（3）使用同样的方法在脸部的右侧也绘制阴影使脸部产生立体效果，效果如图 4-79 所示。

（4）为衣服绘制阴影，填充颜色的 R、G、B 值为 154、149、178，绘制完成后效果如图 4-80 所示。

图 4-79　绘制脸部阴影

图 4-80　绘制衣服阴影效果

至此，就完成了阴影的绘制，下面将进行最后的修饰和调整。

4.5.11　完成最后的修饰填充

修饰和调整主要是对绘制过程中出现的图形线条的形状和颜色的对比与和谐程度进行调整，再添加一些细节。

经过观察，在这幅卡通作品中需要对眼睛进行细节上的调整，使作品更加精细，效果如图 4-81 所示。

图 4-81　完成效果

至此，对卡通的上色就完成了。由于 CorelDRAW X4 的上色在修改方面十分简单，只要选择修改颜色的图形就可以进行图形颜色的修改了，所以对绘制完成的填充颜色也可以进行修改。

经验与技巧分享

通过本章内容的学习，读者可以对 CorelDRAW X4 的填充功能有一个全面的认识，在学习本章后应反复操作各种填充方法，才能在使用填充工具时得心应手。

经验与技巧分享如下。

（1）在填充渐变颜色时，可应用“交互式填充工具”，这样可以直接得到调节后的效果，而使用面板调节无法直接得到效果，影响设计制作的思路和效率。

（2）在设置图形的轮廓线时可根据绘制图形的材质、数量和形状来调整轮廓线的粗细程度。例如，绘制轻薄物体的轮廓线可以细些，厚重的物体轮廓线可以粗一些，这样有利于材质的表现并增加艺术效果。

（3）在制作复杂渐变和精确效果的时候，我们经常会用到“交互式网状填充工具”，除可以利用它调节渐变填充外，还可以用它直接填充。

（4）如果为图形填充特定的图案，可使用图样填充的创建功能，通过绘制图案完成需要的填充。

05 文本的编辑与实战

CorelDRAW X4 不仅是一款功能强大的矢量图形绘制软件，而且还具有强大的文本处理功能。针对不同的用途，CorelDRAW X4 可以将添加的文本分为美术字文本和段落文本两种不同的格式。

虽然这两种文本在 CorelDRAW X4 中都可以使用文本工具来创建，但它们具有不同的特征。本章将具体讲解文本处理方面的技能。

学习提要

- 创建文本
- 选择文本对象
- 设置文本格式
- 编辑文本
- 设置段落文本对象的属性
- 文本的特殊编辑
- 综合实战——制作立体字

5.1 创建文本

CorelDRAW X4 具有强大的文本处理能力，它允许用户对文本进行格式化和应用复杂的字处理特性。使用“文本工具”字可以为需要应用图形效果的文字创建美术字文本，也可以为需要进行大量格式编排的大型文本创建段落文本。

虽然这两种格式的文本对象是通过一种文本工具创建的，但是它们在本质上有很大的区别。美术字文本是一种特殊的图形对象，用户既可以进行图形方面的操作也可以进行文本对象方面的处理。相比之下，段落文本只能进行文本对象方面的处理和操作。

5.1.1 创建美术字文本

由于美术字文本是一种特殊的图形对象，在 CorelDRAW X4 中是作为曲线对象进行处理的，因些许多针对图形对象的特殊效果也可以在美术字文本中应用。美术字文本可以在工作区中的任意位置自由输入和创建。需要注意的是美术字文本输入是按【Enter】键进行文本换行的，其本身不能自动进行换行。

下面将通过在新建图形文件中创建美术字文本的操作，介绍美术字文本的创建方法。

（1）在 CorelDRAW X4 中选择工具箱中的“文本工具”字，在工作区中的适当位置单击，确定所输入文字的插入点位置。

（2）在单击的插入点位置直接输入“美术文本”，如图 5-1 所示。

（3）选择工具箱中的“挑选工具”，在工作区中任意空白位置单击，即可完成创建美术字文本的操作，如图 5-2 所示。

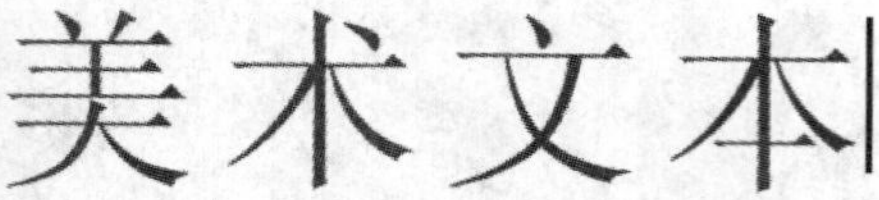

美术文本

图 5-1　输入“美术文本”

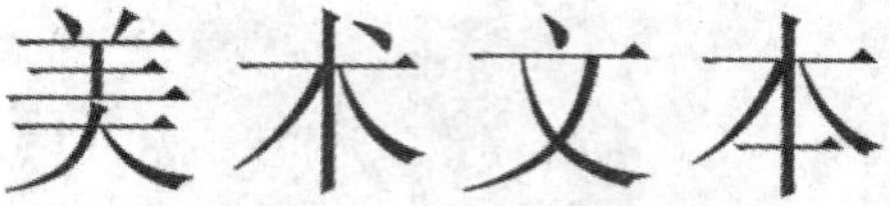

美术文本

图 5-2　完成美术文本的输入

5.1.2　创建段落文本

段落文本与美术字文本有本质的区别。从表现形式上看，段落文本有局限性，它的文本是限定在段落文本框中的；从文本的处理方式上看，如果用户想创建段落文本必须使用“文本工具”字，在工作区中拖出一个段落文本框，才能进行文本内容的输入，并且所输入的文本只能在该文本框中。

段落文本框是一个大小固定的矩形虚线框，文本中文字多少会受文本框的限制。如果输入的文本文字超过文本框的大小，那么超出的部分将会被隐藏。段落文本的换行与美术文本的换行不同，输入的文本如果超过文本框的宽度时，文本将会自动换行。

在新建的图形文件中创建段落文本的方法如下。

（1）执行【文件】→【新建】命令，创建一个图形文件。

（2）选择工具箱中的“文本工具”字，在工作区中适当的位置单击并拖动鼠标左键，拖出一个段落文本框，然后释放鼠标。这时在文本框的左上角将显示文本光标。

（3）在段落文本框中的文本光标位置输入文本。所输入文本的默认状态是左对齐水平排列，如图 5-3 所示。

（4）选择工具箱中的“挑选工具”，在页面中任意位置单击，即可完成创建段落文本的操作，如图 5-4 所示。

创意的图形表现是通过对创意的中心的深刻思考和系统分析，充分发挥想象思维和创造力，将想象、意念形象化、视觉化。这是创意的最后环节，也是关键的环节。从怎样分析，怎样思考到怎样表现的过程。由于人类特有的社会劳动和语言，使人的意识活动达到了高度发展的水平，人的思维是一个由认识表象开始，再将表象记录到大脑中形成概念，而后将这些来源于实际生活经验的概念普遍化加以固定，从而是外部世界乃至自身思维世界的各种对象和过程均在大脑中产生各自对应的映像。这些影响是由直接的外在关系中分离出来，独立于思维中保持并运作的。这些印象以狭义语言为基础，又表现为可视图形，肢体动作，音乐等广义语言。

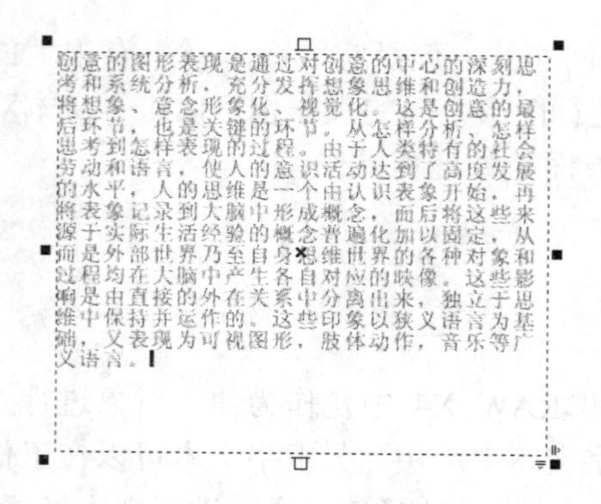

图 5-3　创建段落文本

创意的图形表现是通过对创意的中心的深刻思考和系统分析，充分发挥想象思维和创造力，将想象、意念形象化、视觉化。这是创意的最后环节，也是关键的环节。从怎样分析，怎样思考到怎样表现的过程。由于人类特有的社会劳动和语言，使人的意识活动达到了高度发展的水平，人的思维是一个由认识表象开始，再将表象记录到大脑中形成概念，而后将这些来源于实际生活经验的概念普遍化加以固定，从而是外部世界乃至自身思维世界的各种对象和过程均在大脑中产生各自对应的映像。这些影响是由直接的外在关系中分离出来，独立于思维中保持并运作的。这些印象以狭义语言为基础，又表现为可视图形，肢体动作，音乐等广义语言。

图 5-4　完成段落文本的创建

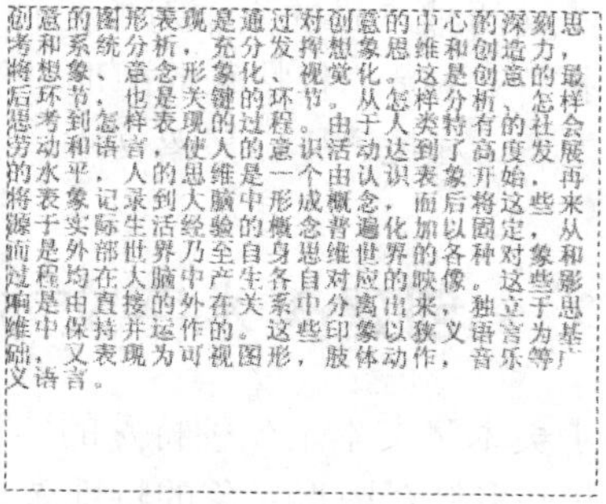

5.1.3 使用剪贴板创建文本对象

在 CorelDRAW X4 中，除了可以通过输入文本文字直接创建文本对象外，还可以通过使用 Windows 剪贴板的复制和粘贴功能，将已输入完成的文本文字添加到工作区文本对象中。下面将通过实例介绍具体的操作方法。

（1）在其他应用程序中，例如，记事本、写字板或 Word 等，选择需要添加至 CorelDRAW X4 图形文件中的文本部分，然后执行这些应用程序的【编辑】→【复制】命令，将所选择的文本部分进行复制。

（2）执行【文件】→【新建】命令，创建一个图形文件。

（3）选择工具箱中的“文本工具”，移动光标至工作区中适当的位置单击并拖动，拖出一个段落文本框。

（4）执行【编辑】→【粘贴】命令，或者单击标准工具栏中的“粘贴”按钮，将打开“导入/粘贴文本”对话框，如图 5-5 所示。

在该对话框中选择“保持字体和格式”单选按钮，表示粘贴操作时将保留文本文字的字体和段落格式；如果用户选择“仅保持格式”单选按钮，那么将表示粘贴操作时仅保留文本文字的字体和段落格式；如果选择“摒弃字体和格式”单选按钮，那么将表示不保留文本文字、字体、段落格式。

完成选择后，单击【确定】按钮，即可将所复制的文本按照“导入/粘贴文本”对话框中设置的参数，粘贴至段落文本框中。

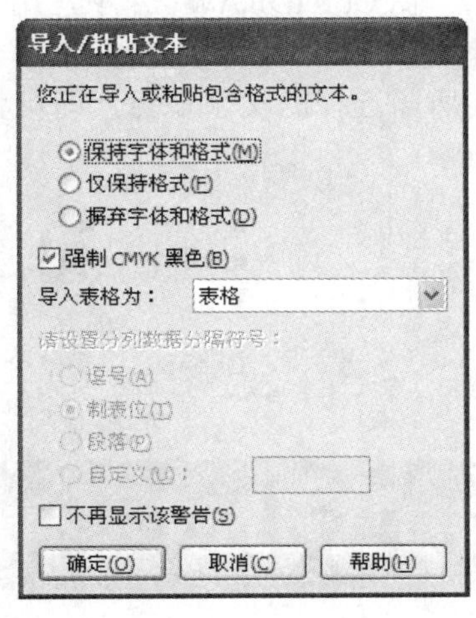

图 5-5 “导入/粘贴文本”对话框

文本的创建到这里就讲述完了，下面将对文本的各种选择方法进行讲述。

5.2 选择文本对象

在 CorelDRAW X4 中，在对文本对象和图形对象进行编辑处理之前，首先要选择它们才能进行相应的操作。用户如果要在选择工作区中创建文本对象，可以使用工具箱中的“挑选工具”，也可以使用“文本工具”和“形状工具”等。用户使用“挑选工具”或“文本工具”选择对象时，在文本框或美术字文本周围将会显示 8 个控制柄，使用这些控制柄，可以调整文本框或美术字文本的大小。用户也可以通过文本对象中显示的×标记，调整文本对象的位置。上述两种方法可以对全部文本对象进行选择调整，但是如果要对文本中某个文字进行调整，可以使用“形状工具”。

5.2.1 选择全部文本对象

在对文本对象进行格式编排或应用某种效果时，首先将进行操作的文本对象选择。使用“挑选工具”在文本的位置上单击即可将全部文本对象选中，如图 5-6 所示。

使用“文本工具”，将鼠标指针移至文本对象的起始位置，当指针变为“|”形状时单击并拖动至其终止位置，即可将文本全部选择并移动，如图 5-7 所示。

图 5-6　使用“挑选工具”选择

图 5-7　使用“文本工具”选择

5.2.2 选定文本对象中的单个文字

在 CorelDRAW X4 中，用户可以通过“文本工具”或“形状工具”选择单个文字。使用“形状工具”在文本对象上单击，文本对象中的每个文字都会显示节点。用户只需单击所需选择的文字节点，即可将该文字选择，选择的文字节点变为黑色，如图 5-8 和图 5-9 所示。

图 5-8　选择单个文本

图 5-9　选择文本节点

5.3 设置文本格式

美术字文本和段落文本，都可以指定字符属性，例如字体类型、大小等。下面将介绍如何改变文本的字体类型、大小等属性。

对文本对象设置基本文本格式的方法很多，用户可以选择下面几种方法进行操作。

1．在输入文本对象前，可以选择“文本工具”，在文本工具属性栏进行相关参数的设置，对即将输入的文本对象的文本格式进行编辑设置。

2．对于已输入的文本对象，可以通过“文本工具”选择文本对象，再在文本工具属性栏中将其文本格式进行调整。

3．对于文字篇幅较多的文本对象，可以对其应用设置的文本样式或模板，使其能够快速地统一文本格式。

5.3.1 设置文本对象的字体

用户在 CorelDRAW X4 中可以设置文本对象字体类型，这是根据安装在系统里的字体类型所决定的。一般情况下，在 Windows 系统中，True Type 类型的字体都可以在 CorelDRAW X4 中显示并使用。对于字体的大小和粗细的设置，需要根据所选择字体类型进行编辑和调整。

下面通过实例介绍使用文本工具属性栏，对文本对象进行字体和字体大小、粗细设置的操作方法。

（1）在 CorelDRAW X4 中，执行【文件】→【新建】命令，创建一个图形文件。

（2）选择工具箱中的“文本工具”字，在工作区中的适当位置单击并拖动鼠标左键，拖出一个段落文本框，然后释放鼠标。接着在段落文本框中的文本光标位置输入文本，如图 5-10 所示。

（3）在文本对象的文本框中，当光标在文本对象的终止位置上时，单击并向左拖动至其起始位置，这时文本对象将被全部选择。

（4）在“文本工具”属性栏中的“字体列表”中选择“字体”，接着在“字体大小”列表中选择 30，这时所选择的文字将产生图 5-11 所示的效果。

图 5-10　输入段落文本

图 5-11　设置字体

（5）选择文本框中的 CorelDRAW X4，单击“文本工具”属性栏中的“粗体”按钮B。将文本对象中的文字加粗，然后单击“斜体”按钮I，将文本对象中的文字倾斜。如图 5-12 所示。

选择工具箱中的“挑选工具”，在页面的任意空白位置单击，即可完成文本对象的文本格式的操作，如图 5-13 所示。

图 5-12　设置粗体和斜体效果

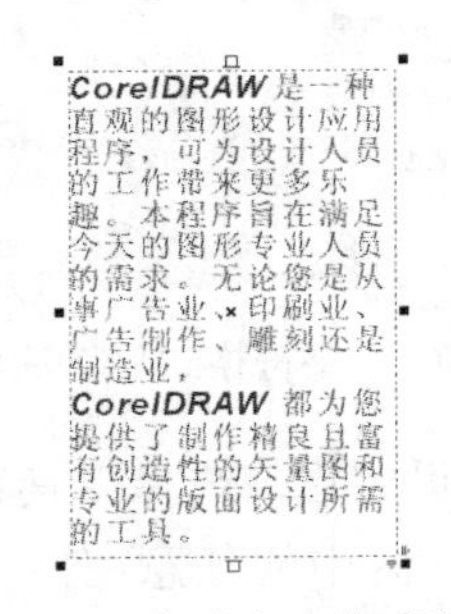

图 5-13　完成文本格式设置

5.3.2　设置文本对象的划线

在编辑文本对象时，有时为了强调文本对象中的文字内容，常会设置为带有划线的文本文字。划线的文本格式可分为上划线、下划线和删除划线 3 种，同时也可以更改划线的样式参数，例如线型、颜色和粗细等。

使用文本工具属性栏中的“下划线”按钮U，可以将选择的文本对象添加下划线文本格式。如果为选择的文本对象添加上划线或删除线文本格式，可以通过“字符格式化”泊坞窗进行操作。下面通过实例介绍使用“字符格式化”泊坞窗加划线文本格式的操作方法。

（1）在 CorelDRAW X4 中，执行【文件】→【新建】命令，创建一个图形文件。

（2）选择“文本工具”字，在工作区中的适当位置单击并拖动鼠标左键，拖出一个段落文本框，然后释放鼠标。接着在段落文本框中的文本光标位置输入文本，并设置字体与大小，如图 5-14 所示。

（3）在文本对象的文本框中选择需要进行操作的文本文字，如图 5-15 所示。

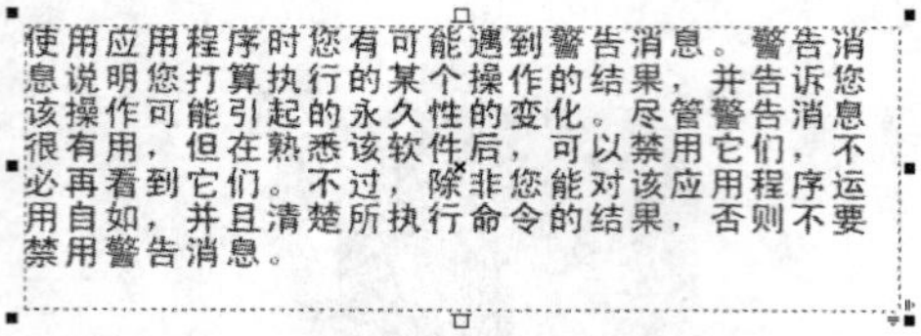

图 5-14　输入文本并进行设置

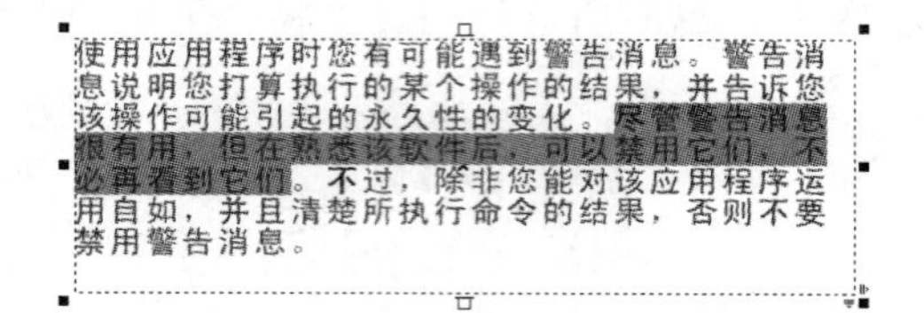

图 5-15　选择文本

（4）执行【文本】→【字符格式化】命令，打开“字符格式化”泊坞窗，也可以单击“文本工具”属性栏的“字符格式化”按钮，打开“字符格式化”泊坞窗，如图 5-16 所示。

（5）在“字符格式化”泊坞窗的“字符效果”选项区域中，选择“下划线”列表框中的“单粗”选项，选择“删除线”列表中的“双细”选项，选择“上划线”列表中的“单粗”选项，如图 5-17 所示。

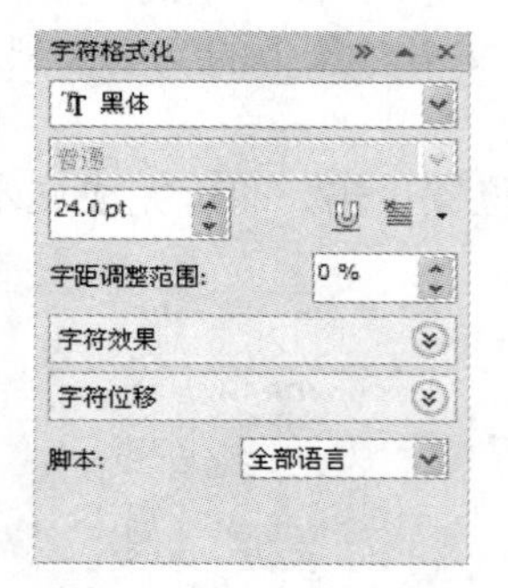

图 5-16 “字符格式化”泊坞窗

图 5-17　设置字符效果

（6）完成设置后，选择工具箱中的“挑选工具”，在工作区中的任意空白位置单击，即可完成文本对象的文本格式的设置和操作，如图 5-18 所示。

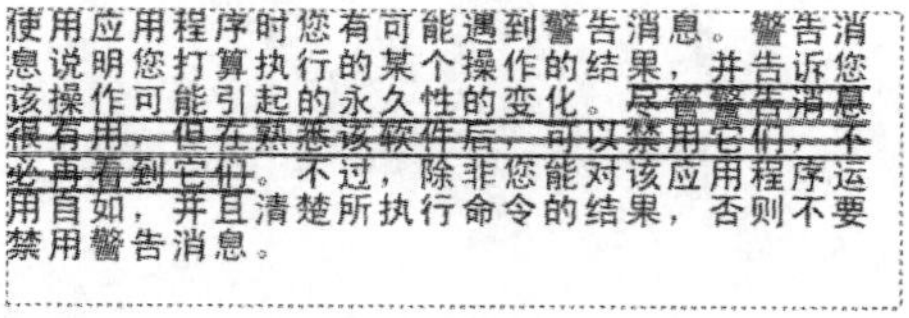

至此，文本的基本设置方法就讲述完了，下面将对文本的编辑方法进行介绍。

图 5-18　完成划线设置效果

5.4　编辑文本

用户利用 CorelDRAW X4 提供的“编辑文本”对话框可以对文本进行编辑。此外，CorelDRAW X4 允许将美术字转换为段落文本。如果需要为段落文本应用特殊效果，也可以将段落文本转换为美术字文本，还可以将段落文本与美术字文本转换为曲线，并用编辑曲线的方法对其进行编辑。

5.4.1 编辑文字内容

在“编辑文本”对话框中可以很方便地编辑较多段落的文本对象。在该对话框中，可以对所编辑文本对象的字体、字体的大小及对齐方式等参数进行设置。通过单击该对话框中的【导入】按钮，将打开“导入”对话框。在该对话框中可以选择其他文字处理软件创建的文本对象，将其导入至 CorelDRAW X4 中，并可以对导入的文本对象进行编辑。

对于段落较少的文本对象，可以直接在工作区中进行文本的格式编排，其操作方法与其他文字处理软件基本相同。

如果用户想通过“编辑文本”对话框编辑文本对象，可以先使用工具箱中的“挑选工具”或“文本工具”选择所需的文本对象，然后执行【文本】→【编辑文本】命令，打开图 5-19 所示的“编辑文本”对话框。在该对话框中，用户可以根据需要设置文本对象的字体、字体的大小及对齐方式等属性。完成设置后，单击【确定】按钮即可。

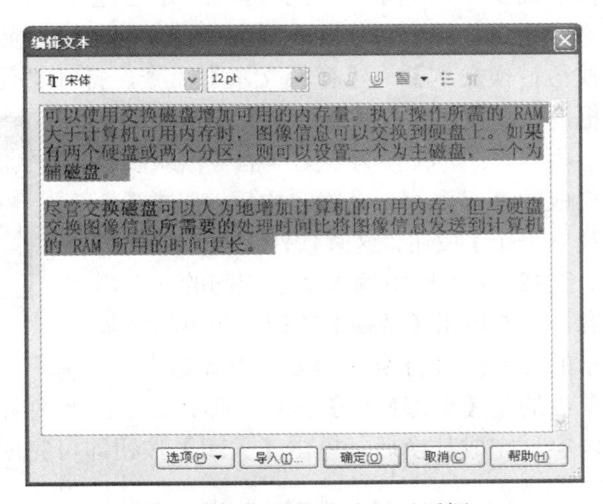

图 5-19 “编辑文本”对话框

5.4.2 转换文本对象

段落文本与美术字文本具有不同的属性，各有其独特的编辑方式。如果用户需要将美术字文本转换为段落文本，可以先使用“挑选工具”选择要进行转换的美术字文本，然后执行【文本】→【转换到段落文本】命令，即可将所选择的美术字文本转换为段落文本。转换后的美术字文本周围会显示“段落”文本框。这样就可以应用各种段落文本的编辑操作了。

同样，如果使用“挑选工具”选择所要转换的段落文本，执行【文本】→【转换为美术字】命令，即可将所选的段落文本转换为美术字文本。

提示：用户也可以通过在想要进行转换的文本对象上单击鼠标右键，在打开的快捷菜单中选择相应的转换命令，实现美术字文本与段落文本的相互转换。

5.4.3 查找与替换文本

查找与替换文本是编辑文本对象时最常用的两个基本功能。通过查找功能，可以很容易地找到文本对象中所需要的文字；使用替换功能，可以很方便地修改文本对象中的错误文字。

用户可以执行【编辑】→【查找与替换文本】命令的级联菜单中的【查找文本】命令和【替

换文本】命令，实现文本对象的查找与替换。

如果要查找文本中指定的文字，首先应选择所需要的文本对象，再执行【编辑】→【查找与替换文本】→【查找文本】命令，打开“查找下一个”对话框，如图 5-20 所示。在该对话框的“查找”文本框中输入要查找的文字，单击【查找下一个】按钮。软件将找出文本对象中第一个包含指定文字的位置。完成查找后，单击【关闭】按钮即可完成操作。如果用户启用了对话框中的“区分大小写”复选框，那么查找所需文字时将会按大小写的区分进行文字的查找。

图 5-20 “查找下一个”对话框

用户如果要替换文本对象中的文字，首先应选择所需要的文本对象，再执行【编辑】→【查找与替换文本】→【替换文本】命令，打开“替换文本”对话框，如图 5-21 所示。在该对话框的“查找”文本框中输入所要替换的文字内容。在“替换为”文本框中输入要替换成的文字内容。设置完成后，单击【查找下一个】按钮，这时软件将会查找出与“查找”文本框中输入文字相同的文字内容，接着单击【替换】按钮，即可将所显示的文字内容替换。如果在设置完成后，单击的是【全部替换】按钮，那么会直接替换所有与“查找”文本框中输入的文字相同的文字内容。完成替换后，单击【关闭】按钮即可完成操作。

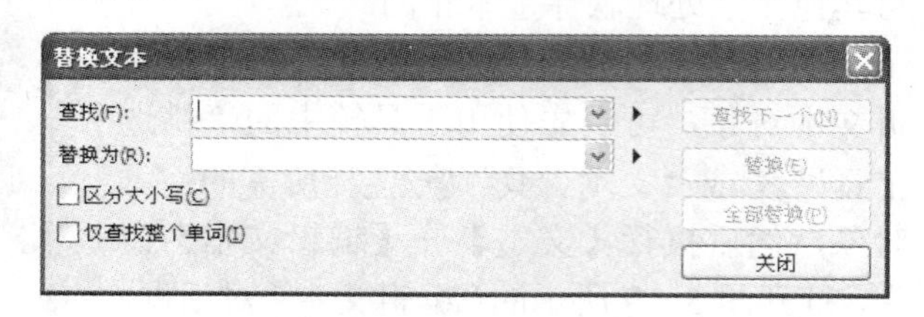

图 5-21 “替换文本”对话框

5.5 设置段落文本对象的属性

在 CorelDRAW X4 中，首字下沉、缩进和竖排文本功能是针对段落文本进行操作的。用户使用首字下沉功能，可以将文本对象中位于段落首字的文字放大，这会增强文本对象的显示效果；使用段落缩进功能，可以将版面编排得整齐、美观、层次分明；使用竖排文本功能，可以将文本对象编排得具有个性特色。

5.5.1 设置首字下沉

一般首字下沉功能应用于一篇文章的开头或一段文本的开始，将文本首字放大与正文排列在一起，使文章达到“先声夺人”、引人注目的效果。用户还可以设置该文本的字体、字体的颜色，以及为其添加边框、底纹等编排效果，使其更具有吸引力。

下面将展示首字下沉的设置方法。

（1）执行【文件】→【新建】命令，创建一个图形文件。

（2）选择工具箱中的“文本工具”字，在页面中适当的位置单击并拖出一个段落文本框，然后释放鼠标。在段落文本框中的文本光标位置输入文本。

（3）使用“文本工具”字选择文本对象中的第一个文字，如图 5-22 中的左图所示。

（4）在文本工具属性栏中单击“显示/隐藏首字下沉”按钮，即可将文本对象选择的第一个文字设置为下沉效果，如图 5-22 中的右图所示。如果用户再次单击该按钮，将可以取消首字下沉编排效果。

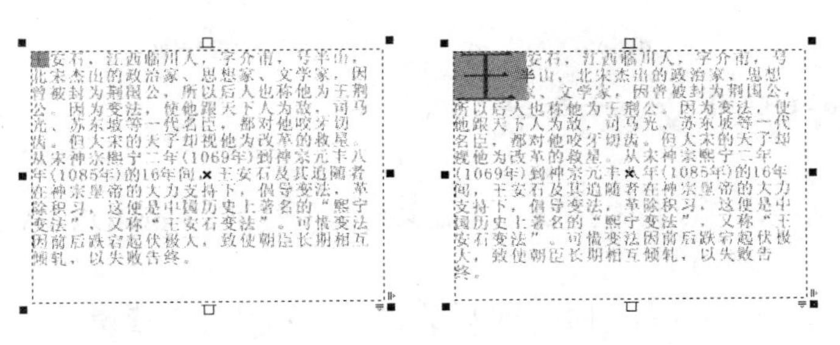

图 5-22　设置首字下沉效果

如果需要精确地设置首字下沉效果，要首先选择段落文本的位于首位的文字，然后执行【文本】→【首字下沉】命令，打开“首字下沉”对话框，如图 5-23 所示。

在该对话框的“外观”选项组中，“下沉行数”选项用于设置文字和下沉行数；“首字下沉后的空格”选项用于设置下沉文字与正文之间的间隔距离；选择“首字下沉使用悬挂式缩进”复选框，会使首字单独排列在正文左侧。图 5-24 所示为使用悬挂缩进式首字下沉的效果。

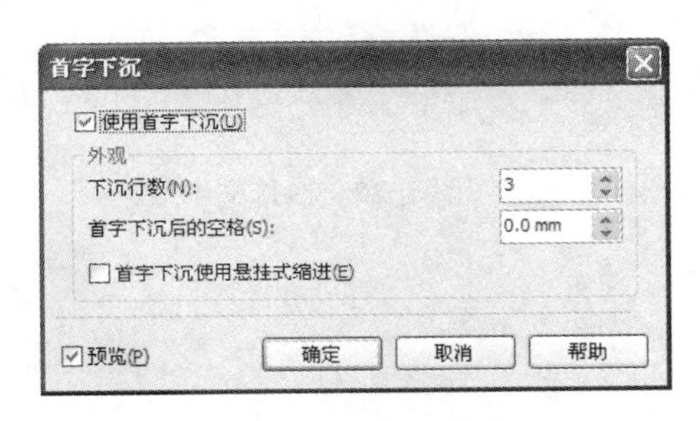

图 5-23　“首字下沉”对话框

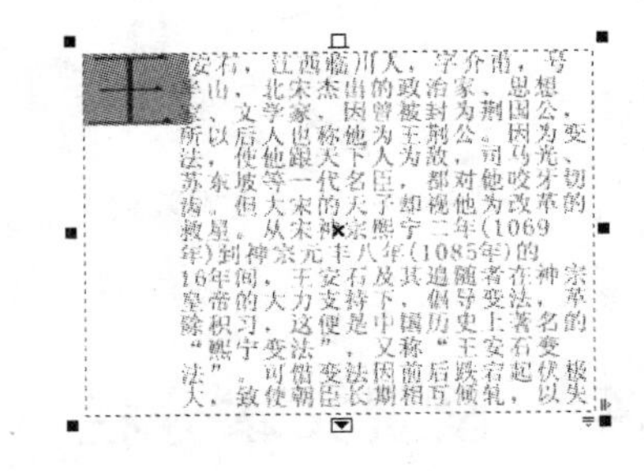

图 5-24　使用悬挂缩进式首字下沉的效果

5.5.2　设置缩进

在编辑段落文本时，有时用户需要将文本对象中的文字进行缩进编排，如每段文本起始处缩进两个文字的位置等。使用缩进功能调整段落文本框与文本间的距离，可以对整段文本进行缩进编排，也可以对某一行文本进行缩进编排，能够严格对齐，达到全文编排统一。

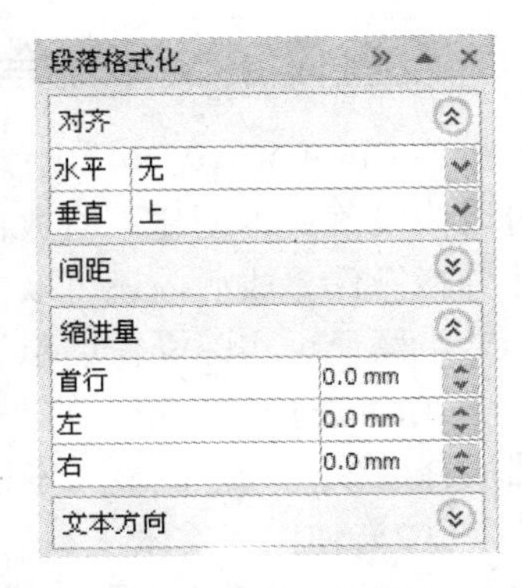

图 5-25　在“段落格式化”泊坞窗中设置缩进

用户如果想创建文本对象的缩进效果，可以先使用“挑选工具”选择所要转换的段落文本。然后执行【文本】→【段落格式化】命令，打开“段落格式化”泊坞窗，如图 5-25 所示。在该泊坞窗中的“缩进量”选项区中设置文本缩进的相关参数，设置完成后按【Enter】键完成设置。

用户可以设置“首行”参数框中的参数值，调整首行缩进的距离；设置“左”参数数值，调整左缩进距离；设置“右”参数数值，调整右缩进距离。如果用户要取消缩进编排，只需将“首行”参数框、“左”参数框和“右”参数框中的参数数值设置为 0 即可。

5.5.3 设置竖排文本方式

使用竖排文本功能，可以将横排的文本对象改变为竖排。CorelDRAW X4 中提供的竖排功能主要用于段落文本的编排操作。

如果用户要改变文本的排列方向，可以使用“挑选工具”选择所要转换的段落文本。然后单击工具属性栏中的“垂直排列文本”按钮，即可实现所选文本对象的竖排，如图 5-26 所示。如果用户想要改变竖排文本效果，只需单击工具属性栏中的“水平排列文本”按钮即可，如图 5-27 所示。

图 5-26　竖排文本效果

图 5-27　横排文本效果

5.5.4 设置文本分栏

对文本对象进行分栏操作是一种很实用的编排方式，许多报刊和杂志都大量使用文本分栏进行文本对象的编排。分栏的概念是对段落文本而言的，段落文本并不像美术字文本那样可以应用各种特殊的编辑和处理，但是它却可以应用一些特有文本对象的编排方式。在 CorelDRAW X4 中分栏格式可分为等宽和不等宽两种。

1. 设置段落文本的等宽分栏

在 CorelDRAW X4 中，段落文本可以像在其他软件中一样实现分栏效果。使用【栏】命令可以为段落文本创建不同数目、等宽或不等宽的栏。CorelDRAW X4 还支持分栏的交互式操作，在分栏操作完成后，还可以在绘图窗口中随时改变栏的宽度和栏的间距。

下面通过实际操作展示等宽分栏的制作方法。

（1）选择工具箱中的“文本工具”字，在页面中适当的位置单击并拖出一个段落文本框，然后释放鼠标。在段落文本框中的文本光标位置输入文本。

（2）使用“文本工具”字选择需要操作的文本对象。

（3）执行【文本】→【栏】命令，打开“栏设置”对话框，如图 5-28 所示。

（4）在“栏数”参数框中输入“2”。

（5）选择“栏宽相等”复选框，创建等宽分栏。

（6）完成设置后，单击【确定】按钮确定。图 5-29 所示为创建分栏后的段落文本效果。

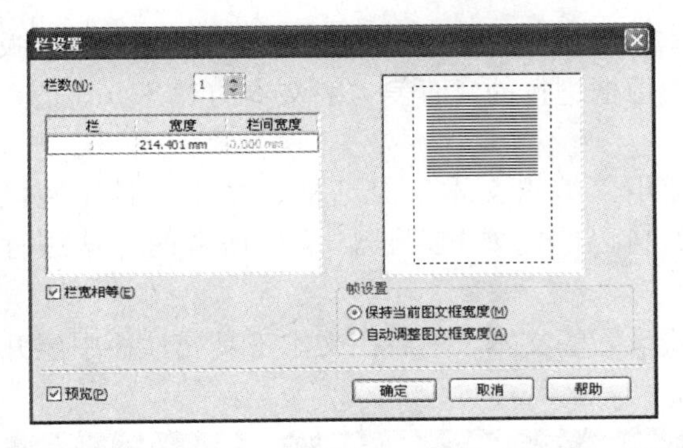

图 5-28 “栏设置”对话框

图 5-29 为段落文本设置等宽分栏

对于已经添加了等宽栏的文本，还可以进一步改变栏的宽度和栏的间距。使用“文本工具”字选择所需操作的文本对象，这时文本对象将会显示分栏线。将鼠标指针移动到分栏线上时鼠标指针会变为双向箭头，可以通过拖动改变栏间距，如图 5-30 所示。

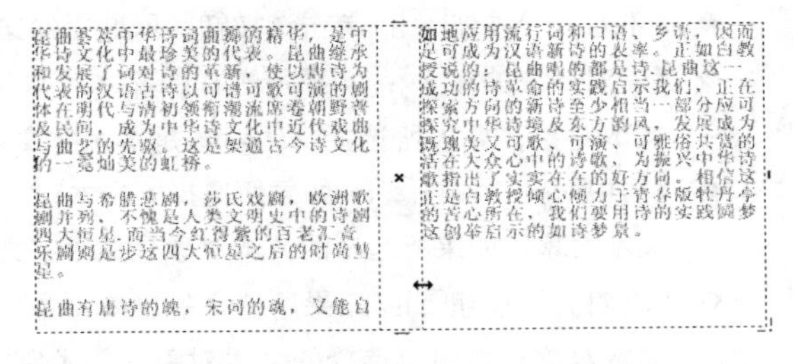

图 5-30 交互式调整栏宽和栏间距

2. 设置段落文本不等宽分栏

如果在“栏设置”对话框中指定了栏的宽度和栏间宽度，就可以创建不等宽的栏。在某些特殊的设计要求中，这个功能十分有用。

为选定的文本添加不等宽的栏的操作方法如下。

（1）选择工具箱中的“文本工具”字，在页面中适当的位置单击并拖出一个段落文本框，然后释放鼠标。在段落文本框中的文本光标位置输入文本。

（2）使用“文本工具”字选择需要操作的文本对象。

（3）执行【文本】→【栏】命令，打开“栏设置”对话框。

（4）在该对话框中，取消选择“栏宽相等”复选框；在“栏数”参数框中输入 3；在“栏/宽度/栏间宽度”选项区域的文本框中，精确设置各栏的宽度和栏间宽度，如图 5-31 所示。

（5）单击【确定】按钮，不等宽分栏效果如图 5-32 所示。

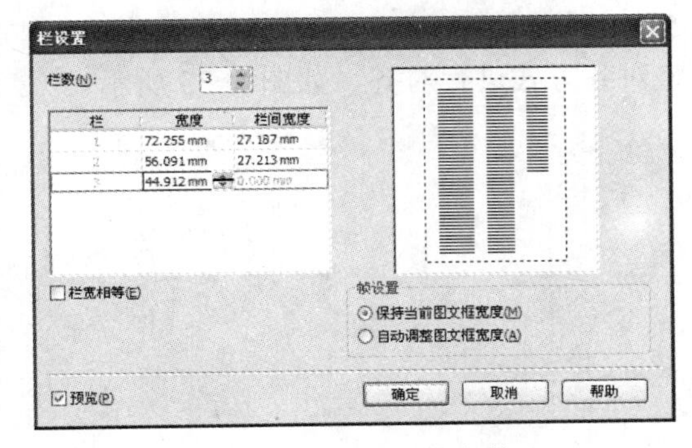

图 5-31 设置栏的参数

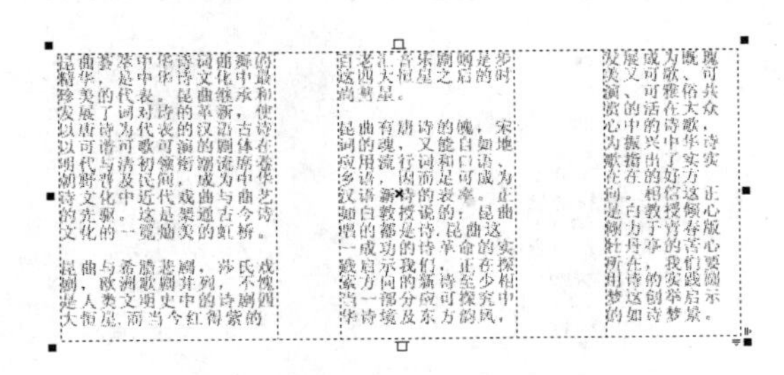

图 5-32 不等宽分栏效果

5.5.5 设置文本对象的对齐样式

在 CorelDRAW X4 中，用户可以对创建的文本进行多种对齐方式的编排，以满足不同的版面要求。段落文本的对齐方式是基于段落文本框的边框进行的，而美术字文本的对齐方式是基于输入文本时插入点位置来进行对齐的。

要创建段落文本与美术字文本，可以通过使用“编辑文本”对话框、文本工具属性栏及“格式化文本”泊坞窗来实现。用户可以根据自已的需要和习惯，选择适合的方法进行编辑操作。

在工作区中可以使用“挑选工具”选择需要设置的文本，然后在文本工具属性栏中展开水平对齐列表，选择需要的对齐方式的按钮即可。

该列表中各种对齐方式按钮的功能介绍如下。

- “不对齐”按钮：单击该按钮，所选择的文本对象将不应用任何对齐方式。
- “左对齐”按钮：如果所选择的文本对象是段落文本，单击该按钮，将会以文本框左边界对齐文本对象；如果所选择文本对象是美术字文本，将会相对插入点左对齐文本对象。
- “居中对齐”按钮：如果所选择的文本对象是段落文本，单击该按钮，将会以文本框中心点对齐文本对象；如果所选择的文本对象是美术字文本，将会相对插入点中心对齐文本对象。
- “右对齐”按钮：如果所选择的文本对象是段落文本，单击该按钮，将会以文本框右边界对齐文本对象；如果所选择的文本对象是美术字文本，将会相对插入点右对齐文本对象。
- “全部对齐”按钮：如果所选择的文本对象是段落文本，单击该按钮，将会以文本框两端边界分散对齐文本对象，但不分散对齐末行文本对象；如果所选择的文本对象是美术字文本，将会以文本对象最长行的宽度分散对齐文本对象。
- “强制全部对齐”按钮：如果所选择的文本对象是段落文本，单击该按钮，将会以文本框两端边界分散对齐文本对象，并且末行文本对象也进行强制分散对齐；如果所选择的文本对象是美术字文本，将会相对插入点两端对齐文本对象。

下面将通过实例介绍使用“段落格式化”泊坞窗对齐文本对象的操作方法。

（1）执行【文件】→【新建】命令，创建一个图形文件。

（2）选择工具箱中的“文本工具”字，在页面中适当的位置单击，确定所输入文本的插入点位置并输入美术字文本，如图 5-33 所示。

（3）执行【文本】→【段落格式化】命令，打开“段落格式化”泊坞窗。在该泊坞窗中，选择“对齐”列表框中的“右”对齐方式，如图 5-34 所示。

完成设置后，创建的美术字文本将以全部调整对齐方式进行对齐，如图 5-35 所示。

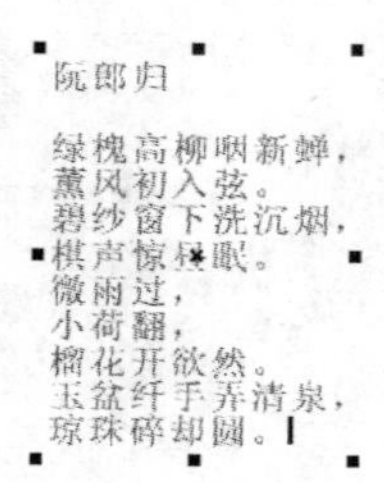

图 5-33 创建美术字文本

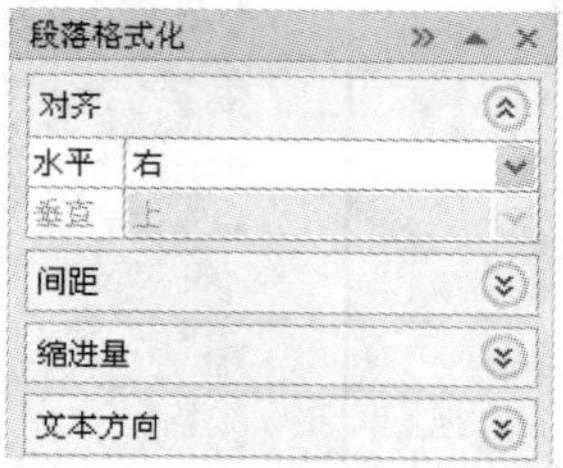

段落格式化
对齐
水平 右
垂直 上
间距
缩进量
文本方向

图 5-34 “段落格式化”泊坞窗

图 5-35 设置对齐方式后的效果

5.5.6 更改大小写

对于 CorelDRAW X4 中文本对象输入的英文文本，用户可以根据需要选择句首字母大写、全部小写或全部大写等文本格式。另外，通过 CorelDRAW X4 提供的更改大小写功能还可以将英文文本对象中的字母进行大小写转换。但需要注意的是这些设置功能仅针对英文文本对象使用。

要实现大小写的更改，用户可以使用【更改大小写】命令、文本工具属性栏和“格式化文本”对话框等多种方法进行操作。这里将以使用【更改大小写】命令的方法，介绍更改文本大小写的操作方法。

如果使用【更改大小写】命令更改大小写来创建英文文本，如图 5-36 所示。在英文文本对象中选择更改大小写的文本，然后执行【文本】→【更改大小写】命令，打开图 5-37 所示的“改变大小写”对话框。

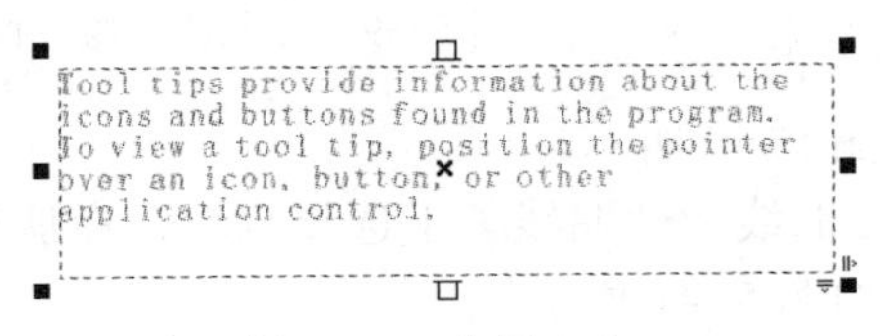

Tool tips provide information about the
icons and buttons found in the program.
To view a tool tip, position the pointer
over an icon, button, or other
application control.

图 5-36　小写文本

改变大小写
句首字母大写(S)
小写(L)
大写(U)
首字母大写(T)
大小写转换(G)
确定
取消
帮助(H)

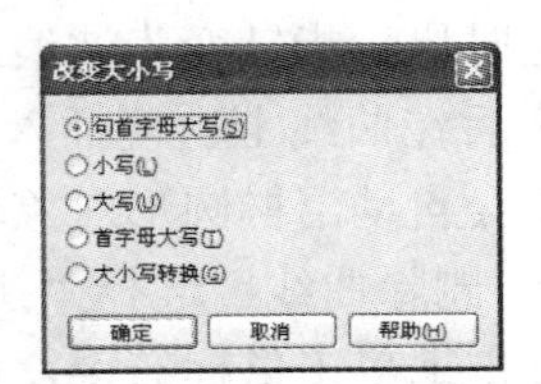

图 5-37　“改变大小写”对话框

在该对话框中，用户如果选择“句首字母大写”单选按钮，则选择的文本对象中每个句子的第一个字母大写；如果选择“小写”单选按钮，则选择的文本对象中的所有英文文本都将转换为小写；如果选择“大写”单选按钮，则选择的文本对象中的所有英文文本都将转换为大写；如果选择“首字母大写”单选按钮，则选择的文本对象中每个单词的首字母大写；如果选择“大小写转换”单选按钮，则选择的文本对象中所有大写字母都将转换为小写字母，所有小写字母都将转换为大写字母。

用户完成设置后，单击【确定】按钮确定，即可将所进行的设置应用至文本中，如图 5-38 所示。

TOOL TIPS PROVIDE INFORMATION ABOUT THE
ICONS AND BUTTONS FOUND IN THE PROGRAM. TO
VIEW A TOOL TIP, POSITION THE POINTER
OVER AN ICON, BUTTON, OR OTHER
APPLICATION CONTROL.

图 5-38　完成大小写更改

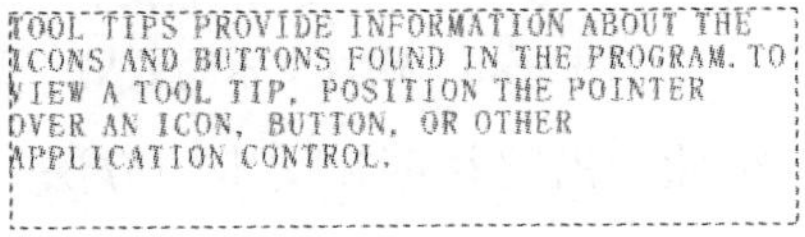

至此，文本的基本编辑方法就讲述完了，下面将介绍特殊效果的文本编辑。

5.6 文本的特殊编辑

在平面设计中，有时需要文字根据图形或路径的形状进行编排文本对象。CorelDRAW X4 中提供了路径文字、嵌入图形文本和围绕图形编排 3 种编辑方法。

5.6.1 使文本适合路径

在 CorelDRAW X4 中，将文本对象沿路径进行编排是文本对象的一种特殊编排方式。默认状态下，所输入的文本都是沿水平方向排列的，这种排列方式的外观略显单调，虽然可以用“形状工具”将文本对象进行旋转或偏置操作，产生波纹状的效果。但这种方法只能用于简单的文本编辑，而且操作比较烦琐。

5.6.2 沿路径创建文本

使用 CorelDRAW X4 中的沿路径编排文本的功能，可以将文本对象嵌入不同的路径中，使其具有更多变化的外观效果，并且用户通过相关的编辑操作还可以更加精确地调整文本对象与路径的嵌合。

下面将通过实例展示沿路径创建文本的方法。

（1）执行【文件】→【导入】命令，导入“路径文本.jpg”到页面中，选择工具箱中的“贝济埃工具”在图像内绘制曲线，如图 5-39 所示。

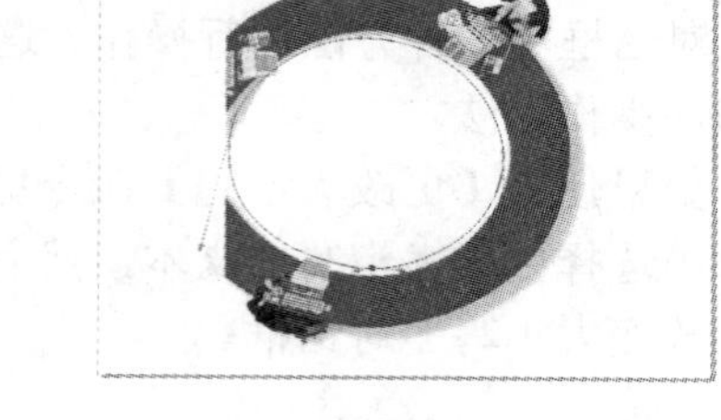

图 5-39 导入图像绘制曲线

（2）选择“文本工具”字，将鼠标指针移动到曲线上，这时鼠标指针变为波浪线加插入光标形状。单击后在曲线上出现插入文本光标，这时输入的文本对象会自动沿椭圆形对象轮廓进行排列，如图 5-40 所示。

（3）删除曲线。选择“挑选工具”，单击曲线，使曲线处于选择状态，在调色板上的无色色样框上单击鼠标右键，曲线被删除，效果如图 5-41 所示。

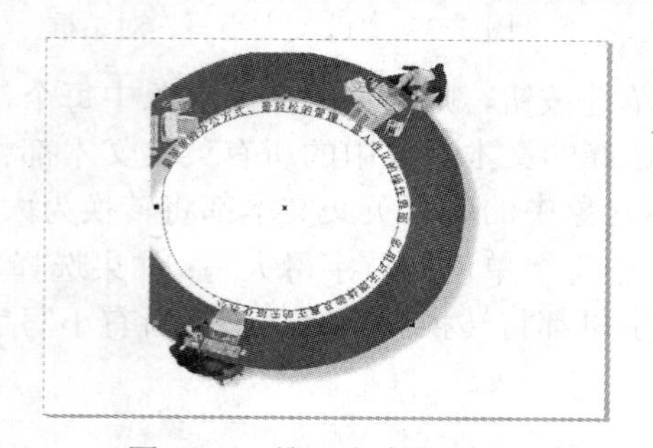

图 5-40 输入文本的效果

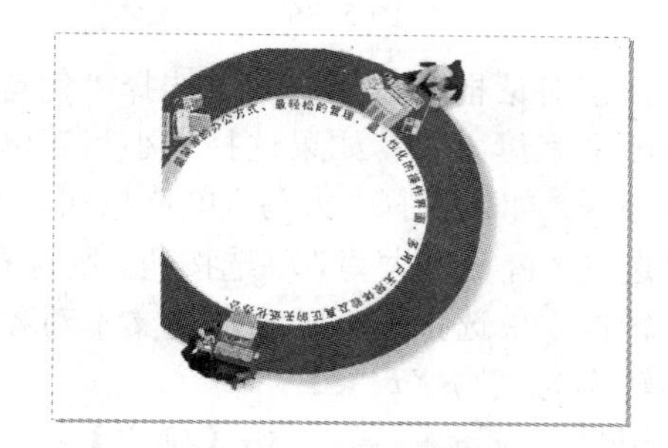

图 5-41 删除曲线效果

至此，沿路径创建文本的方法就介绍完了，下面将介绍沿路径排列已创建的文本。

5.6.3 沿路径排列已创建的文本

（1）如果要将已输入的文本沿路径排列，可在按住【Shift】键的同时选择“挑选工具”，选择所需操作的文本对象和路径，此时路径和文本都处于选择状态，如图 5-42 所示。

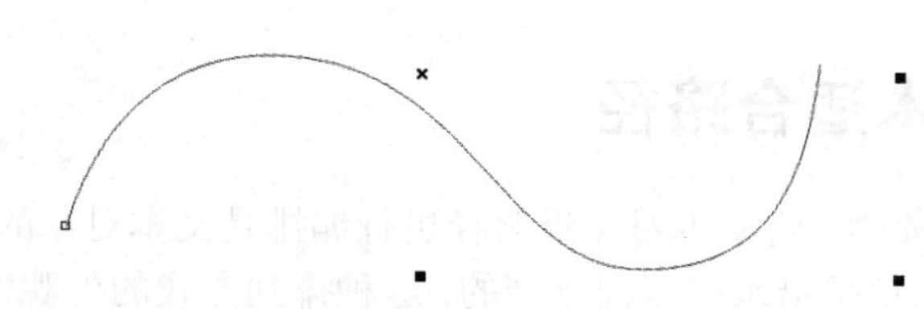

图 5-42 选择文本与路径

（2）执行【文本】→【使文本适合路径】命令，文本就会自动移动到路径上，如图 5-43 所示。

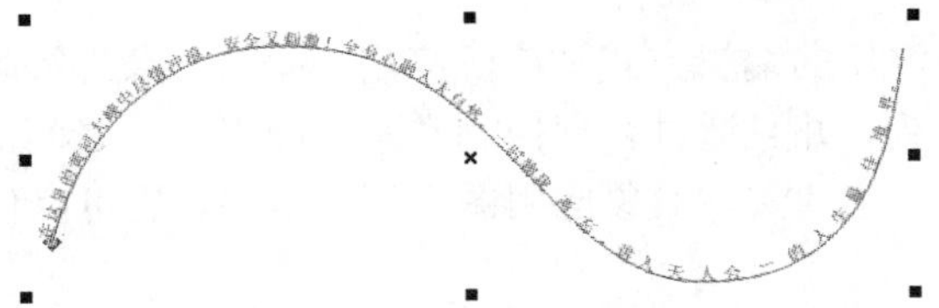

图 5-43　完成沿路径排列的文本

在创建路径文本时，在工具属性栏中，用户可以根据需要对路径文本进行设置。

工具属性栏中的主要参数选项功能如下。

- ◆ “文字方向”列表：用于设置文本对象在路径上排列的文字方向。
- ◆ “与路径的距离”参数框：用于设置文本对象与路径之间的间隔距离。
- ◆ “水平偏移”参数框：用于设置文本对象在路径上的水平偏移尺寸。
- ◆ “镜像文本”选项：单击该选项中的按钮，可以设置镜像文本后面的位置。

5.6.4 将文本填入框架

在 CorelDRAW X4 中，可以将选择的段落文本嵌入到一些不规则的封闭的图形对象中，也就是说将图形对象当作段落的文本框进行文本对象的输入。当在图形对象内部嵌入文本对象时，文本对象的文本框会显示在图形对象的轮廓内。在图形对象中输入的文本对象，其属性和其他的文本对象一样，可以应用各种文本编辑格式。嵌入至图形轮廓中的文本，其文本框的大小会随图形对象的形状改变而改变，因此如果需要调整文本对象的文本框大小，可以通过调整图形的轮廓形状实现。

下面将通过实例展示将文本填入框架的方法。

（1）执行【文件】→【新建】命令，创建新文件。执行【文件】→【导入】命令，导入“填入框架.tif”图像。

（2）选择工具箱中的“文本工具”，在位图上方输入并设置文本，如图 5-44 所示。

（3）绘制框架。使用“贝济埃工具”，在位图上绘制图形，作为文本的框架。

（4）选择工具箱中的“文本工具”，在图形的轮廓上单击，这时将会根据图形对象的形状和大小在内部显示出一个文本框，如图 5-45 所示。

（5）在该文本框中输入所需要的文本，输入完成后，使用“挑选工具”在页面任意空白位置单击，即可完成在图形对象中嵌入文本对象的操作，如图 5-46 所示。

图 5-44　导入位图并输入文本

图 5-45　绘制框架

图 5-46　输入文本

5.6.5 使段落文本环绕图形

在日常生活中，图文混排的编辑方式被广泛应用于报纸、杂志等版面设计中，文本可以围绕图形对象的轮廓进行排列，并且通过合理控制文本与图形对象之间的相对位置，来增强图形的显示效果。用户可以对创建的文本对象应用图文混排效果，也可以使用这种方式对正在输入的文本进行排列。

下面将通过实例展示段落文本环绕图形的方法。

（1）执行【文件】→【打开】命令，打开“环绕图形.cdr”文件，使用“挑选工具”选择图形，如图 5-47 所示。

（2）执行【窗口】→【泊坞窗】→【属性管理器】命令，打开“对象属性”泊坞窗，单击“常规”选项卡，在“段落文本换行”列表中选择“轮廓图-跨式文本”选项；设置“文本换行偏移”的值为 2.0mm；在“样式”列表中选择“默认图形”选项，如图 5-48 所示。

图 5-47　选择图形

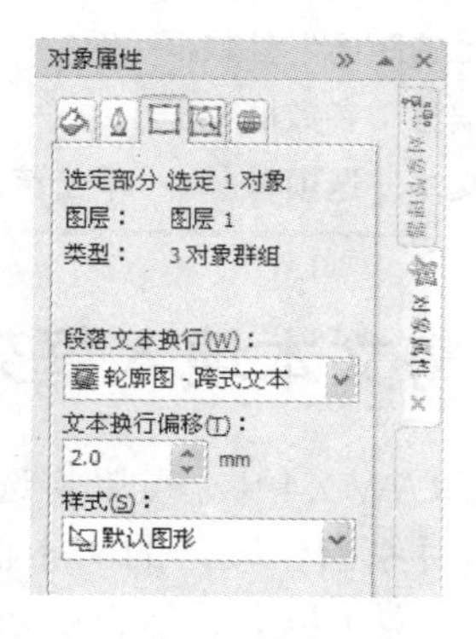

图 5-48　设置对象属性

（3）选择工具箱中的“文本工具”，在图形对象上拖出一个段落文本框，如图 5-49 所示。

（4）在文本框中输入文本，所输入的文本对象将会自动环绕图形对象，效果如图 5-50 所示。

图 5-49　拖出段落文本框

图 5-50　创建环绕文本

至此，所有文本创建和设置方法就介绍完了。下面将通过一个美术字文本设置实例的创建，来展示 CorelDRAW X4 中美术字文本效果的设置方法。

5.7 综合实战——制作立体字

由于文字使用环境和表达含意的不同，在有些设计作品中需要进行特殊表现。本实例就是利用交互式立体化效果制作的立体字效果，立体字会使整幅作品充满立体和放射的感觉。实例制作效果如图 5-51 所示。

图 5-51　立体字完成效果

下面将开始立体字效果的制作。

5.7.1 创建文本

在创建文本之前要根据文本的主题，在头脑中对字体和样式等做到“心中有数”。

（1）使用“文本工具”字，在页面中创建“母亲节快乐”文本，在属性栏中设置“字体”为“方正粗倩体”，“大小”为 100，效果如图 5-52 所示。

母亲节快乐

图 5-52　输入文本

（2）执行【文本】→【段落格式化】命令，打开“段落格式化”泊坞窗，设置“间距”中“字符”的值为-23，使字距比较接近，单击调色板中的黄色，在黑色上单击鼠标右键，此时文本变为黄色黑边的文本，如图 5-53 所示。

（3）使文本产生偏置。选择工具箱中的“形状工具”，单击“亲”字的节点，使“亲”字处于选择状态。在属性栏中设置“垂直字符偏移”的值为–30，使“亲”字向下移动。用同样的方法将“快”字也做同样的处理，效果如图 5–54 所示。

图 5–53　设置间距和颜色

图 5–54　调整文字的偏移位置

5.7.2　将文本转换为曲线并进行调整

将文本设置为曲线，可以最大程度地对曲线进行调整，使文字曲线的形状产生千变万化的效果。

（1）选择“挑选工具”，在文本上单击鼠标右键，从弹出的快捷菜单中选择【转换为曲线】命令，将文本转换为曲线，选择“形状工具”，对“母”字的形状进行调整。效果如图 5–55 所示。

（2）用同样的方法对其他曲线进行调整，效果如图 5–56 所示。

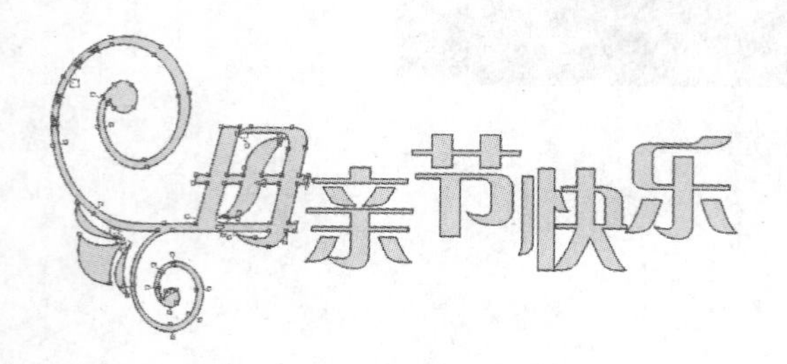

图 5–55　调整形状

图 5–56　完成对文本形状的调整

5.7.3　创建立体效果

“交互式调和工具”可以使图形产生立体效果，并可以设置立体颜色等属性。在后面的章节中将做详细的介绍。

单击工具箱中的“交互式调和工具”，在工具组中选择“交互式立体化工具”，在文字图形上单击并向右上方拖动，文字图形产生立体效果。在属性栏中设置“x”和“y”的值分别为 143mm 和 113mm，在“立体化类型”列表中选择“右上”类型，设置“深度”的值为 20，设置“灭点”的“x”和“y”的值分别为 7mm 和 27mm，在“灭点属性”列表中选择“锁到对象上的灭点”选项，单击“颜色”按钮。打开“颜色”对话框，单击“使用递减颜色”按钮，单击“从”颜色列表中的洋红色，设置“到”的颜色为白色，页面中的图形产生了立体效果。效果如图 5–57 所示。

插入背景图形，完成作品的制作，效果如图 5–58 所示。

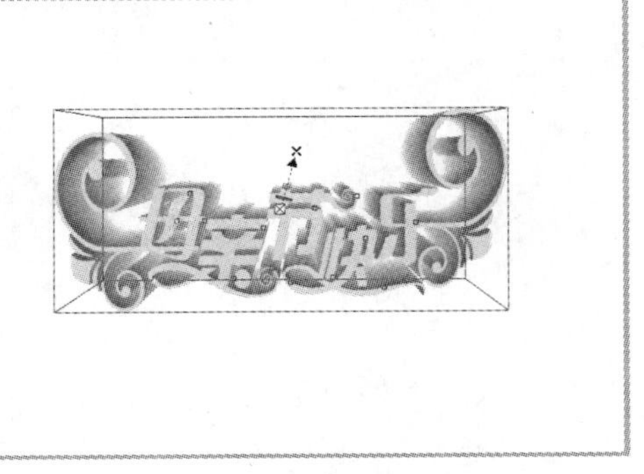

图 5-57　完成立体设置效果

图 5-58　完成文本的制作

经验与技巧分享

通过本章内容的学习，读者可以对在 CorelDRAW X4 中进行文本输入和编排有一个全面的认识。在学习完本章后应反复练习，才能创建出精美的文本作品。

经验与技巧分享如下。

（1）在设计美术字文本方面，大多与“交互式工具”相结合来完成，例如“交互式阴影工具”、“交互式立体工具”和“交互式透明工具”。

（2）在美术字的造型及间距的调整方面，可将文本转换为曲线后再进行调整，这样可以使造型效果更加丰富。

（3）在创建段落文本时，可先设定辅助线，再将辅助线位置锁定，防止不小心造成辅助线位置的移动而改变排版的位置。

（4）使用不同的工具选择美术字会实现不同的效果。如果需要处理单个文字可直接选择“形状工具”来完成。

经验与技巧分享如下

06 对象操作与实战

CorelDRAW X4 提供了一系列的命令和工具用于编辑对象，利用这些命令或工具可以更加灵活地编辑对象。这些编辑操作都是以不改变对象的轮廓线属性为前提，通过使用工具和调整对象的参数来实现的。

学习提要

- 选择对象
- 剪切、复制、再制与删除对象
- 对象变换操作
- 改变对象的顺序
- 对齐与分布对象
- 群组与结合对象
- 锁定对象
- 查找和替换对象
- 绘制图形曲线装饰画

6.1 选择对象

CorelDRAW X4 中对所有对象的操作都必须遵循这样一个规则：先选择再操作，所以选择对象是十分重要的操作之一。无论做什么操作，选择对象是前提。

6.1.1 创建图形时的选择

图形对象外于选择状态时，其中心便会显示一个“×”标记，并且其周围将出现 8 个黑方块称为“选择点”，如图 6-1 所示。

6.1.2 使用挑选工具直接选择

其实在完成图形创建时，图形是自然处于选择状态的，只有在进行其他操作或在页面的空白处单击时，对象的选择才被取消。

在实际工作中，最常使用的选择方法是使用“挑选工具”。因为它是最为快捷和方便的选择方式。其使用方法十分简单，只要在工具栏中选择“挑选工具”，在需要选择的对象上单击，即可选中单击的对象或单个群组对象，如图 6-2 所示。

图 6-1　创建图形时选择的对象

图 6-2　使用挑选工具选择对象

使用“挑选工具”也可以选择多个对象或多个群组对象，方法如下。

选择工具箱中的“挑选工具”，选择全部图形中的每个图形，再按住【Shift】键分别单击需要选择的图形对象即可。

提示：也可以使用“挑选工具”拖出矩形框来框选多个对象，被框入的所有对象都将选中。

6.1.3 使用命令选择

使用前面的选择方法只能选择对象与文本，却不能选择辅助线。有时由于工作区显示的问题，会使一些对象散布于工作区的非显示位置，这时，如果用户使用菜单命令进行对象的选择将会变得方便、快捷。

1．选择所有对象

执行【编辑】→【全选】→【对象】命令，可以一次性选择当前工作页面上的所有图形对象和文本对象，全部对象将被当作一个整体。

2．选择全部文体对象

用户有时只想选择工作区中的文本对象，那么可以执行【编辑】→【全选】→【文本】命令，就可以全部选择工作区中的文本对象。

3．选择全部辅助线

全选辅助线是指选择当前工作区中所有的辅助线。

执行【编辑】→【全选】→【辅助线】命令，就可以选择工作区中的全部辅助线，选中的辅助线都以红色显示。

4．选择全部节点

选择全部节点是指选择当前工作区中图形对象上所有的节点。

执行【编辑】→【全选】→【节点】命令，就可以全部选择工作区中的节点。选择的节点将以实心显示。

6.1.4 取消选择

当选择一个或多个对象后，如果用户想取消其中某个或多个对象的选择，这时就需要进行取消对象的操作。取消对象的选择方法分为两种，取消全部对象的选择与取消部分对象的选择。

1．取消全部对象的选择

单击“挑选工具”，在工作区的空白处单击即可全部取消所有对象的选择。

2．取消部分对象的选择

如果用户选择了多个对象，想取消选择其中的一个对象，这时可以按住【Shift】键，然后单击该对象的填充区域或轮廓即可取消选择，如图 6-3 和图 6-4 所示。

图 6-3　选择全部对象

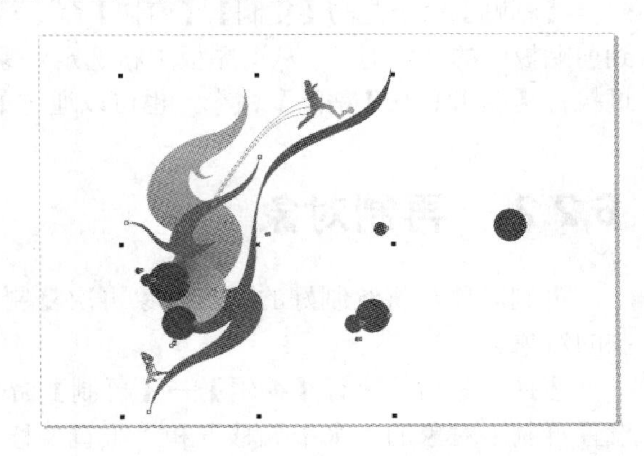

图 6-4　取消选择部分对象

至此，选择的方法就讲述完了。下面将对图形对象的剪切、复制、再制与删除对象进行讲述。

6.2 剪切、复制、再制与删除对象

CorelDRAW X4 提供了一系列的命令和工具用于编辑对象，利用这些命令或工具可以更加灵活地编辑对象。

6.2.1 复制、剪切与粘贴对象

与其他应用程序一样，CorelDRAW X4 也允许使用 Windows 的剪贴板来进行一些数据交换。

1.【复制】命令

【复制】命令的使用方法很简单，只需在工作区中选择需要复制的对象，再执行【编辑】→【复制】命令，即可实现对象的复制。用户也可以通过单击标准工具栏中的“复制”按钮，实现对象的复制操作。

2.【剪切】命令

CorelDRAW X4 中的【编辑】→【剪切】命令也是使用剪贴板进行数据传送的。与【复制】命令不同的是，当对所选定的对象执行【剪切】命令时，它将原对象放入剪贴板进行数据传输，而【复制】命令是将原对象的副本放入剪贴板进行数据传输的。

用户可以使用“挑选工具”，选择要剪切的对象，然后执行【编辑】→【剪切】命令，或直接单击标准工具栏中的“剪切”按钮，即可将所选择的对象从工作区移至剪贴板。

3.【粘贴】命令

【粘贴】命令是与【复制】、【剪切】命令相对应的命令。它的作用是将复制和剪切操作输送到剪贴板中的选定对象，从剪贴板中将选定对象的数据引入到工作区中指定的位置。用户可以通过执行【编辑】→【粘贴】命令，也可以通过单击标准工具栏中的“粘贴”按钮进行粘贴。

6.2.2 再制对象

再制对象是将绘制好的图形对象再次复制一个或多个，使用再制对象功能时必须选择需再制的对象。

选择对象后，执行【编辑】→【再制】命令，会弹出“再制偏移”对话框。在该对话框中设置再制出对象的“水平偏移”和“垂直偏移”的参数，如图 6-5 所示。

完成参数设置后单击【确定】按钮，完成再制操作。

6.2.3 复制属性

复制对象属性是指将一个对象的属性复制到另外一个对象上，可以被复制的属性包括填充、轮廓线和轮廓色等。

（1）选择要进行复制的对象，执行【编辑】→【复制属性自】命令，弹出图 6-6 所示的“复制属性”对话框，选择其中需要复制的选项。

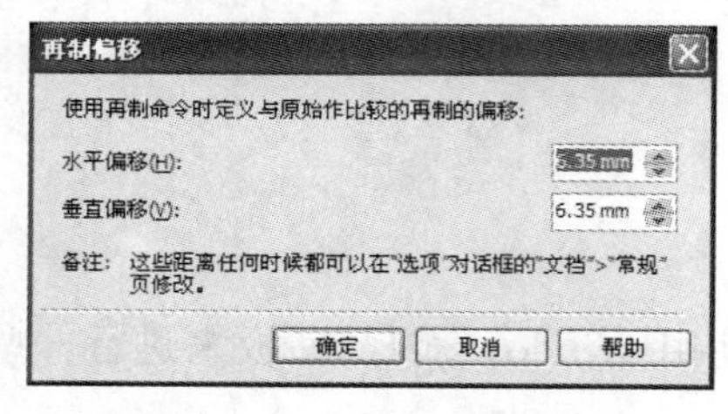

图 6-5 “再制编移”对话框

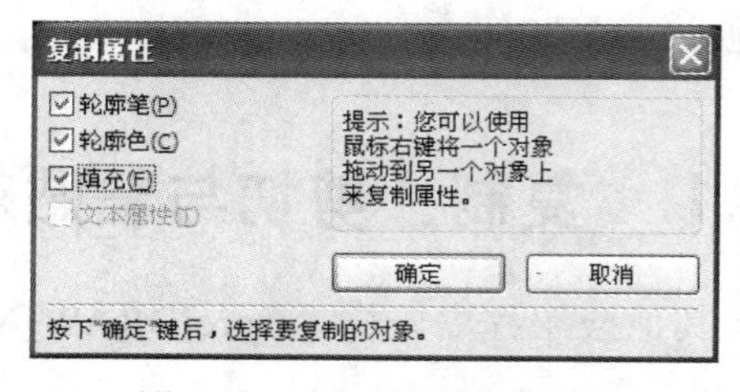

图 6-6 “复制属性”对话框

（2）单击【确定】按钮，完成对图形对象属性的复制，此时鼠标指针变为一个向右的黑色粗箭头。

（3）在需要复制的图形对象属性的对象上单击，即可完成属性的复制。

6.2.4 删除对象

删除对象是将选定的一个或多个对象从工作区中删除。

在工作区中选择需要删除的对象，按【Delete】键删除选择的对象。

6.3 对象变换操作

在 CorelDRAW X4 中，如果用户想要改变对象的大小，可以通过使用鼠标进行大致的调整操作，也可以通过工具属性栏进行精确的设置。还可以通过执行【窗口】→【泊坞窗】→【变换】命令，在弹出的子菜单中选择一种变换方式命令，弹出“变换”泊坞窗，在这里进行精确的变换操作。

6.3.1 移动对象的位置

（1）使用“挑选工具”选择对象，并按住鼠标左键拖动，即可执行移动操作。

（2）利用“变换”泊坞窗可以对选择的对象进行精确的位置调整。执行【窗口】→【泊坞窗】→【变换】→【位置】命令，打开“变换”泊坞窗。“移动”选项卡包括“位置”与“相对位置”两部分内容。“位置”是指对象在标尺上相对应的绝对位置。在“水平”和“垂直”参数框中输入数值，可以移动对象的位置，如图 6-7 所示。

“相对位置”是指相对于选择的操作对象的位置。选择“相对位置”复选框，如图 6-8 所示。

（3）当“水平”和“垂直”参数框都变为 0.0 时，在下方将显示出一个代表对象中心的正圆和 8 个代表方向的矩形框。这 8 个方向的矩形框，可以任选其一，以确定相对操作对象当前位置的方向。

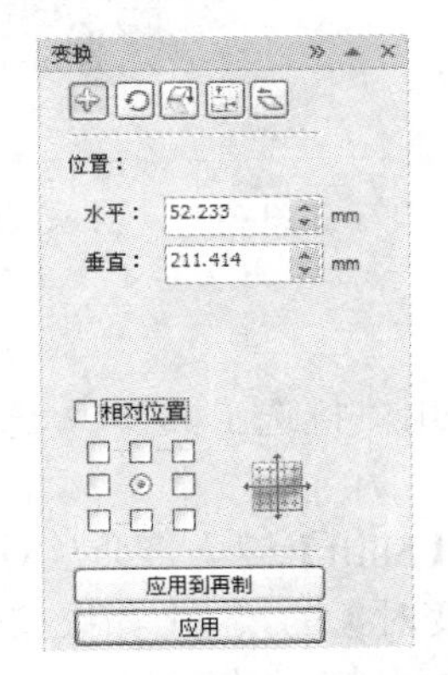

图 6-7　设置数值来移动对象

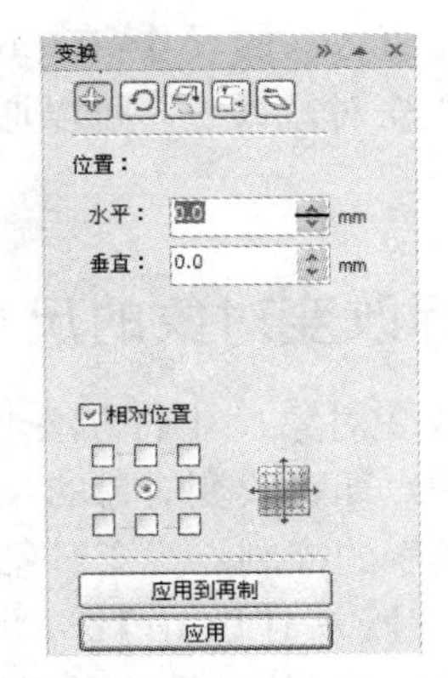

图 6-8　选择“相对位置”复选框

6.3.2 旋转对象

在 CorelDRAW X4 中旋转对象，最简单的方法就是直接使用“挑选工具”。选择需要旋转的对象，然后再次单击，在对象周围出现旋转点时即可对其进行旋转，如图 6-9 所示。

也可以使用“变换”泊坞窗来实现对象的精确旋转，具体操作步骤如下。

（1）选择工具箱中的“挑选工具”，选择需要旋转的对象。

（2）执行【窗口】→【泊坞窗】→【变换】→【旋转】命令，打开“变换”泊坞窗。

（3）在“旋转”选项卡中，在“角度”数值框中输入一个角度值，以确定对象的旋转角度。

（4）在中心选项组的“水平”数值框中输入一个中心点的水平位移，在“垂直”数值框中输入一个中心点的垂直位移，如图 6-10 所示。

图 6-9　旋转对象

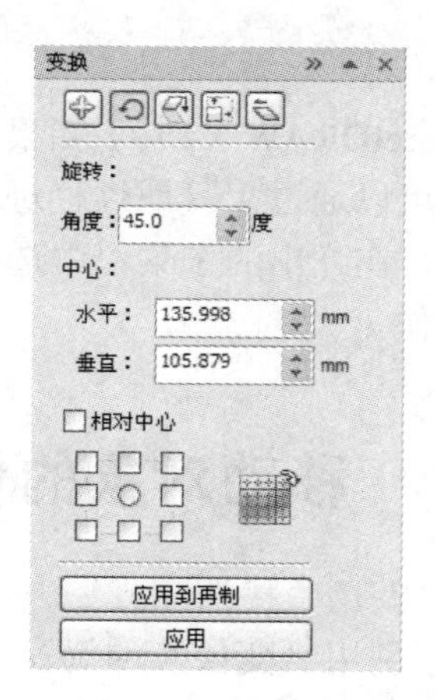

图 6-10　设置旋转角度

（5）单击【应用】按钮即可旋转对象，其效果如图 6-11 所示。

图 6-11　对象旋转效果

6.3.3 调整对象尺寸

调整对象尺寸是指保持对象比例的前提下，改变对象的水平或垂直方向的尺寸。在 CorelDRAW X4 中，如果用户想要改变对象大小，可以通过工具属性栏进行精确的调整。

1. 使用鼠标改变对象的尺寸

使用鼠标改变对象尺寸的方法十分简单。用户可以使用“挑选工具”选择对象后，拖动控制框周围的点即可改变对象的尺寸，如图 6-12 所示。

在拖动“角”的控制点改变对象的尺寸时，如果按住【Shift】键，将会从对象的中心点位置改变对象的尺寸；按住【Ctrl】键，将会按 100%的增量改变对象的尺寸；如果按住【Shift+Ctrl】组合键，将会按 100%的增量从对象的中心点位置改变对象尺寸，如图 6-13 所示。

图 6-12　拖动控制点的位置改变对象尺寸

图 6-13　使用对象中心点改变对象尺寸

2．使用工具栏改变对象尺寸

虽然使用鼠标改变对象尺寸的方法简单又迅速，但是其调整的精确度却不够，因此用户如果想要精确地调整对象的尺寸，可以通过工具属性栏进行调整。具体操作方法如下。

使用“挑选工具”，选择需要改变尺寸的对象。

关闭工具属性栏中的“不按比例缩放”开关，将此开关关闭。在对象大小参数框中的其中一个参数框中输入需要的垂直或水平参数，然后按【Enter】键，图形对象将成比例产生尺寸的变化。

提示：如果打开“不按比例缩放”开关，可单独在垂直或水平方向上改变图形对象的形状。

3．使用“变换”泊坞窗调整对象的尺寸

如果用户需要精确地调整对象的尺寸，除使用工具属性栏外，还可以使用“变换”泊坞窗来精确地调整对象的尺寸。具体的操作方法如下。

选择需要调整尺寸的对象。

执行【窗口】→【泊坞窗】→【变换】→【大小】命令，打开“变换”泊坞窗的“大小”选项卡，如图 6-14 所示。

在大小选项卡中选择“不按比例”复选框。在“水平”和“垂直”参数框中输入需要的水平和垂直的参数。单击【应用】按钮确定，即可完成对尺寸的调整。

6.3.4　缩放和镜像对象

“缩放”是指按相对当前对象大小尺寸的百分比进行大小调整。调整大小则是按指定的数值改变对象的大小。在缩放过程中可以按照水平比例或垂直比例进行对象大小的调整。

1．使用鼠标缩放对象

在精确度要求不高的情况下使用鼠标缩放对象较为方便。其操作方法是使用“挑选工具”单击工作区中需要进行缩放的对象，这时单击的对象周围将会出现控制点，然后按下鼠标左键并拖动任意控制点即可进行缩放操作。如果在操作过程中按住【Ctrl】键，将会以 100%的增量放大对象；如果在操作过程中按住【Shift+Ctrl】组合键，将会以 100%的增量从控制框的中心点缩放对象。

2．使用“自由变换工具”缩放对象

用户如果使用“自由变换工具”属性栏中的“自由调节工具”，将可以沿水平或垂直方向缩放对象，并可以自由选择缩放操作的节点位置。

如果用户想使用“自由调节工具”缩放对象，可以选择“挑选工具”。在工作区中单击所要缩放操作的对象，然后单击工具箱中“形状工具”右下方的黑色小三角，在打开的工具组中选择“自由变换工具”，然后单击“自由变换工具”属性栏中的“自由调节工具”，最后在工作区中的适当位置单击设置缩放操作的节点位置，并且拖动鼠标进行对象的缩放操作，把对象缩放至所需大小后释放鼠标，完成缩放操作。

3．使用“变换”泊坞窗缩放对象

如果用户需要精确地按特定比例缩放对象，可以通过使用“变换”泊坞窗的“比例与镜像”选项卡中的参数设置进行缩放操作。执行【窗口】→【泊坞窗】→【变换】→【比例与镜像】命令，打开“变换”泊坞窗的“比例与镜像”选项卡，如图 6-15 所示。

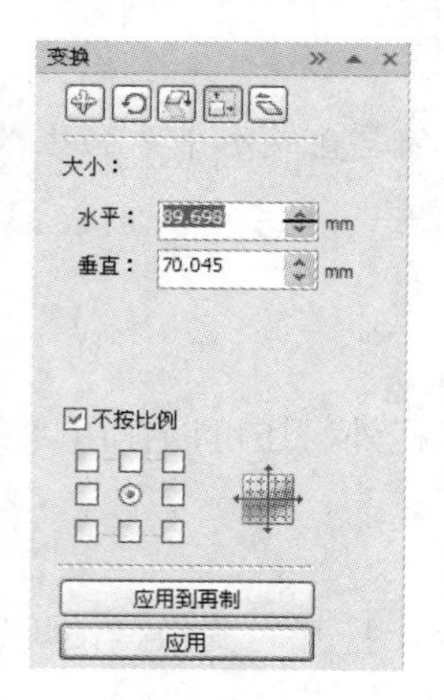

图 6-14　“大小”选项卡

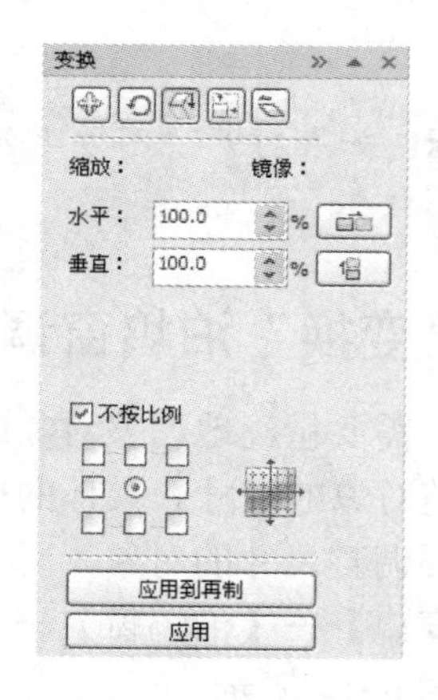

图 6-15　“比例与镜像”选项卡

然后使用“挑选工具”，选择需要缩放的对象，这时在“比例与镜像”选项卡的“水平”参数框和“垂直”参数框中的数值是 100%，表示以原对象的长、宽为“100%”的百分率缩放。如果启用“不按比例”复选框，将可以分别设置“水平”参数框和“垂直”参数框中的参数数值。设置完成后，单击【应用】按钮确定，即可按所设置“水平”参数框和“垂直”参数框的比例数值缩放对象。如果禁用“不按比例”复选框，在“水平”或“垂直”参数框中输入数值，当用鼠标单击水平或垂直参数时，参数框中的数值就会自动更改。这时单击【应用】按钮确定，对象将会按其固有纵横比例进行缩放。

4．水平镜像与垂直镜像

在该选项卡中还有两个镜像按钮，一个是“水平镜像”按钮，一个是“垂直镜像”按钮，镜像效果如图 6-16 所示。

在“比例与镜像”选项卡中单击“水平镜像”按钮，并在 9 个设置锚点位置的选项区域里启用一个锚点位置复选框。设置完成后，单击【应用】或【应用到再制】按钮确定，即可将所选择的对象在水平方向上镜像（或镜像再制）。由于设置了锚点位置，因此水平镜像对象的效果也有所不同了。

图 6-16　镜像效果

显示控制框的图形对象为镜像再制对象，不显示控制框的图形对象为原对象。

垂直镜像对象的操作方法与水平镜像对象相同，但操作时需要在“比例与镜像”选项卡中单击“垂直镜像”按钮。

6.3.5　倾斜对象

倾斜效果是 CorelDRAW X4 中一种比较特殊的变换方式，操作起来比较复杂。通过对象的倾斜操作，可以创建出特殊形状的图形。用户可以使用鼠标倾斜对象，也可以使用“自由变换工具”倾斜对象，还可以使用“变换”泊坞窗倾斜对象。

1．使用鼠标倾斜对象

用户使用鼠标进行对象的倾斜操作，是倾斜方法中最方便、最容易的一种方法。它的优点是非常方便、直观，缺点是不容易控制对象的精确程度。

如果用户想使用鼠标进行倾斜对象的操作，可以选择工具箱中的“挑选工具”单击选择对象，接着再次单击对象，使其带有旋转和倾斜控制点，这时如果按下鼠标左键并向左或向右拖动水平倾斜控制点，将会使对象向左或向右倾斜；如果按下鼠标左键并向上或向下拖动垂直倾斜控制点，将会使对象向上或向下倾斜；如果需要同时在水平和垂直两个方向上倾斜对象，可以按住【Alt】键，然后拖动倾斜控制点，将对象倾斜至所需效果后释放鼠标，即可将对象倾斜。

2．使用“自由变换工具”倾斜对象

使用“自由变换工具”属性栏中的“自由扭曲工具”，可以使对象基于某一固定点倾斜对象。用户只需在页面中任意位置单击即可设置倾斜的固定点。

使用“自由变换工具”倾斜对象的步骤如下。

（1）选择需要变换的对象。

（2）单击工具箱中“形状工具”的黑色小三角，在打开的工具栏中选择“自由变换工具”。此时属性栏将转换为“自由变换工具”属性栏。

单击属性栏中的“自由扭曲工具”按钮，在页面中适当的位置上按下鼠标左键，则指

针位置将成为倾斜的固定点。向任意方向拖动鼠标，此时页面中会出现一个图形的副本，该副本将随指针的移动进行对应的扭曲错位，如图 6-17 所示。

3．使用“变换”泊坞窗倾斜对象

如果用户需要精确地按水平或垂直角度倾斜对象，可以使用“变换”泊坞窗的“倾斜”选项卡中的参数框倾斜操作。执行【窗口】→【泊坞窗】→【变换】→【倾斜】命令，打开“变换”泊坞窗的“倾斜”选项卡，如图 6-18 所示。

图 6-17　使用“自由扭曲工具”倾斜对象

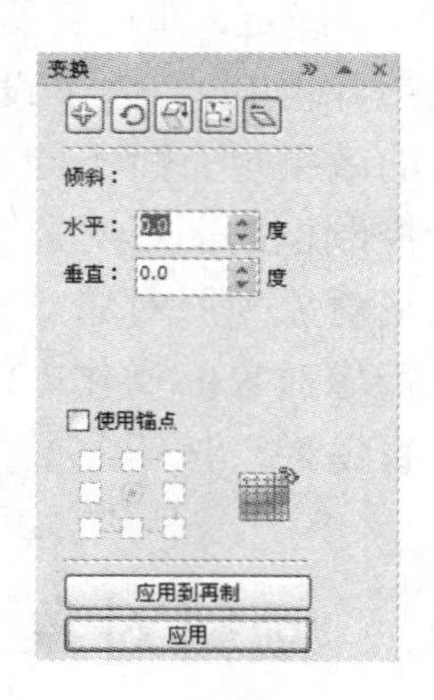

图 6-18　“倾斜”选项卡

在“倾斜”选项卡的“水平”参数框中可以输入水平倾斜对象的角度。如果输入负值会使选择对象向右侧倾斜；如果输入正值，会使选择的对象向左倾斜。“垂直”参数框可以输入垂直倾斜对象的倾斜角度。如果输入负值，会使选择的对象向上倾斜；如果输入正值，会使选择的对象向下倾斜。设置完成后，单击【应用】按钮确定。

6.4　改变对象的顺序

一个 CorelDRAW X4 图形是由一系列互相堆叠的图形对象组成的，这些对象的排列顺序决定了图形的外观。所有对象的堆叠顺序都是由对象被添加到绘图中的先后次序决定的，先绘制的对象在下面，后绘制的对象在上面。但是可以根据绘图的需要，重新调整对象的排列顺序，如图 6-19 和图 6-20 所示。

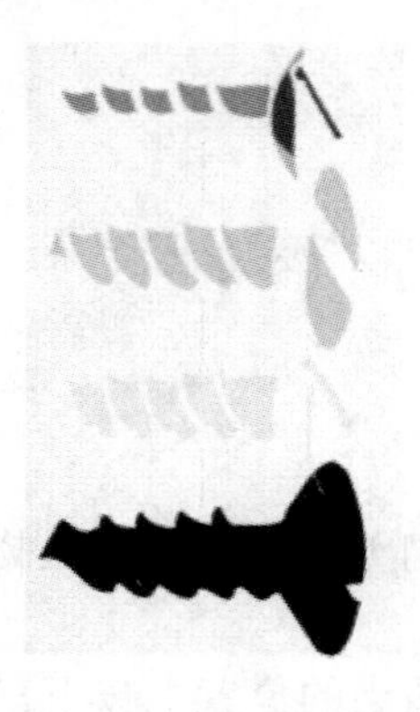

图 6-19　按照从上到下的顺序排列 4 个对象

图 6-20　创建最终图形

调整图形次序的方法是：执行【排列】→【顺序】命令，然后单击下列子命令之一，就可以改变图形之间的顺序。

- **【到页面前面】**：将选定的对象移到页面上所有其他对象的前面。
- **【到页面后面】**：将选定的对象移到页面上所有其他对象的后面。
- **【到图层前面】**：将选定的对象移到活动图层上所有其他对象的前面。
- **【到图层后面】**：将选定的对象移到活动图层上所有其他对象的后面。
- **【向前一位】**：将选定的对象向前移动一个位置。如果选定对象位于活动图层上所有其他对象的前面，则将移到图层的上方。
- **【向后一位】**：将选定的对象向后移动一个位置。如果选定对象位于所选图层上所有其他对象的后面，则将移到图层的下方。
- **【置于此对象前】**：将选定的对象移到绘图窗口中单击的对象的前面。
- **【后面】**：将选定的对象移到绘图窗口中单击的对象的后面。
- **【反转顺序】**：将选定的图形对象按照相反的顺序排列。

6.5 对齐与分布对象

在实际绘图中，对于任何类型的图形绘制来说，【对齐】与【分布】都是非常重要的命令。因为在大多数情况下，使用手动移动对象的方法很难达到对齐与分布对象的目的。垂直对齐和分布对象的效果如图 6-21 所示。

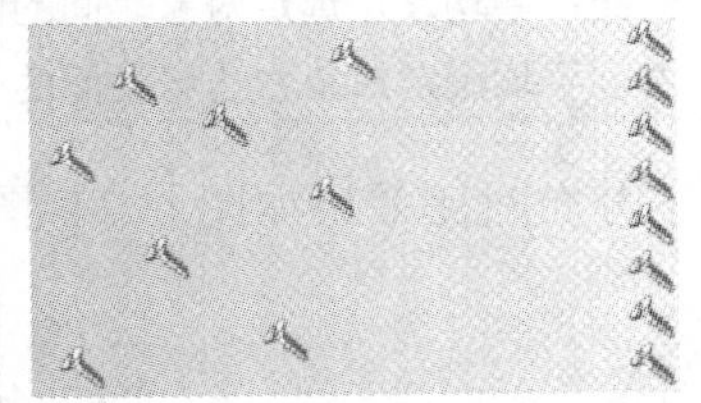

图 6-21　应用了分布对象（左）和垂直对齐（右）后的效果

6.5.1 对齐对象

对齐是排列操作中经常用到的一种，CorelDRAW X4 提供了多种对齐方式，可以对齐某个指定的对象将其按页面对齐。还可以以网格为参照对齐，可以将其居中对齐，还可以执行左（上部）对齐或右（下部）对齐等操作。

执行【排列】→【对齐和分布】→【对齐和分布】命令，打开图 6-22 所示的“对齐与分布”对话框，该对话框提供了用于对齐任何选择对象的所有方式。下面分别进行介绍。

- **水平对齐**：以水平方向对齐，垂直方向不发生变化。包括左、中和右 3 种水平对齐方式。
- **垂直对齐**：以垂直方向对齐，水平方向不发生变化。包括上、中和下 3 种垂直对齐方式。
- **对齐对象到**：在“对齐对象到”列表中可以选择“页边”选项或“网络”选项，还需要再选择按水平或垂直的某种方式对齐。

6.5.2 分布对象

在绘图时，对绘图中的多个对象有时需要使它们按某种方式均匀分布，例如以等间隔平放对象，使绘图具有精美、专业的外观。

使用 CorelDRAW X4 的分布对象功能可以轻易地满足这样的要求。执行【排列】→【对齐和分布】→【对齐和分布】命令，打开图 6-23 所示的“对齐与分布”对话框，单击“分布”选项卡。

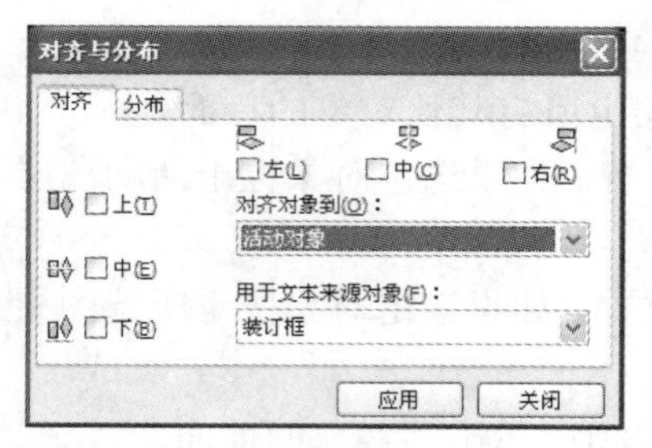

图 6-22 “对齐与分布”对话框

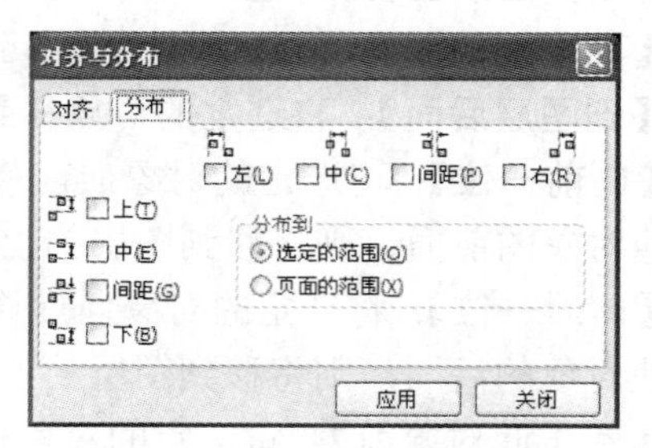

图 6-23 “分布”选项卡

要水平分布对象，从右上方的行中启用以下选项之一。

- ◆ 左：平均设定对象左边缘之间的间距。
- ◆ 中：平均设定对象中心点之间的间距。
- ◆ 间距：平均设定选定对象之间的间距。
- ◆ 右：平均设定对象右边缘之间的间距。

水平分布对比效果如图 6-24~图 6-26 所示。

图 6-24 未分布对象

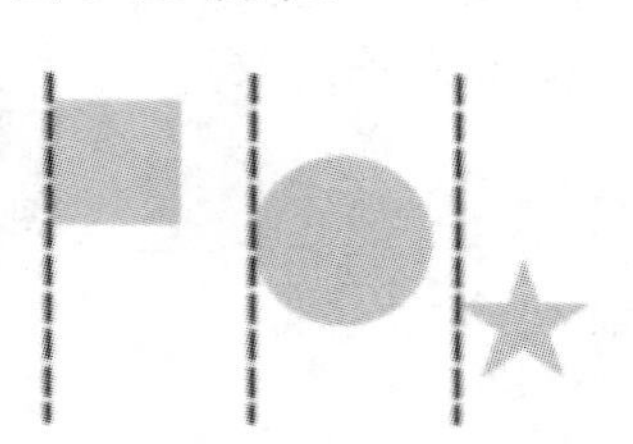

图 6-25 对象左和间距分布

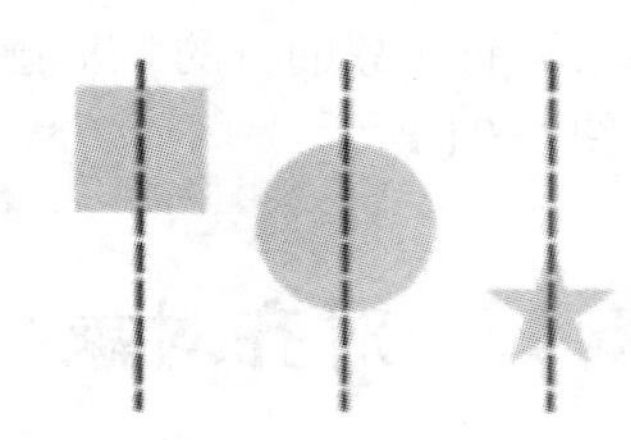

图 6-26 中和间距分布

要垂直分布对象，请从左侧的列中启用以下选项之一。

- ◆ 上：平均设定对象上边缘之间的间距。
- ◆ 中：平均设定对象中心点之间的间距。
- ◆ 间距：平均设定选定对象之间的间距。
- ◆ 下：平均设定对象下边缘之间的间距。

水平分布对比效果如图 6-27~图 6-29 所示。

图 6-27 未分布对象

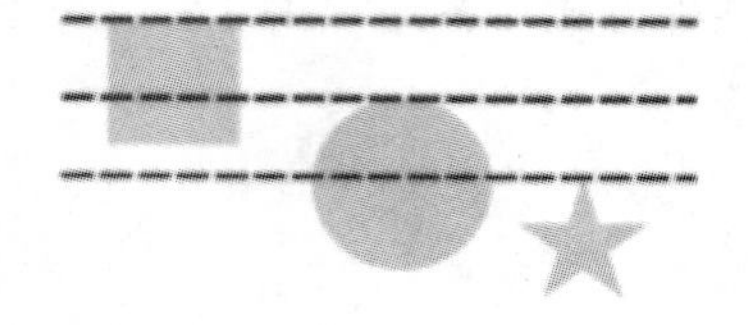

图 6-28 对象上和间距分布

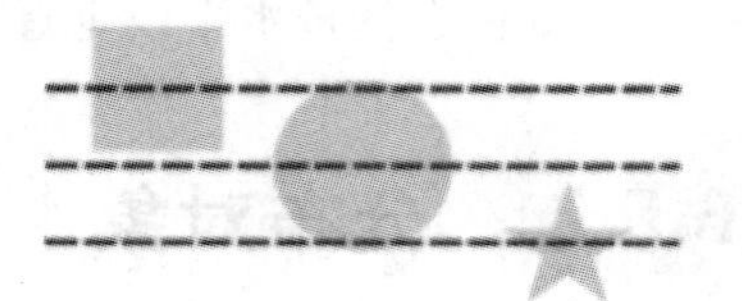

图 6-29 中和间距分布

要指示分布对象的区域，请启用以下选项之一。

- ◆ 选定的范围：在环绕对象的边框区域上分布对象。
- ◆ 页面的范围：在绘图页上分布对象。

6.6 群组与结合对象

群组对象是指将多个复杂的对象组合为一个单一的对象。利用群组对象可以更加方便地对某一类对象进行操作。

利用【群组】命令可以将对象作为一个整体来处理，即建立群组。利用群组可以保护对象间的连接空间关系。例如，可以将组成一个绘图的背景及框架的所有对象建立一个群组，移动它们时，彼此的连接和空间关系并不改变，群组后的对象也可以很容易地被取消群组，回到初始状态，如图 6-30 和图 6-31 所示。

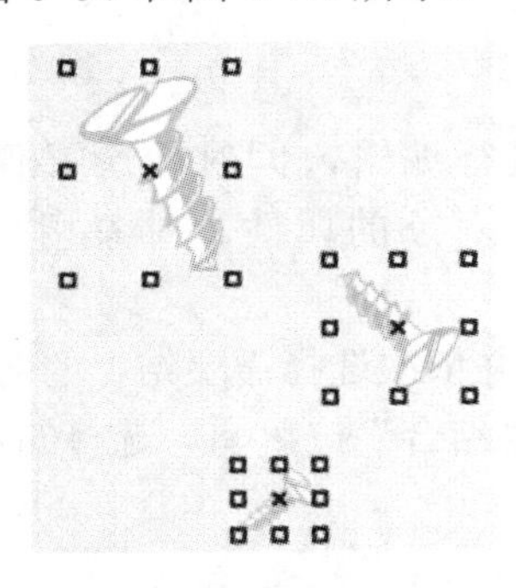

图 6-30　群组前的单个对象

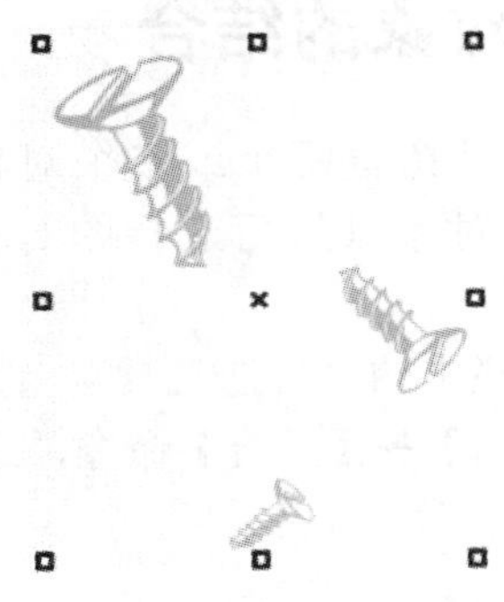

图 6-31　群组后的对象

利用【结合】命令可以将多个对象结合为一个整体。原始对象若是彼此重叠，重叠区域将被移除，并以剪贴的方式存在，其下面的对象将不会被掩盖，如图 6-32 和图 6-33 所示。同时也可以将结合后的对象拆分为多个对象，并保持在空间上的分离。

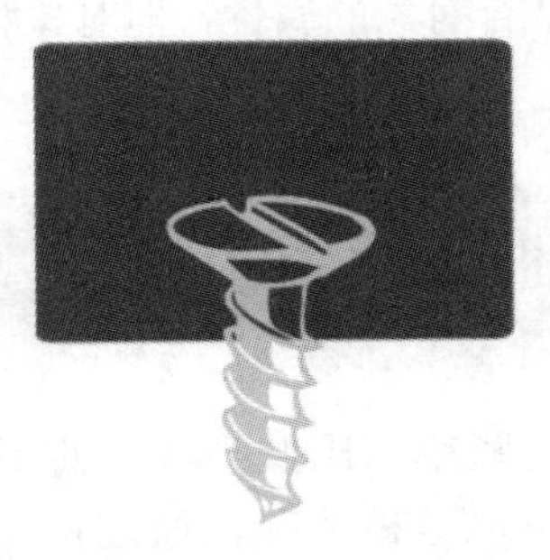

图 6-32　两个对象

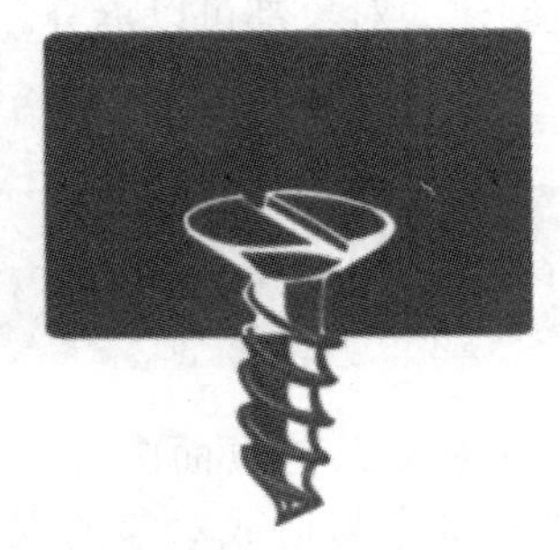

图 6-33　结合后的对象

6.6.1 群组对象

（1）选择工具栏中的“挑选工具”，按住【Shift】键并依次选择需要群组的对象，如

图 6-18 所示。

（2）执行【排列】→【群组】命令，或单击属性栏上的“群组”按钮，即可对选择的对象执行群组操作。

6.6.2 取消对象群组

选择需要解除群组的对象，执行【排列】→【取消群组】命令，或单击属性栏上的“取消群组”按钮，即可解除群组。

6.6.3 取消全部群组

在页面中选择群组，执行【排列】→【取消全部群组】命令，或单击属性栏上的“取消全部群组”按钮，即可全部解除群组。

6.6.4 对象的结合

结合对象是指将两个或多个对象作为一个整体进行编辑，同时轮廓又保持相对的独立，结合后的对象以最后选择的对象的属性作为结合对象的属性。对象相交部分以反白显示。

选择工具栏中的“挑选工具”，按住【Shift】键并依次选择需要结合的对象。

执行【排列】→【结合】命令，或单击属性栏上的“结合”按钮，选择的对象将被组合成一个整体。

6.6.5 结合对象的拆分

利用【排列】→【拆分】命令，可以将一个组合对象拆分成多个组件。原则上，所有使用【结合】命令创建的对象都可以拆分。拆分后对象保持结合对象的属性，但对象相交部分不再经反白显示。

6.7 锁定对象

由于图形元素复杂的页面中各个图形对象空间比较紧凑，因此当用户想对部分图形元素进行修改时，很容易造成对象的误操作。为了避免出现这种情况，通过锁定对象的操作将不需要操作的对象保护，以防止误操作。“锁定”是指将对象在固定的位置上保护，用户不能对其属性进行如移动、调整大小、变换、复制及填充等处理，以保证该对象不被编辑。当完成对非保护对象处理后，可以通过解除锁定操作将锁定状态的对象解锁，让其重新能够被编辑。

6.7.1 锁定对象

如果用户需要锁定单个对象，可以使用“挑选工具”单击想要锁定的对象，然后执行【排列】→【锁定对象】命令即可；如果用户想锁定多个单个对象或多个群组对象，可以使用“挑选工具”选择多个对象，然后执行【锁定对象】命令即可。

对象被锁定后，控制柄将显示为小锁的形状，如图 6-34 所示。

状态栏和“对象管理器”泊坞窗中也可以将同时锁定对象的信息显示出来，如图 6-35 所示。

图 6-34　对象锁定前后控制点的对比效果

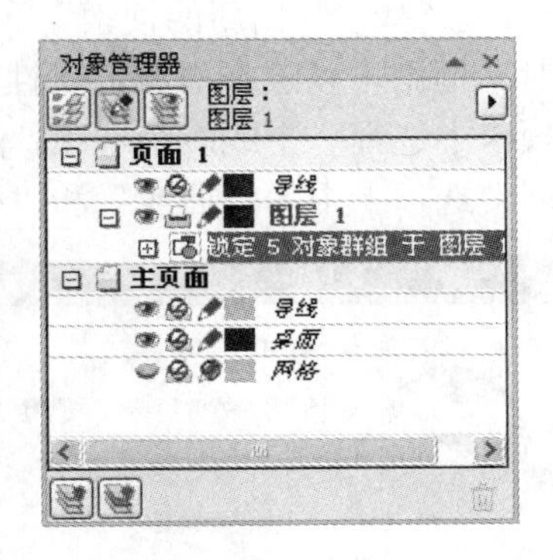

图 6-35　“对象管理器”泊坞窗中的锁定信息

6.7.2 解锁锁定对象

用户可以执行【解除锁定对象】命令或【解除锁定全部对象】命令，解除对象的锁定，使对象恢复可编辑状态。

如果用户需要解除锁定的对象，则应先使用“挑选工具”单击选择锁定的对象，然后执行【排列】→【解除锁定对象】命令，即可将该对象从“锁定”状态下释放；如果当前页面中同时有多个处于锁定状态的对象，那么可以执行【排列】→【解除锁定全部对象】命令，即可同时将所有的锁定状态的对象解锁。

6.8 查找和替换对象

CorelDRAW X4 允许根据特定的属性来查找和替换对象，通过查找和替换向导可以查找绘图中指定条件的对象并可以用另一种属性去替换。

6.8.1 查找对象

在绘制完成一幅作品时将会有很多对象，用鼠标难以准确选择，此时可以根据要选择的图形所具有的属性来搜索满足条件的对象。

按属性查找对象的具体操作步聚如下。

（1）执行【编辑】→【查找和替换】→【查找对象】命令，弹出图 6-36 所示的“查找向导”对话框。

对话框中的查找方式介绍如下。

- 开始新的搜索：选择此单选按钮则可以开始新的搜索设置。
- 从磁盘装入搜索：选择此单选按钮则可以装入预设的或以前保存的搜索条件。
- 查找与当前选定的对象相匹配的对象：选择此单选按钮可以查找与选择对象属性匹配的对象。

（2）选择“开始新的搜索”单选按钮，单击【下一步】按钮，弹出图 6-37 所示的对话框。在此对话框中可以选择对象的属性。依次在“对象类型”、“填充”、“轮廓”和“特殊效果”4个选项卡中选择一个或多个选项。例如，若要查找的对象为“曲线”和“椭圆形”，则选择“对象类型”选项卡中的“曲线”和“椭圆形”选项。

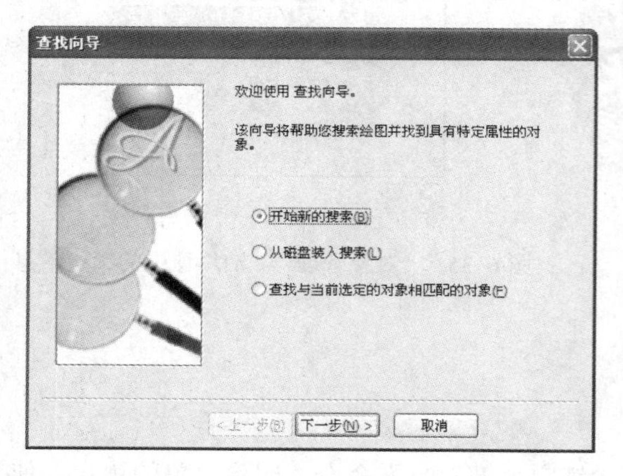

图 6-36 “查找向导”对话框

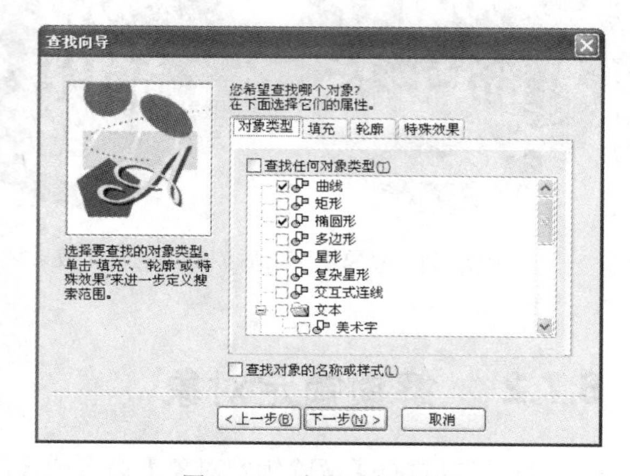

图 6-37 选择对象属性

（3）设置完成后单击【下一步】按钮，弹出图 6-38 所示的对话框。如果要更加精确地指定对象的属性，则应单击【指定属性】按钮，然后依向导在各个选择框里选择，最后单击【确定】按钮，返回对话框。如果不需要，则直接单击【下一步】按钮，在弹出的图 6-39 所示的对话框中单击【完成】按钮。

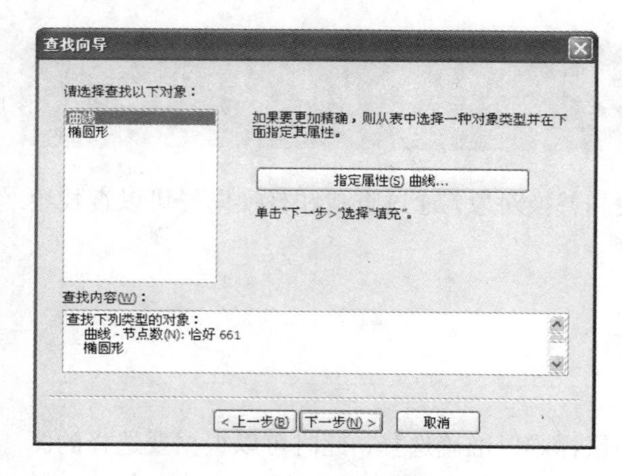

图 6-38 精确指定对象的属性

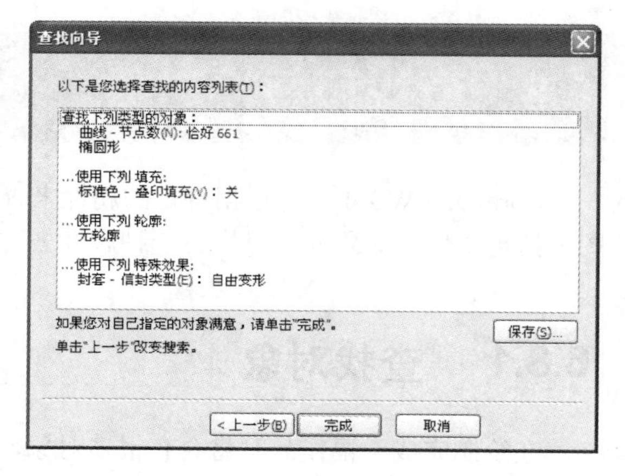

图 6-39 完成设置

（4）弹出图 6-40 所示的“查找”对话框，即可开使查找，单击其中的【查找下一个】或【查找全部】按钮就可以开始查找。如果需要修改搜索条件可单击【编辑搜索】按钮即可。

图 6-40 “查找”对话框

6.8.2 替换对象

CorelDRAW X4 可以将搜索到的对象属性用另外一种属性将它替换。也就是说，可以执行单个图形对象或局部图形对象的修改。

替换对象的具体操作步骤如下。

（1）选择页面中需要替换属性的对象。

（2）执行【编辑】→【查找和替换】→【替换对象】命令，弹出图 6-41 所示的“替换向导”对话框。

对话框中的替换方式介绍如下。

- **替换颜色**：选择该单选按钮，可以为选择的对象进行颜色的替换。
- **替换颜色模型或调色板**：选择该单选按钮，可以将当前设置的替换颜色模型或调色板进行替换。
- **替换轮廓笔属性**：选择该单选按钮，可以替换当前对象的轮廓笔属性。
- **替换文本属性**：选择该单选按钮，可以替换当前文本的各种属性。
- **只应用于当前选定的对象**：选择此复选框，只替换当前页面中选择的对象。

（3）选择其中的一个需要替换属性的单选按钮后，选择“只应用于当前选定的对象”复选框。

（4）单击【下一步】按钮，弹出图 6-42 所示的对话框。

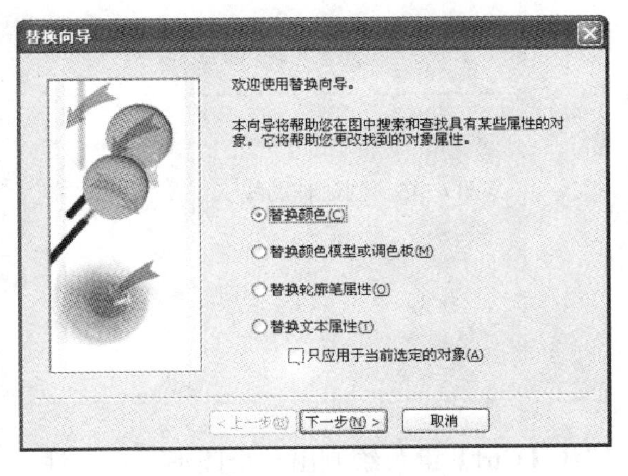

图 6-41 “替换向导”对话框

图 6-42 进一步设置替换内容

（5）在图 6-42 所示的对话框中选择属性要替换的对象。设置完成后单击【完成】按钮，即可开始替换。

（6）如果搜索到合适的对象，则会出现一个“查找并替换”对话框，根据需要选择【替换】或【全部替换】按钮，就可完成替换。

6.9 绘制图形曲线装饰画

在多数情况下，绘制比较复杂的图形都用曲线和几何形相结合的方法绘制。本实例就是一个以图形和曲线相结合而绘制的装饰画，绘制完成后的效果如图 6-43 所示。

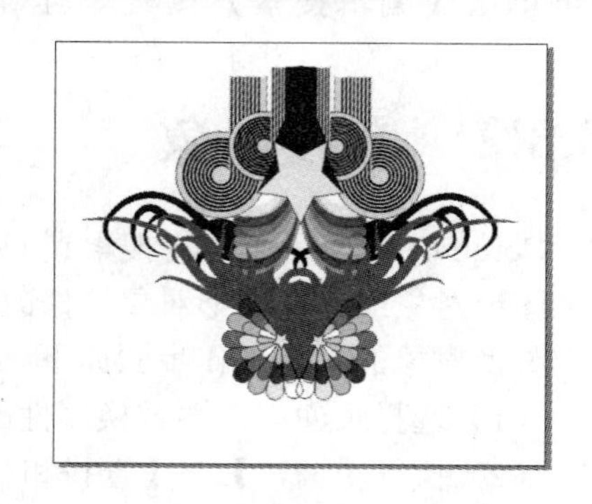

图 6-43　装饰画的效果图

6.9.1 设置画面

（1）运行 CorelDRAW X4，创建一个新的文件。在属性栏中，设置“单位”为“像素”，“宽”为 900 px，“高”为 800 px，如图 6-44 所示。

图 6-44　设置纸张的尺寸

（2）执行【查看】→【标尺】命令，使标尺显示出来。如果标尺处于显示状态，那么此步骤可以省去。

把鼠标移动到左侧纵向的标尺上，向右拖出一条辅助线到标尺 450 px 的位置上，这时画面在横向的中心位置，为镜像图形做好准备，如图 6-45 所示。

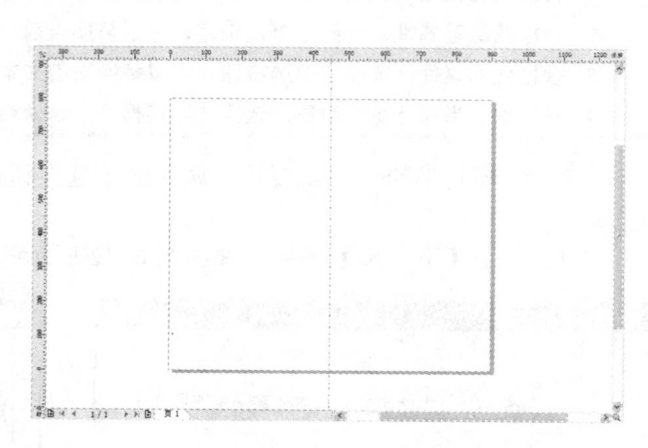

图 6-45　创建辅助线

（3）单击“轮廓工具”，弹出扩展工具组，选择其中的“细线轮廓”，在绘制图形时轮廓线为细线轮廓线。

准备就绪后开始绘制。

6.9.2 绘制圆形

（1）选择工具箱中的“椭圆形工具”，按住【Ctrl】键，绘制出一个圆形。在属性栏中设置“宽”和“高”都为 164 px，将“x”和“y”的参数分别调整为 313 px 和 550 px，效果如图 6-46 所示。

（2）在工具箱中单击“填充工具”，弹出扩展工具组，选择其中的“填充框”。打开“均匀填充”对话框，在“模型”中选择“RGB”选项，在“组件”中设置 R、G、B 值为 214、214、214。单击【加到调色板】按钮，将颜色加到调色板中。单击【确定】按钮，完成填充。效果如图 6-47 所示。

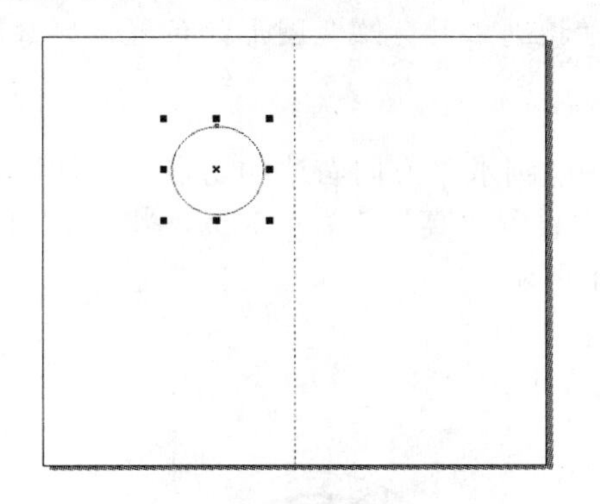

图 6-46　绘制出圆形

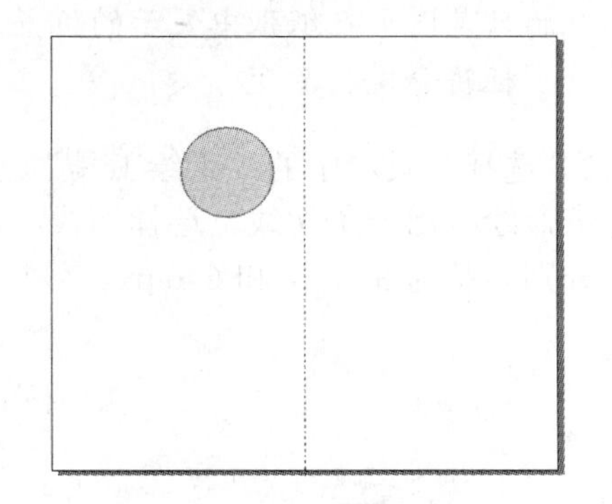

图 6-47　填充颜色后的圆

6.9.3　制作同心圆

（1）在工具箱中选择“椭圆形工具”，按住【Ctrl】键，绘制出一个圆形。选择圆形，在属性栏中设置“宽”和“高”都为 38 px，将“x”和“y”的参数分别调整为 313 px 和 550 px，单击“轮廓工具”，弹出扩展工具组，选择“一点轮廓”。图形效果如图 6-48 所示。

（2）保持新绘制的圆形处于选中状态。单击“交互式调和工具”，弹出扩展工具组，选择其中的“交互式轮廓图工具”，在属性栏中调整属性的参数值，选择“轮廓线效果类型”为“向外”，输入“轮廓图步数”为 7，“轮廓图偏移”为 7，单击“线性轮廓图颜色”按钮。图形效果如图 6-49 所示。

至此，同心圆组就制作完成了。

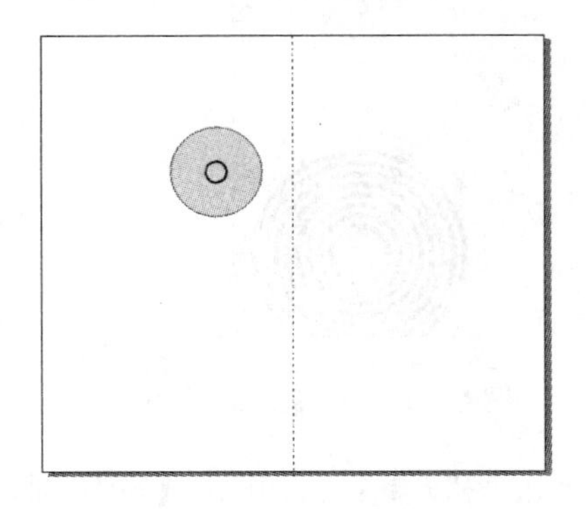

图 6-48　绘制新圆

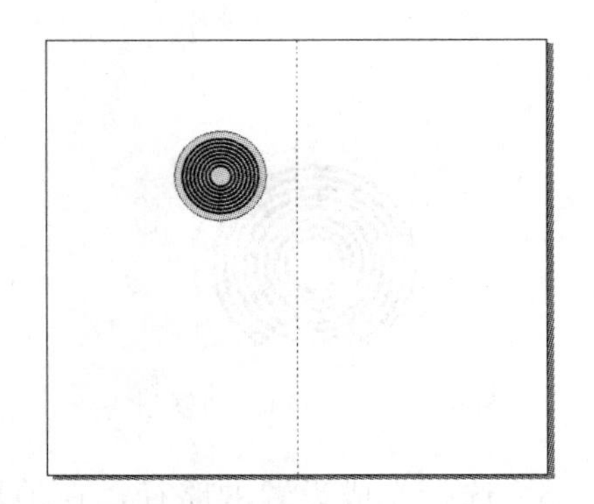

图 6-49　用“交互式调和工具”进行调整

6.9.4　制作平行线组

（1）在工具箱中选择“缩放工具”，单击同心圆组的中上部两次，将图形放大到 400%，移动水平和垂直方向上的滚动条，改变图形在页面中显示的位置，如图 6-50 所示。

提示： 用移动滚动条的方法改变图形的位置时，图形的坐标值并不会发生变化，改变的只是图形在纸张中显示的位置。如果用“挑选工具”改变图形的位置，那么图形的坐标将会发生改变。

（2）选择工具箱中的“手绘工具”，单击底层圆水平方向右边的切点，沿切线向上方再次单击，绘制出一条切线。选择切线，在属性栏中设置“高”为 188 px，将“x”和“y”的参数分别调整为 395 px 和 646 px。效果如图 6-51 所示。

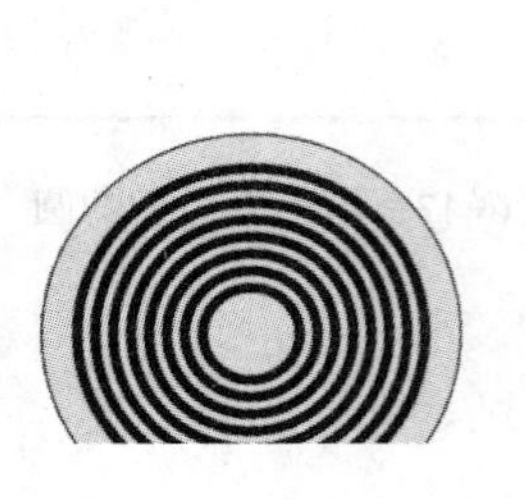

图 6-50　放大图形

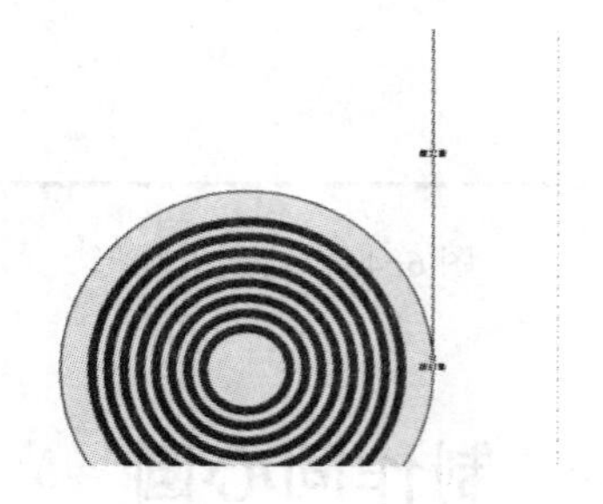

图 6-51　绘制大圆的切线

（3）选中切线，执行【排列】→【变换】→【位置】命令。在窗口的右侧弹出“变换”泊坞窗口，设置“位置”的“水平”为 384，单击【应用到再制】按钮，复制出一条路径。在调色板中，在绘制底层圆时添加的颜色上单击鼠标右键。效果如图 6-52 所示。

（4）单击“轮廓工具”，弹出扩展工具组，选择其中的“轮廓笔”。弹出“轮廓笔”对话框，设置“宽度”为 0.96 毫米，单击【确定】按钮。在“变换”泊坞窗中，单击【位置】按钮，设置“水平”为 389，“垂直”为 643，单击【应用】按钮，如图 6-53 所示。

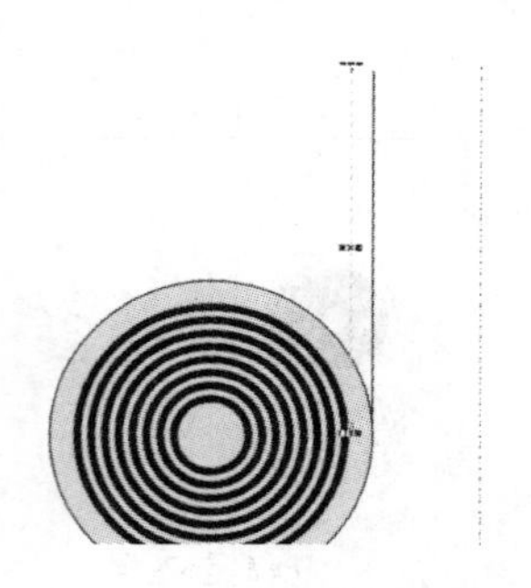

图 6-52　应用到再制复制路径

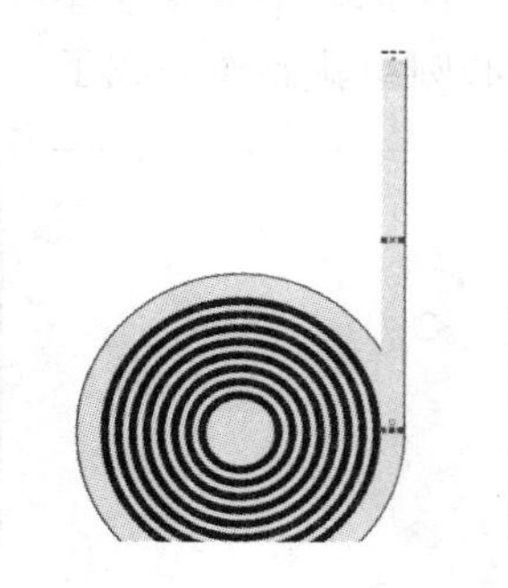

图 6-53　设置路径的宽度

（5）选择完成设置的路径，在泊坞窗中，设置“水平”为 377，单击【应用到再制】按钮。单击“轮廓工具”，弹出扩展工具组，选择其中的“轮廓笔”。弹出“轮廓笔”对话框，设置“颜色”为“黑色”，设置“宽度”为 0.357mm，设置完成后单击【确定】按钮。

在“变换”泊坞窗中，单击“位置”按钮，设置“水平”为 381，“垂直”为 642，单击【应用】按钮，如图 6-54 所示。

（6）选择第三条路径，在“变换”泊坞窗中，单击“位置”按钮，设置“水平”为 375，单击【应用到再制】按钮。单击“轮廓工具”，弹出扩展工具组，选择其中的“轮廓笔”，弹出“轮廓笔”对话框。选择“颜色”为绘制底层圆时添加到调色板上的颜色，设置“宽度”为0.243mm，单击【确定】按钮即可。

在“变换”泊坞窗中，单击“位置”按钮，设置“水平”为379，“垂直”为644，单击【应用】按钮。效果如图6-55所示。

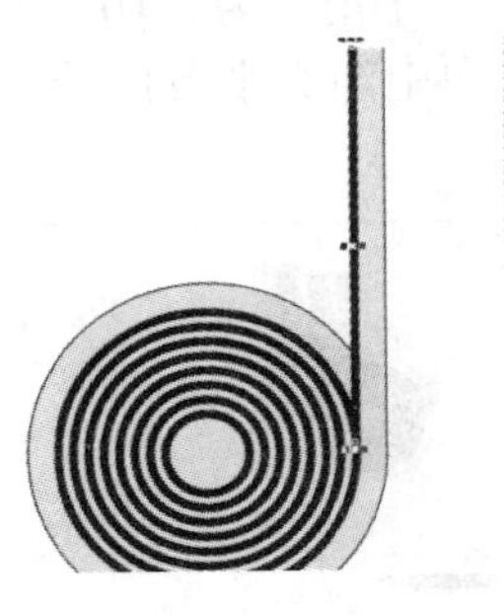

图6-54　复制出第三条路径

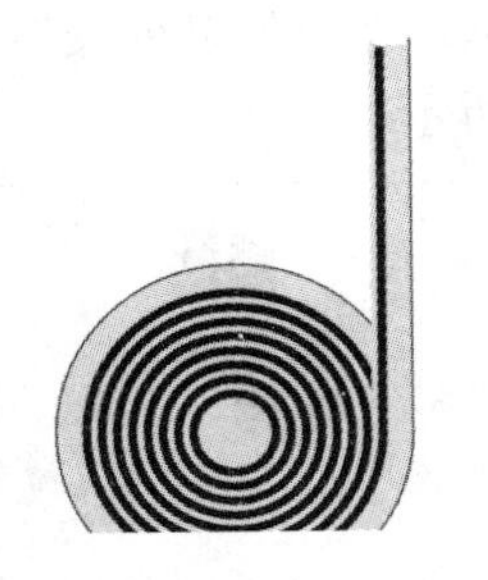

图6-55　复制出第四条路径

（7）选择第三条和第四条路径，在“变换”泊坞窗中，单击“位置”按钮，设置“水平”为373。单击【应用到再制】按钮，复制出两条路径。效果如图6-56所示。

（8）选中刚复制出的两条路径，在“变换”泊坞窗中，单击“位置”按钮，分别设置“水平”为365、359、351、344、337和330。单击【应用到再制】按钮，复制出路径。效果如图6-57所示。

提示：在使用【应用到再制】按钮后，如果路径之间存在的间隙不足1px，将无法对齐。这时可以把图形放大到足够大的倍数，然后通过鼠标直接移动图形，这样就可以对齐了。

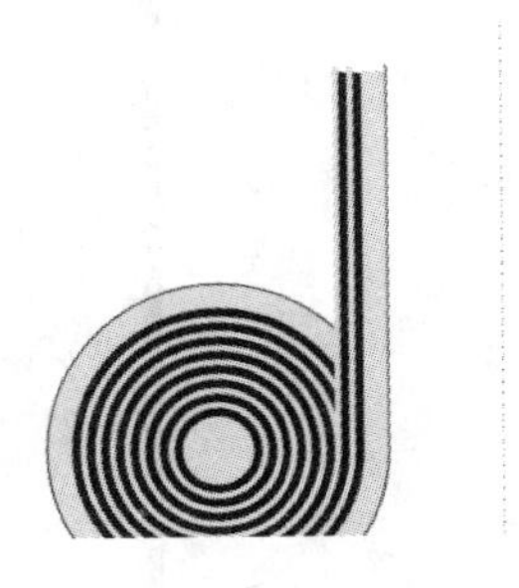

图6-56　复制出一组路径

图6-57　连续复制路径

6.9.5　复制一个群组

（1）选择工具箱中的“挑选工具”，圈选全部对象，执行【排列】→【群组】命令，将所有对象组合成一个整体。

（2）在群组上单击鼠标右键，在弹出的快捷菜单中执行【复制】命令。在空白处单击鼠标右键，从弹出的快捷菜单中执行【粘贴】命令，在属性栏中设置“宽”和“高”为131 px和218 px，将“x”和“y”的参数分别调整为383 px和646 px，设置水平和垂直方向的“缩放”都为80%。效果如图6-58所示。

6.9.6 制作曲线组

（1）选择工具箱中的“手绘工具”，弹出扩展工具组，选择其中的“艺术笔工具”。在属性栏中设置属性，单击“画笔模式”按钮，设置“手绘平滑”为“10”，“艺术笔工具宽度”为 20px，在“笔触列表”中选择，然后在页面中沿水平方向画一条笔触。效果如图 6-59 所示。

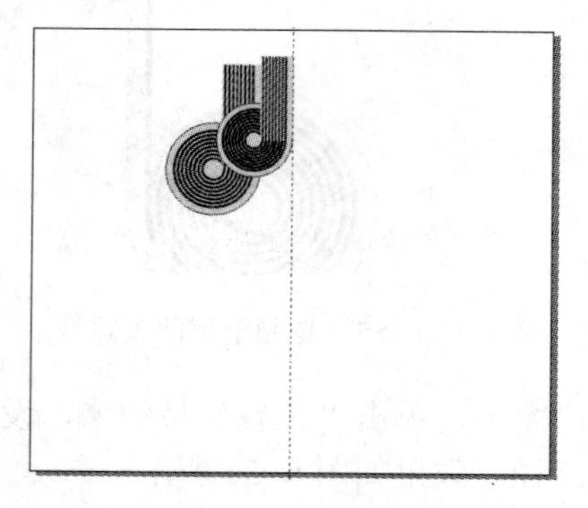

图 6-58　复制群组

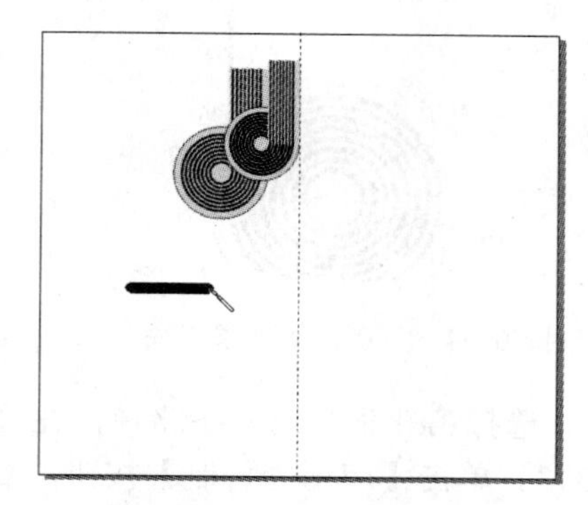

图 6-59　绘制一条水平方向的笔触

（2）选择工具箱中的“形状工具”，在笔触垂直方向上的中间处单击，使笔触上出现节点，框选开始和结束节点以外的所有节点。在选中的节点上单击鼠标右键，从弹出的菜单中执行【删除】命令，将其他节点删除，如图 6-60 所示。

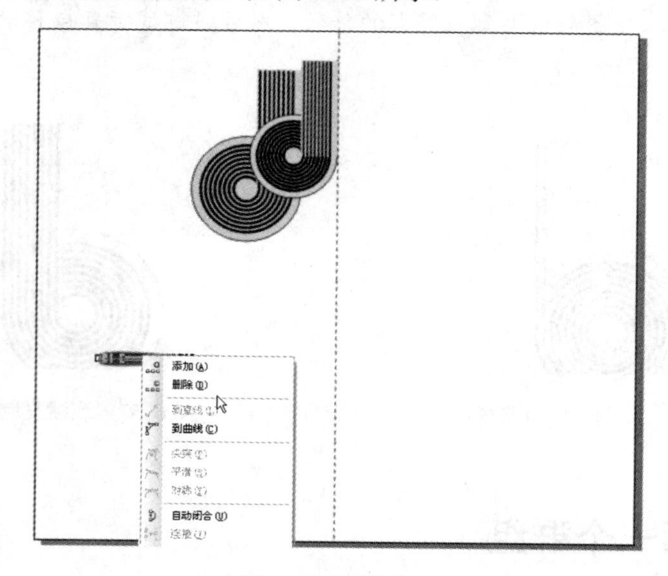

图 6-60　删除节点

（3）依然选择“形状工具”，分别单击开始和结束节点。拖动调节控制手柄，调整笔触的曲度，效果如图 6-61 所示。用鼠标左键和右键分别单击调色板中 10%的黑色（在调色板中，从黑到白共 11 个色阶为 10%的黑色，就是与白色最接近的灰色，将鼠标放置于调色板的颜色上会出现提示），设置好填充和笔触的颜色。

（4）选中笔触，执行【排列】→【变换】→【位置】命令，弹出“变换”泊坞窗。在“水平”参数框中输入 0，在“垂直”参数框中输入 20，选中“相对位置”复选框，连续单击【应用到再制】按钮 6 次，复制出 6 条笔触。在调色板上绘制底层圆时在添加的颜色上单击鼠标右键。效果如图 6-62 所示。

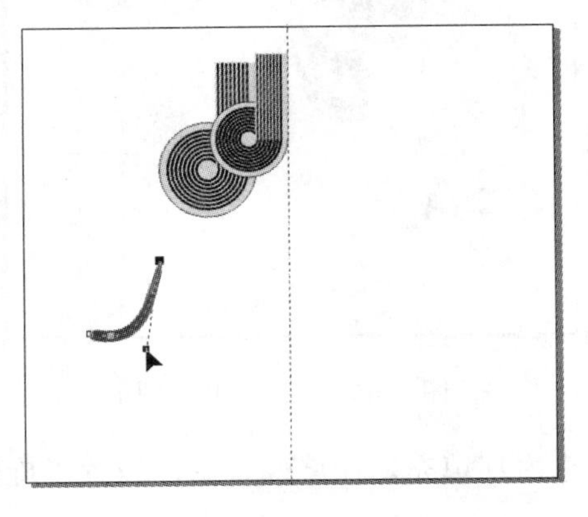

图 6-61　调整笔触的曲度

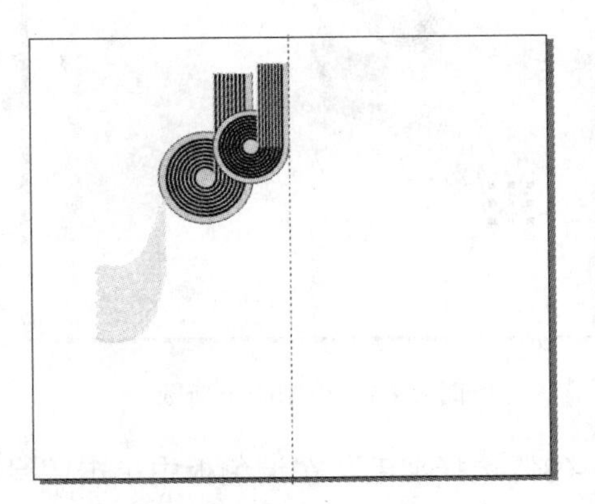

图 6-62　应用到再制复制笔触

（5）从下到下依次改变笔触的填充颜色为 10%黑、80%黑、60%黑、40%黑、20%黑、80%黑、50%黑。填充颜色的方法与上面的方法相同。效果如图 6-63 所示。

（6）选择“挑选工具”，选择所有的笔触，执行【排列】→【群组】命令，把所有对象组合成一个整体。执行【排列】→【顺序】→【到后部】命令，在属性栏中设置“x”和“y”为 389 px 和 480 px。完成后的效果如图 6-64 所示。

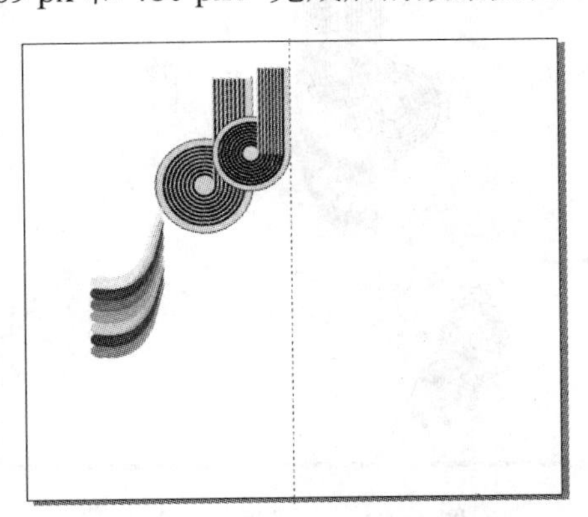

图 6-63　更改填充颜色后的笔触

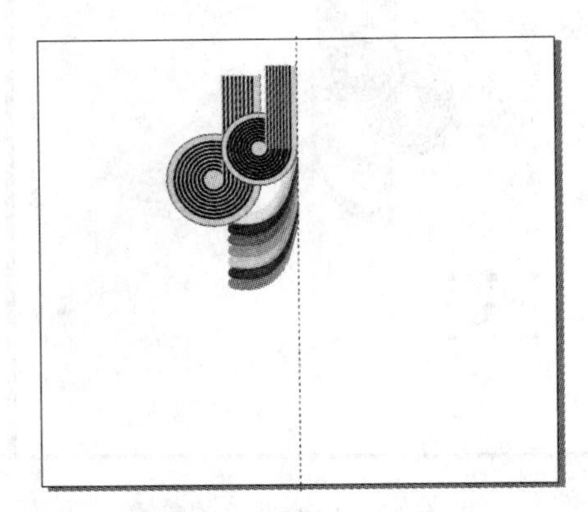

图 6-64　调整笔触的位置

6.9.7　制作羽毛组

（1）在工具箱中选择“椭圆形工具”，按住【Ctrl】键，绘制出一个圆形。保持圆形处于选中状态，在属性栏中调整对象的参数，设置“宽”和“高”为 34 px。效果如图 6-65 所示。

（2）单击属性栏中的“转换为曲线”按钮，单击圆上水平方向右侧的节点，沿水平方向向右拖动，得到图 6-66 所示的羽毛形状。

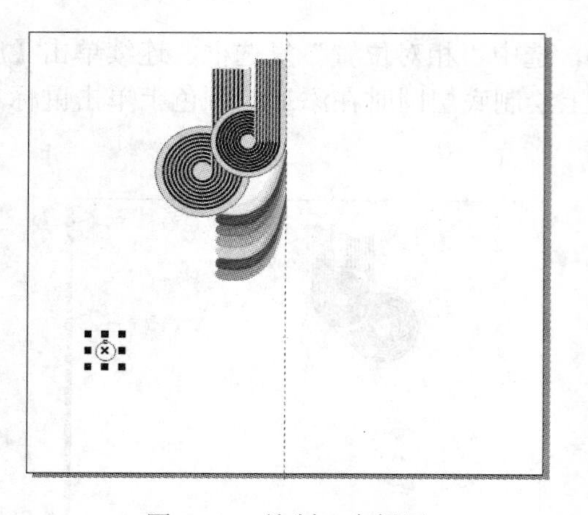

图 6-65　绘制一个新圆

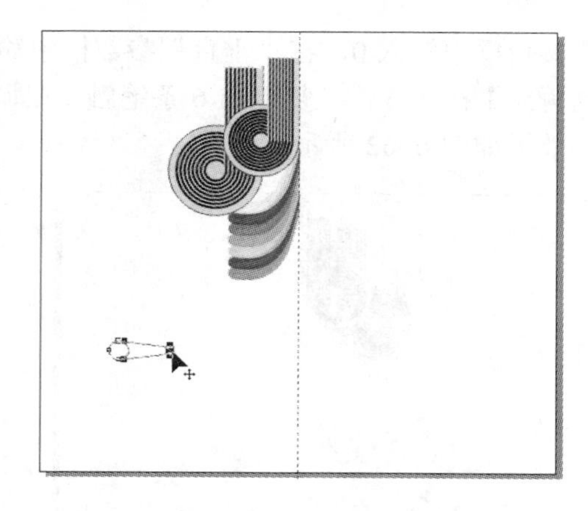

图 6-66　羽毛形状的图形

（3）选择羽毛，在调色板中单击碧绿色，为羽毛内部填充。在属性栏中，设置“旋转角度”为 39.8°。单击羽毛，图形效果如图 6-67 所示。

（4）确定羽毛处于选中状态，单击羽毛，使羽毛处于调整旋转角度的状态。用鼠标将羽毛的中心点移动到羽毛的尖上。执行【排列】→【变换】→【旋转】命令，在“变换”泊坞窗中，在“角度”参数框中输入 22.0°，选中“相对中心”复选框，连续单击【应用到再制】按钮 7 下，复制出 7 根羽毛，如图 6-68 所示。

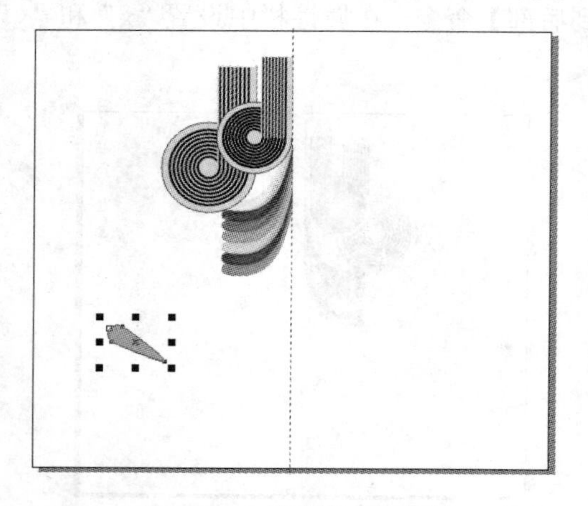

图 6-67　修改羽毛的参数

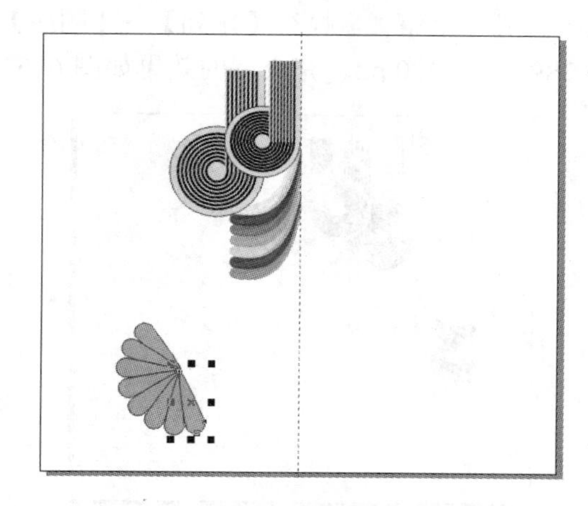

图 6-68　再制并旋转羽毛

（5）选择第一根羽毛，单击工具箱中的“填充工具”，弹出扩展工具组，选择其中的“填充框”。打开“均匀填充”对话框，设置颜色的 R、G、B 值均为 51，单击【确定】按钮，完成羽毛内部颜色的填充。

用同样的方法，填充其他羽毛的颜色，RGB 值分别为（153，204，204）、（2，147，209）、（51，127，178）、（51，51，51）、（153，204，204）、（229，229，229）和无填充颜色。图形效果如图 6-69 所示。

6.9.8　复制羽毛组

（1）分别从横纵标尺上拖曳出两条辅助线，使它们的交点位于羽毛旋转的中心点上。选中所有的羽毛，执行【排列】→【群组】命令。在羽毛群组上单击鼠标右键，在弹出的菜单中选择【复制】命令，在空白处单击鼠标右键，在弹出的菜单中选择【粘贴】命令。在属性栏中，设置“缩放因子”为 71%，将缩小后的羽毛群组旋转中心移动到刚刚拖曳出的两条辅助线的交点上，使两组羽毛的旋转中心对齐，如图 6-70 所示。

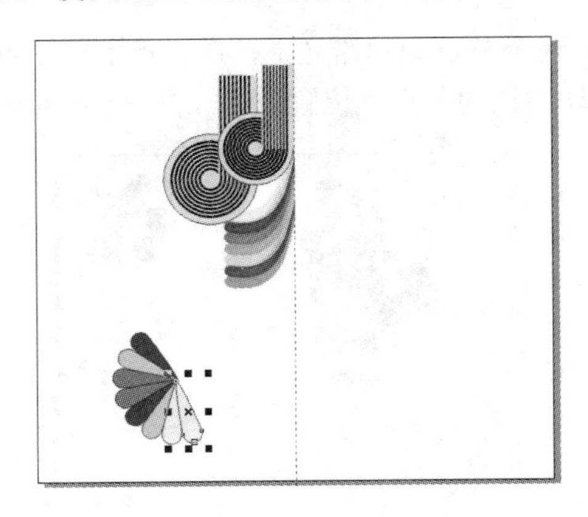

图 6-69　改变羽毛的颜色

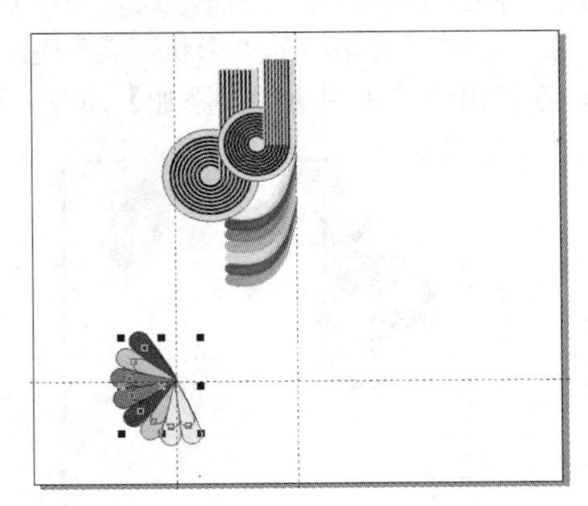

图 6-70　复制一组羽毛

（2）选择第二组羽毛，执行【排列】→【取消组合】命令。选择第一根羽毛，单击工具箱中的“填充工具”，弹出扩展工具组，选择其中的“填充框”，打开“均匀填充”对话框，设置颜色的 R、G、B 值为 51、127、178。单击【确定】按钮，完成羽毛内部颜色的填充。

用同样的方法填充其他羽毛内部的颜色，RGB 值分别为（153，204，204）、（229，229，229）、（153，204，204）、（2，147，209）、（51，127，178）、（51，51，51）和无填充颜色，如图 6-71 所示。

（3）选择第二层的全部羽毛，执行【排列】→【群组】命令，将第二层羽毛组合在一起。

重复（1）和（2）中的步骤，复制出第三层的羽毛。在属性栏中，设置“缩放因子”为 58%，8 根羽毛的内部填充颜色是这样设置的，第二根和第五根的 RGB 值为（255，255，255），其余为（204，204，204），如图 6-72 所示。

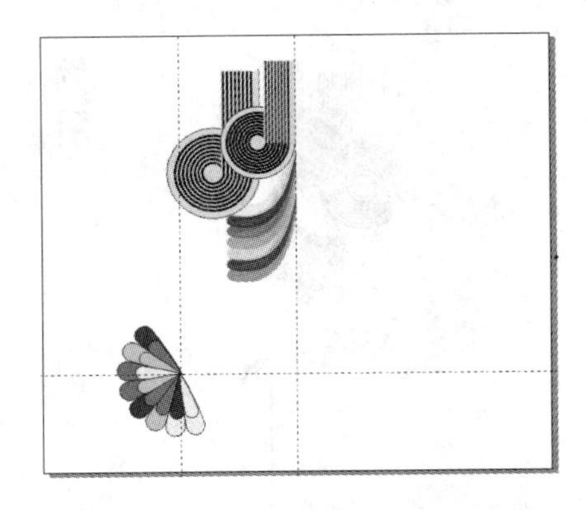

图 6-71　改变复制羽毛群组的颜色

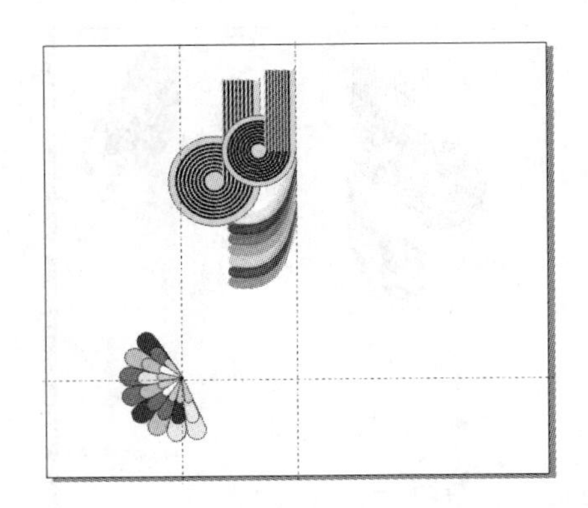

图 6-72　复制并修改第三层的羽毛

（4）选择三组羽毛，执行【排列】→【群组】命令，将羽毛组合在一起，将羽毛放置到页面的右上角留用。分别在后建立的两条辅助线上单击鼠标右键，从弹出的快捷菜单中执行【删除】命令，将辅助线删除。

6.9.9 绘制不规则曲线图形

（1）单击工具箱中的“手绘工具”，弹出扩展工具组，选择其中的“贝济埃工具”，绘制出一条不规则的闭合路径，效果如图 6-73 所示。

（2）单击工具箱中的“形状工具”，在最下方两个节点间的路径上，在一点上单击鼠标右键，在弹出的菜单中执行【添加】命令，用鼠标拖动添加的节点，位置效果如图 6-74 所示。

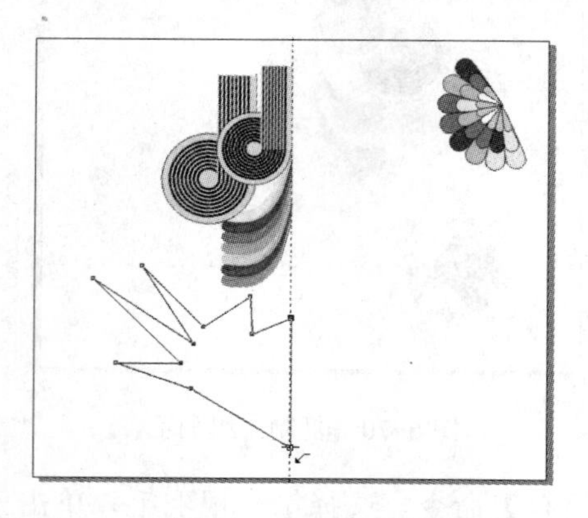

图 6-73　绘制出一条不规则的闭合路径

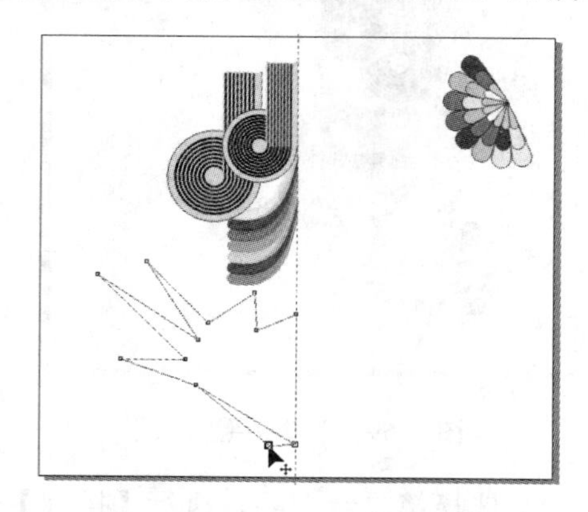

图 6-74　添加节点

（3）在添加的节点与最下方节点之间路径上，在任意一点上单击鼠标右键，从弹出的菜单中执行【到曲线】命令，向下拖动路径来改变曲线的形态。单击节点，拖动控制手柄来调整曲线。

用相同的方法调整添加的节点与左边节点的路径，如图 6-75 所示。

（4）依次调整其他节点间的路径。根据需要添加、删除节点，使整条路径的形态如图 6-76 所示。

提示：增加和删除节点要根据需要灵活使用，但应用尽量少的节点，因为节点越多曲线的平滑度就越差。调节路径的节点要有顺序和规律，要做到耐心、细致。

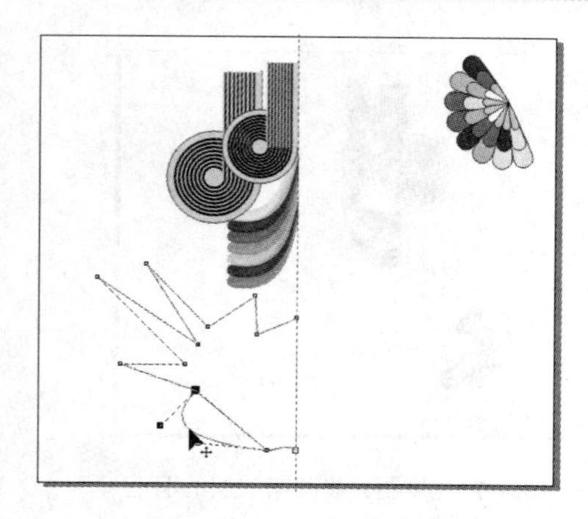

图 6-75　改变路径形态

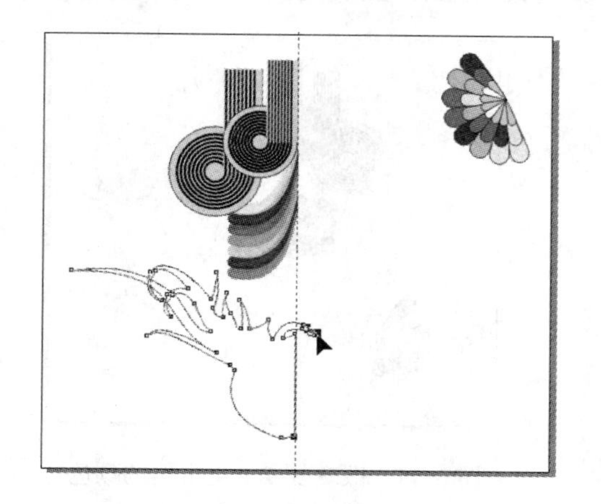

图 6-76　调整全部曲线路径

（5）选择曲线路径，单击调色板中的 70%黑色，为路径内部填充颜色。调整属性栏中的参数值，将“x”和“y”的参数分别调整为 270 px 和 315 px。效果如图 6-77 所示。

（6）单击工具箱中的“手绘工具”，弹出扩展工具组，选择其中的“贝济埃工具”，在页面中绘制出一条不规则的闭合路径。效果如图 6-78 所示。

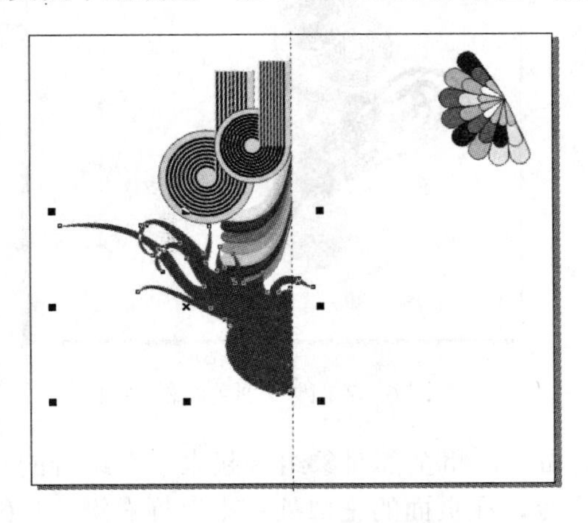

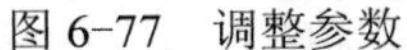
图 6-77　调整参数

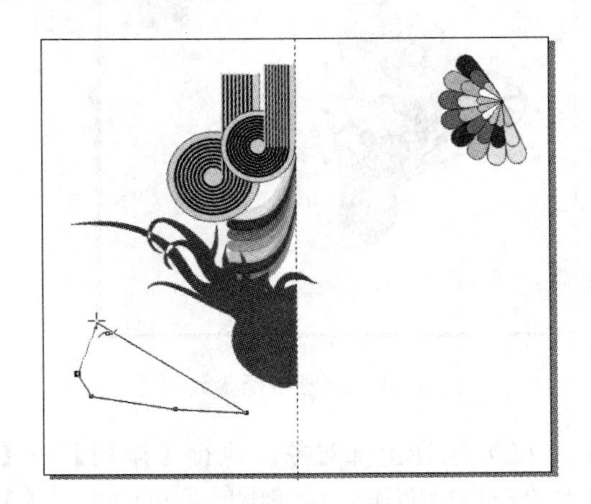

图 6-78　绘制路径

（7）单击工具箱中的“形状工具”，增加路径的节点，改变节点的位置，效果如图 6-79 所示。

（8）单击工具箱中的“形状工具”，调节路径曲线形态，方法同步骤（3）。效果如图 6-80 所示。

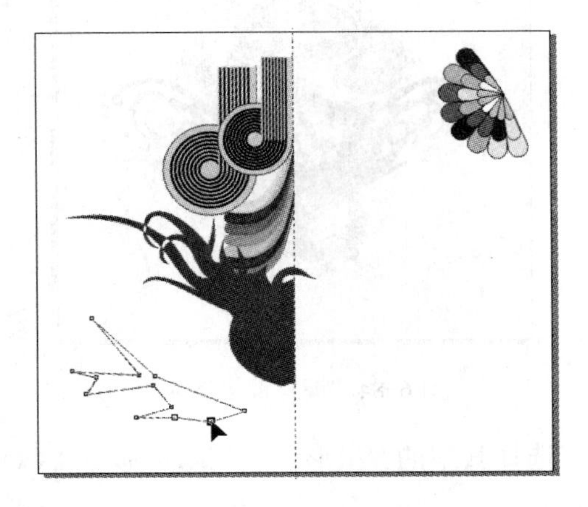

图 6-79　增加节点

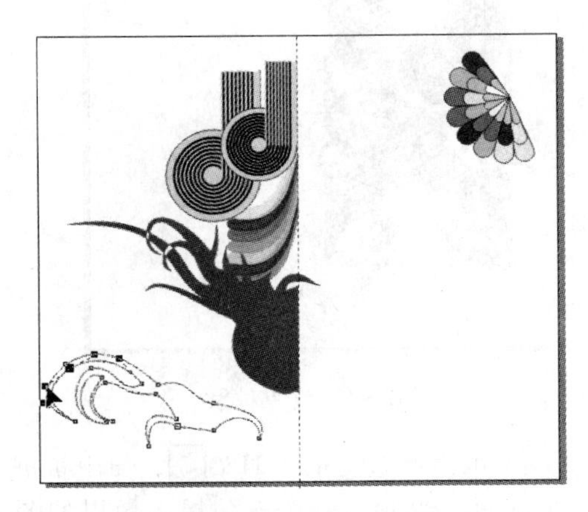

图 6-80　调整曲线形态

（9）选择曲线路径，单击调色板中的黑色，为路径内部填充颜色。调整属性栏中的参数值，将“x”和“y”的参数分别调整为 275 px 和 433 px，执行【排列】→【顺序】→【到后部】命令。效果如图 6-81 所示。

6.9.10　修整组合图形

（1）选择羽毛组，执行【排列】→【顺序】→【到前部】命令。在属性栏中调整参数，将“x”和“y”的参数分别调整为 381 px 和 218 px，设置“缩放因子”为 95%。效果如图 6-82 所示。

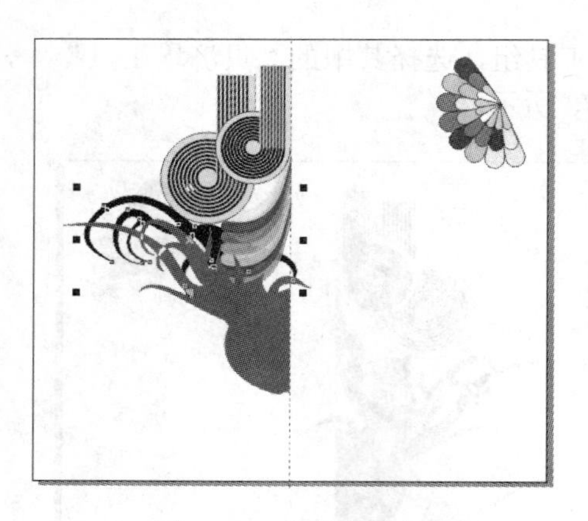

图 6-81　改变路径参数

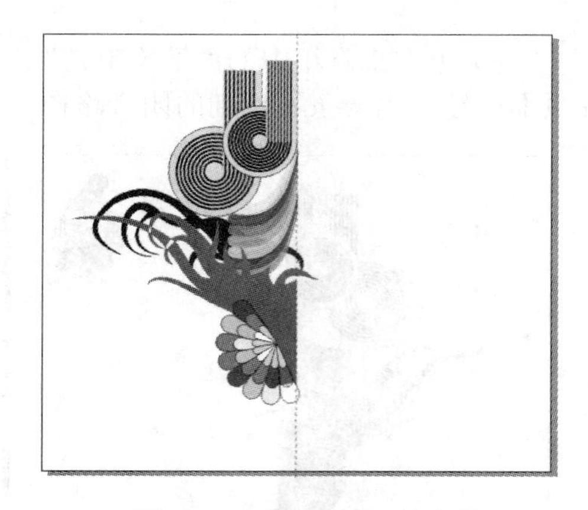

图 6-82　改变羽毛组的参数

（2）选择全部对象，执行【排列】→【群组】命令，将全部对象组合起来。在组合的对象上单击鼠标右键，从弹出的菜单中执行【复制】命令，在页面的空白处单击鼠标右键，从弹出的菜单中执行【粘贴】命令。单击属性栏中的“水平镜像”按钮，效果如图 6-83 所示。

（3）在属性栏中调整镜像的参数，将“x”和“y”的参数分别调整为 628 px 和 438 px，调整完后的效果如图 6-84 所示。

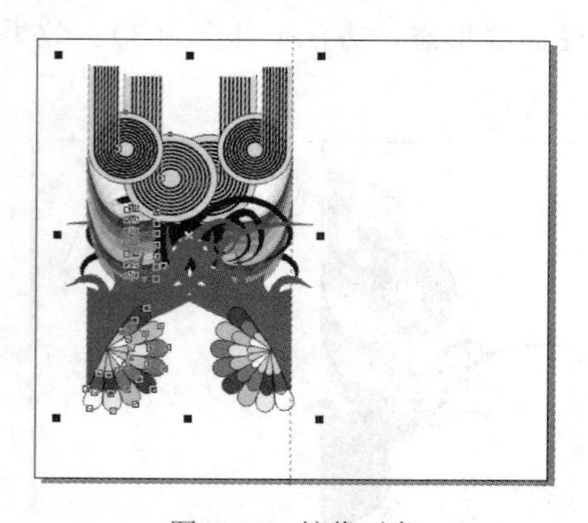

图 6-83　镜像对象

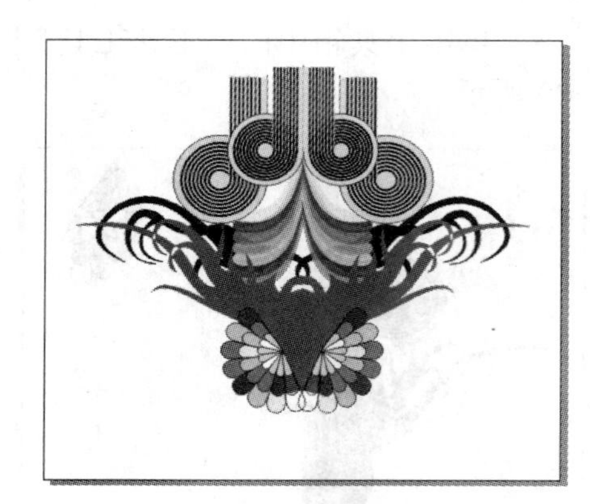

图 6-84　调整镜像参数

（4）单击“多边形工具”，弹出扩展工具组，选择其中的“星形工具”，按住【Ctrl】键，在页面中绘制出一个五角星，效果如图 6-85 所示。

（5）在属性栏中设置星形锐角的值，调整五角星的角度，效果如图 6-86 所示。

图 6-85　绘制出五角星

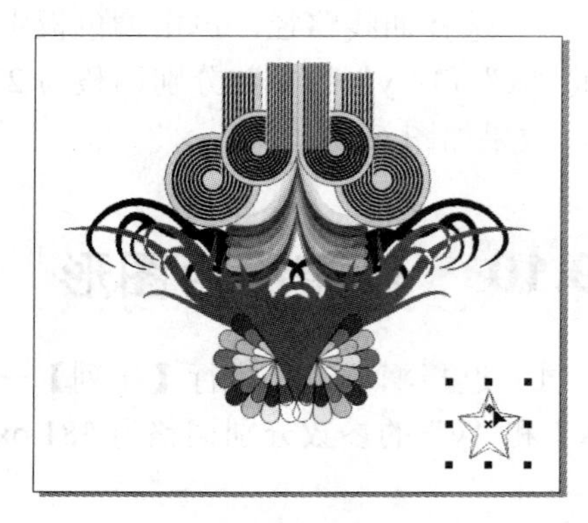

图 6-86　调整五角星的角度

（6）在“属性栏”中单击“垂直镜像”按钮，设置“宽”和“高”的参数为 157 px，将“x”和“y”的参数分别调整为 449 px 和 533 px。在调色板中单击 10%的黑色，为五角星填充颜色。效果如图 6-87 所示。

（7）复制出 2 个五角星，将它们等比例缩小为 20%，分别放置于左右两组羽毛的旋转中心，效果如图 6-88 所示。

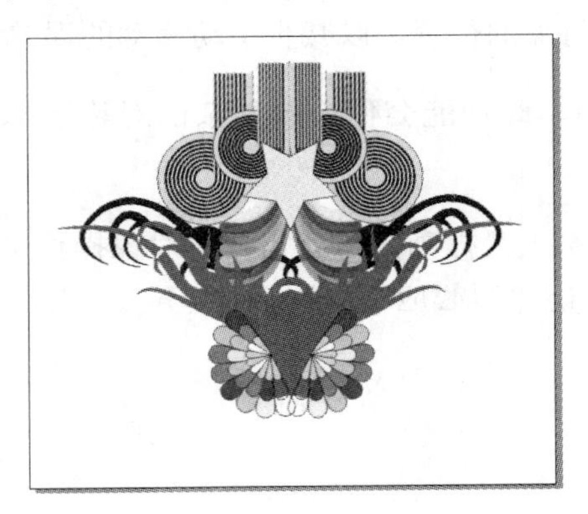

图 6-87 调整五角星的参数

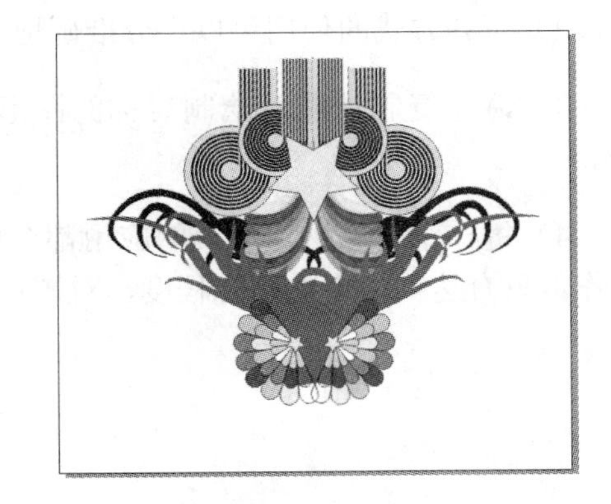

图 6-88 加五角星修饰

（8）单击工具箱中的“手绘工具”，弹出扩展工具组，选择其中的“贝济埃工具”，在页面中绘制出一条不规则的闭合路径，如图 6-89 所示。

（9）在调色板中单击黑色，为路径填充颜色。在属性栏中设置“x”和“y”的参数分别为 411 px 和 633 px，复制出一条路径。单击属性栏中的“水平镜像”按钮，将“x”和“y”的参数分别调整为 488 px 和 633 px。选择两条路径，执行【排列】→【群组】命令，将全部对象组合成一个对象，按【Ctrl+Page Down】组合键，调整路径到大五角星的后面。最后的效果如图 6-90 所示。

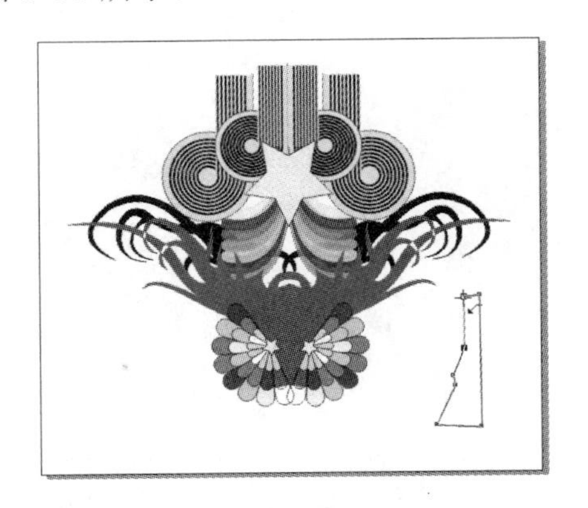

图 6-89 绘制出路径

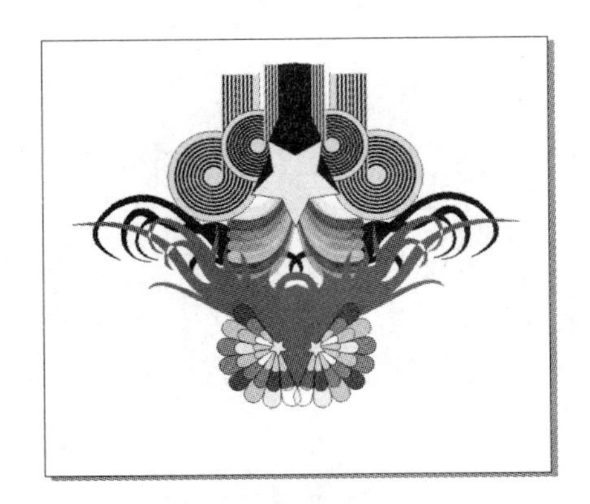

图 6-90 调整参数与镜像组合

经验与技巧分享

在图形的绘制过程中一定会应用到复制对象、调整前后顺序和群组等功能，熟练地使用这些功能会使绘制工作达到“事半功倍”的效果。

经验与技巧分享如下。

（1）在绘制多个图形组合的图形时，绘制完成一个图形最好要将其锁定，这样会避免在绘制其他图形时出现一些误操作。

（2）对齐方式的使用可以十分准确地排列图形对象的位置，以减少手动移动的误差。

（3）镜像复制功能对绘制对称的图形十分有用，此功能会使绘制复杂的对称图形变得轻松。

（4）每一个对象操作工具的应用都会使工作效率大大提高，这就需要对对象操作工具熟练操作。只有达到一定的熟练程度，对图形的操作才能“得心应手”。

07 交互式工具的使用与实战

CorelDRAW X4 提供了很多的交互式工具用于为对象添加特殊效果，例如调和、轮廓、封套、变形、立体化、阴影、透明和透镜等。灵活地运用这些交互式工具，可以创建出异彩纷呈的图形对象。

学习提要

- 交互式调和效果
- 交互式轮廓图效果
- 交互式变形效果
- 交互式阴影效果
- 交互式封套效果
- 交互式立体化效果
- 交互式透明效果
- 综合实战——公司邀请卡设计

7.1 交互式调和效果

“调和”实际上是一种在两个或多个对象之间进行形状混合渐变的效果。通过应用这一效果，可在选择的对象之间创建一系列的过渡对象，这些过渡对象的各种属性都将介于源对象之间。

创建调和效果的步骤如下。

（1）分别使用“星形工具”和“多边形工具”绘制图形，填充星形为绿色，五边形为蓝色，如图 7-1 所示。

（2）选择工具箱中的“交互式调合工具”，在五角星上按下鼠标左键，拖动到五边形上，这时在五角星和五边形之间加入多个中间对象，其数量为系统默认设置。效果如图 7-2 所示。

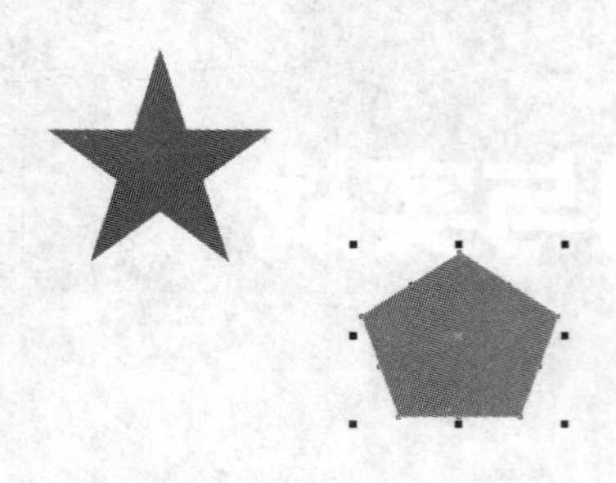

图 7-1　绘制星形和五边形

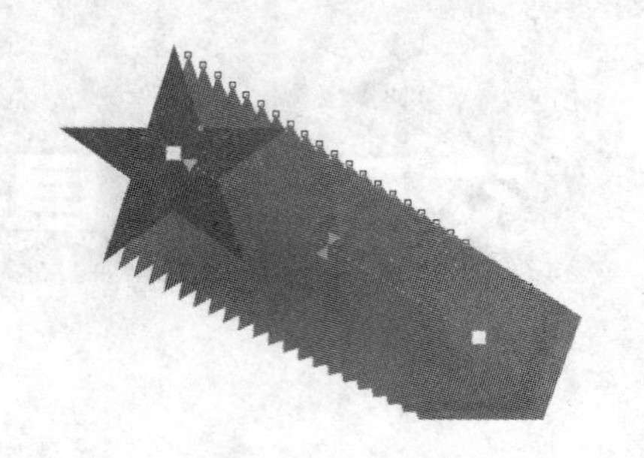

图 7-2　产生交互调合效果

（3）单击五角形中的白色控制点调整位置，使调合形状产生变化，效果如图 7-3 所示。

（4）在五角星与五边形之间的滑块上按下鼠标左键，向右拖动，设置调合效果的过渡分布，效果如图 7-4 所示。

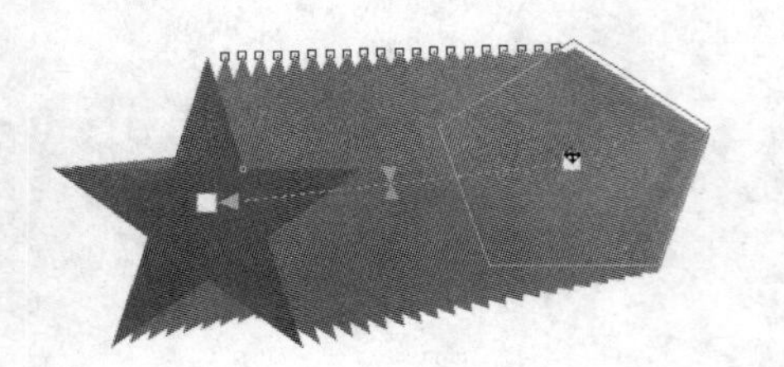

图 7-3　调整调合的形状

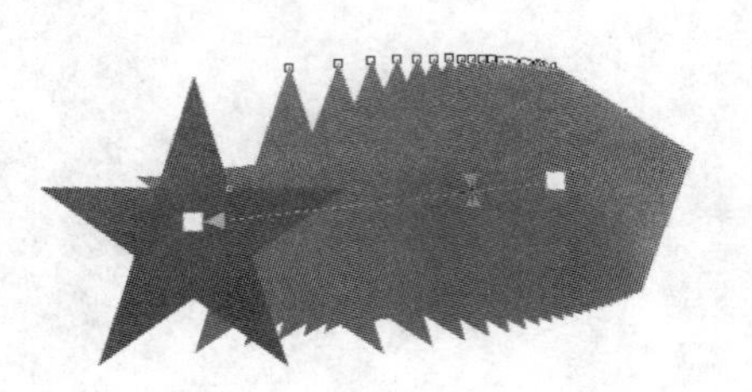

图 7-4　调整过渡分布

创建对象之间的调和效果后，除了可以通过光标调整调和效果的控件操作外，也可以通过设置图 7-5 所示的交互式调和工具属性栏中的相关参数选项实现。在该工具属性栏上，各主要选项的作用如下。

图 7-5　交互式调和工具属性栏

◆ **“预置”选项**预置...：在该选项的下拉列表中，用户可以选择 CorelDRAW X4 中预置的调和效果方式。

◆ **“对象的位置”和“对象的大小”选项**：这两个选项用于设置创建调和效果对象的位置和大小。

◆ **“步数或调和形状之间的偏移量”选项**：默认状态下，该选项为 20，即中间过渡对象为 20 个。用户可以根据需要，设置参数数值。

◆ **“调和方向”选项**：该选项用于设置调和效果中过渡对象的方向。设置为正数时，按照顺时针方向旋转调和效果的过渡对象；设置为负数时，将按照逆时针方向旋转调和效果的过渡对象。效果如图 7-6 所示。

◆ **“环绕调和”按钮**：当调和方向角度不为 0° 时，该按钮为可用状态。该按钮用于设定旋转是否围绕过渡对象边线的中点进行操作。

◆ **“直线调和”按钮**：用于按照色谱调和过渡对象的颜色。

◆ **“顺时针调和”按钮**：用于按照顺时针色谱位置调和过渡对象的颜色，效果如图 7-7 所示。

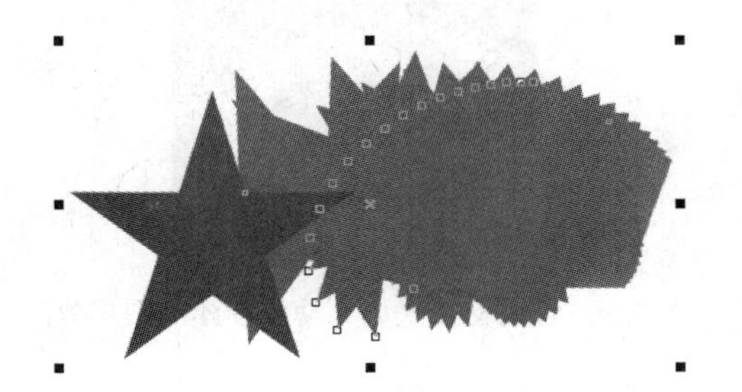

图 7-6 调整调合参数后的过渡效果

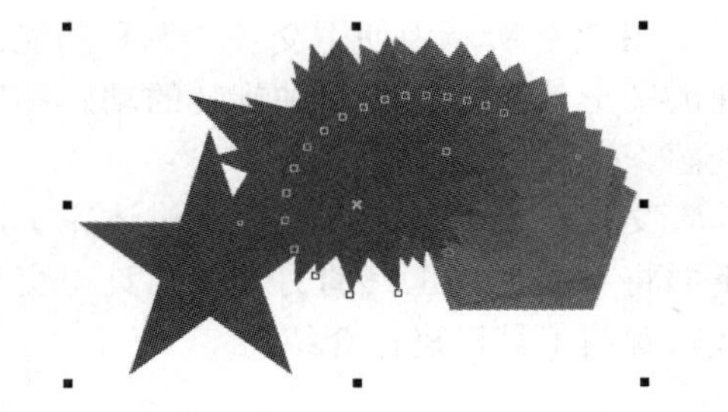

图 7-7 顺时针调和效果

- **“逆时针调和”按钮**：用于按照逆时针色谱位置调和过渡对象的颜色。
- **“对象和颜色加速”按钮**：单击该按钮，可以打开“加速”对话框。该对话框用于设置调和效果的过渡分布排列中心方向和颜色分布过渡效果。默认状态下，调和效果的过渡分布排列为均匀。改变设置后，排列会有一种递减或递增变化。
- **“加速调和时的大小调整”按钮**：单击该按钮，可以按照均匀递增式改变加速设置效果。
- **“杂项调和选项”按钮**：单击该按钮，可以打开“杂项调和选项”对话框。在该对话框中，用户可以选择更多的调和方式。例如单击【映射节点】按钮，可以设置超始对象与结束对象中节点之间相互调和的效果。
- **“起始和结束对象属性”按钮**：单击该按钮，可以打开该选项菜单，其中包括【新建起点】、【显示起点】、【新建终点】和【显示终点】4 个命令。【新建起点】和【新建终点】命令，用于重新设置调和效果的开始对象和结束对象；【显示起点】和【显示终点】命令，用于显示调和效果的开始对象和结束对象。
- **“路径属性”按钮**：单击该按钮，可以打开该选项菜单，其中包括【新建路径】、【显示路径】和【从路径分离】3 个命令。【新建路径】命令用于重新选择调和效果的路径，从而改变调和效果中过渡对象的排列形状；【显示路径】命令用于可以显示调和效果的路径；【从路径分离】命令用于将调和效果的路径从过渡对象中分离。

用户还可以通过“调和”泊坞窗来调整创建的调和效果。先选择工作区中应用调和效果的对象，再执行【效果】→【调和】命令，打开“调和”泊坞窗。在该泊坞窗中分别单击 4 个标签，可以打开相应的选项卡来设置调和效果，如图 7-8 所示。

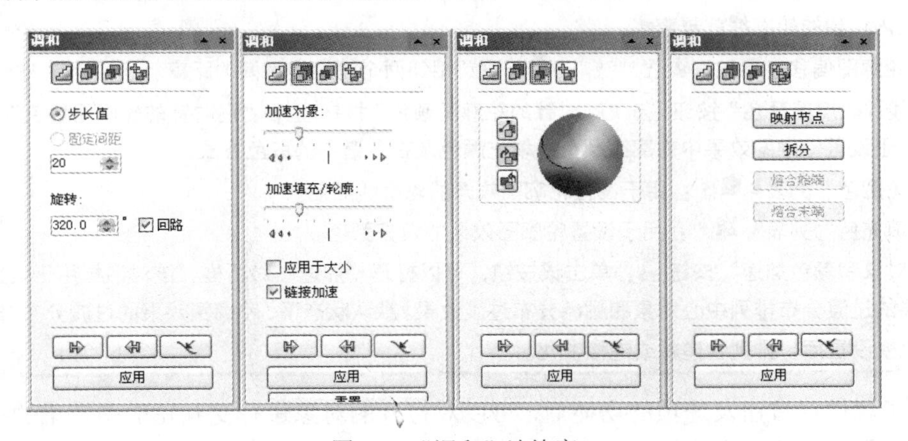

图 7-8 “调和”泊坞窗

图 7-9 所示为使用交互式调和功能创建的图形效果，给人一种旋转的动感和空间感。

交互式调和效果到这里就讲述完了，下面将对交互式工具的另一种工具“交互式轮廓图工具”进行介绍。

图 7-9　使用交互式调和功能创建的图形效果

7.2　交互式轮廓图效果

交互式轮廓图效果是指为对象创建同心轮廓线效果，这些同心轮廓线可以是向对象中心的，也可以是远离对象边缘的。该效果与交互式调和效果相似，都是通过过渡对象创建渐变效果。不同之处在于，交互式轮廓图效果只应用于单个对象进行操作，而交互式调和效果可以应用于多个对象进行操作。

（1）使用“交互式轮廓图工具”的操作方法非常简单，打开或绘制需要创建轮廓图效果的图形，如图 7-10 所示。

（2）选择工具箱中的“交互式阴影工具”，其属性栏中的相关参数和选项如图 7-11 所示。

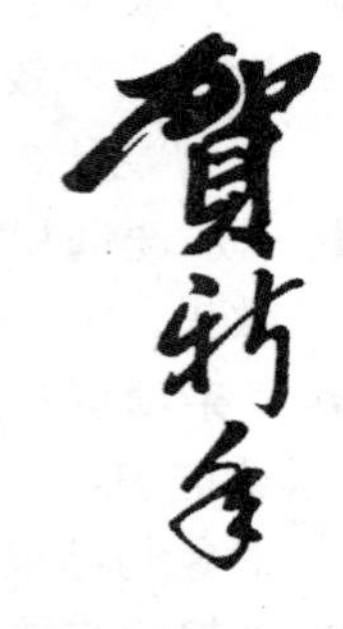

图 7-10　打开图形

图 7-11　交互式轮廓图工具属性栏

在该工具属性栏上，各主要选项的作用如下。

- “到中心”按钮：单击该按钮，可以在对象内部创建向对象中心扩散的轮廓线。
- “向内”按钮：单击该按钮，可以在对象内部创建等间距的轮廓线。
- “向外”按钮：单击该按钮，可以在对象的外部创建成比例的扩散轮廓线。
- “轮廓图步数”参数框：用于设置需要创建的新轮廓线数量。文本中数值越大，一定区域内创建的轮廓线就越密集。
- “轮廓图偏移”参数框：用于设置相邻两个轮廓线之间的距离。
- “线性轮廓图颜色”按钮、“顺时针的轮廓图颜色”按钮和“逆时针的轮廓图颜色”按钮：用于设置轮廓图效果中轮廓线颜色的填充颜色及在色谱中的取色方式。
- “轮廓色”列表：用于设置轮廓图效果的轮廓线颜色。
- “填充色”列表：用于设置轮廓图效果的填充颜色。
- “对象和颜色加速”按钮：单击该按钮，可以打开“加速”对话框。该对话框用于设置轮廓图效果的过渡分布排列中心对象和颜色分布过渡效果。默认状态下，轮廓图效果的过渡分布排列为均匀。改变设置后，排列会递减或递增变化。

了解了属性栏按钮及选项的功能后，可以对打开的对象进行交互轮廓图效果的处理，来增加对象的效果。设置的方法如下。

（3）选择工具箱中的“挑选工具”选择对象。

（4）选择工具箱中的“交互式轮廓图”工具，在“贺”字图形上按住鼠标左键并拖动。此时只需要出现轮廓图，在属性栏中单击“向外”按钮，使产生的轮廓图向外；在“轮廓图步数”参数框中输入“3”，在“轮廓图偏移”参数框中输入“2”，在“填充色”列表中选择黄色。用同样的方法设置其他两个文字图形。效果如图 7-12 所示。

（5）为了增加图形的效果和气氛，为图形添加图案和背景，效果如图 7-13 所示。

图 7-12　添加交互式轮廓图效果

图 7-13　设置图案和背景后的效果

到这里“交互式轮廓图”功能就讲述完了。通过多次练习，读者可以创建出一些新奇的效果。下面将讲述交互式工具中的另一种工具“交互式变形工具”。

7.3　交互式变形效果

CorelDRAW X4 工具箱中的“交互式变形工具”常用于改变对象的形状。按照其操作后产生的变形效果，可以分为推拉变形效果、拉链变形效果和扭曲变形效果 3 种。但不是所有的对象都可以应用交互式变形效果，例如位图图像。

一般可以先使用“交互式变形工具”进行对象的基本变形，然后通过交互式变形工具属性栏进行相应的编辑和设置，更好地调整变形效果。在该工具属性栏中，单击“推拉变形”按钮、“拉链变形”按钮、“扭曲变形”按钮，可以在工作区中进行相应的变形效果操作。单击不同的变形效果按钮，交互式变形工具属性栏也会显示出不同的参数和选项，如图 7-14～图 7-16 所示。

图 7-14　单击“推拉变形”按钮后的状态

图 7-15　单击“拉链变形”按钮后的状态

图 7-16　单击“扭曲变形”按钮后的状态

7.3.1　推拉变形效果

默认情况下，选择“交互式变形工具”进行的变形效果操作为推拉变形效果。用户选择所要操作的对象后，使用“交互式变形工具”，在对象上按住鼠标左键并拖动，这时对象的形状会随光标的拖动发生改变。图 7-17 所示为选择“交互式变形工具”推拉对象的变形效果。

图 7-17　推拉变形效果

在推拉变形效果的操作过程中，如果向右拖动，则产生“拉”变形效果；如果向左拖动，则产生“推”变形效果。“推”会使对象的节点向变形中心点内收缩，并且对象节点之间路径呈现向外弧形。“拉”会使对象的节点向变形中心点外扩展，并且对象节点之间路径呈现向内弧形。另外，操作过程中用户按下鼠标左键的位置，即为变形效果的中心点位置。

创建推拉变形效果后，用户可以在交互式变形工具属性栏中继续对推拉变形效果进行调整。

该工具属性栏中用于推拉变形效果设置的主要参数选项如下。

- ◆ “添加新的变形”按钮：单击该按钮，可以对变形效果的对象再次进行变形效果的操作。
- ◆ “推拉失真振幅”参数框：设置该参数框中的参数值，可以改变选择对象的变形幅度。数值为负值时产生“推”的效果；设置为正值时产生“拉”的效果。其数值越大，创建的变形效果也越明显。
- ◆ “中心变形”按钮：单击该按钮，可以定位变形效果的中心点位置在选择对象的中心点位置上。
- ◆ “转换为曲线”按钮：单击该按钮，可以转换对象为曲线对象。

7.3.2　拉链变形效果

选择“交互式变形工具”并在交互式变形工具属性栏上单击“拉链变形”按钮，可以进行拉链变形效果的操作，如图 7-18 所示。在操作过程中，拖动变形效果虚线上的白色变形频率控制滑块，可以改变拉链变形效果的变形频率。

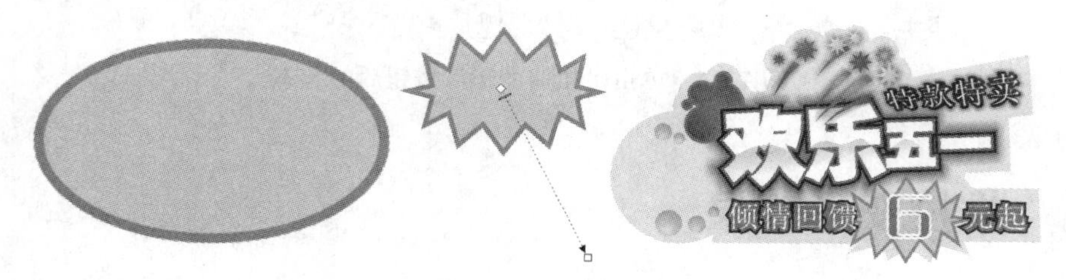

图 7-18　拉链变形效果

创建拉链变形效果后，用户可以在交互式变形工具属性栏中继续对拉链变形效果进行调整。

该工具属性栏中用于拉链变形效果设置的主要参数选项如下。

◆ “拉链失真振幅”参数框：在该选项参数框中输入振幅数值，可以决定拉链变形效果的幅度。其数值范围为0~100，数值越大，变形效果也越明显。

◆ “拉链失真频率”参数框：在该参数框中输入频率数值，可以决定选择对象每一段上拉链变形效果的点数，即变形频率。其数值范围为0~100。

◆ “随机变形”按钮：单击该按钮，创建随机不均匀的拉链变形效果。

◆ “平滑变形”按钮：单击该按钮，可以平滑处理对象的拉链变形效果。

◆ “局部变形”按钮：单击该按钮，可以拖动方向，以其一侧的对象区域进行拉链变形。

7.3.3 扭曲变形效果

选择“交互式变形工具”并在交互式变形工具属性栏上单击“扭曲变形”按钮，可以进行拉链钮曲变形的操作。使用光标选择所要操作的对象，单击设置变形效果中心点，然后旋转拖动变形控制柄，即可形成扭曲变形效果。旋转越多，对象的扭曲变形效果就越强烈。选择“交互式变形工具”，在交互式变形工具属性栏上单击“扭曲变形”按钮后，扭曲变形操作的效果如图7-19所示。

图7-19 扭曲变形效果

创建推拉变形效果后，用户可以在交互式变形工具属性栏中继续对扭曲变形效果进行调整。

该工具属性栏中用于扭曲变形效果设置的主要参数选项如下。

◆ “顺时针旋转”按钮：单击该按钮，可以按顺时针方向扭曲变形选择的对象。

◆ “逆时针旋转”按钮：单击该按钮，可以按逆时针方向扭曲变形选择的对象。

◆ “完全旋转”参数框：“完全旋转”是指旋转360°，其参数框中的数值是扭曲旋转变形的圈数。完全旋转是从原点水平线处开始测量计算的，例如对象进行740°扭曲变形效果，该参数框中的数为2，附加角度参数框中的数值为20。

◆ “附加角度”参数框：该参数框用于设置对象扭曲旋转变形的附加角度数值，即超出原点水平线的角度。其数值范围为0~359。

至此，交互式变形效果就介绍完了，下面将对交互式阴影效果进行介绍。

7.4 交互式阴影效果

使用交互式工具组中的“交互式阴影工具”，可以非常方便地为图像、图形、美术字文本等对象添加交互式阴影效果，使其更加具有视觉层次感和纵深感。但不是所有对象都能添加交互式阴影效果，例如应用调和效果的对象、应用立体化效果的对象等。

使用“交互式阴影工具”的操作方法非常简单，只需选择页面中需要操作的对象，然后选择工具箱中的“交互式阴影工具”，在该对象上按住鼠标左键并拖动，即可拖动出阴影。拖动至适合位置时释放鼠标，这样就创建了阴影效果，如图 7-20 所示。

图 7-20　交互式阴影效果

创建阴影效果后，通过拖动阴影效果开始点和阴影结束点，设置阴影效果的形状、大小及角度；通过拖动控制柄中阴影效果的不透明度滑块，来设置阴影效果的不透明度。另外，还可以设置交互式阴影工具属性栏的参数和选项，如图 7-21 所示。

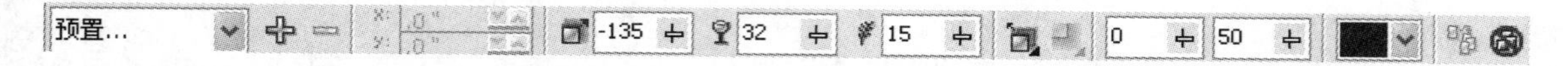

图 7-21　交互式阴影工具属性栏

在交互式阴影工具属性栏中，各主要参数选项的作用如下。

- **“阴影偏移量”增量框**：可以显示或设置阴影效果相对于选定对象的坐标值。
- **“阴影角度”选项**：用于设置阴影效果起始点与结束点之间构成的水平角度的大小，如图 7-22 所示。
- **“阴影的不透明”选项**：用于设置阴影效果的不透明度，其数值越大，不透明度越高，阴影效果就越强。
- **“阴影羽化”选项**：用于设置阴影效果的羽化程度，取值范围为 0～100。

图 7-22　调整阴影角度

- **“阴影羽化方向”按钮**：用于设置阴影羽化的方向。单击该按钮，可以打开“羽化方向”对话框。在该对话框中，有“向内”按钮、“中间”按钮、“向外”按钮和“平均”按钮 4 个选项按钮，用户可以根据需要进行选择。
- **“阴影羽化边缘”按钮**：用于设置羽化边缘的效果类型。单击该按钮，可以打开“羽化边缘”对话框。在该对话框中，有“线性”按钮、“方形”按钮、“反白方形”按钮和“平均”按钮 4 个按钮，用户可以根据需要单击选择。

◆ **“阴影淡出”选项**：用于设置阴影效果的淡化的程度。用户可以直接在文本框中输入数值，也可以单击其选项按钮通过移动滑块进行调整。滑块向右移动，阴影效果的淡化程度越大；滑块向左移动，阴影效果的淡化程度越小。

◆ **“阴影延展”选项**：用于设置阴影效果的向外延伸程度。用户可以直接在文本框中输入数值，也可以单击其按钮，通过移动滑块进行调整。滑块向右移动，阴影效果的向外延伸越远，如图 7-23 所示。

图 7-23　不同的参数调整后的效果

◆ **“阴影颜色”选项**：用于设置阴影的颜色。

提示：因为阴影效果操作时，其相关参数数值每次变化都需要时间计算，所以在文本框内输入数值时，最好一次性输入所需参数的数值，否则使用微调箭头调节数值时，会增加很多计算时间。

交互式阴影效果到这里就介绍完了，下面将对交互式工具的封套效果进行介绍。

7.5　封套效果

使用交互式工具组中的“交互式封套工具”，可以使对象整体形状随封套外形的调整而改变。该工具主要针对图形对象和文本对象进行操作，如图 7-24 所示。另外，可以使用软件预置的封套效果，也可以编辑已创建的封套效果为自定义封套效果。

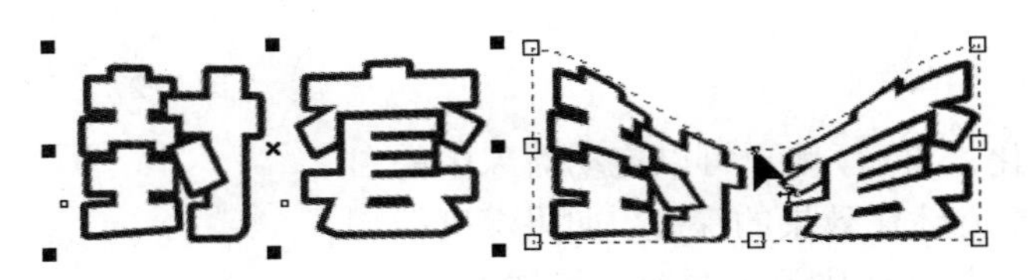

图 7-24　使用“交互式封套工具”

可以先使用“交互式封套工具”创建基本的封套效果，然后再结合图 7-25 所示的交互式封套工具属性栏进行编辑调整。

预设...　矩形　自由变形

图 7-25　交互式封套工具属性栏

需要自定义封套效果，首先应选择对象，然后在交互式封套工具属性栏中，单击“封套的直线模式”按钮，通过拖动封套效果的节点更改封套效果的形状，但其会始终保持封套边缘为直线；单击“封套的单弧模式”按钮，通过拖动封套效果的节点，调整封套边缘为单弧形曲线线条；如果单击“封套的双弧模式”按钮，通过拖动封套效果的节点，调整封套边缘为双弧形曲线线条。

用户如果单击了“交互式封套工具”属性栏中的“封套的非强制模式”按钮，那么可以沿任意方向拖动封套节点，调整封套效果形状。另外，如果用户对应用的封套效果不满意，可以单击“清除封套”按钮，恢复对象至无封套效果状态。

7.6 交互式立体化效果

使用“交互式立体化工具”，可以为对象创建交互式立体化效果，使其具有视觉上的三维空间感。创建立体化效果其实就是投影对象边缘，然后连接投影与对象的点形成多个面。立体化效果对文字和几何图形对象最为有效。立体化效果的立体化深度、光源、表面颜色及旋转等属性，可以通过在交互式立体化工具属性栏中设置参数进行调整。

7.6.1 使用“交互式立体化工具”

需要创建交互式立体化效果，可以在工作区中选择操作的对象，如图 7-26 所示。设置填充和轮廓线属性。然后选择交互式工具组中的“交互式立体化工具”，在对象上按住鼠标左键并拖动，这时光标会显示为灭点。拖动光标至适当位置释放，即可创建交互式立体化效果，如图 7-27 所示。

图 7-26 输入文本

图 7-27 立体化文本

创建交互式立体化效果后，用户可以拖动对象中的白色深度控制滑块，调整立体化效果的深度。如果深度控制滑块离灭点位置越近，其立体化效果的深度将越大。

创建对象的交互式立体化效果后，如果双击对象，可以显示立体化效果调整控制框。可以通过调整该控制框的控制柄位置，改变对象的单轴向的立体化视觉角度。这里也可以通过在该控制框中按住鼠标左键并拖动的操作方式，在 3 个轴向上同时调整对象的立体化视觉角度，如图 7-28 所示。

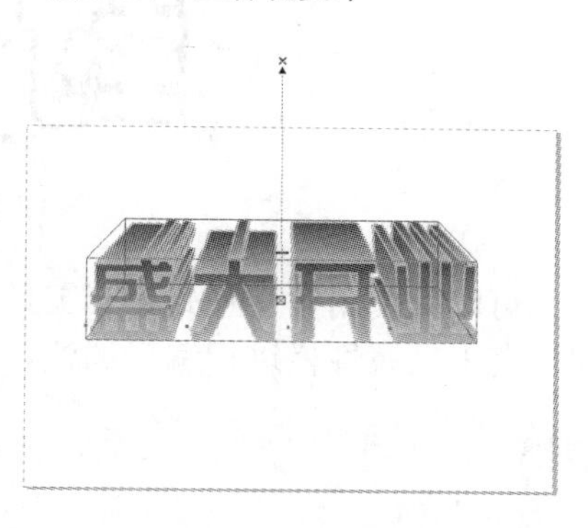

图 7-28 调整深度

提示：需要注意的是，对于段落文本对象、已添加其他特殊效果的对象等对象，不能应用交互式立体化效果。

7.6.2 使用交互式立体化工具属性栏

创建立体化效果后，用户还可以通过交互式立体化工具属性栏进行颜色模式、斜角边、三维灯光、灭点模式等参数和选项的设置。选择工具箱中的“交互式立体化工具”后，工具属性栏会显示，如图 7-29 所示。

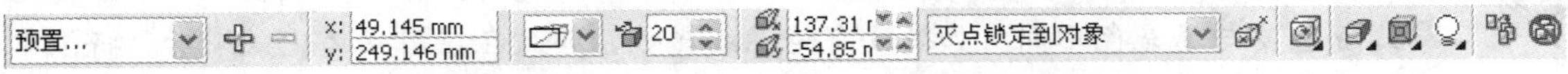

预置... x: 49.145 mm y: 249.146 mm 20 137.31 -54.85 灭点锁定到对象

图 7-29　交互式立体化工具属性栏

在该工具属性栏中，各主要参数选项的作用如下。

- **“立体化类型”选项**：在该选项下拉列表框中放置了 6 种软件预置的立体化效果。用户可以根据需要进行选择。
- **“深度”选项**：用于设置对象的立体化效果深度。
- **“灭点坐标”选项**：用于设置灭点的水平坐标和垂直坐标。
- **“灭点属性”选项**：在该下拉列表框中，可以选择“灭点锁定到对象”、“灭点锁定到页面”、“复制灭点，自…”和“共享灭点”4 种立体化效果的灭点属性。
- **“VP 对象/VP 页面”按钮**：用于设置灭点的坐标系，即设置灭点坐标参考的原点位置或相对的原点位置。“VP 页面”是相对于页面中心点，“VP 对象”是相对于对象的中心点。单击该按钮，将选择“VP 页面”；不单击，将选择“VP 对象”。
- **“立体的方向”按钮**：单击该按钮，可以打开“立体的方向”对话框。在该对话框中，使用光标拖动旋转显示的数字，即可更改对象立体化效果的方向。如果单击“切换方式”按钮，可以切换至“旋转值”对话框，以数值设置方式调整立体化效果的方向，对话框中显示 X、Y、Z 3 个坐标轴旋转值设置文本框，用于设置对象在 3 个轴向上的旋转坐标数值。
- **“颜色”按钮**：单击该按钮，可以打开“颜色”对话框。该对话框中共有 3 个颜色填充模式，选择不同的颜色填充模式时，其选项会有所不同。使用渐变填充模式的效果如图 7-30 所示。
- **“斜角修饰边”按钮**：单击该按钮，打开“斜角修饰边”对话框。该对话框用于设置立体化效果斜角修饰边的参数选项，例如设置斜角修饰边的深度、角度等参数选项。
- **“照明”按钮**：单击该按钮，可以打开“灯光设置”对话框。在该对话框中，可以为对象设置 3 盏立体照明灯，以及设置灯的位置和强度。如果启用“使用全色范围”复选框，可以确保为立体化效果添加光源时获得最佳效果。

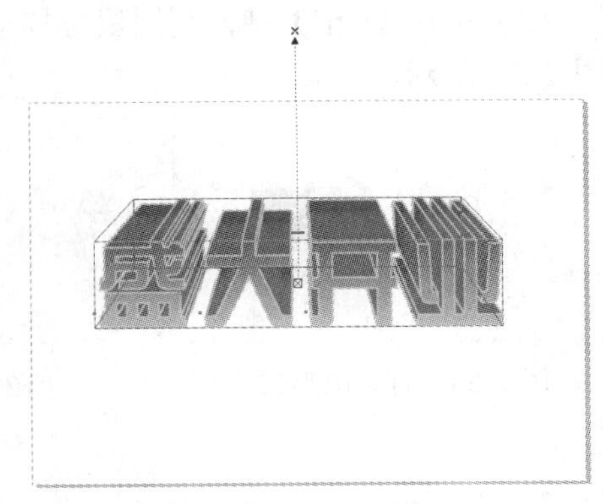

图 7-30　设置不同的颜色效果

在“灯光设置”对话框中单击“光源 1”按钮，再单击“光源 2”按钮，并在“光线强度预览”窗口中将其拖动到左下角，如图 7-31 所示。

页面中的立体字效果如图 7-32 所示。

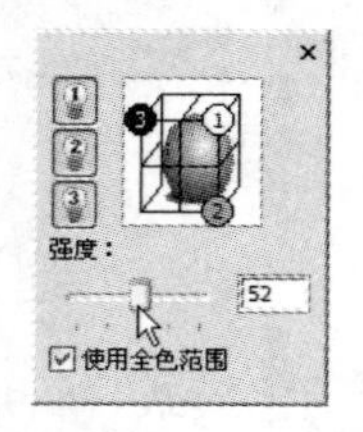

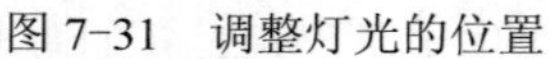

图 7-31　调整灯光的位置

图 7-32　立体字效果

提示：对于选择的对象，想要应用立体化效果，它一定要具有轮廓线属性，并且其轮廓线颜色要与填充色不同。如果没有轮廓线属性，那么在应用立体化效果后，将很难看出创建的立体化效果。

7.7　透视效果

在某些绘图中需要在本来是二维的平面上增加一维，以达到单点或两点透视的三维效果。单点透视和两点透视的区别在于：如果使用单点透视，则对象在视觉上只有一个消失点；如果使用两点透视，对象在视觉上具有两个消失点。

利用【添加透视点】命令可以在对象上添加一个网格，拖动该网格的角控制点，可以直接创建透视效果。

7.7.1　创建透视效果

添加单点透视的具体操作步骤如下。

（1）绘制或打开图形对象，如图 7-33 所示。选择工具箱中的“挑选工具”，选择绘制或打开的图形对象。

（2）执行【效果】→【添加透视点】命令，在选择的对象中将出现红色矩形网格，如图 7-34 所示。

（3）按住【Ctrl】键，利用鼠标拖动该网络的某一个角点，将其移动至合适的位置，效果如图 7-35 所示。

图 7-33　打开图形文件

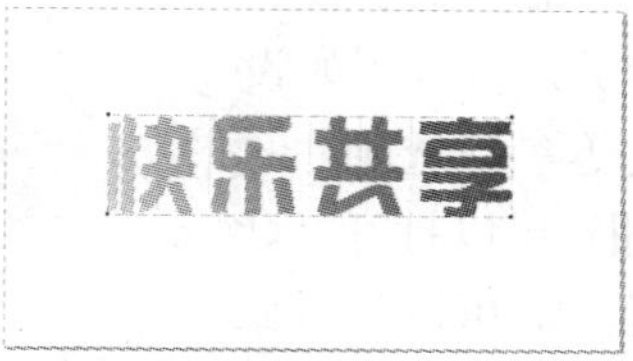

图 7-34　添加透视点

图 7-35　调整角点效果

7.7.2　编辑透视

对于已经应用了透视效果的对象，可以利用“形状工具”对其透视效果进行更改，这里称为编辑透视。

编辑透视效果的具体操作步骤：选择工具箱中的“形状工具”，选择添加透视效果的对象，选择的对象周围将出现控制透视效果的网格。

如果要编辑为单点透视，需按住【Ctrl】键拖动该网格的某一个节点，将其移动至合适的位置；如果要编辑两点透视，则应该沿任意方向拖动两个或多个节点直至达到满意的效果即可。

7.7.3 编辑消失点

编辑消失点的具体操作步骤如下。

（1）选择工具箱中的“形状工具”，选择添加透视效果的对象。选择对象的周围将出现控制透视效果网格。

（2）用鼠标拖动消失点，直至达到满意的效果才释放鼠标。其操作过程和得到的效果如图 7-36 所示。

（3）对使用透视效果的图形添加背景和其他图形，创建出完美的作品，如图 7-37 所示。

图 7-36　消失点的编辑

图 7-37　最后完成效果

7.7.4 删除透视

对于不合适的透视效果，可以将其删除。如果应用了多次透视，删除工作将一步一步地进行。删除透视的具体操作步骤如下。

（1）选择工具箱中的“挑选工具”，选择添加透视效果的对象。

（2）执行【效果】→【清除透视点】命令，即可将透视效果清除。

7.8 交互式透明效果

交互式透明效果实际上就是在对象当前的填充上应用一层类似于填充的灰阶遮罩。应用透明效果后，选择的对象会透明显示排列在其后面的对象上。使用“交互式透明工具”，可以很方便地为对象应用均匀、渐变、图样或底纹等透明效果。在默认情况下，可以将透明度效果应用于对象的填充和轮廓线的属性。用户可以设定透明效果应用的范围，例如对象的填充或轮廓线等。

7.8.1 均匀透明效果

均匀透明效果是指一种均匀或纯色的透明效果，即为对象添加一个均匀的灰阶遮罩。使用“交互式透明工具”创建均匀透明效果时，默认的开始透明度为 50%。

创建均匀透明效果，用户可以先在页面中选择操作的人物图形对象，如图 7-38 所示。

再选择交互式工具组中的“交互式透明工具”，并在该工具属性栏的“透明度类型”列表框中，选择“标准”选项，即可创建均匀透明效果，如图 7-39 所示。这时的交互式透明工具属性栏会显示设置均匀透明效果的参数和选项，如图 7-40 所示。

图 7-38　选择透明图形

图 7-39　均匀透明效果

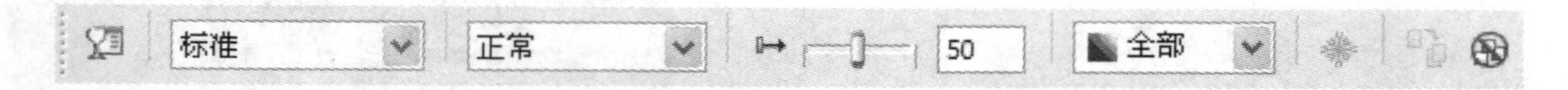

图 7-40　交互式透明工具属性栏

在交互式透明工具属性栏中，各主要参数选项的作用如下。

- “透明度操作”选项：在该选项的下拉列表框中，用户可以选择均匀透明效果与其对象颜色的混合模式。
- “开始透明”选项：用于设置均匀透明效果的不透明度。数值越小，不透明度越高；数值越大，不透明度越低，即透明度越高。
- “透明目标”选项：用于设置对象中应用均匀透明效果的范围。
- “冻结”按钮：单击该按钮，可以将当前透明显示的画面内容固定在对象中。移动该对象时，不会更改对象中原透明显示的画面内容。

7.8.2 渐变透明效果

渐变透明效果是指在对象上应用沿着路径方向递增或递减透明变化的透明效果。该透明可以是以直线方式创建对象的渐变透明效果，也可以是从对象中心以同心圆或同心方形的路径方向创建的渐变透明效果，还可以从对象中心以放射的路径方向创建渐变透明效果。

（1）选择需要创建渐变透明效果的图形，如图 7-41 所示。

（2）选择工具箱中的“交互式透明工具”后，在交互式透明工具属性栏的“透明度类型”列表框中选择“线性”选项，即可创建选择对象的渐变透明效果。默认情况下，线性渐变透明效果的透明开始点位置是在对象左侧，透明结束点位置在对象的右侧，透明加速控制柄位于这两点之间，用户可以使用光标自由地调整它们，如图 7-42 所示。

提示：由于选择的是由 3 个图形组成的图形组，所以此时在 3 个图形上出现了 3 个交互式透明控制柄。

图 7-41　选择图形

图 7-42　设置透明控制手柄

（3）调整控制柄的开始点和结束点位置后，产生渐变的透明效果，使绘制的作品更加真实。

另外，用户还可以根据需要在交互式透明工具属性栏的“透明度类型”下拉列表框中，选择“射线”、“圆锥”、“方角”选项，确定渐变透明效果的类型。

在交互式透明工具属性栏（如图 7-43 所示）的“透明度类型”列表框中，选择“线性”、“射线”、“圆锥”或“方角”选项，即可在该工具属性栏中显示设置渐变透明效果的参数选项。

图 7-43　交互式透明工具属性栏的线性参数

在该状态的工具属性栏中，各主要参数选项的作用如下。

- “编辑透明度”按钮：单击该按钮，打开“渐变透明度”对话框。在该对话框中，可以详细地设置渐变透明效果。
- “透明中心点”选项：用于设置渐变透明效果的不透明程度。数值越小，不透明度越高；数值越大，不透明度越低，即透明度越高。
- “渐变透明角度和边衬”选项：用于调整渐变透明效果的角度和边衬。“角度”文本框用于设置线性、圆锥和方角渐变透明效果的方向。设置为正值时，以逆时针旋转渐变透明效果；设置为负值时，以顺时针旋转渐变透明效果。“边衬”文本框用于设置线性、射线和方角渐变透明效果的透明度与不透明度的混合范围。

7.8.3　底纹透明效果

底纹透明效果是指为对象添加透明且具有随机化自然纹理的视觉效果。想要添加底纹透明效果，可以选择页面中操作的对象，如图 7-44 所示。

再选择“交互式透明工具”。然后在交互式透明工具属性栏的“透明度类型”列表框中选择“全色图样”选项，这时该工具属性栏中会显示与全色图样透明效果相关的参数选项。用户可以从“全色图样挑选器”列表框中选择需要的图样。单击“第一种透明度选择器”列表，打开图样列表，从中选择适合的图样即可。效果如图 7-45 所示。

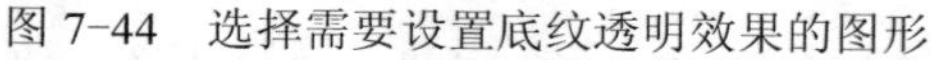
图 7-44　选择需要设置底纹透明效果的图形

图 7-45　底纹透明效果

至此，交互式工具中各种工具的使用方法就讲解完了，下面要介绍一种与交互式工具产生的效果类似的功能。

7.9　透镜效果

使用【透镜】命令处理图形图像时，能够模拟类似于透过不同透镜来观察事物所看到的效果。在 CorelDRAW X4 中，能够作为透镜的可以是选择的对象本身，也可以是外加的任意形状、任意大小的其他图形。它会更改对象在屏幕上的显示，所以很难看出添加透镜前后的对比效果。如果使用外加的图形作为透镜来对选择对象的一部分进行透视，就可以较容易地通过与其他部分的比较看出添加的透镜效果。

7.9.1　透镜效果的种类

CorelDRAW X4 中提供了 12 种类型的透镜，每种透镜都可以设置相关的参数来改变透镜产生的效果，这 12 种透镜都位于“透镜”泊坞窗中，使用它们能够改变图形的外观。

◆ **无透镜效果**：此透镜的作用是消除已应用的透镜效果来恢复对象。

◆ **使明亮**：此透镜可以控制对象在应用透镜范围内的亮度，“比率”数值框中的百分比为 −100%~100%，正值增亮，负值变暗。

◆ **颜色添加**：此透镜可以为对象添加指定的颜色，就像在对象上面涂一层颜色一样。

◆ **色彩限度**：此透镜可以将对象上的填充色都转换为指定的透镜颜色，其“比率”值的范围为 0%~100%。

◆ **自定义彩色图**：此透镜可以将对象的填充色转换为双色调。转换颜色是以亮度为基础的，用设定的起始颜色和终止颜色与对象的填充色对比，再反转显示的颜色。在“直接调色板”列表中可以选择“向前的彩虹”和“反转的彩虹”，指定用两种颜色间色谱的正反顺序。

◆ **鱼眼**：此透镜可以使对象产生扭曲的效果。通过“比率”值来设置扭曲的程度，其范围为–1000%~1000%，为正是向外凸，为负时向内陷。

◆ **热图**：此透镜用于模拟为对象添加红外线成像的效果，显示的颜色由对象的颜色和“调色板旋转”数值框中的数值决定。其范围为 0~100。

◆ **反显**：此透镜是通过 CMYK 模式将透镜下对象的颜色转换为互补色，从而产生一种相片底片的效果。

◆ **放大**：应用该透镜，使对象像在放大镜下面一样产生一种放大的效果。在“数量”数值框中可设置放大的倍数，其范围为 0~100。

◆ **灰度浓淡**：此透镜下的对象颜色转换成透镜色的灰度。

◆ **透明色**：此透镜可以像透过有色玻璃看物体一样，在“比率”数值框中可以调节透镜的透明度。其范围为 0~100，在“颜色”列表中可以选择透镜颜色。

◆ **线框**：此透镜可以用来显示对象的轮廓，还可为轮廓设定一个填充色。

7.9.2 添加透镜效果

为对象添加透镜的具体操作步骤如下。

（1）打开一个图形文件，如图 7-46 所示。选择工具箱中的“椭圆形工具”，在页面上绘制一个需要添加透镜的椭圆形，如图 7-47 所示。

（2）执行【效果】→【透镜】命令，弹出图 7-48 所示的“透镜”泊坞窗。在“透镜”泊坞窗的“透镜类型”列表中选择“鱼眼”。

图 7-46 打开图形

图 7-47 绘制椭圆形

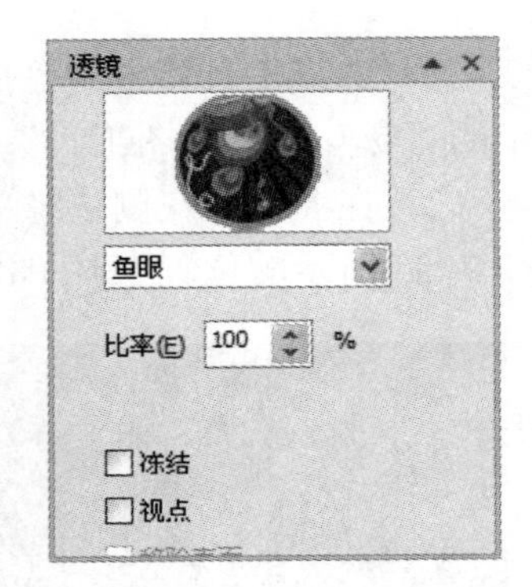

图 7-48 选择鱼眼透镜

在圆形范围内的图形产生的放大变形效果如图 7-49 所示。

（3）在“比率”数值框中输入用以指定透镜对对象变化的数值。选择“视点”复选框，如图 7-50 所示。在圆形中只显示透镜下面对象的一部分，如图 7-51 所示。

图 7-49　椭圆形内产生变形效果

图 7-50　设置“视点”参数

图 7-51　透镜效果产生的变化

（4）单击【应用】按钮，即可在作品上添加一个透镜。

至此，所有 CorelDRAW X4 中与交互式工具有关的工具及效果就介绍完了，下面将通过实例检验本章学习的效果。

7.10　综合实战——公司邀请卡设计

运行 CorelDRAW X4，打开“素材.cdr”文件（文件路径：配套教学软件\material\第 7 章\），如图 7-52 所示。

现在要为素材前面的图纹添加重复的轮廓，使图纹具有古典的效果。这里首先想到的是“交互式轮廓图工具”，此工具可以将选择的图形边缘产生由内向外的边缘轮廓，并可以对产生的边缘轮廓的宽度、数量和颜色进行设置。

7.10.1　添加轮廓图效果

（1）选择工具箱中的“挑选工具”，单击前面的图纹，使其处于选择状态。选择工具箱中的“交互式轮廓图工具”，在属性栏中可以看到交互式轮廓图的各种参数和选项。

（2）在图纹的左侧边缘单击并向右侧拖动，在图纹上出现 1 个绿色的轮廓。当轮廓出现在图 7-53 所示的位置上时单击，完成轮廓的绘制。

图 7-52　打开的图形

图 7-53　创建边缘轮廓

（3）在属性栏中单击“向内”开关，使其处于被按下状态，在“轮廓图步数”文本框中输入 2，调整“轮廓图偏移”为 2.0mm，将“填充色”设置为黄色，“结束色”设置为橙色，单击“对象和颜色加速”按钮。在打开的面板中，调整“对象”和“颜色”上的滑块到最左侧，图纹产生图 7-54 所示的效果。

至此，图纹的轮廓图就制作完成了。

提示：利用此工具可制作出更多的效果，大家可以多练习。

7.10.2 添加交互式调和效果

（1）在页面的左侧上方绘制矩形，并填充为橙色（R=255，G=102，B=0），删除轮廓线（如果保留轮廓线，那么制作出的效果将会被轮廓线的颜色影响），复制出一个矩形，将其颜色调整为黄色（R=255，G=255，B=0）并将其缩小，适当调整位置。效果如图 7-55 所示。

图 7-54　边缘轮廓

图 7-55　绘制出两个矩形

（2）选择工具箱中的“交互式调和工具”，在矩形中心单击并向右拖动，如图 7-56 所示。

（3）完成拖动后，在属性栏中设置“步数”为 20，设置“调和方向”为 90，在工具箱中选择“文本工具”字，在图案中心单击并输入“宴”字，将文字颜色设置为红色，效果如图 7-57 所示。

图 7-56　利用“交互式调和工具”拖动图形

图 7-57　添加文字后的效果

提示：文本尺寸与矩形尺寸的设置要适当。

7.10.3 创建圆环以设置交互变形效果

（1）在工具箱中选择“椭圆形工具”，在右下方绘制出一个圆形，复制圆形并将其缩小，形成两个同心圆，效果如图 7-58 所示。

（2）单击“填充工具”，弹出扩展工具组，选择其中的“填充框”，打开“均匀填充”对话框。在“模型”中选择“RGB”选项，将 R、G、B 的参数设置为 204、204、255，单击【确定】按钮完成填充。

（3）选择“挑选工具”，在页面右边外侧按住鼠标左键并拖动，圈选两个圆形，在属性栏中单击“后减前”按钮，剪出一个圆环。

（4）选择工具箱中的“交互式变形工具”，在属性栏中单击“拉链变形”按钮，在“拉链失真振幅”文本框中输入 45，在“拉链失真频率”文本框中输入 3，单击“平滑变形”按钮，使变形产生平滑效果。标志将产生图 7-59 所示的效果。

图 7-58　绘制适当的圆形

图 7-59　变形圆环形

7.10.4 设置交互立体效果

（1）选择工具箱中的“交互式立体化工具”，在属性栏中可以对各种参数进行设置，通过交互式立体化属性的设置，可以使图形产生更丰富的效果。属性栏中的参数如图 7-12 所示。

（2）在图形上单击并任意拖动产生立体效果，在属性栏的“立体化类型”选项中选择“小后端”模式，在“深度”文本框中输入 6。单击【颜色】按钮，在弹出的面板中单击“使用递减的颜色”按钮，在“从”选项中设置颜色为淡蓝色（R=102，G=122，B=179），在“到”选项中设置颜色为黄色（R=245，G=184，B=39）。标志将产生图 7-59 所示的效果。

7.10.5 添加阴影

（1）选择工具箱中的“挑选工具”，单击左侧的图纹，使其处于选择状态。在工具箱中选择“交互式阴影工具”。

（2）在属性栏中，选择“预设列表”中的“Flat Bottom Right”（右下方的平面阴影）选项●，产生图 7-61 所示的阴影效果。

图 7-60　立体化标志

图 7-61　添加阴影后的图纹效果

7.10.6　添加文字

选择工具箱中的“文本工具”字，在页面的右侧输入文本“Banquet”，将文本的颜色设置为橙色，在属性栏中设置字体大小为 30。执行【文本】→【字符格式化】命令，打开“格式化文本”泊坞窗，设置“字距调整范围”的参数为 100。文本产生图 7-62 所示的效果。

（1）选择工具箱中的“文本工具”字，在页面中单击，输入文本“敬请赴宴”，设置文字的填充颜色为黑色。选择工具箱中的“挑选工具”，单击输入的文本，在属性栏中选择字体（字体要典雅一些），将“字体大小”调整为 20，设置“字距调整范围”的参数为 150，单击属性栏中的“垂直排列文本”按钮。完成后的效果如图 7-63 所示。

图 7-62　文本的效果

图 7-63　竖排文本

（2）用同样的方法在“宴”字的上方和下方分别输入“新春”和“会”字，组成“新春宴会”，效果如图 7-64 所示。

7.10.7　对文本进行封套处理

（1）选择工具箱中的“交互式封套工具”，文本的四周出现一个矩形封套虚线控制框。在属性栏中出现封套的参数和选项。

（2）向中心处拖动中间的控制点，产生图 7-65 所示的效果。

（3）选择工具箱中的“挑选工具”，将封套的文本移动到标志上，如图 7-66 所示。

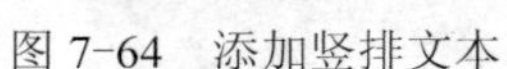

图 7-64　添加竖排文本

图 7-65　封套文本

图 7-66　完成邀请卡的制作

至此，邀请卡的制作就全部完成了，最后将文件保存。

经验与技巧分享

本章应用了交互式工具组中的所有工具进行讲解。读者学习完本章后，应通过实例多练习，掌握这些工具的强大功能和应用方法。

经验与技巧分享如下。

（1）在应用交互式工具制作造型时，大多需要手动进行调节，这就要求调整前对需要达到的效果有一定的认识。最好在制作前复制出要制作的图形并进行调节，这种方法对顺利完成工作十分重要。

（2）“交互式阴影工具”和“封套工具”是经常要用到的工具，需要多次实验才能达到所需的效果。

（3）要利用好这些交互式工具，需要读者反复地练习，对每个工具所能达到的效果有一个真正的认识。

（4）在实际工作中会经常用到交互式立体效果。这一效果的属性也十分复杂，想应用好这一效果最好多了解一些光学和色彩学的知识。

08 位图的编辑与实战

虽然 CorelDRAW X4 主要用于处理矢量图形，但是位图图像的处理功能也十分强大。它提供了许多针对位图图像特殊视觉效果方面的处理命令和功能。了解和掌握这些命令和功能的使用方法，有利于用户处理位图图像。

学习提要

- 编辑位图
- 应用位图特殊效果
- 使用图框精确剪裁对象
- 综合实战——招贴设计

8.1 编辑位图

在 CorelDRAW X4 中，用户除了可以从外部获得位图图像，还可以通过 CorelDRAW X4 中的相关命令把矢量图转换为位图。这样就可以应用各种位图图像的特殊处理效果，创建出风格统一的画面效果。

8.1.1 矢量图转换为位图

选择页面中需要变为位图的图形对象，再执行【位图】→【转换为位图】命令，打开图 8-1 所示的“转换为位图”对话框。在该对话框中，相关参数选项介绍如下。

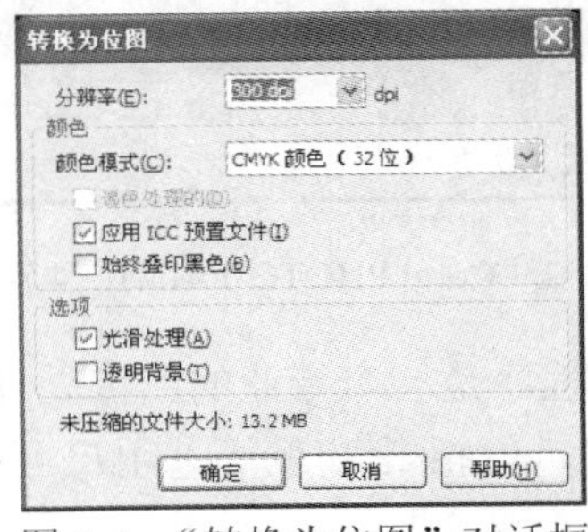

图 8-1 “转换为位图”对话框

"转换为位图"对话框中的各种参数及选项介绍如下。

- 分辨率：在该选项列表中，用户可以设置转换位图图像需要的图像分辨率。
- 颜色模式：在该选项列表中，用户可以设置转换位图图像所要应用的图像颜色模式。
- 递色处理的：选择此复选框，用于设定是否使用颜色递色的方法产生渐变色。
- 应用 ICC 预置文件：选择此复选框，可以应用当前 ICC 预置文件转换矢量图为位图。
- 光滑处理：选择此复选框，可以消除图形上的显示锯齿现象，使伽玛线和图形边缘平滑。
- 透明背景：选择此复选框，使转换保存的位图图像使用透明背景。

完成设置后，单击【确定】按钮即可。

通常，用户将矢量图转换为位图的目的是使色彩与色调进行调整，使其更加逼真地反映画面原貌。在 CorelDRAW X4 中，执行【效果】→【调整】命令，可以精确地调整位图图像的色彩与色调。该命令菜单中的命令可以大致分为 3 类，用于调整图像色彩的命令、用于调整图像色调的命令、用于调整图像色彩与色调的命令。下面就介绍【调整】菜单中常用的命令。

8.1.2 编辑位图

如果需要对位图进行精确的处理，可以使用 CorelDRAW X4 提供的 Corel PHOTO-PAINT 应用程序。在 CorelDRAW X4 中导入位图后，使用"挑选工具"选择位图对象，然后单击属性栏中的【编辑位图】按钮，弹出 Corel PHOTO-PAINT 应用程序，如图 8-2 所示。

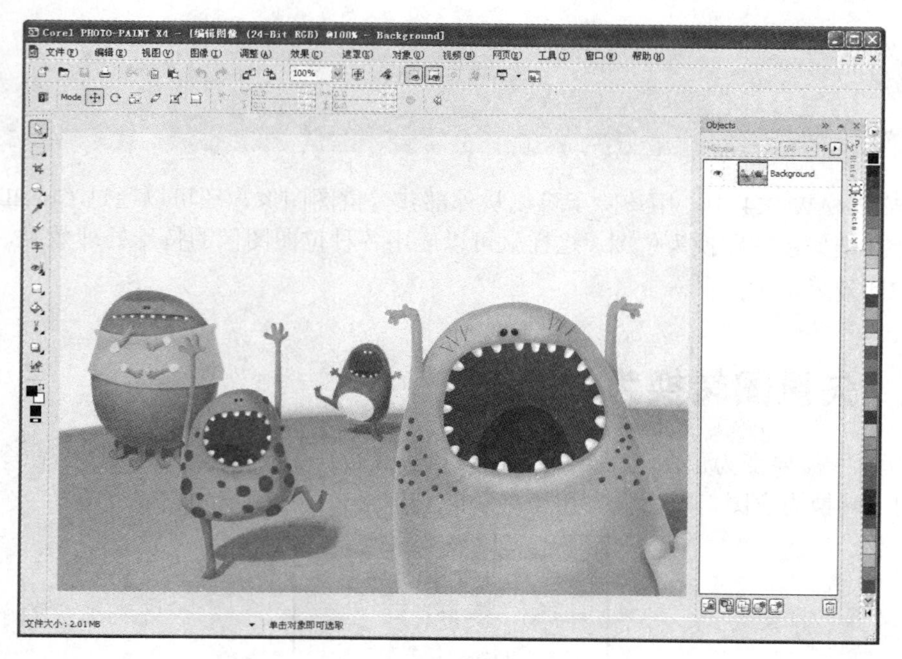

图 8-2 Corel PHOTO-PAINT X4 窗口

Corel PHOTO-PAINT X4 应用程序是一个专业的图像处理程序，使用它可以对图像进行多方面的处理，例如位图的颜色模式、色相/饱和度等。用户可参考相关书籍查看它的使用方法。

8.1.3 裁切位图

为了使导入的位图更好地适用于不同的绘图工作，有时需要对位图进行裁剪。在 CorelDRAW X4 中裁剪位图的步骤如下。

（1）执行【文件】→【导入】命令，打开导入对话框。

（2）在查找范围列表中选择位图文件的位置。在文件类型列表中选择要导入的位图格式。

（3）在文件类型右侧的列表中选择裁剪选项，单击【导入】按钮，弹出图 8-3 所示的“裁剪图像”对话框。

（4）在该对话框中拖动裁剪框上的控制手柄以调整裁剪框的大小，然后移动裁剪框到适当的位置。

（5）如果要更精确地裁剪，在“选择要裁剪的区域”选项组的数值框中输入数值。

（6）单击【确定】按钮，即可将裁剪后的位图导入到绘图页面中。

图 8-3 “裁剪图像”对话框

8.1.4 重新取样

对位图重新取样时，可以通过添加或移除像素更改图像的大小、分辨率，或同时更改两者。例如，如果未重新取样就放大图像，可能会丢失细节，这是因为图像的像素分布在更大的区域中。通过重新取样，可以增加像素以保留原始图像的更多细节。调整图像大小可以使像素的数量无论在较大区域还是较小区域中均保持不变。

（1）执行【文件】→【导入】命令，打开“导入”对话框。

（2）在“查找范围”列表中选择位图文件的位置。在“文件类型”列表中选择要导入的位图格式。

（3）在“文件类型”右侧的列表中选择“重新取样”选项，单击【导入】按钮，打开“重新取样图像”对话框，如图 8-4 所示。

（4）在对话框中的“高度”和“宽度”数值框中输入所需位图的高和宽。

（5）在“单位”列表框中可以选择一种位图的单位，同时也可以在“分辨率”选项组的数值框中重新设置其分辨率。

（6）设置完成后单击【确定】按钮即可。

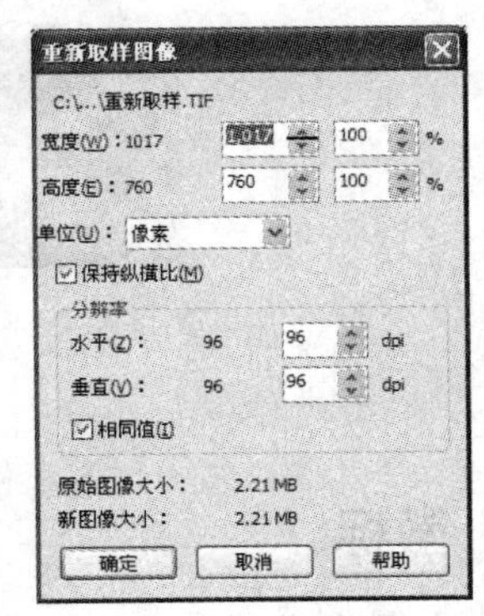

图 8-4 “重新取样图像”对话框

8.1.5 描摹位图

CorelDRAW X4 能够跟踪位图，从而将位图转换为完全可编辑且可缩放的矢量图形。可以将位图转换为草图、艺术品、数码相片和徽标形式的矢量图形，让它们轻松地融入到设计中。

1. 快速描摹

执行【位图】→【快速描摹】命令后，系统会快速地把当前位图转换为矢量图，可以对转换的图形进行路径和节点的编辑。转换前后的对比效果如图 8-5 所示。

图 8-5　快速描摹转换前后的对比效果

2. 线条描摹

以线条图的形式来转换图形。执行【位图】→【线条描摹】→【线条图】命令，打开“Power TRACE”对话框，系统会自动进行运算，在“跟踪类型”列表中选择“轮廓”项；在右侧的选项卡中“细节”参数决定线条的精细程度；“平滑”参数决定转换后的矢量边缘的光滑程度。设置完成后，单击【确定】按钮即可完成转换。转换前后的对比效果如图 8-6 所示。

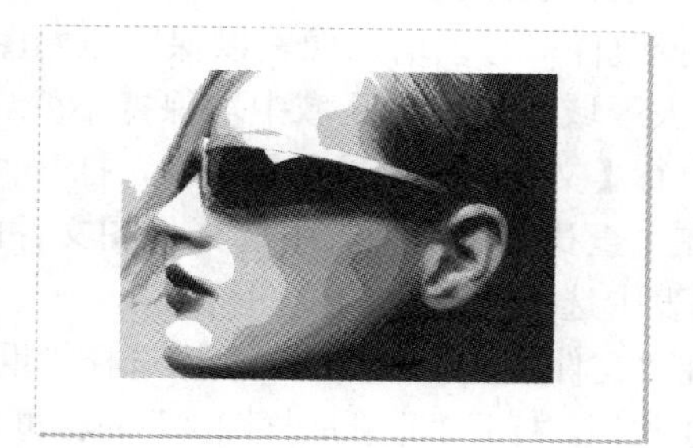

图 8-6　线条描摹转换前后的对比效果

3. 徽标

在图像类型列表中选择徽标项，系统将以徽标的形式来转换图形。属性和线框图的设置属性一样，转换前后的对比效果如图 8-7 所示。此效果适合转换使用两种颜色创建的徽标，效果十分精确。

4. 详细徽标

此转换方式比较适合转换使用多个颜色绘制的徽标，转换效果描绘得更详细。转换前后的对比效果如图 8-8 所示。

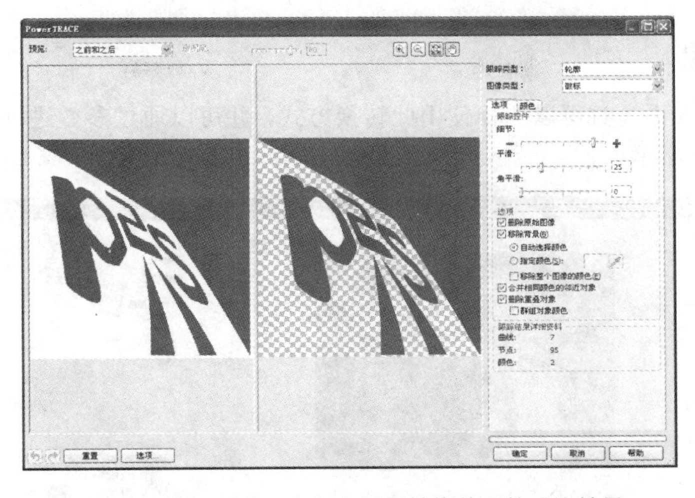

图 8-7　在“预览”窗口中展示转换前后的对比效果

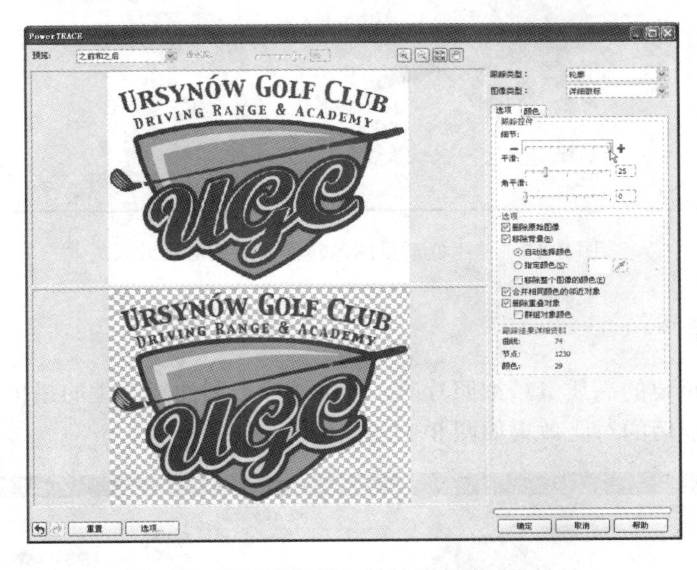

图 8-8　使用详细徽标转换前后的对比效果

5．剪贴画

以剪贴画的形式转换图形。可以将多颜色的位置设置为由两种颜色组成，并且是明暗对比强烈的矢量图形。转换前后的对比效果如图 8-9 所示。

图 8-9　使用剪贴画转换前后的对比效果

6．低质量图像

对转换效果要求不高时可以选择使用此转换方式，并可以通过参数进行设置。转换前后的对比效果如图 8-10 所示。

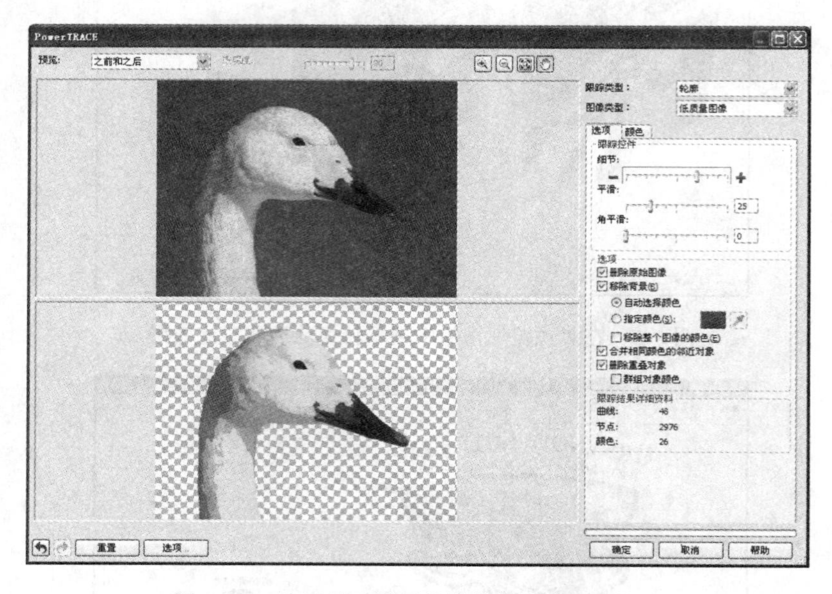

图 8-10　使用低质量图像转换前后的对比效果

7．高质量图像

跟踪细节相当重要的高质量精细照片时，产生的节点和曲线产生的量也相对较多，调整起来相对麻烦。转换前后的对比效果如图 8-11 所示。

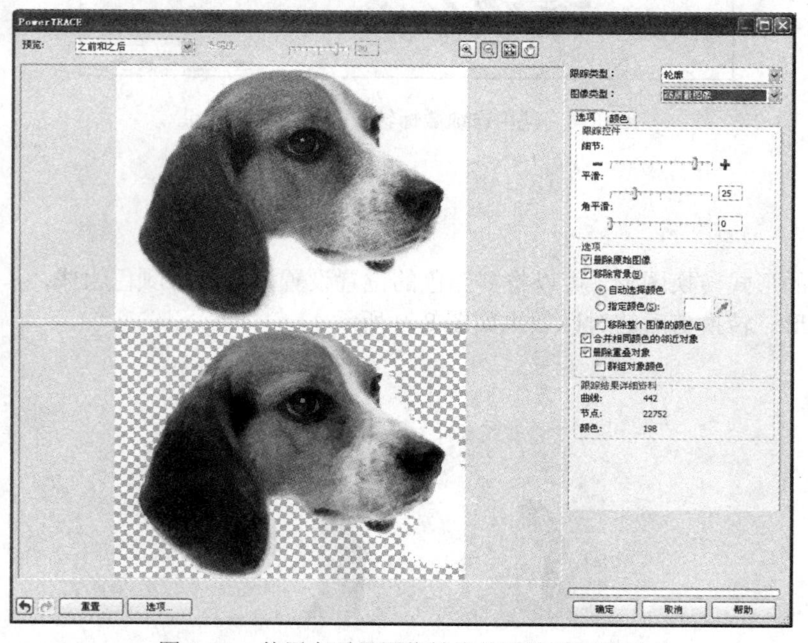

图 8-11　使用高质量图像转换前后的对比效果

8.1.6 改变位图颜色模式

在 CorelDRAW X4 中，可以在各种色彩模式之间转换位图图像。位图中的图像可以转换为黑白、灰度、双色、RGB、Lab 和 CMYK 等不同的颜色模式，根据不同的需要可以采用不同的转换方式。在需要转换模式时执行位图【位图】→【模式】命令中的子命令即可。

8.1.7 扩充位图边框

扩充位图边框的目的是使特殊效果覆盖整个图像，并在边框的边缘添加一定宽度的边框。扩充位图边框的方法如下。

（1）选择位图，在位图边缘出现控制点，说明图像目前还没有边框，如图 8-12 所示。

提示：为了使效果更明显，这里为图像制作了一个有颜色的背景。

（2）执行【位图】→【扩充位图边框】→【手动位图边框扩充】命令。打开“位图边框扩充”对话框，在“扩大方式”参数框中输入 105%，如图 8-13 所示。

图 8-12　选择位图

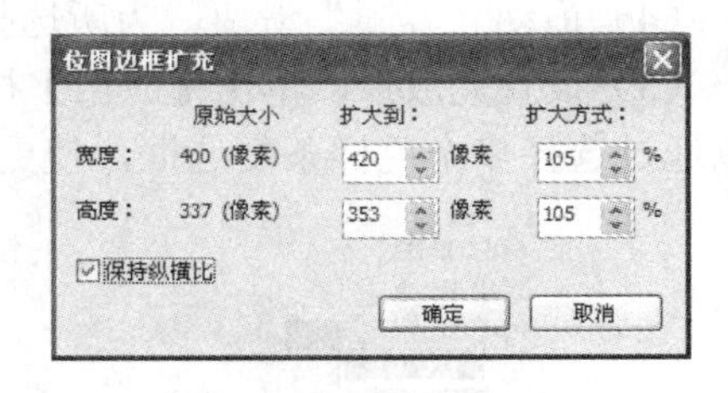

图 8-13　设置扩大参数

- 在“宽度”和“高度”框中输入表示要扩充的像素数量的数字，或者在“百分比”框中输入要扩充位图边框的百分比值。使用原始位图的大小作为参考。
- 启用“保持纵横比”复选框，按比例扩充位图的边框。

单击【确定】按钮完成边框扩充，效果如图 8-14 所示。

图 8-14　扩充边框效果

8.1.8 位图颜色遮罩

用户使用颜色遮罩功能，可以显示或隐藏图像中指定的颜色，改变整个位图图像的显示效果。用户也可以保存、打开或删除创建的颜色遮罩。

1. 隐藏和显示颜色

想要隐藏或显示图像中指定的颜色，可以通过“位图颜色遮罩”泊坞窗进行设置。下面通过简单的实例介绍使用“位图颜色遮罩”泊坞窗隐藏图像中指定颜色的操作方法。

（1）创建新的图形文件。导入一张位图到页面中，如图 8-15 所示。

（2）执行【位图】→【位图颜色遮罩】命令，打开“位图颜色遮罩”泊坞窗，如图 8-16 所示。

图 8-15　导入位图

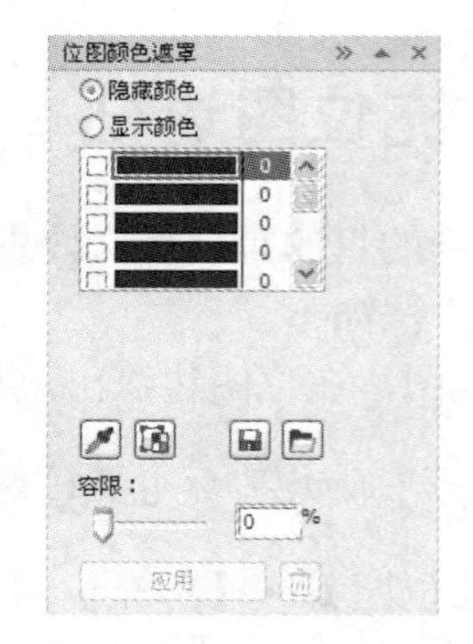

图 8-16　打开“位图颜色遮罩”泊坞窗

（3）在该泊坞窗中，选择“隐藏颜色”单选按钮。在色样框中选择第 1 个色样条的复选框，再单击“颜色选择”按钮，然后在位图中吸取位图中的黄色，色样条变为黄色。

（4）拖动“容限”滑块，为所选择的颜色设置颜色容限为 70%，如图 8-17 所示。

（5）设置完成后，单击【应用】按钮确定，即可隐藏位图中的黄色，如图 8-18 所示。还可以通过选择多个色样条复选框，使更多的颜色隐藏起来。

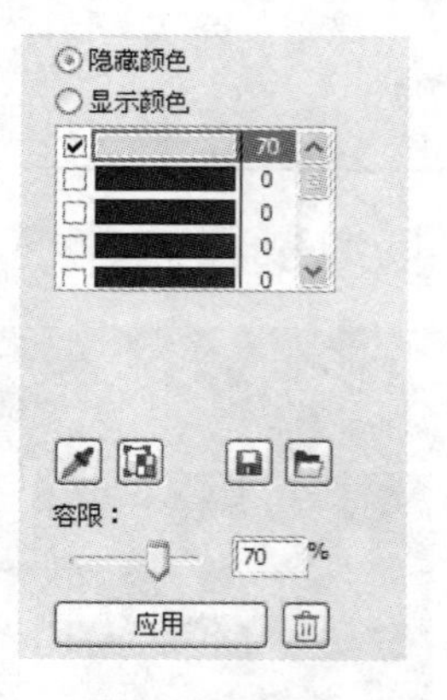

图 8-17　选择黄色

图 8-18　隐藏黄色效果

如果需要在图像中只显示指定的颜色，那么需要在“位图颜色遮罩”泊坞窗中选择“显示颜色”单选按钮，然后设置要显示的颜色及容限。设置完成后，单击【应用】按钮即可应用设置的参数选项至选择的图像。

2. 保存、打开删除颜色遮罩

用户可以在“位图颜色遮罩”泊坞窗中保存、打开和删除位图图像颜色遮罩。在该泊坞窗中，可以选择设置 10 种颜色作为颜色遮罩。

要保存设置的图像颜色遮罩，可以在“位图颜色遮罩”泊坞窗中设置图像的颜色遮罩后，单击“保存遮罩”按钮，打开“另存为”对话框。在该对话框中，设置保存当前颜色遮罩的磁盘位置，输入文件名后，单击【保存】按钮即可。

用户也可以在“位图颜色遮罩”泊坞窗中打开一个已保存的位图颜色遮罩文件，只需单击“位图颜色遮罩”泊坞窗的“打开遮罩”按钮，在打开的对话框中选择需要的颜色遮罩文件，再单击【确定】按钮即可。

如果需要删除位图颜色遮罩，用户只需单击在“位图颜色遮罩”泊坞窗中的“移除遮罩”按钮即可。

8.1.9 位图链接

使用【位图链接】命令链接到 CorelDRAW X4 中的位图与直接导入的位图虽然都是通过“导入”对话框中的相关命令来进行的，但是却具有不同的属性。

导入到 CorelDRAW X4 中的位图已经彻底变成了 CorelDRAW X4 的一个有机组成部分。无论要编辑它，还是要修改它，都可直接在 CorelDRAW X4 中进行。而链接的位图则不同，无论何时对它进行编辑，都必须在该位图的原创程序中进行。

位图链接的具体操作方法如下。

（1）执行【文件】→【导入】命令，打开“导入”对话框。

（2）在该对话框中选择要导入的文件，选择“预览”复选框，在“预览”窗口中显示所选位图的缩略图。

（3）选择对话框右侧的“外部链接位图”复选框，如图 8-19 所示。

图 8-19 选择“外部链接位图”复选框

（4）单击【导入】按钮，即可将位图以外部链接的方式导入到 CorelDRAW X4 中。

8.2 应用位图特殊效果

在 CorelDRAW X4 中通过使用内置滤镜对位图图像进行特殊效果处理，用户可以很方便地使用【三维效果】、【艺术笔触】、【模糊】、【相机】、【轮廓图】等多种滤镜组中的滤镜命令处理图像。由于 CorelDRAW X4 采用了开放式的设计，用户还可以添加更多的外挂式滤镜处理图像。下面将介绍各组滤镜中有特色且常用的命令。

8.2.1 三维效果

在“三维效果”滤镜组中有【三维旋转】、【柱面】、【浮雕】、【卷页】、【透视】、【挤远/挤近】和【球面】7 种滤镜命令。

在 CorelDRAW X4 中，对图像应用卷页滤镜效果，会创建出类似于纸张翻卷的效果，该效果常用于对照片进行修饰。需要对图像应用卷页效果，可以选择图像，然后执行【位图】→【三维效果】→【卷页】命令，打开图 8-20 所示的“卷页”对话框。

在该对话框中，各主要参数选项如下。

- “卷页类型”按钮：“卷页”对话框提供了 4 种卷页类型，分别为“左上角”按钮、“右上角”按钮、“左下角”按钮和“右下角”按钮。打开“卷页”对话框时，系统默认的是选择“右上角”卷页类型。
- “定向”选项区域：该选项区域用于控制卷页的方向，可以设置卷页方向为水平或垂直方向。当选择“垂直的”单选按钮时，将会沿垂直方向创建卷页效果；当选择“水平的”单选按钮时，将会沿水平方向创建卷页效果。
- “纸张”选项区域：该选项区域用于控制卷页纸张的透明效果，可以设置为“不透明”或“透明”的。
- “颜色”选项区域：用于控制卷页及其背景的颜色。“卷曲”选项右边的色样框，显示当前所选择的卷页颜色。单击色样按钮右边的下三角按钮，将打开“颜色”选择器，从中可以选择所需的颜色；也可以从当前图像中选择一种颜色作为卷页的颜色，可以单击色样框右边的“吸管工具”按钮，然后在图像中所想要的颜色上单击。
- “宽度”和“高度”选项：用于设置卷页的宽度和高度。

设置完成后，单击【预览】按钮，然后选择“预览显示窗口”按钮，打开“预览显示”窗口预览设置效果。如果对设置满意，那么单击【确定】按钮即可。图 8-21 所示为应用卷页效果的位图图像。

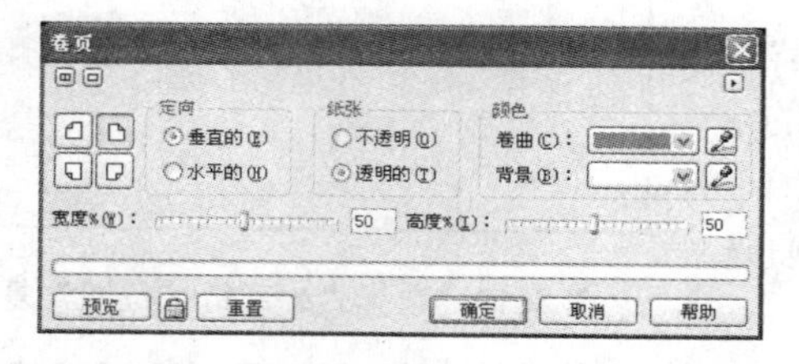

图 8-20 “卷页”对话框

图 8-21 卷页效果

8.2.2 艺术笔触

在“艺术笔触”滤镜组中，用户可以模拟各种笔触，设置图像为蜡笔画、木炭画、刀刻画等画面效果。

1. “碳笔画”滤镜

使用“碳笔画”滤镜可以制作图像如木炭绘制的画面效果。用户在工作区中选择图像后，执行【位图】→【艺术笔触】→【炭笔画】命令，可以打开“炭笔画”对话框，如图 8-22 所示。

在“炭笔画”对话框中，各主要参数选项如下。

◆ “大小”选项：用于控制炭粒的大小，取值范围为 1 ~ 10。当取较大的值时，添加到图像上的炭粒较大；取较小的值时，炭粒较小。用户可以拖动该选项标尺的滑块来调整炭粒的大小，也可以直接在右边的文本框中输入需要的数值。

◆ “边缘”选项：用于控制勾边的层次，取值范围为 0 ~ 10。

图 8-23 所示为使用炭笔画滤镜前后的效果对比。

图 8-22 “炭笔画”对话框

图 8-23 碳笔画效果

2. “水彩画”滤镜

使用“水彩画”滤镜可以使图像产生水彩画效果。用户在工作区中选择图像后，再执行【位图】→【艺术笔触】→【水彩画】命令，打开图 8-24 所示的“水彩画”对话框。然后在该对话框中，精确设置相关参数选项。完成设置后，单击【确定】按钮，即可应用“水彩画”滤镜效果至图像。图 8-25 所示为使用“水彩画”滤镜后的图像效果。

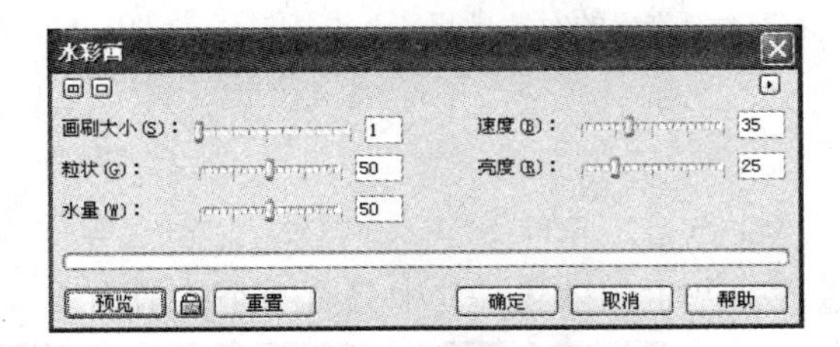

图 8-24 “水彩画”对话框

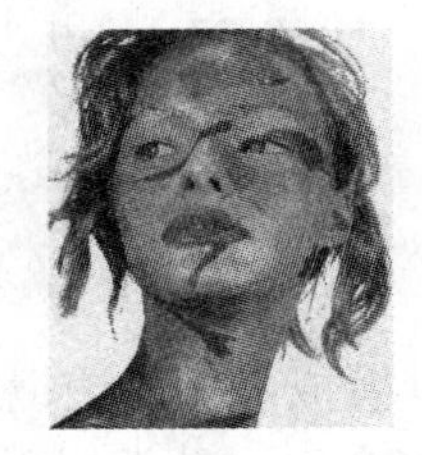

图 8-25 应用“水彩画”滤镜后的图像效果

在“水彩画”对话框中，各主要参数选项如下。

◆ “画刷大小”选项：用于设置画面中笔触效果。其取值范围为 1 ~ 10。数值越小，笔触越细腻，越能表现图像中更多的细节。

◆ “粒状”选项：用于设置笔触的间隔。其取值范围为 1 ~ 100。数值越大，笔触颗粒间隔越大，画面越粗糙。

◆ “水量”选项：用于设置画刷中的含水量。其取值范围为 1 ~ 100。数值越大，含水量越高，画面越柔和。

◆ “速度”选项：用于设置画刷的速率。其取值范围为 1 ~ 100。数值越大，速率越大，笔画间的融合程度也就越高，画面的层次也就越不明显。

◆ “亮度”选项：用于设置图像中的光照强度。其取值范围为 1 ~ 100。数值越大，光照越强。

8.2.3 模糊

使用模糊效果，可以使图像画面柔化、边缘平滑、颜色调和。在“模糊”滤镜组中，效果比较明显的是高斯式模糊、动态模糊和平滑模糊。

使用“高斯式模糊”滤镜可以使图像按照高斯分布曲线产生一种朦胧的效果。这种滤镜按照高斯钟形曲线来调节像素的色值，这样可以改变边缘比较锐利的图像的品质，提高边缘参差不齐的位图的图像质量。想要应用高斯式模糊滤镜效果，首先应选择图像，再执行【位图】→【模糊】→【高斯式模糊】命令，打开图 8-26 所示的“高斯式模糊”对话框。

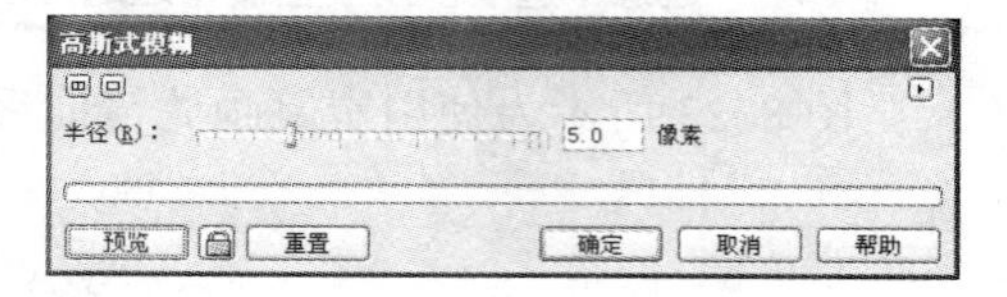

图 8-26 “高斯式模糊”对话框

在该对话框中，“半径”选项用于调节和控制模糊的范围和强度。用户可以直接拖动滑块或在文本框中输入数值设置模糊范围。该选项的取值范围为 0.1～250.0。数值越大，模糊效果越明显。设置完成后，单击【确定】按钮，即可应用高斯式模糊效果，如图 8-27 所示。

图 8-27 使用“高斯式模糊”滤镜前后的对比效果

8.2.4 相机

“相机”滤镜可以模拟由扩散透镜的扩散过滤器产生的效果，其中只有一个扩散命令。它是通过扩散图像像素来产生一种类似于相机扩散镜头焦距的柔化效果。

执行【位图】→【相机】→【扩散】命令，打开“扩散”对话框，如图 8-28 所示。

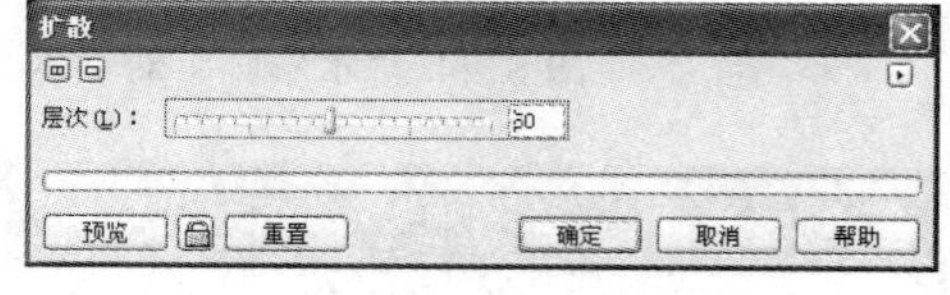

图 8-28 “扩散”对话框

“层次”的参数决定焦距的扩散程度，数值越高，扩散效果越明显。图 8-29 所示为使用“相机”滤镜前后的对比效果。

图 8-29 使用“相机”滤镜前后的对比效果

8.2.5 颜色变换

“颜色变换”滤镜组主要用于转换位图中的颜色。该组滤镜包括【位平面】、【半色调】、【梦幻色调】和【曝光】4 种滤镜命令。

1. “位平面”滤镜

使用“位平面”滤镜可以转换图像中的颜色为 RGB 颜色模式，并用纯色来表示位图中颜色的变化。“位平面”滤镜效果在分析图像中的颜色梯度时非常有用。要对位图应用位平面效果，应执行【位图】→【颜色变换】→【位平面】命令，打开图 8-30 所示的“位平面”对话框，如图 8-30 所示。

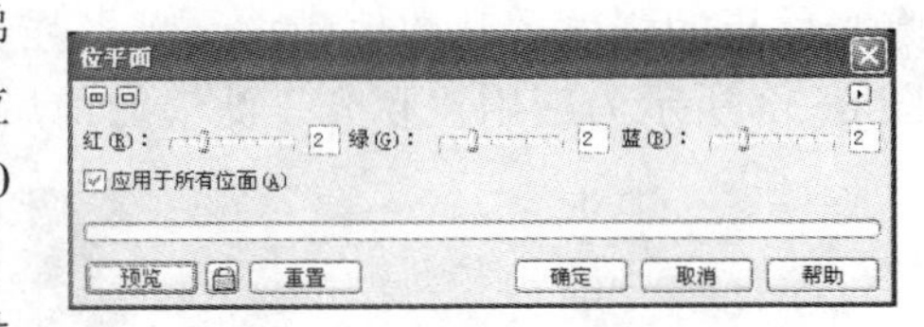

图 8-30 “位平面”对话框

在该对话框中，设置转换后的各种颜色位面。设置完成后，单击【确定】按钮，即可应用“位平面”滤镜效果至图像。

在“位平面”对话框中，各主要参数选项如下。

- “红”选项：设置红色位面的色调值。可以直接拖动标尺上的滑块，或在标尺右边的文本框中输入数值来设置，该选项的取值范围是 0～7。数值越大，图像中显示的颜色越粗糙，数值越小，图像越小，越能显示出色调的变化和颜色梯度。
- “绿”选项：设置绿色位面的色调值。可以直接拖动标尺上的滑块，或在标尺右边的文本框中输入数值来设置，该选项的取值范围是 0～7。数值越大，图像中显示的颜色越粗糙，数值越小，图像越小，越能显示出色调的变化和颜色梯度。
- “蓝”选项：设置蓝色位面的色调值。可以直接拖动标尺上的滑块，或在标尺右边的文本框中输入数值设置，该选项的取值范围是 0～7。数值越大，图像中显示的颜色越粗糙，数值越小，图像越小，越能显示出色调的变化和颜色梯度。
- “应用于所有位面”复选框：启用该复选框，上述 3 个值的设置将是相同的。如果禁用该复选框，可以为上述 3 个选项设置不同的值。

应用“位平面”滤镜位图的前后对比效果如图 8-31 所示。

图 8-31 应用“位平面”滤镜位图的前后对比效果

2. “曝光”滤镜

使用“曝光”滤镜可以转换位图的颜色为照片底色的颜色，并且可以控制曝光的强度以产生不同的曝光效果。

要应用“曝光”滤镜效果，应先在工作区中选择图像，再执行【位图】→【颜色变换】→【曝光】命令，打开图 8-32 所示的“曝光”对话框。

图 8-32 “曝光”对话框

在该对话框中，可以拖动“层次”滑块设置图像曝光效果的强度。其数值越大，曝光强度也将越大。图 8-33 所示为应用“曝光”滤镜的前后图像对比效果。

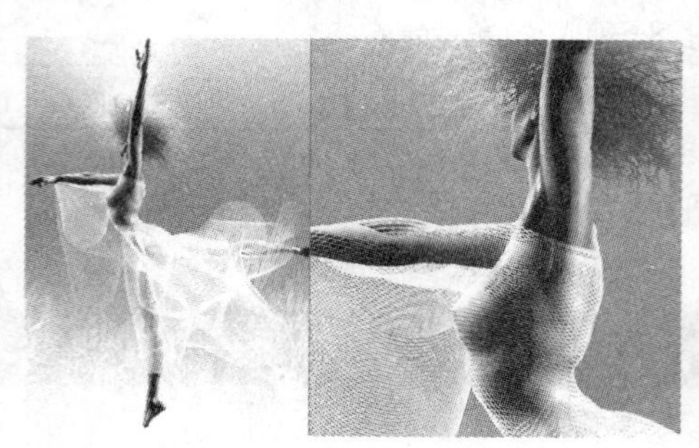

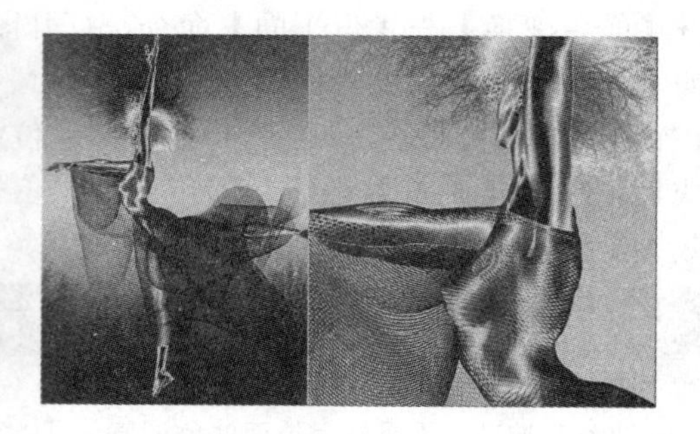

图 8-33 应用“曝光”滤镜的前后图像对比效果

8.2.6 轮廓图

“轮廓图”滤镜可以用来突出和增强图像边缘部分。在滤镜组中提供了 3 种不同的滤镜效果，根据位图图像中对象之间的对比效果找到对象的轮廓，从而得到特殊的线条效果。该滤镜组包含了“边缘检测”、“查找边缘”和“跟踪轮廓”效果，其中“查找边缘”滤镜比较常用。

执行【位图】→【轮廓图】→【查找边缘】命令，打开“查找边缘”对话框，如图 8-34 所示。

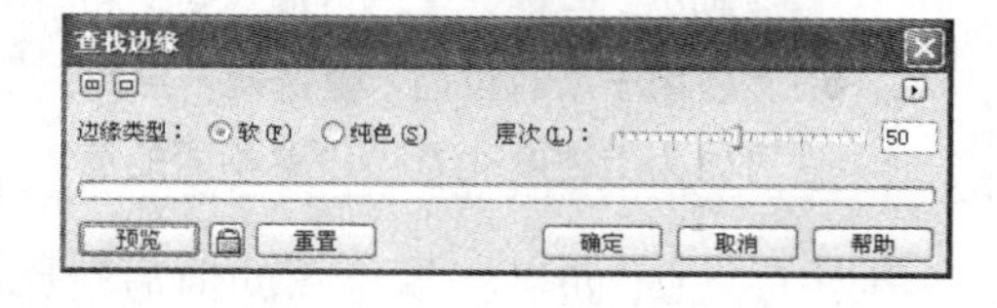

图 8-34 “查找边缘”对话框

在“边缘类型”选项组中可以选择轮廓的类型为软或纯色，拖动层次滑块可以改变轮廓的范围值。位图应用“查找边缘”滤镜前后的对比效果如图 8-35 所示。

图 8-35 应用“查找边缘”滤镜前后的对比效果

8.2.7 创造性

“创造性”滤镜可以对图像应用不同的底纹形状。“创造性”效果是 CorelDRAW X4 中变化最显著的特殊效果。它提供了 14 种独特效果，可以模仿工艺品、纺织物的表面效果，可以生成马赛克、碎块效果，以及生成透过不同玻璃看到的效果，还可以模拟雪、雾等气象效果。“创造性”效果包括“工艺”、“晶体化”、“织物”、“框架”、“玻璃块”、“儿童游戏”、“马赛克”、“质点”、“散开”、“茶色玻璃”、“彩色玻璃”、“虚光”、“旋涡”和“开气”效果。

其中“织物”滤镜比较常用。执行【位图】→【创造性】→【织物】命令，打开“织物”对话框，如图 8-36 所示。

该对话框中的各主要参数介绍如下。

- “样式”：在列表框中选择一种织物的样式，例如刺绣、地毯勾织、拼布、珠帘、丝带和拼纸。
- “大小”：可以设置用于织物的纤维的大小。
- “完成”：可以设置对象被纤维覆盖的百分比。
- “旋转”：决定织物纹理的角度。

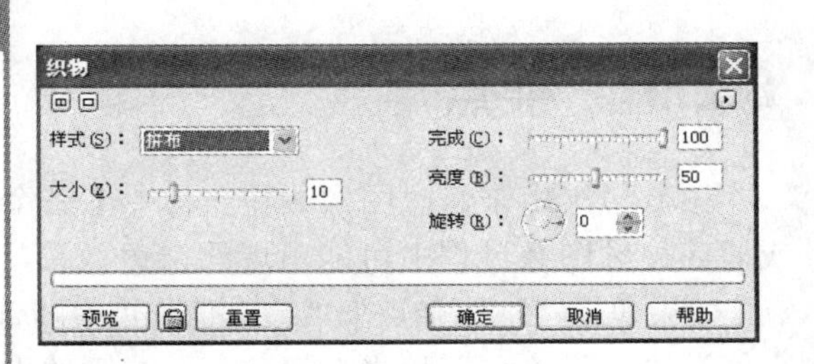

图 8-36 “织物”对话框

应用“织物”滤镜前后的位图对比效果如图 8-37 所示。

图 8-37 应用“织物”滤镜前后的位图对比效果

8.2.8 扭曲

使用“扭曲”滤镜组中的各种滤镜，可以让图像产生扭曲的效果。下面以“风”滤镜为例进行介绍。

选择需要设置“风”滤镜的位图，执行【位图】→【扭曲】→【风】命令，打开“风”对话框，如图 8-38 所示。

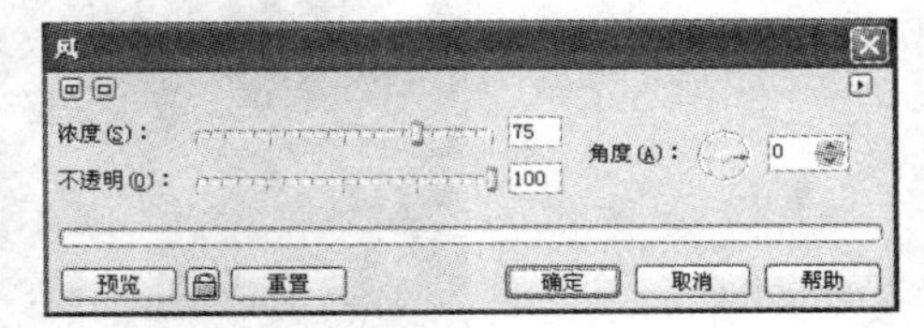

图 8-38 “风”对话框

在该对话框中设置“浓度”选项数值来确定风吹的强度效果，设置“不透明”选项数值来确定不透明效果，设置“角度”选项数值来确定风吹的方向。设置完成后单击【确定】按钮，应用“风”滤镜的前后对比效果如图 8-39 所示。

图 8-39　应用“风”滤镜的前后对比效果

8.2.9　杂点

该滤镜组用来修改图像颗粒。其中【去除杂点】命令可以使位图变得柔和，并降低在扫描或捕获视频图像过程中可能出现的杂色效果，而【添加杂点】命令用于过于清晰的区域。“杂点”效果包括“添加杂点”、“最大值”、“中间值”、“最小值”、“去除龟纹”和“去除杂点”滤镜效果。

在该滤镜组中添加“杂点”滤镜效果比较常用，下面将对此滤镜进行介绍。

选择需要添加杂点的位图，执行【位图】→【杂点】→【添加杂点】命令，打开“添加杂点”对话框，如图 8-40 所示。

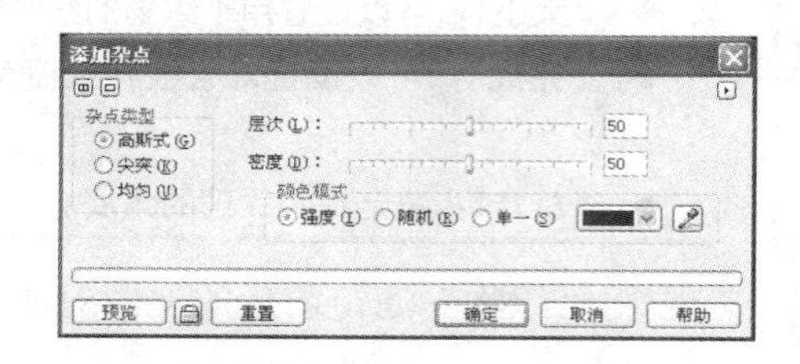

图 8-40　“添加杂点”对话框

对话框中各种参数选项介绍如下。

- “杂点类型”：该选项组可以选择要添加杂点的类型，有高斯式、尖突和均匀 3 种类型。
- “层次”：调整参数可以调节杂点在图像中的影响效果。
- “密度”：调整参数可以调节杂点的密度。
- “颜色模式”：该选项组可以选择杂点的颜色模式。

应用【添加杂点】命令前后的对比效果，如图 8-41 所示。

图 8-41　应用【添加杂点】命令前后的对比效果

8.2.10 鲜明化

该滤镜组可以用来产生鲜明化效果，以突出和强化边缘。通过查找边缘并增加与相邻或背景像素之间的对比度，来使图像更清晰，并自动调节位图的边缘颜色。“鲜明化”滤镜组主要包括“适应非鲜明化”、“定向柔化”、“高频通行”、“鲜明化”和“非鲜明遮罩”滤镜效果。

在滤镜组中，“高频通行”滤镜的效果比较突出，【高频通行】命令可以删除低频区域，并在图像中留下阴影。下面将对此滤镜进行介绍。

选择需添加“高频通行”滤镜的位图，执行【位图】→【鲜明化】→【高频通行】命令，打开“高频通行”对话框，如图 8-42 所示。

- ◆ **百分比**：调节此参数可以控制“高频通行”效果的程度。
- ◆ **半径**：可以调整位图中参与转换的像素的范围。

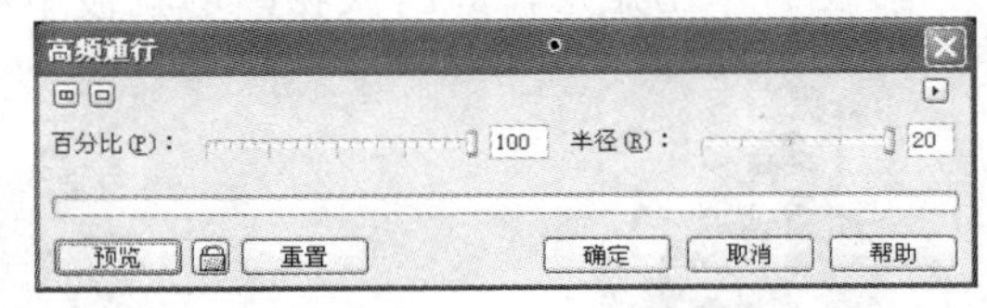

图 8-42 “高频通行”对话框

应用“高频通行”滤镜的前后对比效果如图 8-43 所示。

图 8-43 应用“高频通行”滤镜的前后对比效果

8.3 使用图框精确剪裁对象

有时需要精确调整图像的外形或者为图像添加一个特定形状的外框，以形成一定的艺术效果。在 CorelDRAW X4 中，使用“精确剪裁”功能，可以将一个特定的对象作为另一个对象的边框，将一个对象放到另一个作为外框的对象中。

前一个对象称为内容对象，后一个对象称为容器对象。任何对象都可以作为内容对象，但作为容器的对象必须是具有封闭路径的对象，例如矩形、椭圆形、封闭曲线和美术字文本等。图 8-44 所示为使用“精确剪裁”功能制作出的效果。

下面将对“精确剪裁”功能的使用方法进行讲述。

图 8-44 完成精确剪裁的效果

8.3.1 创建“图框精确剪裁”

（1）执行【文件】→【导入】命令，打开“精确剪裁.cdr”，在页面中出现图 8-45 所示的图形。

打开的文件与完成效果相比，下方图形在背景的方框之外，没有给观者一种特写的效果。

（2）为了实现这一效果，首先应使用“挑选工具”选择需要被精确剪裁的图形。执行【效果】→【图框精确剪裁】→【放置容器中】命令，此时鼠标指针变为大的方向箭头➡，将指针移动到背景矩形上，如图 8-46 所示。

（3）单击矩形，此时人物图形就被矩形精确剪裁了，如图 8-47 所示。

图 8-45 打开的图形文件

图 8-46 选择图形

图 8-47 精确剪裁效果

到这里并不能说是精确剪裁就制作完成了，还需要进一步进行调整。

8.3.2 编辑“图框精确剪裁”对象

执行完【图框精确剪裁】命令后会发现，矩形中的图形显示的位置并不是所要求的位图，这时就需要对精确剪裁的效果进行调整。

执行【效果】→【图框精确剪裁】→【编辑内容】命令，图形在矩形中完全展示出来。使用“挑选工具”将图形的头部移动到矩形中，效果如图 8-48 所示。

完成调整后，执行【效果】→【图框精确剪裁】→【结束编辑】命令，完成对剪裁后的编辑，效果如图 8-49 所示。

图 8-48 移动图形到矩形中的合适位置

图 8-49 完成对图形的编辑效果

当编辑图框中的内容时，可以为其添加各种各样不同的滤镜效果，也可以为其添加文字等特殊效果。

8.3.3 提取“图框精确剪裁”对象的内容

有时如果不需要对图形进行精确剪裁了，可通过执行【效果】→【图框精确剪裁】→【提取内容】命令，解除对图形的图框精确剪裁，效果如图 8-50 所示。

图 8-50 取消图框精确剪裁

至此，关于 CorelDRAW X4 处理位图的各种方法和图框精确剪裁的各种功能就讲述完了，下面将通过实例展示设置位图与绘制图形相结合创作作品的方法。

8.4 综合实战——招贴设计

实例要制作的是由位图与绘制的图形相结合的招贴作品，这样可以发挥出两种模式的不同特点，最大程度地提高作品的可观性，同时提高宣传的力度。完成效果如图 8-51 所示。

图 8-51 完成效果

在创建作品之前，要了解作品的大小、纸张材质等信息，这样有利于后面的设计。下面将根据要求设置页面。

8.4.1 设置背景

（1）运行 CorelDRAW X4，新建文档。在属性栏的“纸张类型/大小”列表中选择“自定义”选项，在“纸张宽度”和“高度”参数框中分别输入 420mm 和 254mm，单击“横向”按钮，完成页面设置。

（2）选择工具箱中的“矩形工具”，绘制与页面大小相同的矩形，使用“均匀填充”，设置“CMYK”的值为 0、100、100、45。

再绘制一个矩形，“宽度”和“高度”值分别为 420mm 和 246mm，单击调色板中的白色，完成对矩形的填充。

（3）设置对象对齐。选择工具箱中的“挑选工具”，圈选页面中的两个矩形。单击属性栏中的“对齐”按钮，打开“对齐与分布”对话框，选择“上”和“中”复选框，如图 8-52 所示。

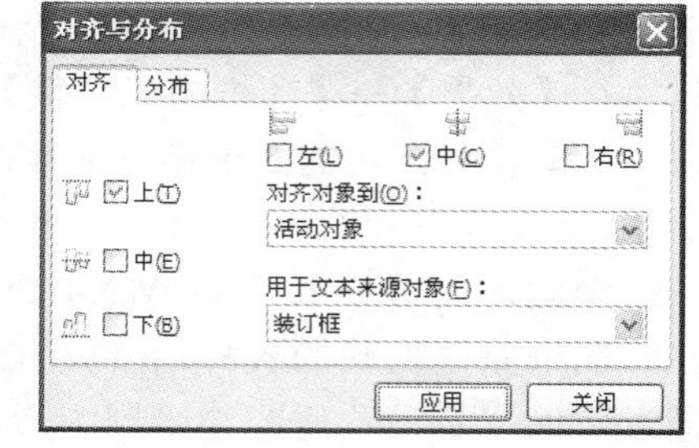

图 8-52 “对齐与分布”对话框

（4）单击【应用】按钮，完成矩形的对齐，单击【关闭】按钮，关闭此对话框。

（5）绘制矩形。“宽度”和“高度”的值分别为 420mm 和 220mm。确定绘制的矩形处于选择状态，按住【Shift】键，单击第 2 次绘制的白色矩形，使两个矩形同时处于选择状态，设置对齐方式为“下”和“中”，完成矩形的对齐设置。

（6）单击“填充工具”，在工具组中选择“渐变填充框”，弹出“渐变填充”对话框。在“类型”列表中选择“线性”选项，设置“角度”为 –90°，选择“自定义”单选按钮，单击渐变轴左上角的颜色控制点。单击【其他】按钮，打开“选择颜色”对话框，设置“CMYK”值为 0、100、100、16，单击【确定】按钮返回到“渐变填充”对话框。单击右侧的颜色控制点，单击【其他】按钮，打开“选择颜色”对话框，设置“CMYK”值为 0、10、100、0，单击【确定】按钮返回到“渐变填充”对话框。

（7）添加颜色控制点。在渐变轴上方双击加入颜色控制点，在“位置”参数框中输入 37。单击【其他】按钮，打开“选择颜色”对话框，设置“CMYK”值为 0、100、100、6，单击【确定】按钮返回到“渐变填充”对话框。再次添加颜色控制点，在“位置”参数框中输入 56。单击【其他】按钮，打开“选择颜色”对话框，设置“CMYK”值为 0、100、100、4，单击【确定】按钮返回到“渐变填充”对话框，单击【确定】按钮完成颜色的设置。具体设置如图 8-53 所示。

（8）页面中绘制的图形效果如图 8-54 所示。

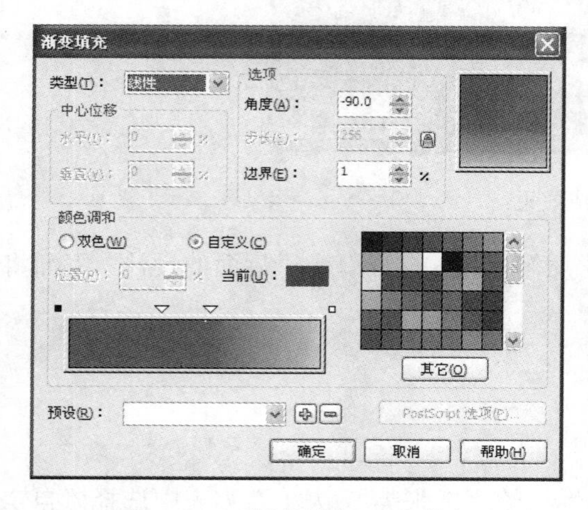

图 8-53 “渐变填充”对话框

图 8-54 绘制并对齐后的图形

至此，背景的图形部分就制作完成了。下面将通过添加位图，使图形背景效果更丰富。

8.4.2 导入位图

（1）执行【文件】→【导入】命令，打开“导入”对话框，选择“光点.psd”，单击【导入】按钮，鼠标指针产生了变化。此时在渐变矩形的左上角单击，在页面中将出现透明的光点图形，效果如图 8-55 所示。

图 8-55 导入位图的背景

（2）这时导入的位图小于设置的页面。选择工具箱中的“挑选工具”，在位图右侧的控制点上按下鼠标左键向右拖动到页面的边缘。效果如图 8-56 所示。

（3）为光点设置模糊效果。执行【位图】→【模糊】→【放射式模糊】命令，打开“放射式模糊”对话框，在“数量”参数框中输入 2，单击【确定】按钮完成放射式模糊的设置。在页面中光点产生动感效果，如图 8-57 所示。

图 8-56 调整光点尺寸

图 8-57 设置模糊效果

至此，就完成了背景的创建，下面将对设计的主体部分进行制作。

（1）执行【文件】→【导入】命令，打开“导入”对话框，选择“宫殿.psd”，单击【导入】按钮，在页面的任意位置单击，将位图导入到页面中。使用“挑选工具”，调整位置到图 8-58 所示的位置上，发现此位置比设置的页面大一些，这里不进行调整，等到后面进行处理。

图 8-58 导入主体位图

（2）导入两侧的柱栏。用同样的方法导入“柱栏 1.psd”和“柱栏 2.psd”，并将两幅位图调整到图 8-59 所示的位置上，现在画面产生了立体的空间效果。

8.4.3 导入标题文档位图

导入“标题.psd”，并将图片放置在图 8-60 所示的位置上，标题的颜色和效果与画面的效果比较和谐，这里不需要进行过多的处理。

图 8-59 导柱栏位图效果

图 8-60 导入标题位图

8.4.4 绘制 Logo 图形

（1）选择工具箱中的“矩形工具”，在页面的空白处绘制“宽”和“高”的值都为 55mm 的矩形，确定此矩形处于选择状态。在属性栏中设置左边和右边的“边角圆滑度”值都为 17。

（2）单击“轮廓工具”下方的黑色三角，展开轮廓工具组。选择“轮廓画笔工具”，打开“轮廓画笔”对话框，设置“宽度”的值为 0.5mm，展开“颜色”色样框。单击【其他】按钮，打开“选择颜色”对话框，设置“CMYK”值为 0、100、100、0，单击【确定】按钮返回到“轮廓画笔”对话框，单击【确定】按钮完成轮廓的设置。

（3）单击调色板中的白色，将“矩形”填充为白色。

（4）再创建一个“宽”和“高”的值都为 49mm 的矩形，同样设置“边角圆滑度”值都为 17。选择工具箱中的“挑选工具”，选择图形，在属性栏中单击“转换为曲线”按钮，将图形转换为曲线。选择“形状工具”，在图形轮廓上单击，再单击“添加节点”按钮，在轮廓上添加节点。用同样的方法在不同的轮廓上添加多个节点，并调整节点的位置。

（5）使用“挑选工具”，圈选两个矩形，单击属性栏中的“对齐和分布”按钮，打开“对齐与分布”对话框。选择两个“中”复选框，单击【应用】按钮，两个矩形将产生对齐效果，如图 8-61 所示。

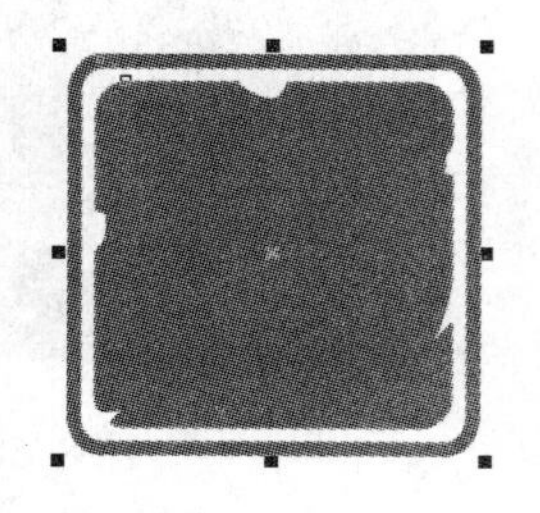

图 8-61 绘制并对齐图形

（6）使用“文本工具”字，在页面空白处单击输入数字“5”，调整文本的大小，效果如图 8-62 所示。

（7）将文本转换为曲线，添加节点并调整位置使曲线的形状产生变化，设置“轮廓”为白色，并设置“宽度”为 4.5mm，效果如图 8-63 所示。

图 8-62　输入文本

图 8-63　调整文本曲线的形态

（8）群组 Logo。圈选两个矩形和调整的曲线，执行【排列】→【群组】命令，完成图形的群组处理。这样有利于后面的设置和操作。

（9）选择工具箱中的“交互式阴影工具”，在矩形组上单击并向下拖出阴影。在属性栏中设置“不透明度”值为 35，“羽化”值为 7，“透明度操作”为“乘”，“颜色”为黑色。效果如图 8-64 所示。

（10）使用“挑选工具”，将矩形组拖到图 8-65 所示的位置上。

图 8-64　设置阴影

图 8-65　调整矩形组的位置

8.4.5　添加文本

（1）选择工具箱中的“文本工具”字，在页面中输入“故宫”，设置字体为“方正综艺体”，“大小”为 80pt，设置文本颜色为白色。单击“轮廓工具”下方的黑色三角，展开轮廓工具组，选择“轮廓画笔工具”，打开“轮廓画笔”对话框，设置“宽度”的值为 4mm，展开“颜色”色样框，选择白色，单击【确定】按钮完成文本的设置。

现在文本笔画很粗，这样设置的目的是要用此文本作为文本的背景来使用。真正的显示文本要使用渐变色来制作。

（2）执行【编辑】→【复制】命令，复制创建的文本，再执行【编辑】→【粘贴】命令，粘贴复制的文本。

使用上面的方法在“轮廓画笔”对话框中设置“轮廓宽度”为 1.2，颜色为黑色。单击“填充工具”，在工具组中选择“渐变填充框”，弹出“渐变填充”对话框。在“类型”列表中选择“线性”选项，设置“角度”为–31.6°，选择“自定义”单选按钮，单击渐变轴左上角的颜色控制点，单击【其他】按钮，打开“选择颜色”对话框。设置“CMYK”值为0、60、100、0，单击【确定】按钮返回到“渐变填充”对话框。单击右侧颜色控制点，单击【其他】按钮，打开“选择颜色”对话框，设置“CMYK”值为0、70、100、0，单击【确定】按钮返回到“渐变填充”对话框。

添加颜色控制点。在渐变轴上方双击加入颜色控制点，在“位置”参数框中输入29，单击【其他】按钮，打开“选择颜色”对话框。设置“CMYK”值为0、0、100、0，单击【确定】按钮返回到“渐变填充”对话框。再次添加颜色控制点，在“位置”参数框中输入50，单击【其他】按钮，打开“选择颜色”对话框。设置“CMYK”值为0、70、100、0，单击【确定】按钮返回到“渐变填充”对话框。还要添加一个颜色控制点，设置“位置”的值为75，设置“CMYK”值为0、0、100、0，单击【确定】按钮完成颜色的设置。具体设置如图8-66所示。

（3）单击【确定】按钮完成渐变色的填充，效果如图8-67所示。

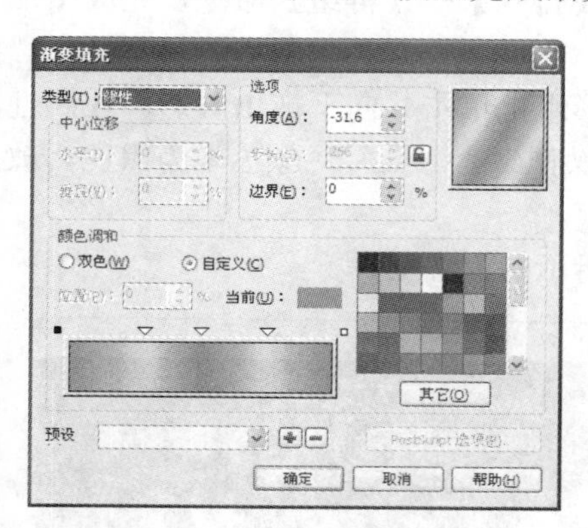

图8-66 “渐变填充”对话框

图8-67 创建并编辑文本

（4）用同样的方法创建“珍宝”两个字，位置和效果如图8-68所示。

图8-68 完成文本的创建

8.4.6 添加云纹位图及输入文本

（1）执行【文件】→【导入】命令，打开“导入”对话框。选择“云纹.psd”，单击【导入】按钮。在页面的任意位置单击，将位图导入到页面中，再复制 3 个云纹位图，使用“挑选工具”，调整位置到图 8-69 所示的位置上。

（2）在右上方白色图形的位置输入“展示历史”和“品味辉煌”，如图 8-70 所示。

图 8-69　导入云纹

图 8-70　输入文本

8.4.7　图框精确剪裁

选择最早绘制的白色矩形，执行【排列】→【顺序】→【向前一层】命令，并多次执行此命令，将白色矩形移动到宫殿位图的前面即可，单击调色板上的☒，取消填充。

选择“宫殿”位图，执行【效果】→【图框精确剪裁】→【放置在容器中】命令，单击取消填充的矩形框，完成对宫殿位图的剪裁。有时剪裁后，位图会产生位移，这时执行【效果】→【图框精确剪裁】→【编辑内容】命令，调整位图的位置后，执行【效果】→【图框精确剪裁】→【结束编辑】命令，即可完成对位图位置的调整。在下方输入展示时间和地点等信息，效果如图 8-71 所示。

图 8-71　完成效果

经验与技巧分享

根据创意的需要，有的位置需要应用位图来实现，而有的位置需要使用矢量图来实现，只有应用得当才能设计出精美的作品。

经验与技巧分享如下。

（1）创作作品使用位图时一定要注意位图的分辨率。如果分辨率偏低，会使作品达不到需要的效果。

（2）在创作位图作品时要注意位图的效果和风格，在添加文本和图形时要有效地融合此风格，使设计的作品完美、统一。

（3）很多人认为在 CorelDRAW X4 中调整位图不如到其他的位图软件中进行调整。其实如果将位图应用于矢量图中最好还是使用 CorelDRAW X4 进行调整，这样可以使图形与图像无论在颜色还是效果方面都能达到统一，使整体作品产生和谐的效果。

（4）最好在处理位图前进行拍摄时就要考虑制作的效果，为这一效果进行拍摄。而不应只想无论什么效果的位图通过处理就会达到一个完美的效果。如果想创作出精美的作品就要重视创作这个作品的每一步。

09 文件的打印与输出

CorelDRAW X4 提供了全面的打印服务。对于任何对象（无论是文本对象、基本图形对象，还是较为复杂的添加了各种特殊效果的图形图像），只要它们能够在绘图窗口中显示，就可以将它们打印出来。对于同一个对象，可以采用不同的打印方法，既可以以系统默认的方式进行标准打印，也可以指定图像中所包含的某种颜色进行分色打印，或者将一个彩色的图形输出时采用单色打印等。

在进行打印前，CorelDRAW X4 提供了丰富的打印选项，每个选项都能够对打印输出的最终结果产生很大的影响。为了能够得到更好的打印效果及避免重复操作，并最大程度地节约纸张和墨水，CorelDRAW X4 提供了强大的预览功能，不但可以预览最终打印的效果，还可以在“预览”窗口中进行更多的设置。

本章将系统地介绍在做打印输出工作之前，需要设置的各项参数的设置方法及其功能，使打印输出工作变得轻松。

9.1 打印设置

打印设置实质是对当前打印机进行的设置，其中包括设置纸张大小、打印质量、打印介质及打印范围等。

进行打印设置的具体操作步骤如下。

（1）启动 CorelDRAW X4，执行【文件】→【打印设置】命令，打开图 9-1 所示的“打印设置”对话框。

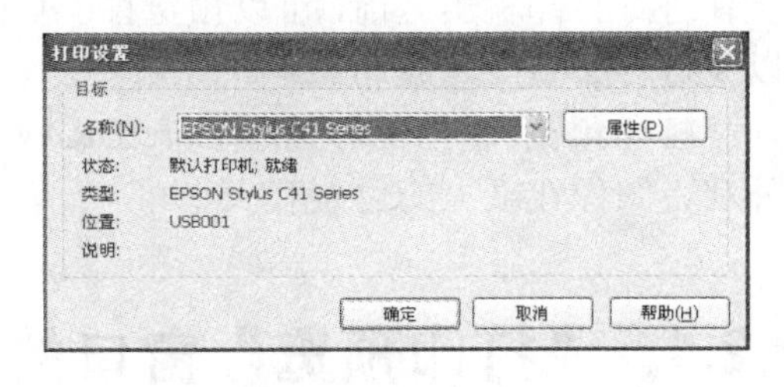

图 9-1 “打印设置”对话框

“打印设置”对话框中主要显示了一些默认打印机的信息。

- ◆ **名称**：默认打印机的名称，可以在打印机列表中选择其他型号的打印机。
- ◆ **状态**：显示打印机的当前状态，“就绪”则表示当前打印机可以开始打印文件。
- ◆ **类型**：打印机的类型。
- ◆ **位置**：显示打印机的连接位置或连接端口。
- ◆ **说明**：显示有关打印机的说明信息。

（2）在该对话框中单击【属性】按钮，弹出图 9-2 所示的“属性”对话框。默认状态下，系统打开的是 Main 设置选项，属性里包括“主窗口”、“打印纸”、“版面”、“应用工具”4 个标签。由于使用的打印机不同，其“属性”对话框也有所差异，用户可以根据打印机的使用手册来设置纸张大小、方向、进纸类型、介质类型、打印分辨率、图像抖动方式、打印浓度等选项。

图 9-2 “属性”对话框

（3）单击【确定】按钮，完成设置。

9.2 打印预览

在进行打印输出之前，可以预览打印页面内的对象，观察打印效果是否满意，如果不满意，可以先进行必要的修改和调整。

“打印预览”窗口能够显示 CorelDRAW X4 中图形或者文本对象输出到打印设备以后的确切外观、图像在纸上的位置和大小。

9.2.1 “打印预览”窗口的组成

在 CorelDRAW X4 中选定了要打印的对象后，执行【文件】→【打印预览】命令，将切换到“打印预览”窗口，如图 9-3 所示。该窗口其实是工作窗口的简化，但它提供了更多便于观察图像效果和输出的选项，其组成部分的使用方法和工作窗口很相似。

为了能够更好地使用“打印预览”窗口进行不同方式的预览，下面介绍一下主要组成部分。

- **菜单栏**：与 CorelDRAW X4 工作窗口中的菜单栏一样，它集成了进行打印预览时的几乎所有的功能选项，包括【文件】、【查看】、【设置】和【帮助】菜单。
- **标准工具栏**：包括了一些常用的打印预览工具、打印样式工具、视图管理工具及设置不同打印方式的按钮。
- **属性栏**：主要是根据在工具箱中所选择工具的不同而变化，它为所选择的每一种工具提供了一些精确的控制选项。
- **工具箱**：与 CorelDRAW X3 工作窗口中的工具箱相比较，CorelDRAW X4 的“打印预览”窗口中的工具箱包含的工具数目就要少多了。除了一个“挑选工具”相同外，

"版面布局工具"、"标记设置工具"和"缩放工具"等主要用来设置不同的版面格式。

图 9-3 "打印预览"窗口

- ◆ **导航器**：在多页文档中进行翻页浏览。
- ◆ **状态栏**：显示"预览"窗口中对象的相关信息和打印设置信息。
- ◆ **可打印区域**：以黑色的虚线区域来显示可打印区域。超出该区域的对象部分将不能被打印出来。

9.2.2 菜单介绍

CorelDRAW X4 的"打印预览"窗口中包括 4 个菜单：【文件】、【查看】、【设置】和【帮助】。每一个菜单都能完成一类任务。下面对各菜单逐一进行介绍。

- ◆ **【文件】菜单**：用来设置在"打印预览"窗口可进行的常规操作，有"保存打印样式"、"打印样式另存为"、"删除打印样式"、"打印"、"现在打印该页"和"关闭打印预览"。
- ◆ **【查看】菜单**：其中的命令是针对打印预览窗口中的打印区域的。用户可以通过该菜单进行"显示图像"、"颜色预览"、"分色片预览"、"标准"、"属性栏"、"工具箱"、"状态栏"、"标尺"、"可打印区域"、"渲染 PostScript 填充"、"显示当前平铺页"、"满屏"、"缩放"和"转到"操作。
- ◆ **【设置】菜单**：该菜单提供了用户在打印预览时直接访问打印设置对话框的快捷方式，每条命令都可以对应一个打印设置选项。
- ◆ **【帮助】菜单**：用以提供各种打印系统帮助。

9.2.3 不同方式的打印预览

在 CorelDRAW X4 的“打印预览”窗口中，可以进行全屏、分色、反色和镜像等各种方式的预览。如果要打印的是多页文档，还可以在该窗口中进行翻页和缩放预览。当然，无论选择了哪一种预览方式，都不会改变要打印的对象的外观形状和填充属性。

- **灰度预览**：在系统默认方式下，CorelDRAW X4 将把要打印的图形对象以全彩色的方式在“打印预览”窗口中显示出来。如果需要查看在灰度模式下该图形的预览效果，可以执行【查看】→【颜色预览】→【灰度】命令。这种方式能够准确地显示出在黑白打印机上打印彩色图形时的预览效果。
- **满屏预览**：单击“标准”工具栏中的“满屏”按钮即可。
- **分色预览**：单击“标准”工具栏中的“启用分色”按钮，将根据当前颜色模式以分色方式进行预览。
- **反色预览**：单击“标准”工具栏中的“反色”按钮，将以颜色反显的方式进行预览。
- **镜像预览**：单击“标准”工具栏中的“镜像”按钮，可以预览打印范围被镜像的页面效果。

9.2.4 调整和预览对象

用户可以通过“打印预览”窗口预览需要打印的对象，并将其调整至合适的位置。预览对象的具体操作步骤如下。

（1）在 CorelDRAW X4 工作区中绘制或导入对象。

（2）选择【文件】→【打印预览】命令，打开“打印预览”窗口。

（3）单击工具箱中的“挑选工具”，可以选择和调整预览对象。

（4）单击工具箱中的“版面布局工具”，可以改变打印页面的版面布局；单击预览页面中的箭头，可以改变对象在页面中的布局方向。

（5）单击工具箱中的“标记放置工具”，会出现图 9-4 所示的标记放置工具属性栏，在属性栏中选择一种要添加的标记，用鼠标拖动边框线，如图 9-5 所示。

图 9-4 标记放置工具属性栏

（6）可以为打印版面添加或调整在印刷时所需要的标记，图 9-6 所示为添加标记后的效果。

（7）工具箱中的“缩放工具”，可以将当前页面放大或缩小，也可以在常用工具栏的“缩放”列表框中选择合适的缩放比例。

（8）单击常用工具栏中的“满屏”按钮，可以隐藏“预览”窗口及其工具栏，按【Esc】键可以恢复“预览”窗口中的工具栏。

（9）单击常用工具栏中的“启用分色”按钮，可以预览对象的分色页面，如图 9-7 所示。

图 9-5 拖动边框线

图 9-6 添加标记后的效果

图 9-7 分色页面效果

（10）单击常用工具栏中的“反色”按钮，可以预览打印范围呈反选效果的页面效果，如图 9-8 所示。

（11）单击常用工具栏中的“镜像”按钮E，可以预览打印范围被镜像的效果，如图 9-9 所示。

图 9-8 反色效果

图 9-9 镜像效果

（12）单击常用工具栏中的“关闭打印预览”按钮，关闭“打印预览”窗口。

9.3 设置打印区域

CorelDRAW X4 是一个专业的图形图像处理软件。它提供了一系列的打印选项，通过对这些选项的设置，可以打印出专业的符合出版要求的对象。

9.3.1 常规选项的设置

执行【文件】→【打开】命令，弹出图 9-10 所示的“打印”对话框。在默认情况下，系统打开的就是“常规”选项卡。

- **“目标”选项组**：在“名称”列表框中选择一种打印机。例如这里所选的是 EPSON 打印机。若选中“打印到文件”复选框，可以将当前文件打印到文件中。
- **“打印范围”选项组**：可以设置打印的范围，例如“当前文件”、“文件”、“当前页”、“选定内容”、“页”等。在“页”文本框中可以指定打印页码的范围。
- **“副本”选项组**：“份数”数值框中可以设置打印的份数。
- **“打印类型”列表框**：可以选择打印设置方案，也可以将设置好的方案通过“另存为”对话框保存到打印样式列表框中。

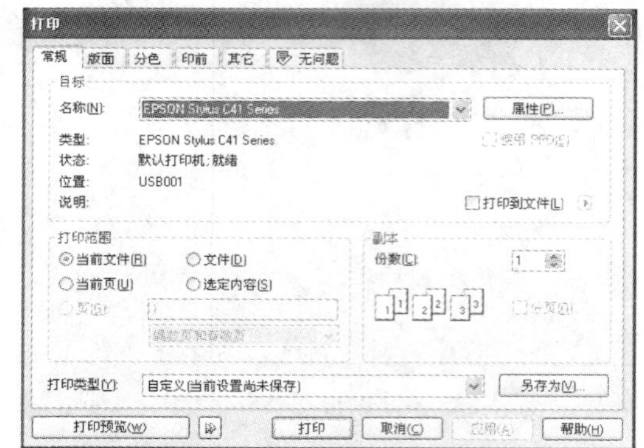

图 9-10 “打印”对话框

9.3.2 版面选项的设置

在“打印”对话框中单击“版面”选项卡，打开图 9-11 所示的“版面”选项卡。

- **“图像位置和大小”选项组**：在该选项组中，如果选择“在文档中”单选按钮，可以使输出的对象位置与文件中对象位置相同；如果单击“调整到页面”单选按钮，可以自动按比例缩放对象；如果单击“将图像重定位到”单选按钮，可以在其旁边的下拉列表框中选择图像在打印页面中的位置，同时在列表框右边的页面图标中显示出对象的位置效果。
- **“位置”、“粗细”、“缩放因子”数值框**：在这些数值框中可以设置对象在页面中的位置、粗细及缩放比例。

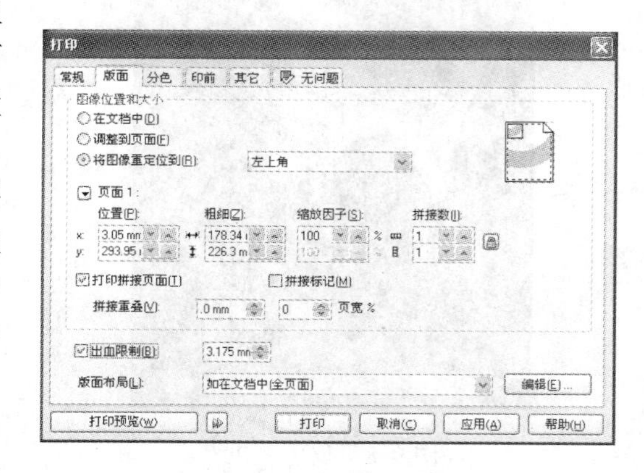

图 9-11 “版面”选项卡

- **“打印拼接页面”复选框**：可以将一个较大的对象打印到多张纸上，并可拼接成完整的对象。
- **“拼接重叠”数值框**：在该数值框中，可以设置将对象分别打印到几张纸上。
- **“拼接标记”复选框**：选择该复选框，可以在页面中打印拼接标记。
- **“拼接重叠”数值框**：选择该复选框，可以设置拼接页面相互重叠的尺寸。
- **“出血限制”复选框**：选择该复选框，可以设置出血尺寸。
- **“版面布局”列表框**：在该列表框中，可以选择合适的版面布局方式。

9.3.3 分色选项的设置

在 CorelDRAW X4 中，可以通过设置在打印前将彩色对象进行颜色分离，创建适用于出版印刷的 CMYK 颜色分离页面文件，并可指定颜色分离的次序。

在“打印”对话框中单击“分色”选项卡，打开图 9-12 所示的“分色”选项卡。

◆ **“打印分色”复选框**：选择此复选框可以打开页面中的分色选项。

◆ **“选项”选项组**：在该选项组中，可以设置颜色分离打印的选项。

◆ **“补漏”选项组**：在选该项组中，可以设置不同的印刷图像时的补漏功能。

◆ **“分色”列表**：在该列表中，系统自动将彩色对象分成青色、洋红色、黄色、黑色 4 种颜色，并列出了这些颜色的属性。

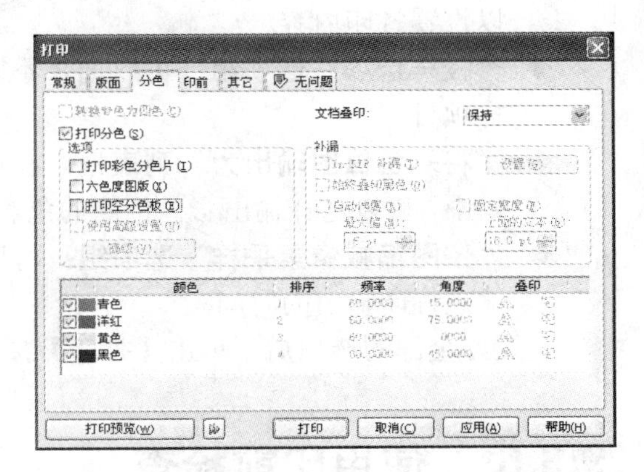

图 9-12 “分色”选项卡

9.3.4 印前选项的设置

在“印前”选项卡中，可以设置将对象打印到胶片上的相关参数。

在“打印”对话框中单击“印前”选项卡，打开图 9-13 所示的“印前”选项卡。

◆ **“纸张/胶片设置”选项组**：在此选项组中可以设置将图像打印到纸张或胶片上的方式，如“反显”或“镜像”。

◆ **“注册标记”选项组**：此选项组中的“打印套准标记”复选框，可以设置在页面中打印标记，在“样式”列表框中可以选择一种标记样式。

◆ **“文件信息”选项组**：可以选择“打印文件信息”、“打印页码”、“在页面内的位置”等选项。

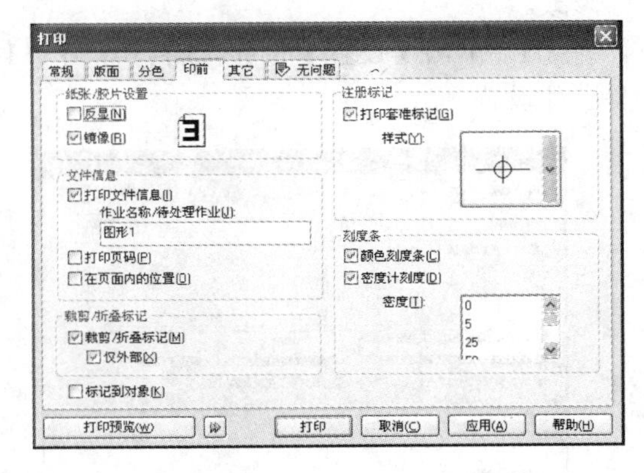

图 9-13 “印前”选项卡

◆ **“裁剪/折叠标记”选项组**：在此选项组中，可以设置是否打印“裁剪/折叠标记”或“仅外部”。

◆ **“刻度条”选项组**：在此选项组中，可以设置“颜色刻度条”及“密度计刻度”。

◆ **“标记到对象”复选框**：选择此复选框可以打印有关对象的标记。

9.3.5 其他选项的设置

在图 9-14 所示的“其他”选项卡中，可以设置输出一些其他选项。

◆ “应用 ICC 预置文件”复选框：可以使普通的 CMYK 印刷基于 ICC 颜色，精确地印刷颜色。

◆ “打印作业信息表”复选框：选择它可以将打印工作的相关信息打印出来，若单击【信息设置】按钮，在出现的对话框中可以设置打印内容。

◆ “校样选项”选项组：可以选择不同的校样项目。

◆ “将彩色位图输出为”列表框：在该列表框中，可以选择输出彩色位图的色彩模式。

◆ “位图缩减像素采样”选项组：可以设置缩短打印输出的时间。

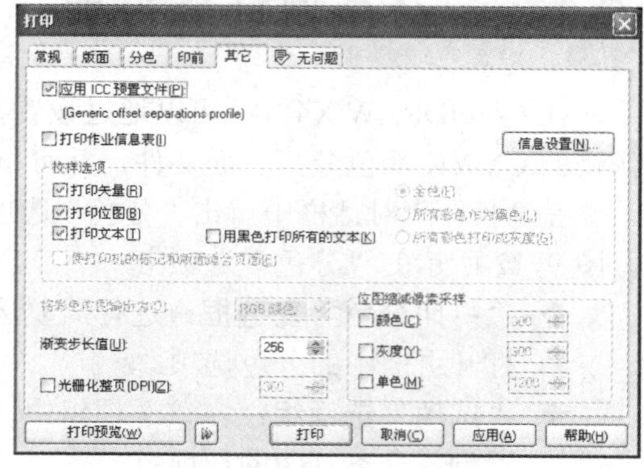

图 9-14 “其他”选项卡

设置好全部的选项后，单击【打印】按钮即可打印输出。

9.3.6 使用印前检查

使用印前检查会检查文件的状态。系统会提供潜在问题摘要及其解决方案的建议。这样可以直接检查出现的问题，也可以保存“印前检查”设置。使用印前检查的具体操作步骤如下。

（1）在“打印”对话框中单击“无问题”选项卡，打开图 9-15 所示的“无问题”选项卡。

（2）如果有问题，在其中将列出有关印前检查的一些问题，用户可以根据列出的问题进行修改。

（3）单击【设置】按钮，将打开图 9-16 所示的“印前检查设置”对话框，用户可根据需要进行设置。

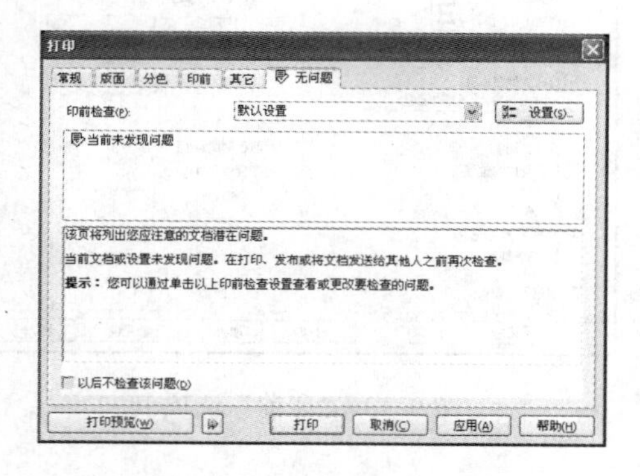

图 9-15 “无问题”选项卡

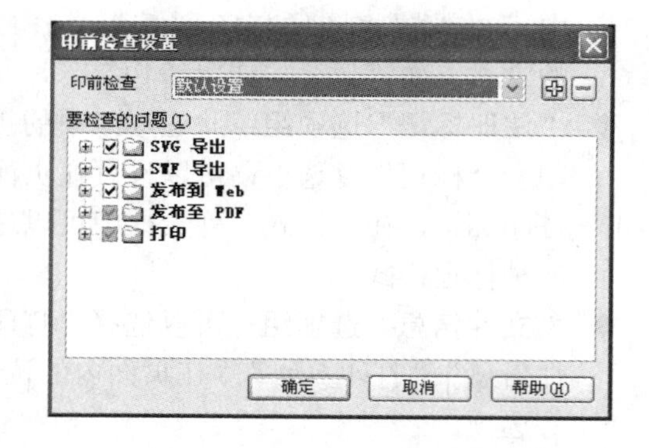

图 9-16 “印前检查设置”对话框

（4）设置完成后，系统将重新对其进行检查。如有问题，用户可根据列出的问题进行修改；如果没有问题，可直接单击【打印】按钮进行打印操作。

9.4 合并打印

如果想在自己创作的每一幅作品上签名并打印出来，可以用 CorelDRAW X4 提供的“合并打印”命令来完成所需的操作。设置合并打印的具体操作步骤如下。

（1）执行【文件】→【合并打印】→【创建/装入合并域】命令，打开图 9-17 所示的“合并打印向导”对话框 1。

（2）在其中可以选择一种创建的方式，然后单击【下一步】按钮，得到图 9-18 所示的“合并打印向导”对话框 2。

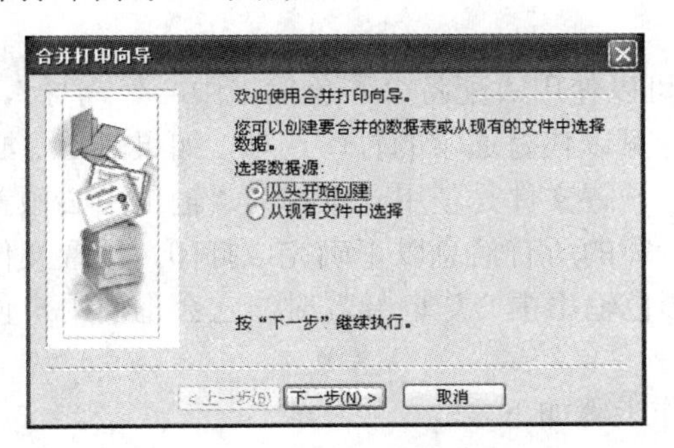

图 9-17 “合并打印向导”对话框 1

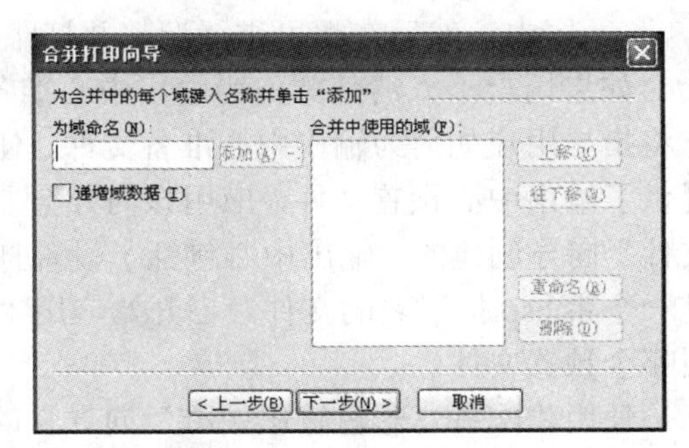

图 9-18 “合并打印向导”对话框 2

（3）在“为域命名”文本框中输入域的名称并设置好其他选项，并在输入框的右侧单击【添加】按钮，然后单击【下一步】按钮，得到图 9-19 所示的“合并打印”对话框。

（4）选择要合并的域，然后单击【下一步】按钮，得到图 9-20 所示的“合并打印向导”对话框 3。

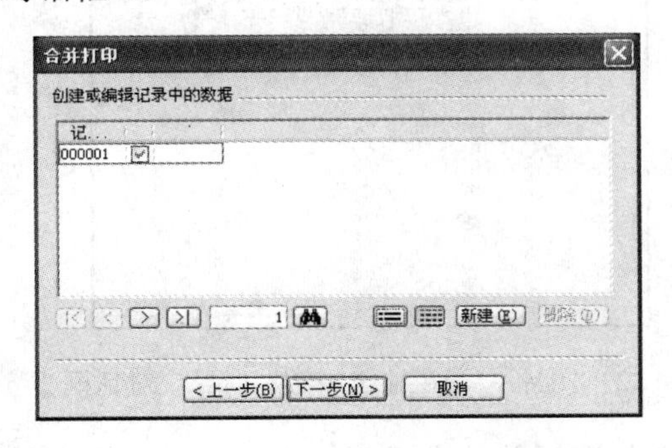

图 9-19 “合并打印”对话框

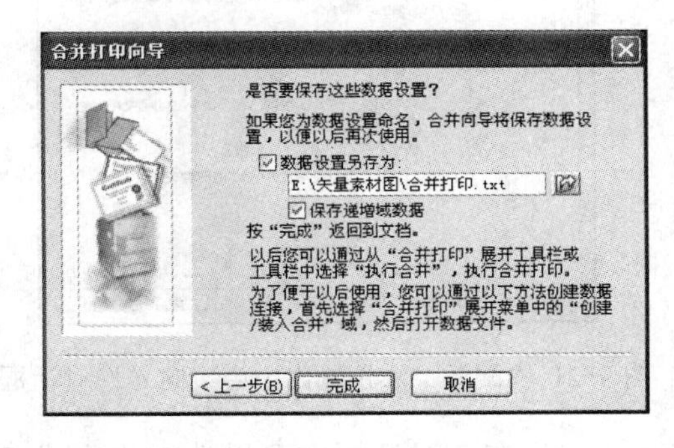

图 9-20 “合并打印向导”对话框 3

（5）在“数据设置另存为”文本框中可以选择一个路径来保存刚才所做的设置，然后单击【完成】按钮即可。

（6）单击【打印】按钮即可合并打印。

9.5 为彩色输出中心做准备

当完成一幅作品的绘制并设置好各种打印选项后，在交付彩色输出中心进行输出时，需要让彩色输出中心的工作人员清楚地了解打印设置，以帮助工作人员做出最后的鉴定，并估计可能出现的问题。彩色输出中心需要 PRN、CDR、EPS 类型的文件。打印到文件时应注意：同时需要提供一份最终文件的打印工作信息给输出中心。

◆ **PRN 文件**：如果用户全权控制印前设置，可以把打印作业保存为 PRN 文件。输出中心将直接把这种打印文件传送到输出设置上。把打印作业存成 PRN 文件时，还要附带一张工作表，在上面列出所有指定的印前设置。

◆ **CDR 文件**：如果用户没有时间或不知道如何准备打印文件，可以将打印作业存成 CDR 文件，配有 CorelDRAW X4 软件的输出中心将自行对它应用所需的印前设置。

◆ **EPS 文件**：有的输出中心能够接受 EPS 类型的文件，并把这类文件导入到其他应用程序中，然后在那里进行调整并打印。

如果用户不太清楚如何为输出中心准备文件，可以使用“配备‘彩色输出中心’向导”，它将指导用户如何为输出中心准备文件。使用该向导可以代替通常的打印选项，如果输出中心提供了输出中心预置文件，应用该向导会非常有效。预置文件是使用一个称为“输出中心预置文件”向导创建的，输出中心包括了设置打印作业所需的所有信息以正确完成打印，预置文件是一个带.csp 扩展名的文件。当开始应用“配备‘彩色输出中心’向导”时，它会询问用户使用哪个预置文件。

使用“配备‘彩色输出中心’向导”的具体操作步骤如下。

（1）执行【文件】→【为彩色输出中心做准备】命令，打开图 9-21 所示的“配备‘彩色输出中心’向导”对话框 1。

（2）在对话框中选择一种配置选项，单击【下一步】按钮，弹出图 9-22 所示的“配备‘彩色输出中心’向导”对话框 2。

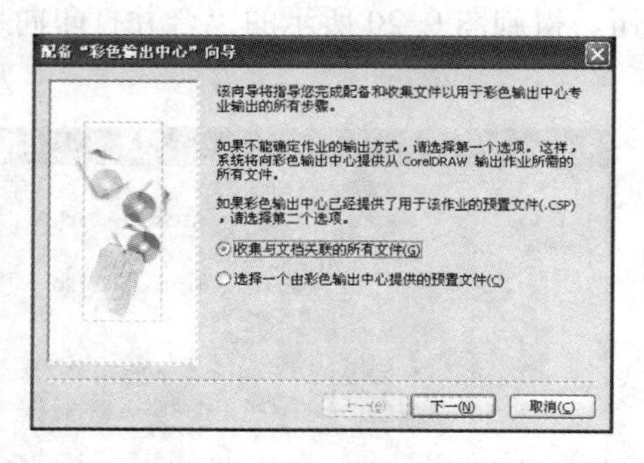

图 9-21 “配备‘彩色输出中心’向导”对话框 1

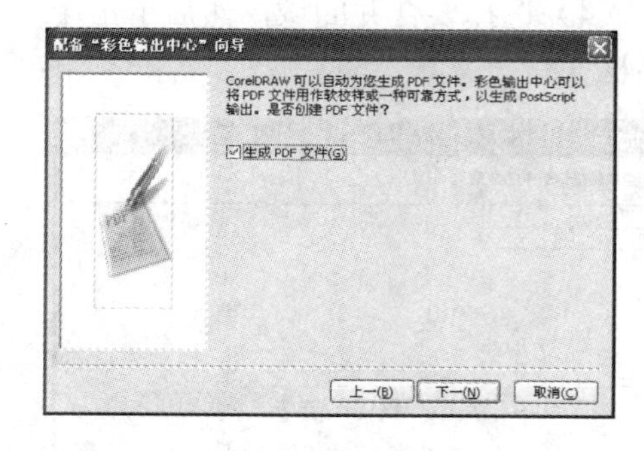

图 9-22 “配备‘彩色输出中心’向导”对话框 2

（3）在该对话框中可以选中“生成 PDF 文件”复选框并单击【下一步】按钮，弹出图 9-23 所示的“配备‘彩色输出中心’向导”对话框 3。

（4）在该对话框中单击【浏览】按钮，打开“浏览文件夹”对话框，并在该对话框中选择输出中心的文件夹，然后单击【下一步】按钮，在出现的对话框中单击【完成】按钮，如图 9-24 所示。

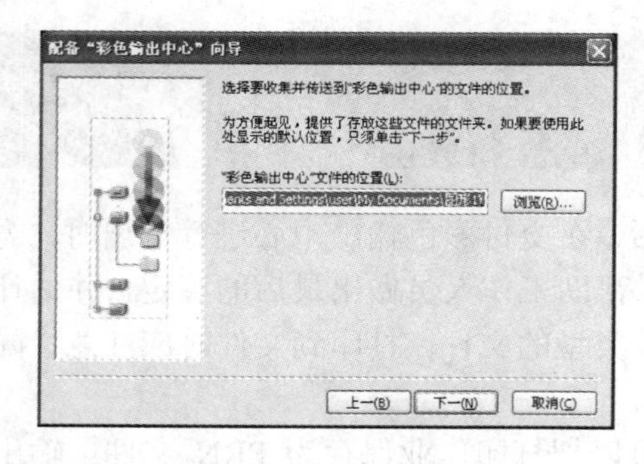

图 9-23 “配备‘彩色输出中心’向导”对话框 3

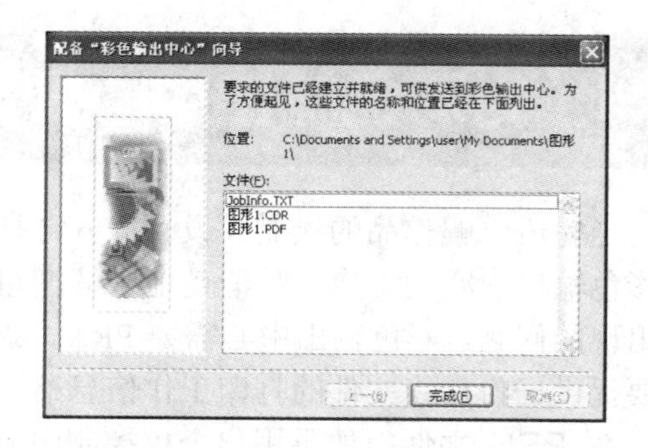

图 9-24 “配备‘彩色输出中心’向导”对话框 4

至此，就完成了彩色输出中心所做的准备工作。下面将介绍将制作的文件输出为在因特网中应用的文件。

9.6 网络输出

CorelDRAW X4 可以将文档输出为网络格式，发布到互联网上。

将文件输出为 HTML 格式，可以确保网页在浏览器中显示的结果和原始文件相同。CorelDRAW X4 会按照原始文件名在所指定的文件夹中另存一个扩展名为“htm”的文件，而文件中图形会输出成 JPEG 或 GIF 格式的图像文件。

执行【文件】→【发布到 Web】→【HTML】命令，在打开的“发布到 Web”对话框中单击“常规”选项卡，将显示出图 9-25 所示的“常规”选项卡，可以根据需要进行以下设置。

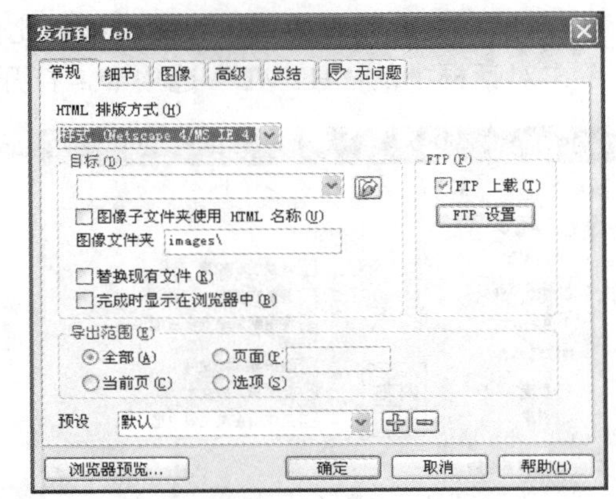

图 9-25 “发布到 Web”对话框中的“常规”选项卡

- **HTML 排版方式**：选择 HTML 输出的类型。
- **目标**：选择文件的输出路径，在列表中可能选择保存文件的目录，文件将以原来的文件命名。
- **图像子文件夹使用 HTML 名称**：选择该复选框，将使用图像文件夹文本框中指定的名称作为保存图片的文件名称。
- **替换现有文件**：选择该复选框，在转换文件时如果有同名的文件，将不进行提示，而直接以现在的文件替换原有的文件。
- **导出范围**：选择“全部”单选按钮，可以将全部的文档输出为 HTML 文件；选择“页面”单选按钮，可以指定需要输出的页面；选择“当前页”单选按钮只将当前页输出为 HTML 文件；选择“选项”单选按钮可以将文件中所选择的对象输出为 HTML 文件。
- **FTP 上载**：选择该复选框，可以使用文件传输协议将文档传送到指定的网络服务器，单击【FTP 设置】按钮，在弹出的“FTP 上载”对话框中，可以设置 FTP 服务器的地址、用户名和口令及工作路径。单击【确定】按钮完成上载设置。
- **【浏览器预览】按钮**：在浏览器中预览转换后的效果，单击【确定】按钮，将文件转换为 HTML 格式。

9.7 将 Flash 格式嵌入到 HTML

将文件输出为 HTML 格式时，可以在 HTML 文件中嵌入 Flash 文件。

执行【文件】→【发布到 Web】→【嵌入 HTML 的 Flash】命令，打开“导出”对话框，在“文件名”文本框中输入文件名称，单击【导出】按钮，打开“Flash 导出”对话框，如图

9-26 所示。

在“常规”选项卡中对“位图设置”和“优化”等选项进行设置。

◆ **位图设置**：设置位图的 JPG 压缩、分辨率和平滑的参数。

◆ **优化**：选择“转换虚线轮廓”复选框，可以将虚线轮廓转换为实线；选择“圆角和拐角”复选框，可以将线端和拐角处平滑；选择“使用默认渐变步长值”复选框，可以为渐变填充使用默认的渐变级别。

◆ **装订框大小**：选择“页面”单选按钮，可以为整个页面设置边框；选择“对象”单选按钮，可以将边框与对象对齐。

◆ **保护导入的文件**：选择此复选框，可以保护导出的文件不被导入 Flash 编辑器中。

◆ **文本导入为文本**：选择此复选框，可以将文本继续导入为文出，而不作为图形导出。

◆ **完成后在浏览器中显**：选择此复选框，在导出 Flash 时可以在浏览器中显示。

◆ **使用声音性能**：选择该复选框，可以导出与翻转效果不同状态相关联的声音。

◆ **压缩**：在此列表中可以设置压缩的比例。

单击对话框中的“HTML”选项卡，打开“HTML”选项卡，显示图 9-27 所示的选项。

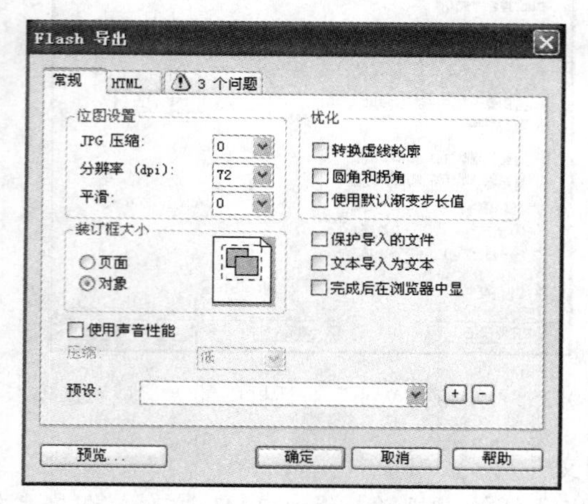

图 9-26 “Flash 导出”对话框

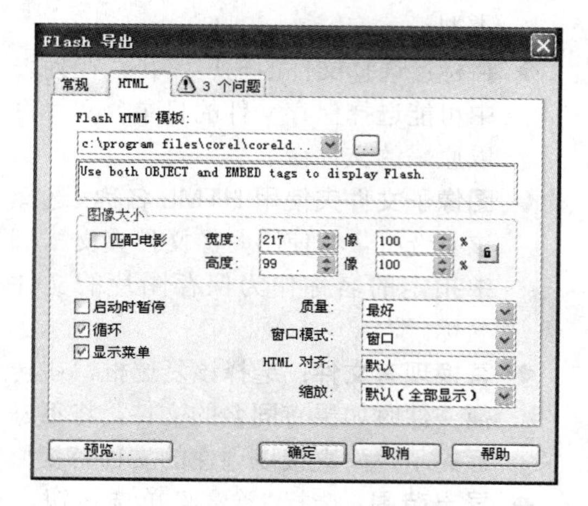

图 9-27 “HTML”选项卡中的选项

◆ **Flash HTML 模板**：选择导出时使用的 Flash 模板。

◆ **匹配电影**：可以将 HTML 文档的尺寸与 Flash 电影的尺寸匹配。

◆ **启动时暂停**：可以在打开 Flash 文件时暂停播放，直到读者开始播放。

◆ **循环**：可以循环播放 Flash 动画。

◆ **显示菜单**：可以在 Flash 动画上单击鼠标右键弹出菜单。

◆ **质量**：选择 Flash 的播放品质。

◆ **窗口模式**：设置文件的兼容性。

◆ **HTML 对齐**：设置 Flash 动画在 HTML 文件中的对齐方式。

◆ **缩放**：设置 Flash 动画在宽度和高度固定框中的缩放方式。

◆ **【预览】按钮**：单击此按钮可以在 Web 浏览器中预览转换效果。

在问题选项中可以查看需要导出的文件的问题，通过问题的解决，可以更好地导出 Flash 文件。

单击【确定】按钮完成导出的设置，并导出 Flash 文件。

9.8 Web 图像的优化

在将文件输出为 HTML 格式之前可以对文件中的图像进行优化，以减小文件的大小，提高图像在网络上的下载速度。

执行【文件】→【发布到 Web】→【Web 图像优化程序】命令。打开“网络图像优化器”对话框，如图 9-28 所示。

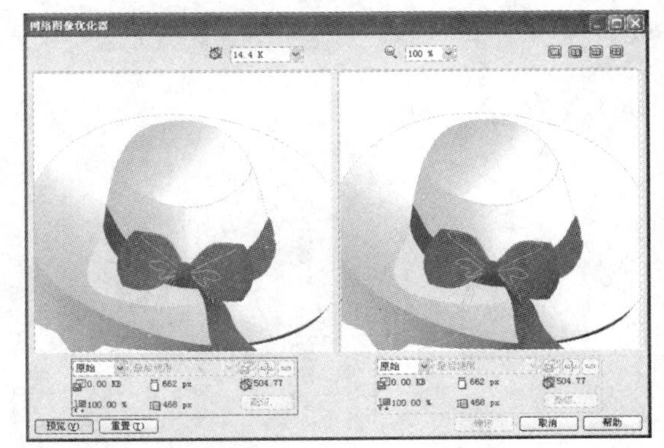

图 9-28 “网络图像优化器”对话框

- **传输速度列表**：在“传输速度”图标的右侧列表中选择网络传输的速度，参数设置得越高，传输的速度越快。
- **缩放列表**：在列表中可以设置预览框中图像的显示比例。
- **“显示方式”按钮**：单击其中的任一按钮，可以设置不同的预览显示方式。
- **【高级】按钮**：单击此按钮可以在弹出的对话框中对输出图像的参数做进一步的设置。

单击【确定】按钮，保存图像到磁盘。

9.9 发布至 PDF 格式

使用【发布至 PDF】命令可以将对象文件直接存为 PDF 格式。操作方法很简单，选择【文件】→【发布至 PDF】命令，在打开的对话框中选择保存路径并单击【确定】按钮即可。

经验与技巧分享

无论设计什么样的作品都需要进行这最后一步——输出，使设计出的作品发布出去。

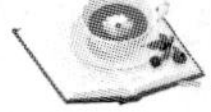

经验与技巧分享如下。

（1）在打印输出时一定要先对屏幕和打印机的输出效果进行校对，使两个显示设备的颜色尽可能相同，这样才能准确地展示出作品的效果。

（2）在将作品发布到网络上时，既要考虑作品的效果又要考虑作品文件的大小，使两者能达到平衡，才能使观者在观看作品时，作品的流畅度与质量都能得到保证。

（3）不同的打印纸、不同的设备和不同的墨水都会影响到打印的效果，所以在打印前应完全想到这些。

10 商业人物插画的绘制

商业插画是伴随着时尚和流行因素而变化的，使用寿命是短暂的。一个商品或企业在进行更新换代时，上幅作品即宣告消亡或终止宣传。似乎商业插画的结局有点悲壮，但另一方面，因为商业插画是借助广告渠道进行传播，覆盖面很广，因此社会关注度比艺术绘画高出许多倍。商业插画主要分为 4 种：广告商业插画、卡通吉祥物设计、出版物插图和影视游戏美术设计。

下面将通过一个实例展示商业插画的绘制过程。

实例的完成效果如图 10-1 所示，这是一幅表现青春偶像效果的插画。

图 10-1　插画绘制的完成效果

在绘制插画之前，首先应根据作品的需要绘制一幅草图，主要绘制出作品的构图、主要形体结构和风格等，这样有利于对作品效果的把握和提高工作效率。

根据此作品的设计，这里选择通过对身体部分的绘制来决定其他部分的绘制和构成。

学习提要

- 绘制身体部分
- 绘制头发
- 绘制服饰
- 绘制背景图形

10.1 绘制身体部分

在绘制身体时，一般情况下应首先确定头部的大概位置，再根据基本的比例标准绘制躯干部分，到这里就完成了插画的基本构图，然后开始对插画的细节部分进行绘制。

10.1.1 绘制人像的头部

在绘制头部时要根据草图的基本比例进行绘制，这样可以控制作品的整体效果，这一步十分重要。

（1）创建新文件，设置均匀填充色的 R、G、B 值为 255、162、103，删除轮廓，使用“贝济埃工具”绘制头部的几个节点后，再使用“形状工具”进行调整，完成头部绘制的形状和比例，如图 10-2 所示。

（2）用同样的方法绘制胸部图形，比例和形状如图 10-3 所示。

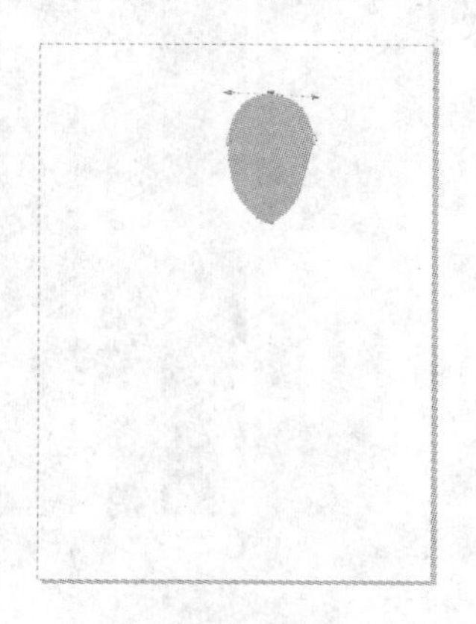
图 10-2　绘制头部

图 10-3　绘制胸部的形状

（3）调整头部与胸部图形的前后顺序。选择胸部图形，执行【排列】→【顺序】→【向后一层】命令，调整胸部图形顺序到头部的后面，这样有利于后面对脸部图形的绘制。

至此，就完成了身体部分基本形状的绘制，下面将对脸部的五官进行定位绘制。

10.1.2 定位脸部五官

脸部的绘制是人物插画最重要的组成部分，换个角度说，脸部绘制的成功与否决定整幅插画的成败。

绘制耳朵的形状，颜色与头部的颜色相同，并将其移动到头部之后，效果如图 10-4 所示。

1. 绘制腮部

根据脸部细节的比例，首先绘制的应是腮部的形状。腮部对于绘制女性插图来说十分重要，这样可以使女性脸部产生轻微的变化和立体效果。

（1）使用“贝济埃工具”和“形状工具”，绘制图 10-5 所示的形状。

（2）为了使脸部产生一些细节变化，这里将为腮部填充渐变色，选择“渐变填充框”，打开“渐变填充”对话框。设置“从”颜色的 R、G、B 值为 236、164、118，“到”颜色的 R、G、B 值为 223、112、47；在“中心位移”选项组中设置“水平”和“垂直”的参数分别为“-26”和“31”；设置“边界”的值为“24”。如图 10-6 所示。

图 10-4　绘制耳朵的形状

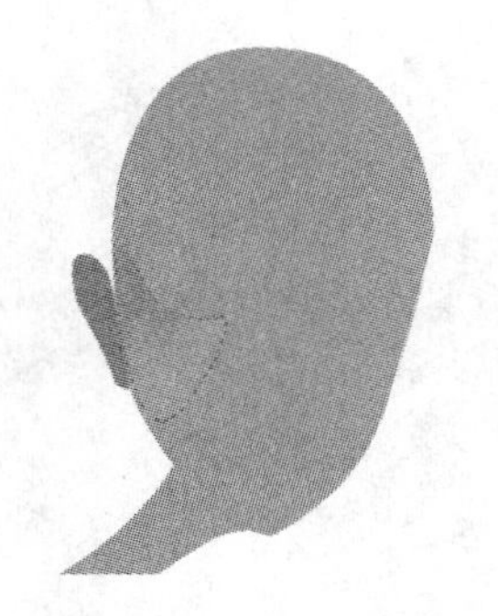

图 10-5　绘制腮部的形状

（3）用同样的方法绘制脸部右侧的腮红图形。

2．定位眼睛图形

眼睛的位置决定其他器官的位置，所以最先应定位眼睛的位置。

（1）绘制上眼睑。按图 10-7 所示的位置绘制上眼睑的造型，并设置均匀填充的 R、G、B 值为 60、0、0。

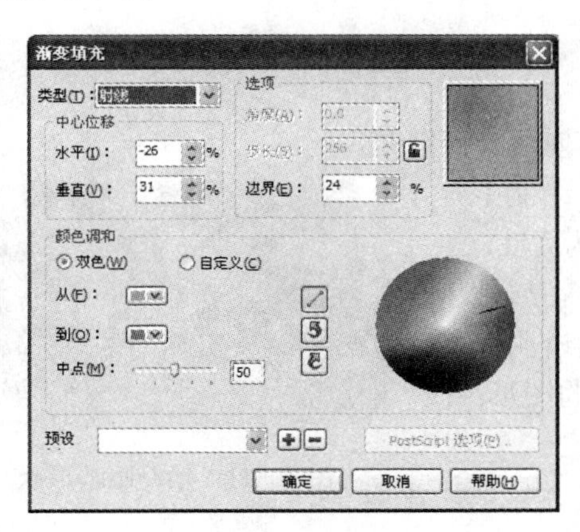

图 10-6　设置完成的“渐变填充”对话框

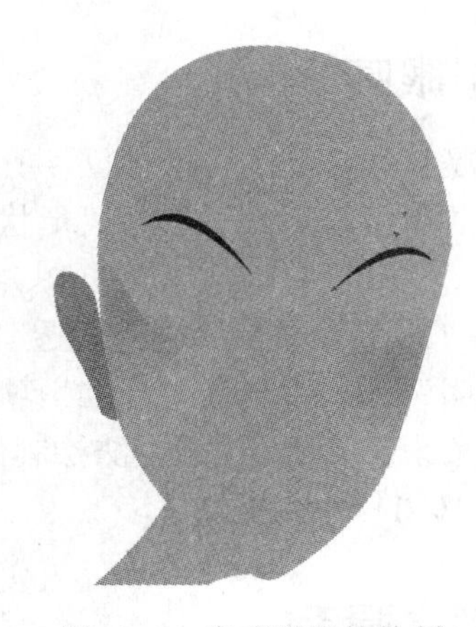

图 10-7　完成眼眉的绘制

（2）绘制眼睛的基本形状。使用“贝济埃工具”和“形状工具”，绘制图 10-8 所示的眼睛基本形状，对其进行均匀填充，设置 R、G、B 值为 171、27、0。

（3）为了使眼睛的颜色与脸部的颜色更加和谐，这里采用透明的方法进行处理。在工具箱中选择“交互式透明”工具，在属性栏的“透明”列表中选择“标准”项，将“开始透明”的参数调整为“82”。用同样的方法绘制右侧眼睛的位置。效果如图 10-9 所示。

3．绘制鼻和嘴的位置

在插图和卡通作品中，大多对鼻子的绘制都是简化的，所以这里也只是绘制一个鼻底的暗面，显示一下即可。

使用“贝济埃工具”和“形状工具”，绘制图 10-10 所示的鼻子形状。设置均匀填充的 R、G、B 值为 171、27、0，再绘制嘴唇中心部分的位置，设置均匀填充 R、G、B 的值为 135、0、0。

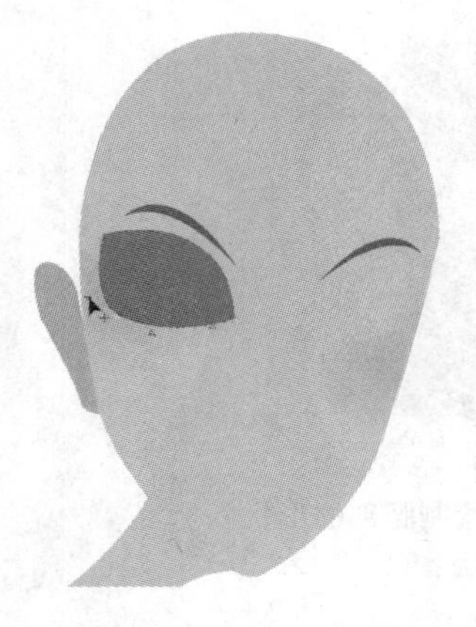
图 10-8　绘制眼睛的形状

图 10-9　设置眼睛效果

图 10-10　完成鼻子和嘴唇的定位

到这里就完成了对五官的定位。

10.1.3　绘制五官细节

1. 绘制眼睛

眼睛是整幅作品的传神部位，所以此部分的刻画要精细些。

使用“贝济埃工具”和“形状工具”，绘制中心部分的形状，设置均匀填充的 R、G、B 的值为 171、27、0。在工具箱中选择“交互式透明工具”，在属性栏的“透明”列表中选择“标准”项，将“开始透明”的参数调整为 53。用同样的方法绘制另一个眼睛的图形。效果如图 10-11 所示。

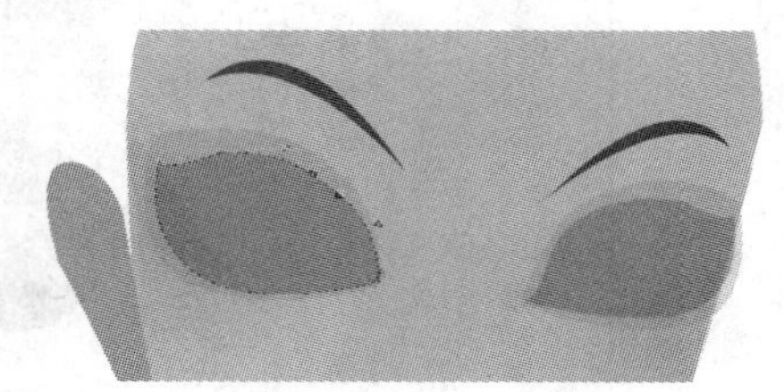
图 10-11　绘制眼睛形状

2. 绘制眼睫毛

（1）绘制眼睛上部的睫毛。使用“贝济埃工具”和“形状工具”，绘制一双眼睛的上部睫毛，并将均匀填充色的 R、G、B 值设置为 47、0、0，效果如图 10-12 所示。

（2）用同样的方法绘制眼睛下部的睫毛，并将均匀填充色的 R、G、B 值设置为 88、52、0，效果如图 10-13 所示。

图 10-12　绘制上睫毛

图 10-13　绘制下睫毛

（3）绘制眼白的形状。使用“贝济埃工具”和“形状工具”，绘制眼白的形状，并将其填充为“白色”，效果如图 10-14 所示。

（4）绘制眼睛角膜的形状。使用“贝济埃工具”和“形状工具”，绘制眼睛角膜的形状。设置均匀填充的 R、G、B 值为 47、0、0，在工具箱中选择“交互式透明工具”，在属性栏的“透明”列表中选择“标准”项，将“开始透明”的参数调整为 20，并将两个角膜对象移动到两个上睫毛的后面，效果如图 10-15 所示。

图 10-14　绘制眼白

图 10-15　绘制角膜

（5）绘制虹膜。使用“贝济埃工具”和“形状工具”，绘制眼睛角膜的形状。选择“渐变填充框”，打开“渐变填充”对话框。选择“颜色调和”选项组中的“自定义”单选按钮，在渐变轴上分别设置左右两个控制点的 R、G、B 值为 118、114、113 和 183、191、173，设置“角度”为 245.6°，“边界”值为 37，如图 10-16 所示。

（6）再将虹膜的位置调整到睫毛的后面，效果如图 10-17 所示。

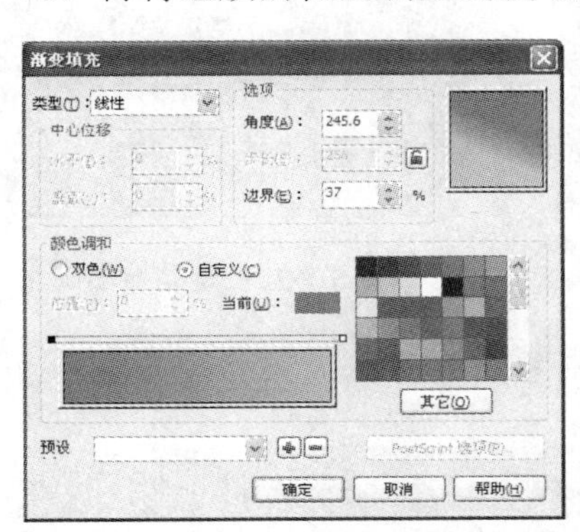

图 10-16　设置渐变效果

图 10-17　绘制虹膜

（7）绘制瞳孔。在虹膜中绘制瞳孔的形状，将对象进行均匀填充的 R、G、B 设置为 47、0、0，效果如图 10-18 所示。

（8）绘制眼睛的高光点。使用“椭圆形工具”，在瞳孔与虹膜之间，绘制两个白色小圆，在工具箱中选择“交互式透明工具”，在属性栏的“透明”列表中选择“标准”项，将“开始透明”的参数调整为 19 和 58，效果如图 10-19 所示。

图 10-18　绘制瞳孔

图 10-19　绘制高光点

至此，就完成了眼睛细节的绘制，下面将对鼻子和嘴的细节进行绘制。

10.1.4 绘制鼻子和嘴的细节

绘制完眼睛后会发现，两个眼睛之间会出现一种十分空的感觉，在这里可以通过绘制鼻子侧面来进行修饰。

（1）使用“贝济埃工具”，绘制图 10-20 所示的形状，并将均匀填充颜色的 R、G、B 值设置为 189、27、0。

（2）绘制嘴部细节。使用“贝济埃工具”和“形状工具”，绘制上下嘴唇的图形，效果如图 10-21 所示。打开“渐变填充”对话框，在“类型”列表中选择“射线”项，设置“水平”和“垂直”的值为–1 和 13；在“颜色调和”选项组中选择“自定义”单选按钮，设置渐变轴左侧控制点的 R、G、B 值为 234、161、121；设置右侧控制点的 R、G、B 值为 229、119、76，在渐变轴“位置”为 59%处添加控制点，设置其 R、G、B 值为 232、140、99。

（3）绘制嘴唇上的高光。使用“贝济埃工具”，在下嘴唇的左侧绘制图 10-22 所示的图形，将其填充为白色。在工具箱中选择“交互式透明工具”，在属性栏的“透明”列表中选择“标准”项，将“开始透明”的参数调整为 49，产生半透明的效果。

图 10-20　绘制鼻子侧面

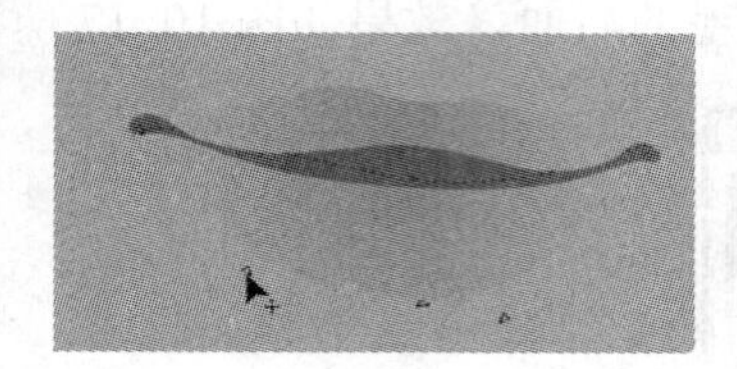

图 10-21　绘制嘴唇形状

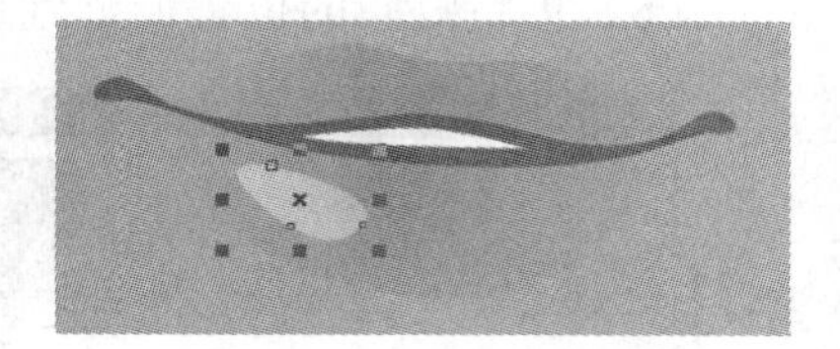

图 10-22　绘制嘴部高光

至此，就完成了脸部细节的绘制，下面将绘制人物对象的头发。

10.2 绘制头发

为了使头部与躯干之间产生立体效果，也使头发产生空间感，这里还需要为头部添加阴影。

（1）使用“贝济埃工具”，在颈与头之间的位置绘制图 10-23 所示的图形，并将均匀填充的 R、G、B 值设置为 231、101、23，将顺序移动到头部的后面。

（2）选择使用“贝济埃工具”，在图 10-24 所示的位置上绘制两束头发的图形，设置均匀填充的 R、G、B 值为 60、0、0，调整两束头发的位置到头部的后面。

图 10-23　绘制阴影

（3）用同样的方法绘制其他头发，如图 10-25 所示。

（4）绘制头部右侧前面的头发，如图 10-26 所示。

（5）绘制左侧头发的形状，并根据需要绘制一些散发的形状，使头发产生轻柔的效果，如图 10-27 所示。

至此，人物的身体部分就绘制完成了，下面将对衣物进行绘制。

图 10-24　绘制头部后面的两束头发

图 10-25　完成头部后面头发的绘制

图 10-26　绘制头部右侧前面的头发形状

图 10-27　完成头发的绘制

10.3　绘制服饰

在绘制人物的服饰时，其服饰的样式和颜色都要与人物的主体面部和气质相统一，这样才会使形象达到和谐统一的效果。

10.3.1　绘制服装

这里绘制的服装与长发和人物的气质完全统一的样式，是纱与网面料相结合的轻薄效果。

（1）使用“贝济埃工具”，在页面中绘制图 10-28 所示的形状，并单击调色板上的黑色，完成对服装主要部分的绘制。

（2）这里还需要绘制人物的手臂，并设置均匀填充色的 R、G、B 值为 255、162、103；设置“轮廓”为黑色，“宽度”为 0.353mm，效果如图 10-29 所示。

（3）使用“贝济埃工具”，一步一步地绘制手臂上的网格，完成的网袖效果如图 10-30 所示。

图 10-28　绘制服装

图 10-29　绘制手臂

图 10-30　绘制网袖

下面将根据需要绘制一些饰品。

10.3.2　绘制饰品

这里绘制的饰品颜色采用的是无色系的灰色，产生一种银饰品的效果。

（1）选择工具箱中的“椭圆形工具”，在服装的肩部绘制一个钮扣形状的饰品，使用“渐变填充”功能使饰品产生银质的效果。在“渐变填充”对话框中选择“自定义”单选按钮，选择渐变轴左侧控制点，设置 R、G、B 值为 139、148、157；选择右侧控制点，设置 R、G、B 值为 167、172、164，在渐变轴上添加一个控制点，“位置”的值为 46，设置 R、G、B 值为 228、230、235，如图 10-31 所示。

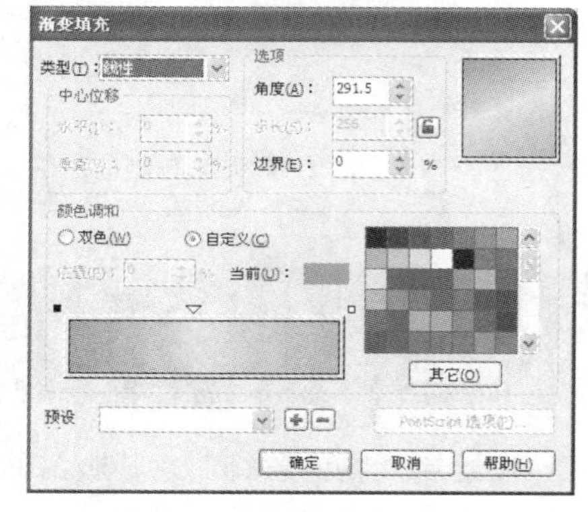

图 10-31　设置渐变色

（2）单击【确定】按钮，完成渐变色的设置，饰品效果如图 10-32 所示。

（3）用同样的方法，在右侧头发上绘制图 10-33 所示的饰品，填充方法与肩部钮扣饰品相同，效果如图 10-33 所示。

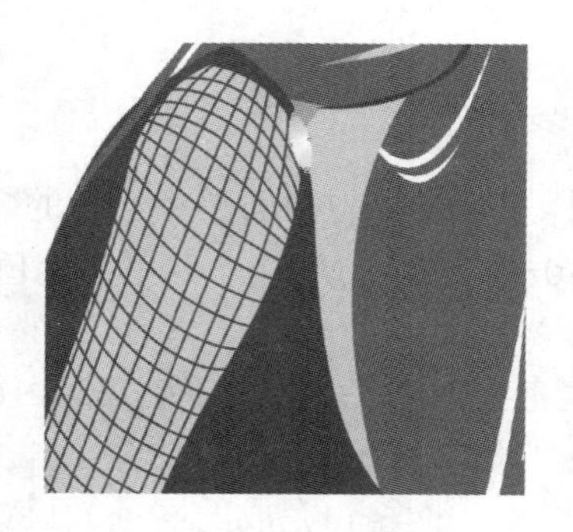

图 10-32　绘制肩部钮扣饰品

图 10-33　绘制头发饰品

至此，插图的主体部分就全部绘制完了，下面将根据需要绘制插画的背景部分。

10.4 绘制背景图形

一个成功的插画与和谐一体的背景是密不可分的，因为合适的背景对主体形象具有烘托的作用，可以使主体形象更加突出。

10.4.1 绘制背景花朵

花朵对于烘托女性形象应该说是非常适合的，花朵可以寓意女子的美貌等特性。

（1）绘制花瓣的图形。使用“贝济埃工具”和“形状工具”，绘制花朵左上角的花瓣图形。在“渐变填充”对话框的“类型”列表中选择“射线”项、设置“水平”和“垂直”的值为43和–35；在“颜色调和”选项组中选择“自定义”单选按钮；设置渐变轴左侧控制点的R、G、B值为224、95、64，右侧按制点的R、G、B值为173、50、44，在渐变轴上添加一个控制点，设置“位置”的值为48，设置此控制点的R、G、B值为224、101、48，再添加一个控制点，设置“位置”的值为54，设置此控制点的R、G、B值为197、77、47，单击【确定】按钮，完成对花瓣的填充。复制4个再进行旋转，完成花瓣图形的绘制。

（2）绘制花蕊。使用“贝济埃工具”，在花瓣的中心位置绘制花蕊的图形。使用“渐变填充工具”，设置“类型”为“射线”；将“水平”和“垂直”的值设置为–1和0；设置“从”的R、G、B值为75、32、34，设置“到”的R、G、B值为140、51、43，如图10–34所示。

（3）单击【确定】按钮完成花朵主要部分的绘制，效果如图10–35所示。

（4）在花朵中绘制一些修饰的图形部分，效果如图10–36所示。

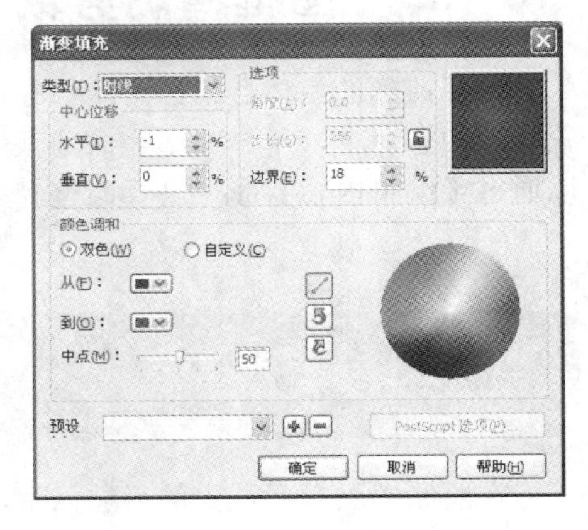

图10–34　设置渐变色

图10–35　绘制花朵的主要部分

图10–36　完成花朵的绘制

（5）使用同样的方法绘制图10–37所示的花朵图形。

（6）选择所有的图形，执行【排列】→【群组】命令，将所有的图形设置为一个群组。

（7）绘制背景图框。选择工具箱中的“矩形工具”绘制矩形，大小比例如图10–38所示。设置均匀填充的 R、G、B 值为 250、191、176，将矩形的顺序调整到主体的后面。

图 10-37　绘制其他花朵

图 10-38　完成绘制

至此，所有的图形就绘制完了，最后还需要进行图框精确剪裁。

10.4.2 图框精确剪裁

选择前面的主体群组，执行【效果】→【图框精确剪裁】→【放置容器中】命令，单击矩形完成剪裁。如果剪裁的位置不正确，可以通过【编辑内容】命令进行调整，完成效果如图 10-39 所示。

图 10-39　完成效果

经验与技巧分享

在绘制插画时要从大的形象入手，使最后的完成效果与设想的效果完全相同。

经验与技巧分享如下。

（1）在绘制人物插画时，要注意人物的形体及五官的比例，如果需要做夸张处理，也要在标准形状上做特意的夸张。

（2）绘制插画时，要注意简化与复杂的对比应用。一般情况下，眼睛、嘴和手的绘制比较复杂一些，其他部分都应从简。

（3）绘制插画时要注意背景与配饰的绘制要与主体图形和谐。

（4）绘制插画的风格时要注意个性追求，以形成插画的特色。

11 概念产品造型设计

产品的造型设计是现代设计中不可缺少的重要组成部分，为了将构思作品展示出来和更好地记录与修改构思，就要在构思的同时绘制出设计的表现图，使产品展示在人们的面前。

完成后的产品效果如图 11–1 所示。

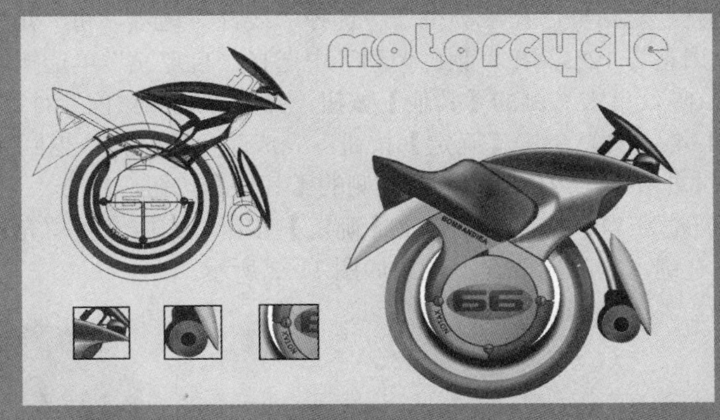

图 11-1　完成后的产品效果

学习提要

- 设计产品的方法
- 为车胎增加立体效果
- 绘制车架
- 绘制车灯
- 绘制轮胎
- 绘制轴承
- 绘制车座
- 绘制挡板

11.1　绘制轮胎

绘制轮胎的目的是确定作品的页面中的尺寸，同时轮胎也是此作品中最具效果的部分，对轮胎的表现方法直接影响到作品的其他部分的表现。

11.1.1 绘制轮胎的基本图形

（1）运行 CorelDRAW X4，创建一个新的文件。

（2）绘制轮胎的外形。选择工具箱中的“椭圆形工具”，按住【Ctrl】键，绘制出一个圆形，如图 11-2 所示。

提示：此圆形可以是任意尺寸的，其他的图形都以此图形为参照来绘制。

（3）在工具箱中单击“填充工具”，弹出扩展工具条，选择其中的“渐变填充框”，打开“渐变填充”对话框。在“类型”中选择“线性”选项，将“角度”的参数调整为–26.1，将边界的参数调整为 12%，在“颜色调和”中选择“自定义”单选按钮，确定在“位置”文本框中的参数为 0%，单击右侧的【其他】按钮，打开“选择颜色”对话框。将 R、G、B 的参数调整为 138、134、131，单击【确定】按钮，完成颜色的选择。返回到“渐变填充”对话框，在“位置”文本框中输入 100%，单击右侧的【其他】按钮，打开“选择颜色”对话框。将 R、G、B 的参数调整为 71、56、59，单击【确定】按钮，完成渐变填充设置。在调色板中的☒按钮上单击鼠标右键，删除轮廓线。效果如图 11-3 所示。

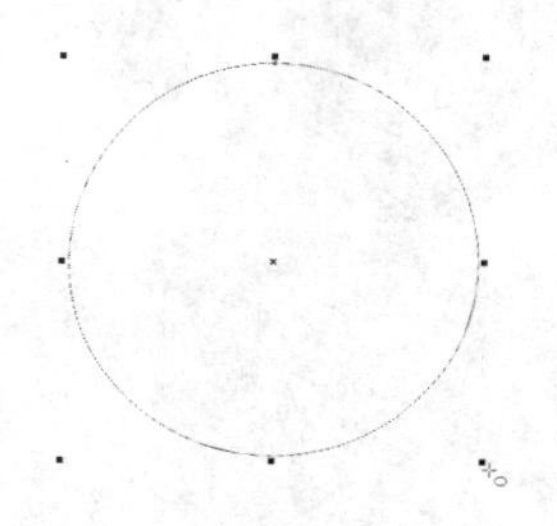

图 11-2　绘制圆形

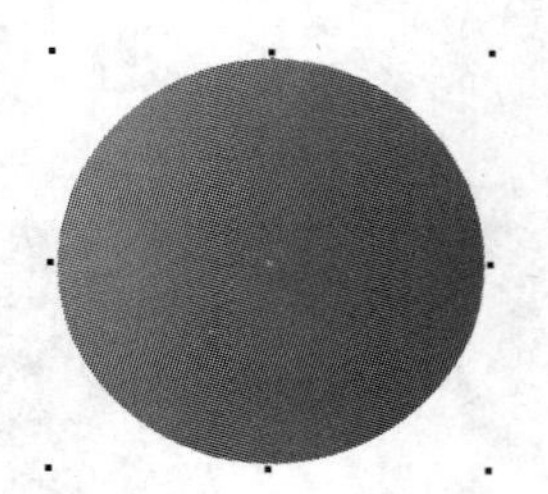

图 11-3　填充效果

提示：在后面的操作中，我们要经常用到这个圆形作为参考，这里将它命名为“参考圆”，方便后面的制作。

11.1.2 绘制多个圆形

（1）复制一个车圈的形状。按【Ctrl+C】组合键复制图形，按【Ctrl+V】组合键进行粘贴，按住【Shift】键的同时拖动右上角的控制节点，等比例缩小图形，效果如图 11-4 所示。

（2）设置车圈的颜色。确定内部的圆处于选择状态，选择工具箱中的“交互式填充工具”，在“属性栏”中，单击“填充下拉式”色样框（第 1 个颜色框），从弹出的颜色列表框中单击【其他】按钮，打开“选择颜色”对话框。将 R、G、B 的参数调整为 202、208、208，单击【确定】按钮，完成颜色的设置。用同样的方法，将“最终填充挑选器”色样框（第 2 个颜色框）的 R、G、B 参数调整为 199、205、205。

内部圆产生图 11-5 所示的颜色效果。

（3）设置车圈暗部，按【Ctrl+C】组合键，复制新填充的圆形，再按【Ctrl+V】组合键，进行粘贴。按住【Shift】键的同时拖动右上角的控制节点，等比例缩小图形。在工具箱中单击“填充工具”，弹出扩展工具条，选择其中的“填充框”，将 R、G、B 的参数调整为 22、14、12，单击【确定】按钮，完成颜色的填充。效果如图 11-6 所示。

图 11-4 复制并缩小图形

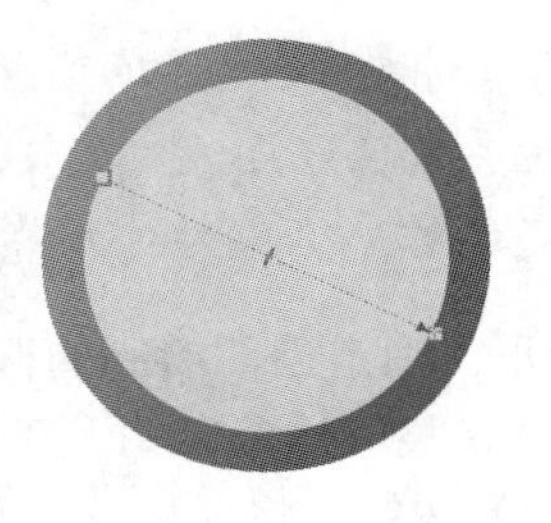

图 11-5 调整颜色

（4）为暗部设置过渡效果，增加立体效果。在工具箱中选择“交互式调和工具”，从当前图形上拖曳到上一层图形，进行交互式调和处理，效果如图 11-7 所示。

（5）按【Ctrl+C】组合键，复制当前选定的图形，再按【Ctrl+V】组合键进行粘贴，将填充色改为白色。向上拖动下面中间的控制节点，对圆形进行挤压，向上移动图形到适当位置。效果如图 11-8 所示。

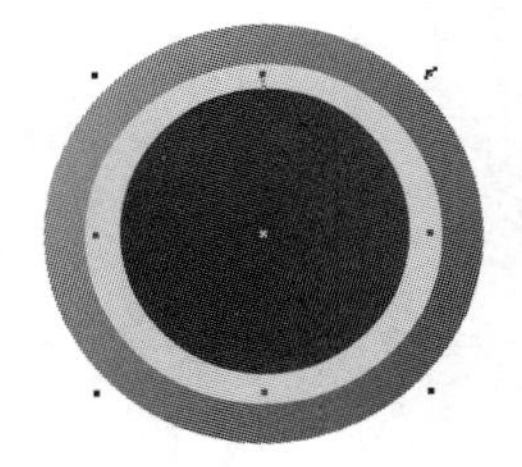

图 11-6 复制图形并调整颜色

图 11-7 调和后的效果

图 11-8 向上挤压图形

车轮的形状就出来了，下面开始对车轮进行修饰。

11.2 为车胎增加立体效果

上面的绘制只是对轮胎形状方面的表现，轮胎的颜色变化和质感并没有体现，下面将通过对轮胎立体感的表现来展示轮胎的真实效果。

现在的车胎还没有立体效果，下面就要为车胎添加立体效果。

（1）选择工具箱中的“椭圆形工具”，在车轮的位置上绘制出图 11-9 所示的椭圆形。

（2）对齐圆形。按住【Shift】键，加选前面提到的“参考圆”图形，单击属性栏中的“对齐与分布”按钮，打开“对齐与分布”对话框。在水平方向选择“中”复选框，单击【应用】按钮，使两图形中间对齐，如图 11-10 所示。

页面中车轮对齐后的效果如图 11-11 所示。

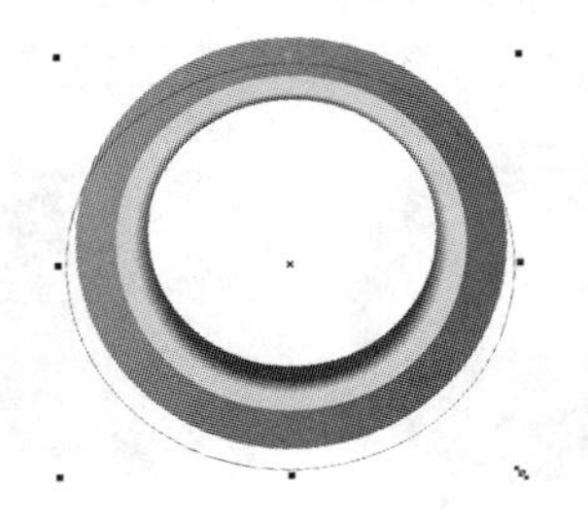

图 11-9 绘制椭圆形

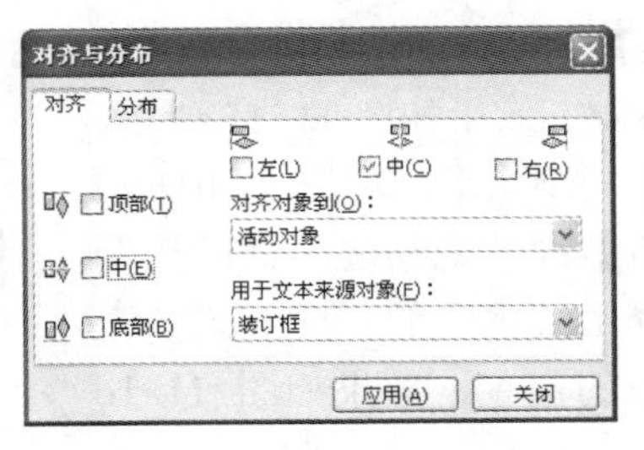

图 11-10 设置对齐方式

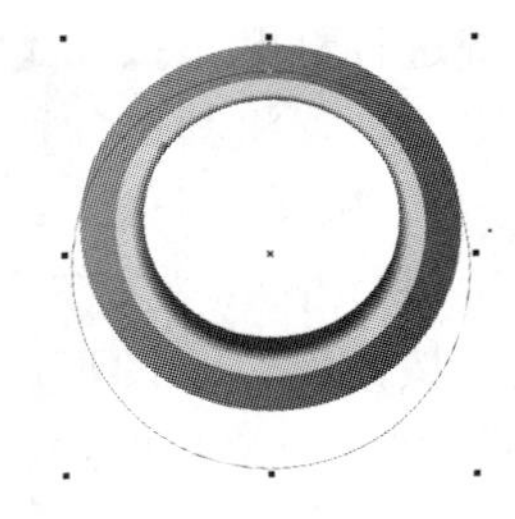

图 11-11 对齐后的效果

提示：用来对齐左、右、顶端或底部边缘的参照对象是由创建顺序或选择顺序决定的。如果在对齐前已经圈选对象，则会使用最后创建的那个对象；如果每次选择一个对象，最后选定的对象将成为对齐其他对象的参考点。

（3）修整图形。确定当前绘制的椭圆形处于选中状态，执行【窗口】→【泊坞窗】→【造型】命令，打开“修整”泊坞窗口。确定列表中选项为“修剪”，确定只选择“目标对象”复选框，单击【修剪】按钮，将鼠标移至页面中的“参考圆”图形上，鼠标变为后单击，修剪出一个新图形对象，如图 11-12 所示。

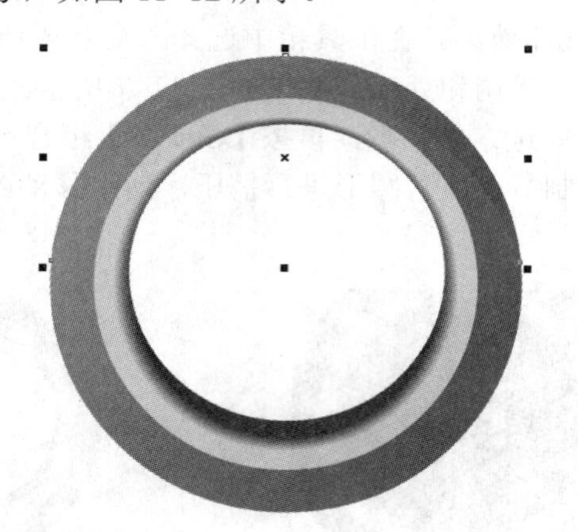

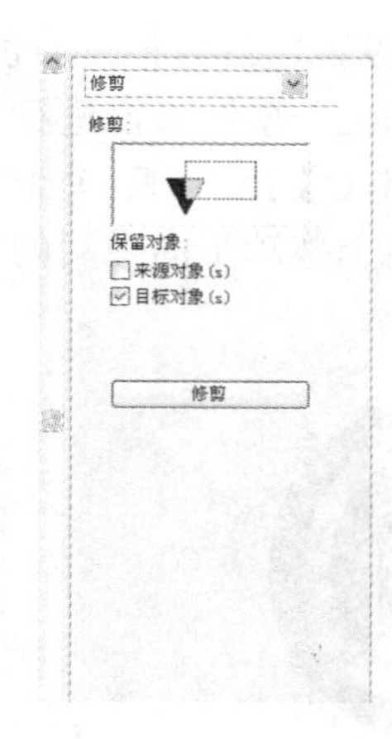

图 11-12 修剪轮胎

（4）改变修整图形的颜色。在工具箱中单击“填充工具”，弹出扩展工具条，选择其中的“填充框”，将 R、G、B 值调整为 35、37、38，单击【确定】按钮，完成颜色的填充，效果如图 11-13 所示。

（5）修整颜色效果。选择工具箱中的“交互式透明工具”，从上至下按住并拖动鼠标左键，效果如图 11-14 所示。这样的图形看起来不生硬。

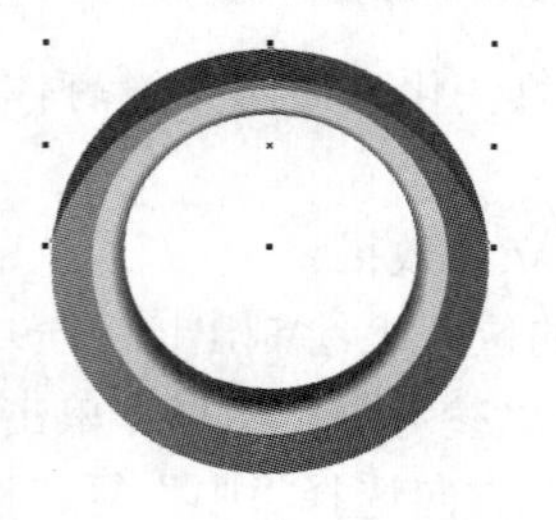

图 11-13 填充新图形

图 11-14 添加交互透明效果

（6）给轮胎增加立体效果。选择“参考圆”图形，按【Ctrl+C】组合键复制图形，再按【Ctrl+V】组合键进行粘贴。按住【Shift】键，拖动边角处的控制节点，按比例缩小图形。为了使绘制时看得更清晰，将其单独移至右侧。效果如图 11-15 所示。

（7）按【Ctrl+C】组合键复制图形，再按【Ctrl+V】组合键进行粘贴。按住【Shift】键，拖动边角处的控制节点，按比例缩小图形。选择工具箱中的“交互式填充工具”，调整起始点和终点的位置，效果如图 11-16 所示。

图 11-15 复制新图形

（8）选择工具箱中的“交互式调和工具”，使两个图形产生交互效果，如图 11-17 所示。

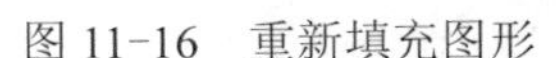

图 11-16　重新填充图形

图 11-17　调整填充效果

（9）对齐轮胎的图形。圈选新绘制的图形，用鼠标右键单击选中的图形，从弹出的菜单中执行【群组】命令，将图形群组到一起。按住【Shift】键，加选“参考圆”圆形，在属性栏中单击“对齐与分布”按钮，在“对齐与分布”对话框中选择“中”复选框，单击【应用】按钮，完成对齐的设置。如图 11-18 所示。

（10）完成轮胎的制作。按【Ctrl+Page Up】组合键，将图形群组移动到“参考圆”图形的上面，效果如图 11-19 所示。

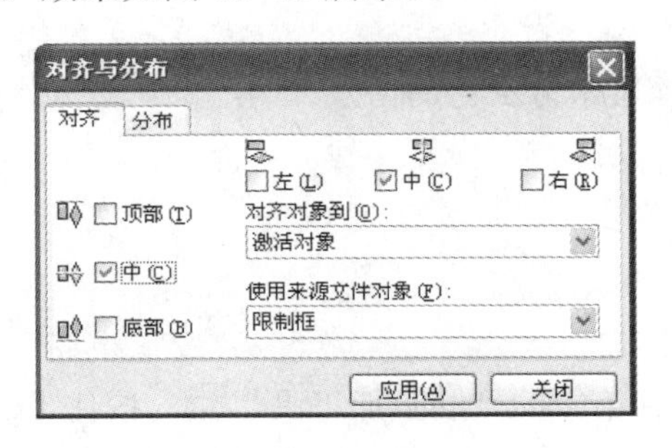

图 11-18　设置对齐方式

图 11-19　调整层次

（11）为车胎绘制高光。选择工具箱中的“贝济埃工具”，绘制一个图形，再选择工具箱中的“形状工具”，调整绘制图形的节点。选择“填充框”，将 R、G、B 值都调整为 121，单击【确定】按钮，完成颜色的填充，在调色板的☒按钮上单击鼠标右键删除轮廓线。效果如图 11-20 所示。

（12）调整高光颜色的效果。选择工具箱中的“交互式透明工具”，在属性栏中选择“透明度类型”为“射线”。选择当前显示为黑色的透明中心点，在属性栏中设置“透明中心点”为 100，选择另一个透明中心点，在属性栏中设置“透明中心点”为 0。效果如图 11-21 所示。

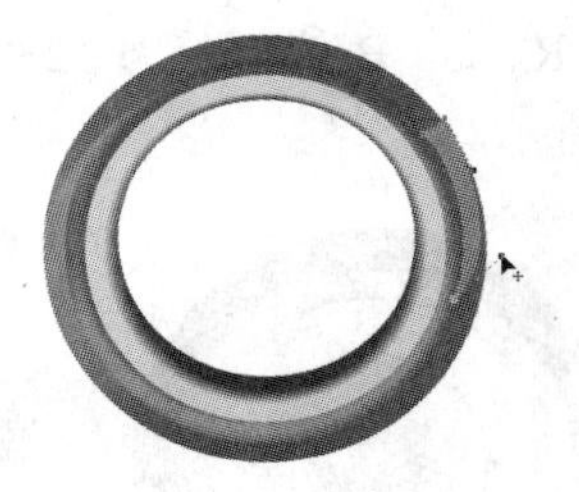

图 11-20　绘制图形

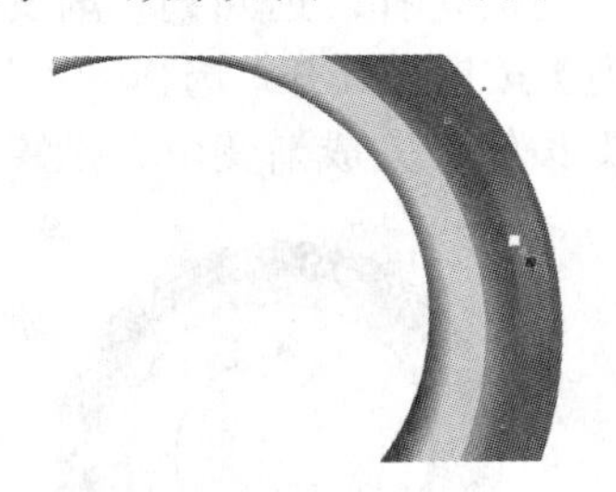

图 11-21　调整高光颜色的效果

轮胎绘制完成了，下面来绘制轴承。

11.3 绘制轴承

轴承是由硬质材料构成的，在表现时应多注意其细节上的变化，只有将此部分的颜色的精细变化充分地展示出来，才能展示出硬质材料的效果。

11.3.1 创建图层

为了操作方便，新建 1 个新图层，执行【窗口】→【泊坞窗】→【对象管理器】命令，打开“对象管理器”窗口。单击面板左下角的“新建图层”按钮，创建出“图层 2”，在“图层 1”上单击鼠标右键，选择【重命名】命令，将图层重新命名为“轮胎”。同理，将“图层 2”重命名为“轴承”。确定“轴承”名称处于“红色”显示状态（如果此图层的名称为黑色状态，那么可以单击此图层，使图层的名称以红色显示），如图 11-22 所示。

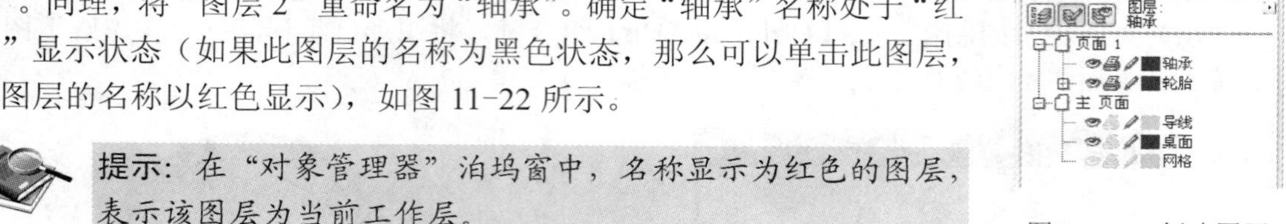

提示：在“对象管理器”泊坞窗中，名称显示为红色的图层，表示该图层为当前工作层。

图 11-22　创建图层

11.3.2 绘制基本图形

（1）在图层“轴承”上来绘制图形。选择工具箱中的“椭圆形工具”，按住【Ctrl】键的同时，在图中的合适位置绘制圆形，设置轮廓线宽度为 0.5 mm，轮廓线颜色的 R、G、B 值为 41、39、40。再按住【Shift】键，加选“参考圆”，单击属性栏中的“对齐与分布”按钮，弹出“对齐与分布”对话框。在“水平”和“垂直”方向上分别选择“中”复选框，单击【应用】按钮完成对齐操作。效果如图 11-23 所示。

（2）填充渐变色，增加立体效果。在工具箱中单击“填充工具”，弹出扩展工具条。选择其中的“渐变填充框”，打开“渐变填充”对话框。在“类型”中选择“线性”选项，在“颜色调和”中选择“自定义”选项，在“位置”文本框中输入 0%，单击右侧的【其他】按钮，打开“选择颜色”对话框。将颜色的 R、G、B 值调整为 179、188、189，单击【确定】按钮，完成颜色的选择。返回到“渐变填充”对话框，在“位置”文本框中输入 100%，单击右侧的【其他】按钮，打开“选择颜色”对话框。将颜色的 R、G、B 值调整为 123、128、134，单击【确定】按钮，完成渐变填充设置。效果如图 11-24 所示。

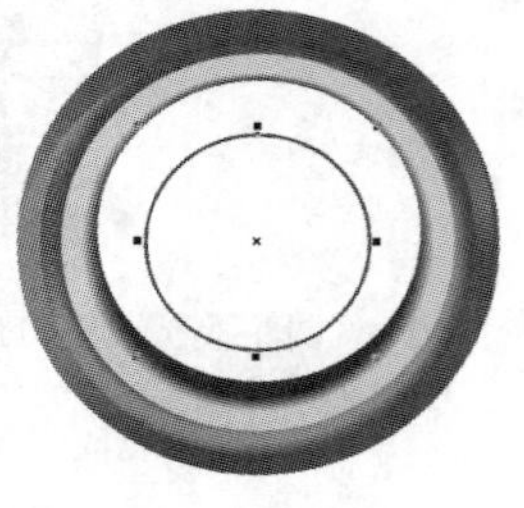

图 11-23　绘制圆形

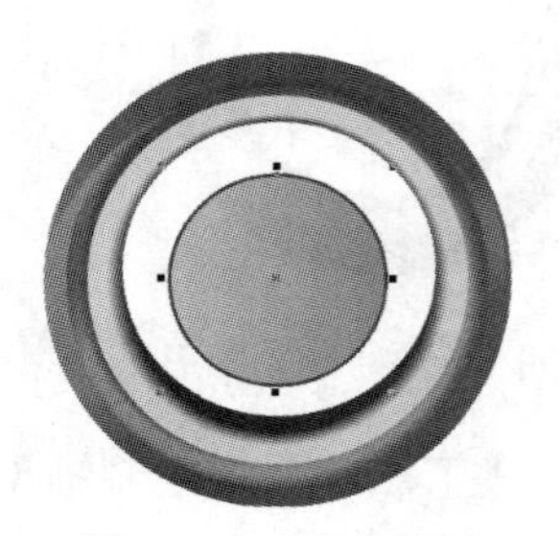

图 11-24　填充图形

（3）在工具箱中选择“交互式填充工具”，调整起始点和结束点的位置，效果如图 11-25 所示。

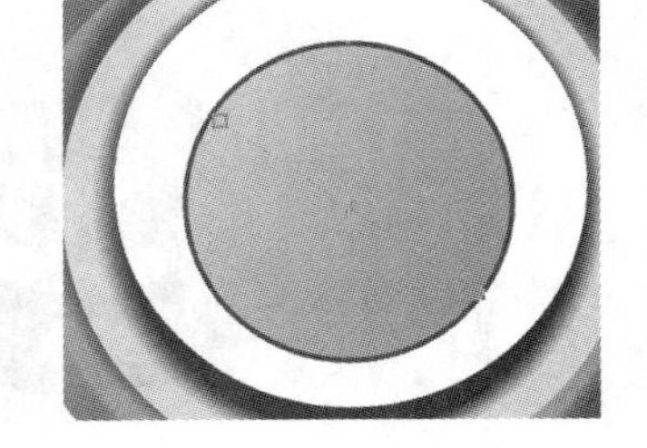
图 11-25　调整填充效果

11.3.3　增加轴承的立体效果与质感

（1）选择“贝济埃工具”，绘制多边形，选择工具箱中的“形状工具”，对形状进行调整，效果如图 11-26 所示。

（2）确定绘制的多边形处于选中状态，执行【窗口】→【泊坞窗】→【造型】命令，打开“造型”泊坞窗口。在列表中选择“相交”选项，选中“目标对象”复选框（不选择“来源对象”复选框。如果选择此复选框，相交后产生的图形与没相交时的图形会在同一个位置存在）。单击【相交】按钮，在圆形上单击进行相交。效果如图 11-27 所示。

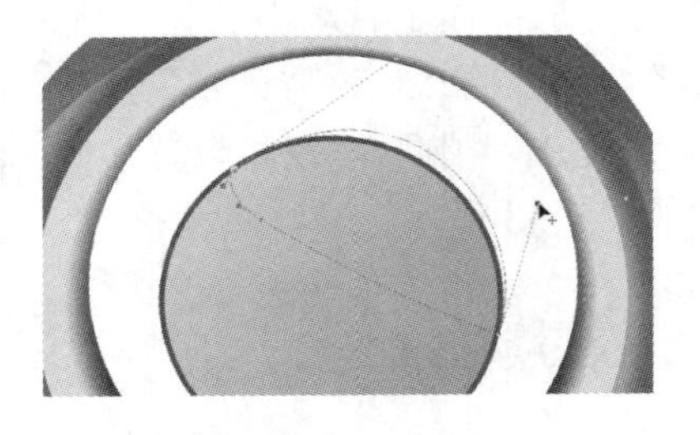
图 11-26　绘制图形

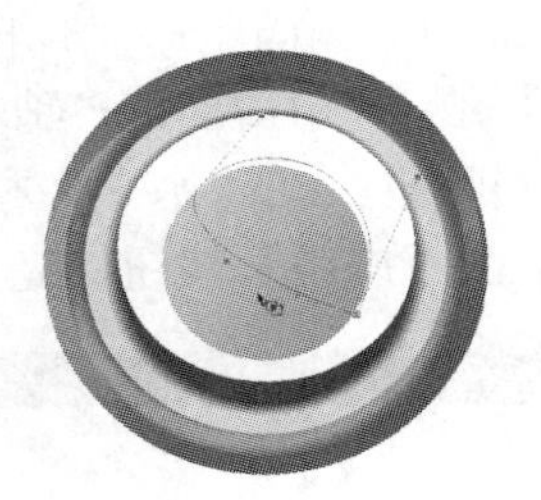
图 11-27　调整图形

（3）此时出现一个新的半圆图形，在调色板的☒按钮上单击鼠标右键，删除轮廓线，更改填充色为白色，效果如图 11-28 所示。

（4）选择工具箱中的“交互式透明工具”，从右上向中心拖曳，产生图 11-29 所示的效果。

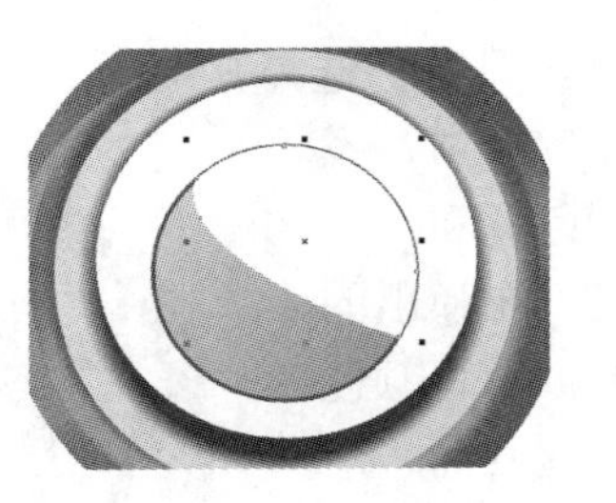
图 11-28　填充为白色

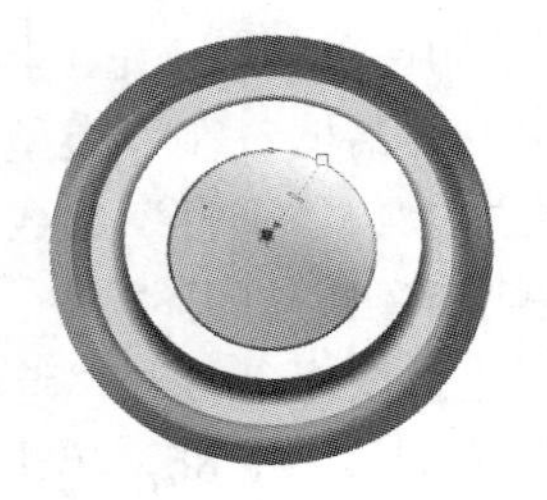
图 11-29　调整填充效果

11.3.4　绘制轴承的暗部

（1）分别选择工具箱中的“贝济埃工具”和“形状工具”，绘制图形并调整图形的节点，产生图 11-30 所示的形状。选择“填充框”，将颜色的 R、G、B 值调整为 104、99、102，完成颜色的填充，在调色板的☒按钮上单击鼠标右键，删除轮廓线。

（2）选择工具箱中的“交互式透明工具”，从下向上拖曳，产生图 11-31 所示的交互效果。

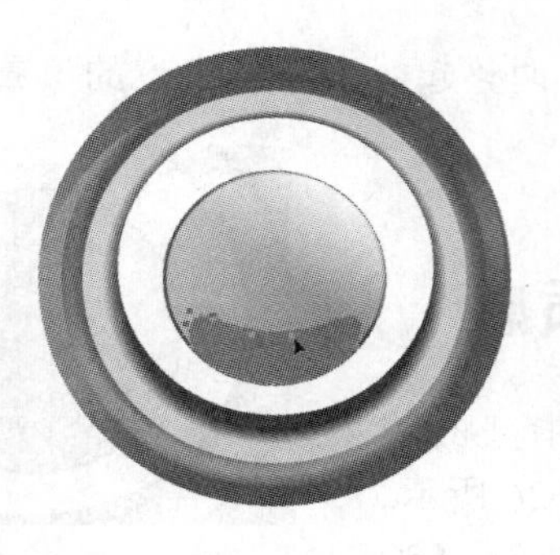

图 11-30　绘制并填充图形

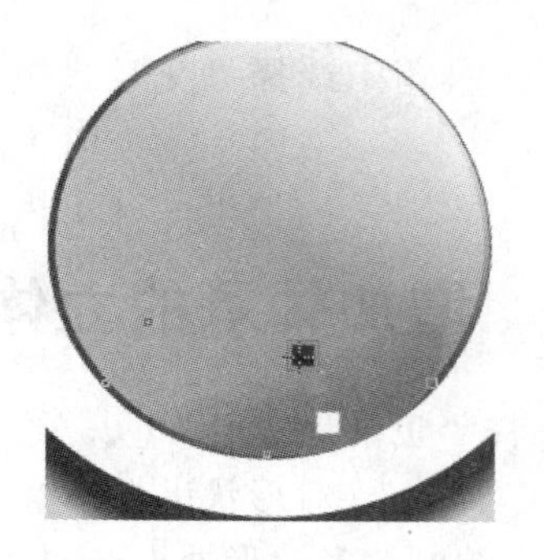

图 11-31　进行交互填充

11.3.5　绘制文字背景

（1）选择工具箱中的“椭圆形工具”绘制椭圆形，在工具箱中选择“挑选工具”，按住【Shift】键，单击后面的“轴承”图形。单击属性栏中的“对齐与分布”按钮，弹出“对齐与分布”对话框，在“水平”和“垂直”方向上均选择“中”对齐。设置如图 11-32 所示。

（2）单击【应用】按钮，完成的对齐效果如图 11-33 所示。

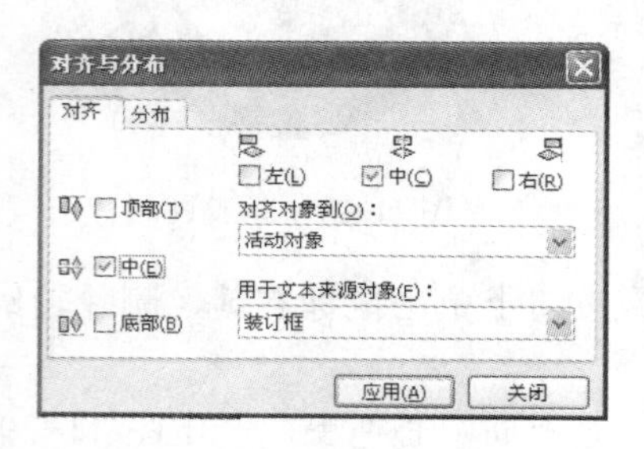

图 11-32　设置对齐方式

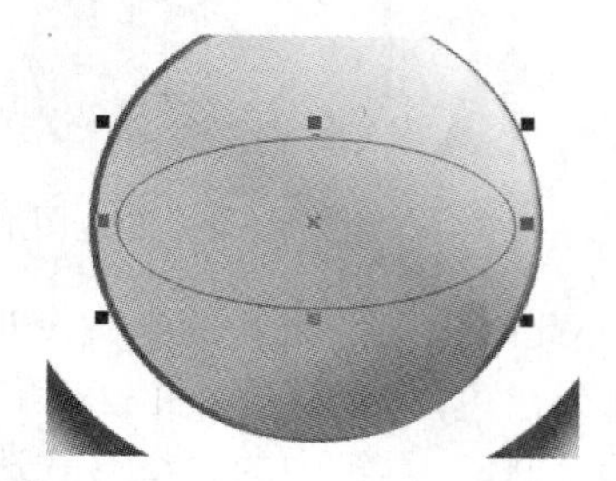

图 11-33　对齐图形

（3）在工具箱中单击“填充工具”，弹出扩展工具条，选择其中的“渐变填充框”，打开“渐变填充”对话框。在“类型”中选择“射线”选项，设置“水平”参数为 1%，“垂直”参数为 55%，在“颜色调和”中单击“双色”单选按钮。打开“从”右侧的色样列表，在弹出的面板中单击【其他】按钮，打开“选择颜色”对话框。设置颜色的 R、G、B 值为 84、79、86，单击【确定】按钮，返回到“渐变填充”对话框。同理，在“到”右侧的色样列表中，设置颜色的 R、G、B 值为 151、155、156，单击【确定】按钮，完成渐变填充设置。在调色板中的☒按钮上单击鼠标右键，删除轮廓线。效果如图 11-34 所示。

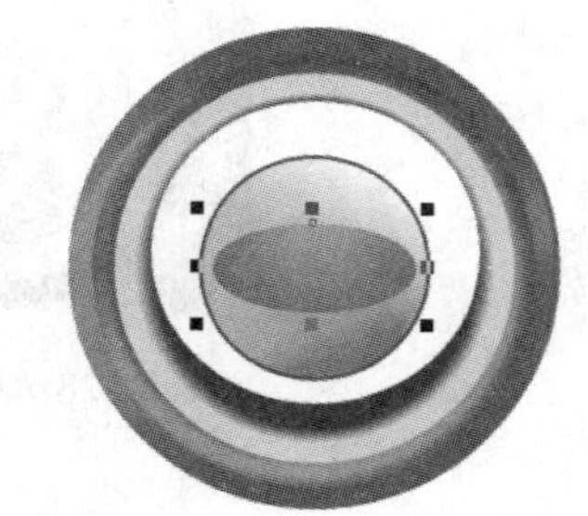

图 11-34　调整填充

11.3.6　绘制数字

（1）分别选择工具箱中的“贝济埃工具”和“形状工具”，绘制并调整数字“6”，如图 11-35 所示。选择工具箱中的“填充框”，将填充颜色 R、G、B 值调整为 49、47、50，完成颜色的填充。在调色板的☒按钮上单击鼠标右键，删除轮廓线。

（2）现在数字“6”中还少一个“口”，选择工具箱中的“矩形工具”□绘制出一个矩形，效果如图 11-36 所示。

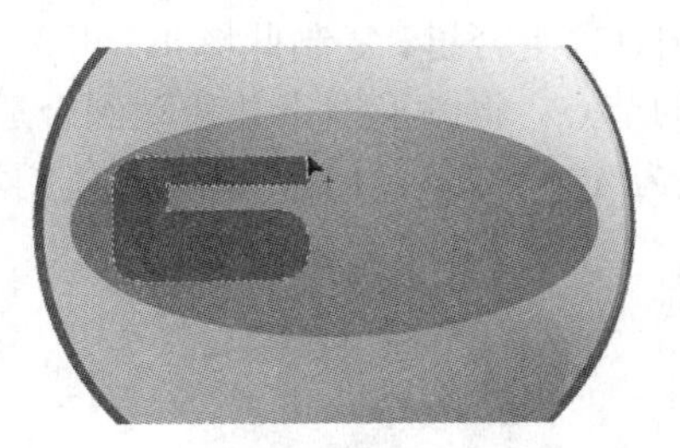

图 11-35　绘制数字

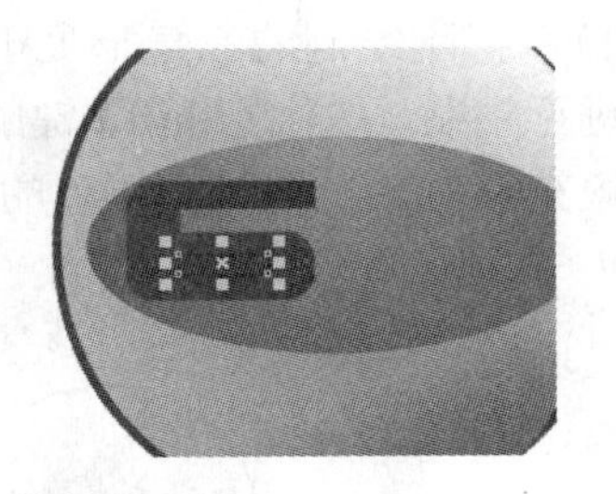

图 11-36　绘制出一个矩形

（3）按住【Shift】键，加选数字“6”的外轮廓图形，单击属性栏中的“后减前”按钮，将数字图形剪出一个缺口，效果如图 11-37 所示。

（4）选择工具箱中的“交互式透明工具”，从下向上拖曳，使数字的颜色效果与背景的效果相同。效果如图 11-38 所示。

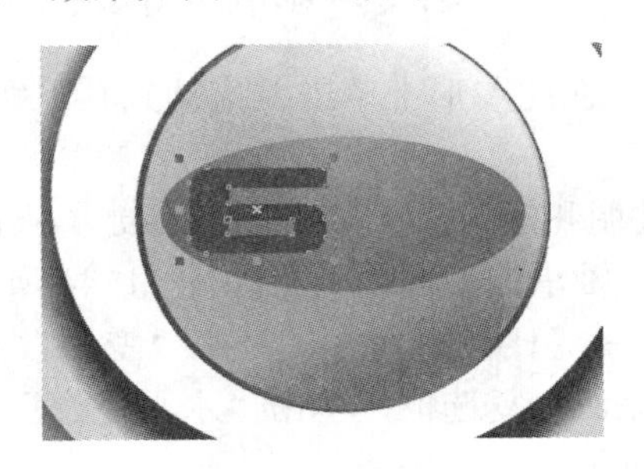

图 11-37　删减矩形

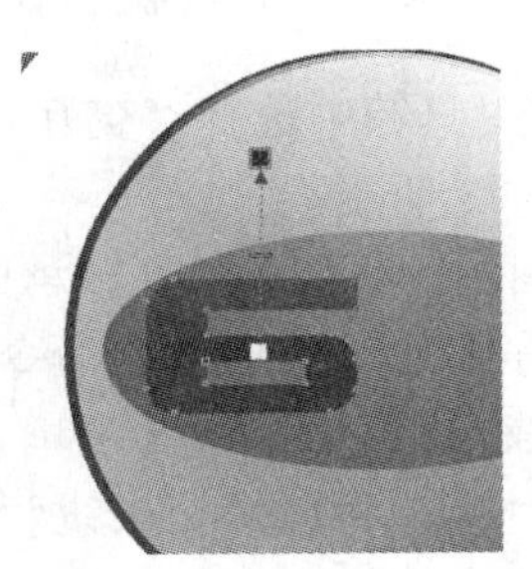

图 11-38　调整效果

（5）按【Ctrl+C】组合键复制此图形，再按【Ctrl+V】组合键进行粘贴，向右移动刚复制出的图形到合适位置，效果如图 11-39 所示。

（6）为了使轴承轮廓线清晰可见，可以单击轴承轮廓，使其处于选择状态。按【Ctrl+C】组合键，复制轴承图形，再按【Ctrl+V】组合键进行粘贴，在调色板的⊠按钮上单击鼠标右键，删除填充色。效果如图 11-40 所示。

图 11-39　复制数字

图 11-40　设置轴承轮廓

11.3.7　绘制轴承套

（1）分别选择工具箱中的“贝济埃工具”和“形状工具”，绘制一个三角形并对该形状进行调整，效果如图 11-41 所示。选择“填充框”■，将填充颜色的 R、G、B 值调整为 70、62、67，完成颜色的填充后，在调色板的⊠按钮上单击鼠标右键，删除轮廓。

（2）保持刚绘制的三角形处于选中状态，按【Ctrl+C】组合键，复制此图形，再按【Ctrl+V】组合键进行粘贴，按住【Shift】键的同时拖动边角处的节点，将图形缩小并移动到合适的位置。选择“填充框”■，将填充颜色的 R、G、B 值调整为 148、155、157，完成颜色的填充。效果如图 11-42 所示。

图 11-41　绘制三角形

图 11-42　对图形进行填充

（3）在工具箱中选择“交互式调和工具”，在此图形上单击并拖动到其下面的图形上，效果如图 11-43 所示。

（4）将两个图形移动到轴承的后面，在经过调和的对象上单击鼠标右键，从弹出的菜单中执行【顺序】→【到后部】命令，将图形移动到轴承的后面，效果如图 11-44 所示。

（5）执行【窗口】→【泊坞窗】→【变换】→【比例】命令，打开“变换”泊坞窗。在窗口中单击“缩放和镜像”按钮，选中“不按比例”复选框，单击“水平镜像”按钮，再在其下方选中右侧中间的复选框，如图 11-45 所示。

图 11-43　对图形进行调和处理

图 11-44　调整图形的层次

（6）单击【应用到再制】按钮，稍向右移动刚复制出来的图形，效果如图 11-46 所示。

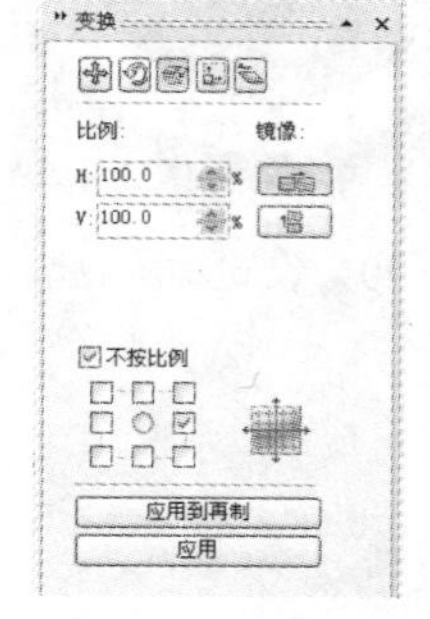

图 11-45　缩放和镜像的设置

图 11-46　调整复制出来的图形

（7）选择工具箱中的“交互式调和工具”，在属性栏中选择“清除调和”按钮，改变底层图形颜色的R、G、B值为44、38、39，上层图形颜色的R、G、B值为97、84、79。产生的效果如图11-47所示。

（8）选择工具箱中的“交互式调和工具”，调和图形上的颜色，使其产生光滑的效果，如图11-48所示。

图11-47　调整颜色

图11-48　调整填充效果

（9）选择工具箱中的“贝济埃工具”，绘制出一个倒三角形，再选择“形状工具”对图形的形状进行调整，如图11-49所示。选择“填充框”，将填充颜色的R、G、B值调整为70、62、67，完成颜色的填充。在调色板的☒按钮上单击鼠标右键，删除轮廓线。

（10）选择工具箱中的“贝济埃工具”，绘制一个三角形。再选择“形状工具”，对图形的形状进行调整，如图11-50所示。选择“填充框”，将填充颜色的R、G、B值调整为178、179、174，完成颜色的填充。在调色板的☒按钮上单击鼠标右键，删除轮廓线。

图11-49　绘制新图形并进行填充

图11-50　绘制三角形

（11）在工具箱中选择“交互式调和工具”，调和两图形的颜色，效果如图11-51所示。

（12）调整顺序。圈选经过调和的图形，在图形上单击鼠标右键，从弹出的菜单中执行【顺序】→【到后部】命令，效果如图11-52所示。

图11-51　调和图形的颜色效果

图11-52　调整图形的顺序

11.4 绘制车架

此作品的车架主要由精巧的构件组成，它们主要是支撑件和螺丝，对这些部分以精细描绘为主，以展示设计的高科技和精加工的效果。

11.4.1 绘制基本形状

（1）绘制车架的基本形状。分别选择工具箱中的“贝济埃工具”和“形状工具”，绘制一个多边形，形状如图 11-53 所示。选择“填充框”，将填充颜色的 R、G、B 值调整为 37、29、27，完成颜色的填充。在调色板中的☒按钮上单击鼠标右键，删除轮廓线。

（2）分别选择工具箱中“贝济埃工具”和“形状工具”，绘制图 11-54 所示的图形，将它调整到合适的位置上。在工具栏中单击“填充工具”，弹出扩展工具条，选择其中的“渐变填充框”，打开“渐变填充”对话框。在“类型”中选择“线性”选项，设置“角度”为 -86.1°，设置“边界填充”为 37%。在“颜色调和”中选中“双色”单选按钮，打开“从”右侧的色样列表，在弹出的面板中单击【其他】按钮，打开“选择颜色”对话框。设置颜色的 R、G、B 值为 156、149、121，单击【确定】按钮，返回到“渐变填充”对话框。同理，设置“到”色样列表中的颜色 R、G、B 值为 101、83、79，单击【确定】按钮，完成渐变填充设置，在调色板的☒按钮上单击鼠标右键，删除轮廓线。

图 11-53　绘制多边形并进行填充

图 11-54　设置填充

（3）在工具箱中选择“交互式调和工具”，调和两图形的颜色，效果如图 11-55 所示。

（4）圈选经过调和的图形，按【Ctrl+Page Down】组合键，将两个图形调整到轴承图形的下方，效果如图 11-56 所示。

图 11-55　调和两图形的颜色

图 11-56　调整图形的顺序

11.4.2 绘制螺丝

（1）绘制螺丝的外轮廓。选择工具箱中的“椭圆形工具”，在图 11-57 所示的位置上绘制圆形。选择工具箱中的“轮廓画笔”，弹出的“轮廓笔”对话框。在“宽度”文本框中输入 0.5 mm，单击“颜色”色样框，从弹出的面板中单击【其他】按钮，打开“选择颜色”对话框。设置颜色的 R、G、B 值为 41、39、40，单击【确定】按钮，完成轮廓线的设置。选择“填充框”，将填充的 R、G、B 值调整为 58、48、47，完成颜色的填充。

（2）绘制螺丝钉的高光。在工具箱中选择“椭圆形工具”，在合适的位置绘制图 11-58 所示的圆形，在调色板的☒按钮上单击鼠标右键，删除图形的轮廓线。选择“填充框”，将填充颜色的 R、G、B 值设置为 154、150、138，完成颜色的填充。

图 11-57　绘制圆形

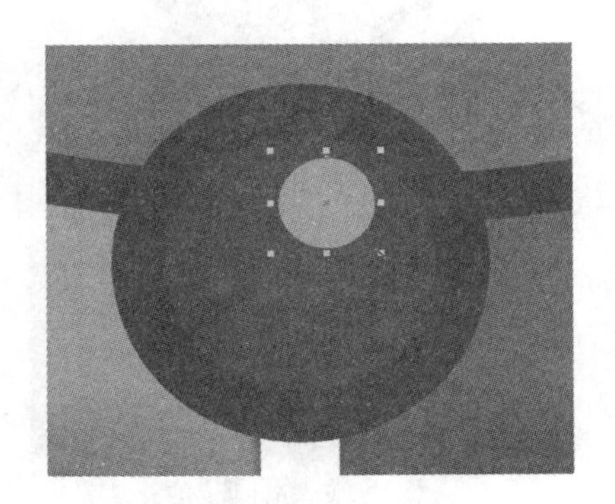

图 11-58　绘制并填充圆形

（3）调整高光与螺丝钉的颜色，在工具箱中选择“交互式调和工具”，调和后的效果如图 11-59 所示。

（4）在工具箱中选择“矩形工具”，绘制图 11-60 所示的矩形，在调色板的☒按钮上单击鼠标右键，删除轮廓线，选择“填充框”，将填充颜色的 R、G、B 值设置为 41、39、40，完成颜色的填充。

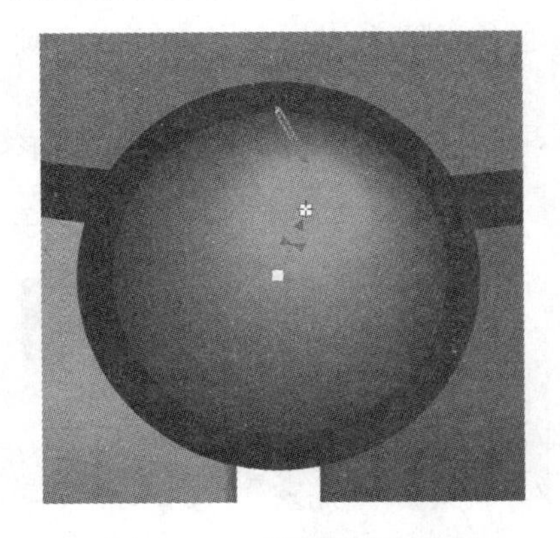

图 11-59　调和高光效果

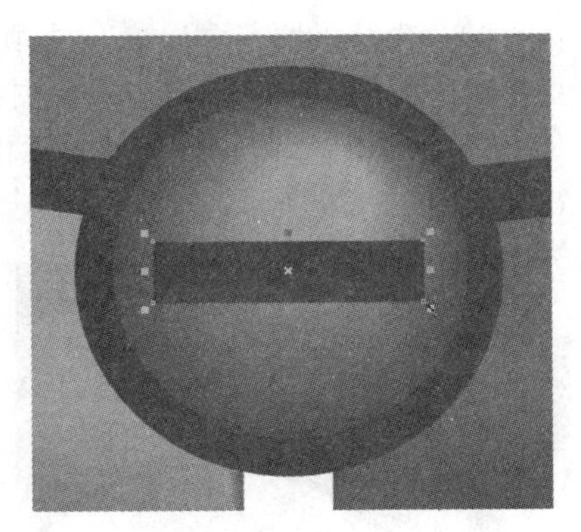

图 11-60　绘制控制螺丝钉的部分

（5）用相同的方法绘制另外两颗螺丝，如图 11-61 所示。

提示：也可以复制螺丝后进行旋转，完成另外两颗螺丝的制作。

（6）在工具箱中选择“矩形工具”，绘制图 11-62 所示的矩形。选择“填充框”，将填充的 R、G、B 值设置为 41、39、40，完成颜色的填充。在调色板的☒按钮上单击鼠标右键，删除轮廓线。

（7）调整连接图形的顺序。按【Shift+Page Down】组合键，将图形移动到车圈的下层，效果如图 11-63 所示。

（8）用同样的方法堵上其余的漏点，效果如图 11-64 所示。

图 11-61　绘制出另外两颗螺丝的效果

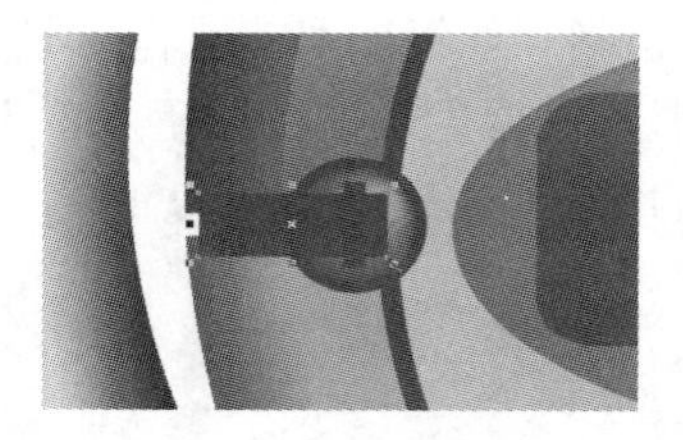

图 11-62　绘制车圈的连接图形

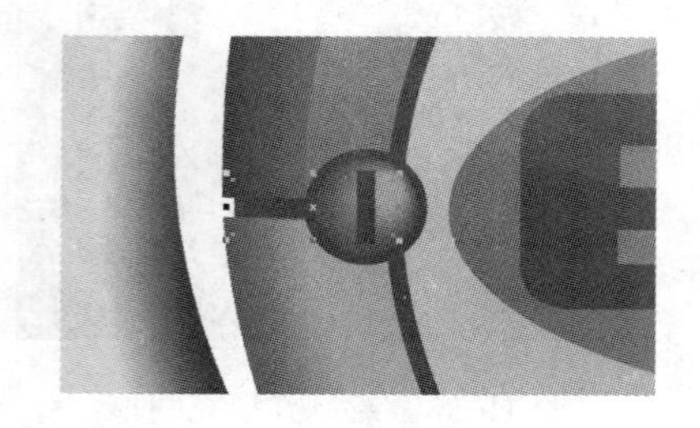

图 11-63　调整图形的顺序

图 11-64　完成其他连接的绘制

11.4.3　修饰车架

（1）选择工具箱中的“贝济埃工具”和“形状工具”，在合适的位置绘制图 11-65 所示的图形。选择“填充框”，将填充颜色的 R、G、B 值设置为 41、39、40，完成颜色的填充。在调色板的☒按钮上单击鼠标右键，删除轮廓线。

（2）将这个图形调整到车架的后面，按【Ctrl+Page Down】组合键，向下调整图形的次序，效果如图 11-66 所示。

图 11-65　添加车架厚度

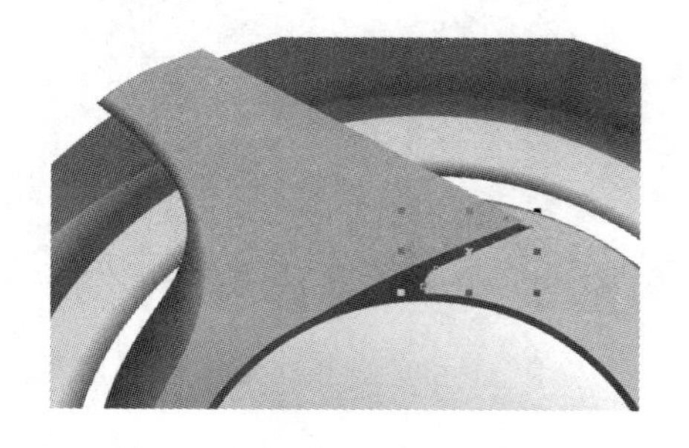

图 11-66　调整图形的次序

11.5 绘制车座

在绘制车座时应多注意线条的曲直变化、整体的形状和颜色方面的变化，使车座给观者一种舒适的感觉，增加对设计的认同感。

11.5.1 绘制车座的上半部

（1）用前面学过的方法新建一个图层，重命名为“车身”，在图层上绘制图 11-67 所示的座位轮廓线。选择工具箱中的“轮廓画笔”，弹出“轮廓笔”对话框。在“宽度”文本框中输入 0.353 mm，单击“颜色”色样框，从弹出的面板中单击【其他】按钮，打开“选择颜色”对话框，将颜色的 R、G、B 值设置为 41、39、40。

（2）选择工具箱中的“形状工具”来调整图形，完成轮廓线的设置，以及完成车座的上半部的绘制。再选择工具箱中的“贝济埃工具”，在车座的下方绘制一个新图形，选择工具箱中的“形状工具”来调整图形，效果如图 11-68 所示。在合适位置绘制图形，选择“填充框”，将填充颜色的 R、G、B 值均设置为 46，完成颜色的填充。

图 11-67　绘制车身的外形

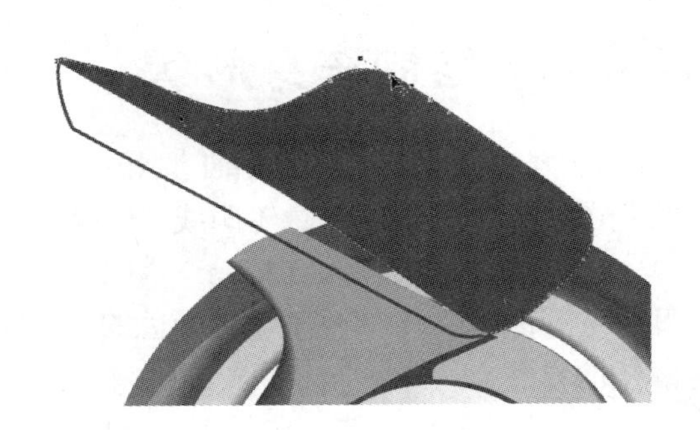

图 11-68　添加新的形状

（3）在工具箱中选择“交互式网状填充工具”，在图形中单击多余的节点，按【Delete】键，删除多余的节点。在合适的位置填充节点，按【Shift】键分别选中转折处的节点，选择“填充框”，将填充的 R、G、B 值设置为 157、159、163。效果如图 11-69 所示。

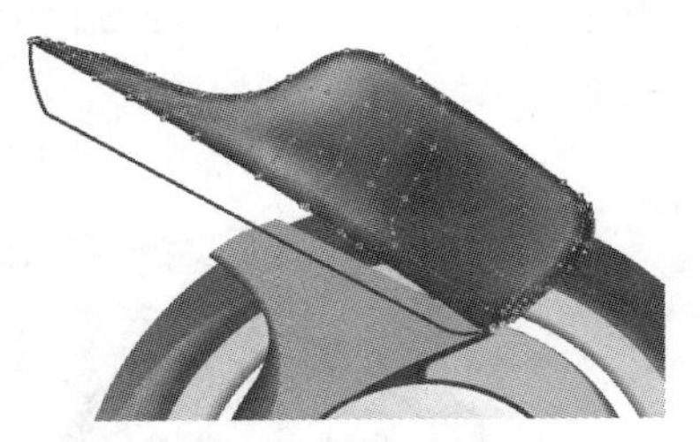

图 11-69　网格填充后的效果

11.5.2 绘制车座的下半部

（1）选择工具箱中的“贝济埃工具”，绘制图 11-70 所示的图形。选择工具箱中的“形状工具”，调整图形的形状，选择“填充框”，将 R、G、B 的参数调整为 41、39、40，完成颜色的填充。

（2）选择座位轮廓线，按【Ctrl+Page Up】组合键，将边框线调整到最上层，效果如图 11-71 所示。

图 11-70　填充另一个图形

图 11-71　调整轮廓线的位置

11.6　绘制车身

车身主要采用经过压制变化的拉丝钢制成。表现此材质时可多采用相近的灰色进行渐变处理，使材质不会产生亮和薄的效果，拉低设计的品质。

11.6.1　绘制车身形状

（1）绘制车身轮廓。选择工具箱中的“贝济埃工具”，和“形状工具”，在合适的位置绘制图 11-72 所示的车身轮廓线。选择工具箱中的“轮廓画笔”，打开“轮廓笔”对话框。在“宽度”文本框中输入 0.5 mm，单击“颜色”色样框，从弹出的面板中单击【其他】按钮，打开“选择颜色”对话框。设置颜色的 R、G、B 值为 41、39、41，单击【确定】按钮，完成轮廓线的设置。

（2）绘制车身下部。选择工具箱中的“贝济埃工具”，绘制图 11-73 所示的图形，再选择工具箱中的“形状工具”来调整图形。选择“填充框”，将填充的 R、G、B 值设置为 114、112、111，完成颜色的填充，如图 11-73 所示。在调色板的☒按钮上单击鼠标右键，删除轮廓线。

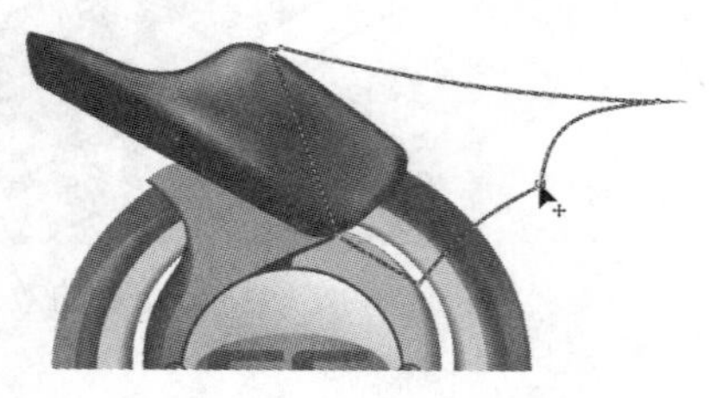

图 11-72　绘制轮廓

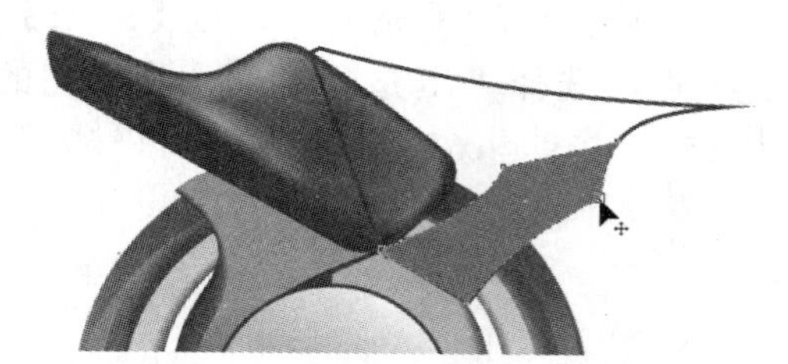

图 11-73　填充部分颜色

（3）绘制车身下部转面。选择工具箱中的“贝济埃工具”，绘制图 11-74 所示的图形，再选择工具箱中的“形状工具”来调整图形，如图 11-74 所示。选择“填充框”，将填充颜色的 R、G、B 值设置为 96、93、92，完成颜色的填充。在调色板的☒按钮上单击鼠标右键，删除轮廓线。

（4）调和转面的颜色。在工具箱中选择“交互式调和工具”，对图形进行调和，效果如图 11-75 所示。

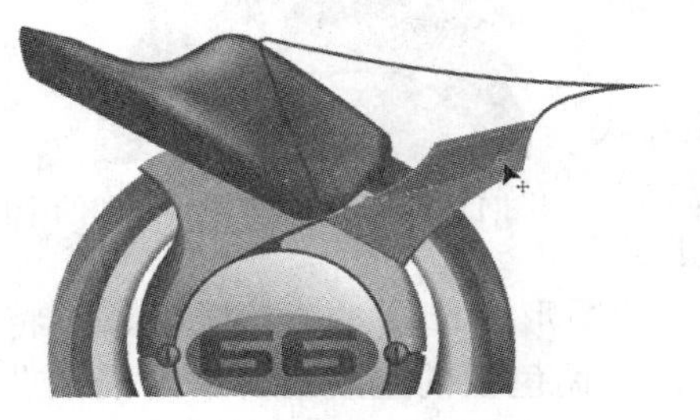

图 11-74　添加图形并进行填充

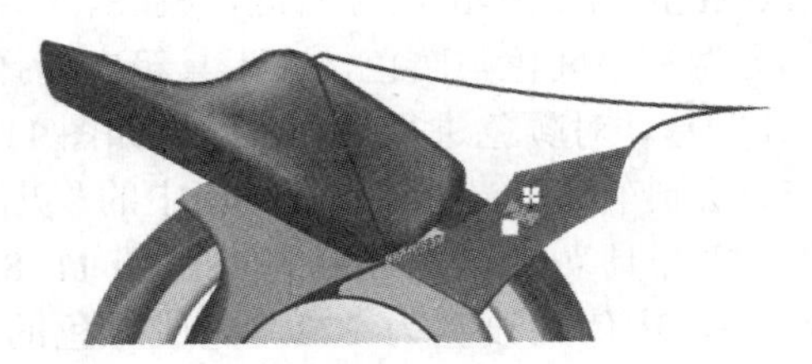

图 11-75　调和填充效果

（5）绘制车身下部转面的中间色。选择工具箱中的“贝济埃工具”，绘制出图形，再选择工具箱中的“形状工具”调整图形，效果如图 11-76 所示。选择“填充框”，将填充颜色的 R、G、B 值设置为 96、93、92，完成颜色的填充。

（6）绘制高光部分。分别选择工具箱中的“贝济埃工具”和“形状工具”，绘制并调整图形，如图 11-77 所示。选择“填充框”，将填充颜色的 R、G、B 值设置为 194、193、193，完成颜色的填充。在调色板的☒按钮上单击鼠标右键，删除轮廓线。

图 11-76　绘制车身下部转面的图形

图 11-77　绘制高光部分

11.6.2 调整效果

（1）调和高光与中间色的效果。在工具箱中选择“交互式调和工具”，对颜色进行调和，效果如图 11-78 所示。

（2）绘制车身上半部的形状。选择工具箱中的“贝济埃工具”和“形状工具”，绘制图 11-79 所示的图形。选择“填充工具”，将填充颜色的 R、G、B 值设置为 114、112、111，完成颜色的填充。在调色板的☒按钮上单击鼠标右键，删除轮廓线。

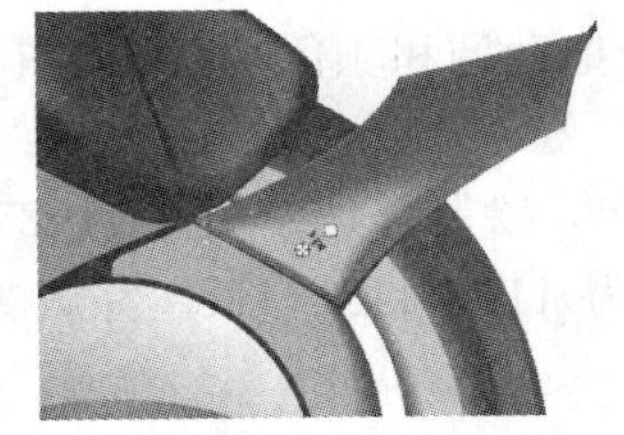

图 11-78　调和高光和中间色的效果

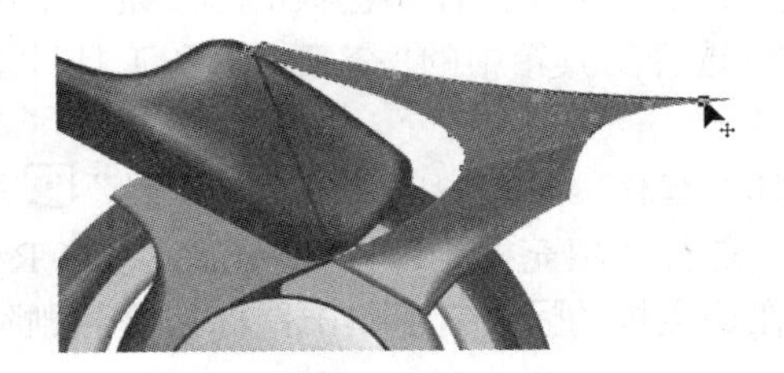

图 11-79　绘制车身的上半部

（3）绘制车身上半部中间色的形状。选择工具箱中的“贝济埃工具”和“形状工具”，绘制并调整出图 11-80 所示的图形。选择“填充框”，将填充颜色的 R、G、B 值设置为 131、130、129，完成颜色的填充。在调色板的☒按钮上单击鼠标右键，删除轮廓线。

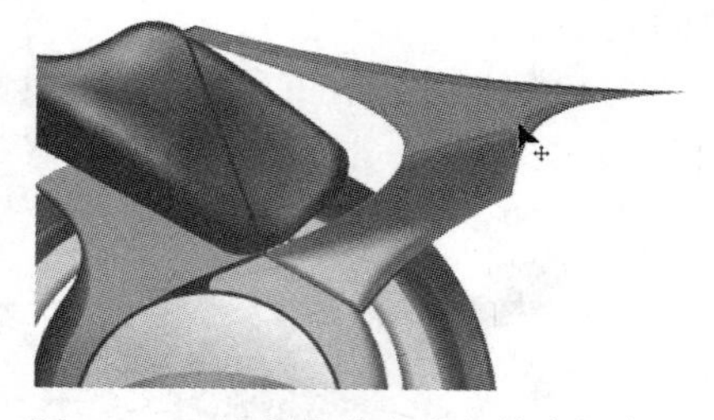

图 11-80 绘制车身上半部的中间色部分

（4）调和中间色与暗色。在工具箱中选择“交互式调和工具”，对颜色进行调和，效果如图 11-81 所示。

（5）绘制车身高光。选择工具箱中的“贝济埃工具”和“形状工具”，绘制和调整出图 11-82 所示的图形。选择“填充框”，将填充颜色的 R、G、B 值均设置为 222，完成颜色的填充。在调色板的☒按钮上单击鼠标右键，删除轮廓线。

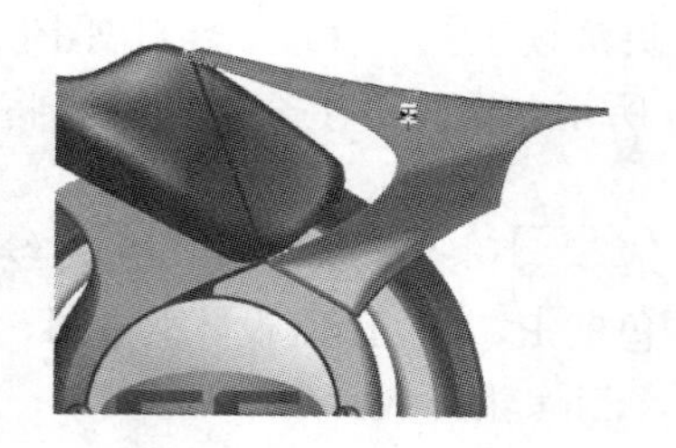

图 11-81 调和中间色与暗色

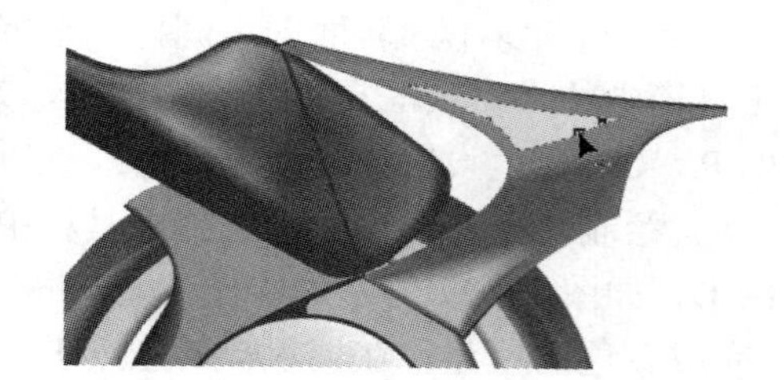

图 11-82 绘制车身高光

（6）调和高光效果。在工具箱中选择“交互式调和工具”，对颜色进行调和，效果如图 11-83 所示。

（7）绘制车身厚度图形。选择工具箱中的“贝济埃工具”和“形状工具”，绘制并调整出图 11-84 所示的图形。选择“填充框”，将填充颜色的 R、G、B 值设置为 114、112、111，完成颜色的填充。在调色板的☒按钮上单击鼠标右键，删除轮廓线。

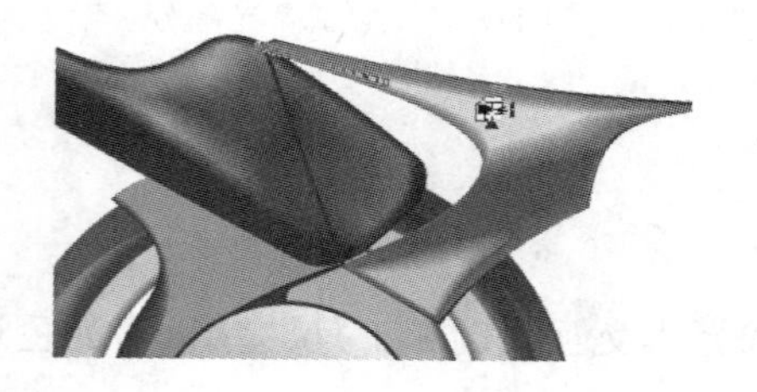

图 11-83 调和高光效果

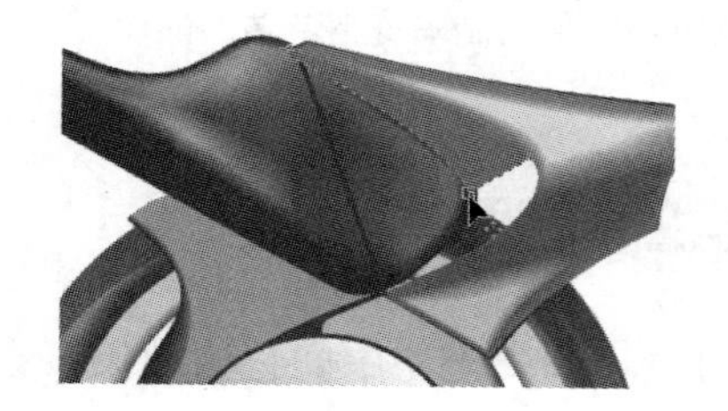

图 11-84 绘制车身厚度图形

（8）绘制车身厚度的中间色部分。选择工具箱中的“贝济埃工具”和“形状工具”，绘制并调整出图 11-85 所示的图形。选择“填充框”，将 R、G、B 的参数调整为 96、93、92，完成颜色的填充。在调色板的☒按钮上单击鼠标右键，删除轮廓线。

（9）选择工具箱中的“交互式调和工具”，在图形中向外拖动调和颜色，效果如图 11-86 所示。

（10）选择工具箱中的“贝济埃工具”和“形状工具”，绘制并调整出图 11-87 所示的图形。选择“填充框”，将填充颜色的 R、G、B 值设置为 114、112、111，完成颜色的填充。在调色板的☒按钮上单击鼠标右键，删除轮廓线。

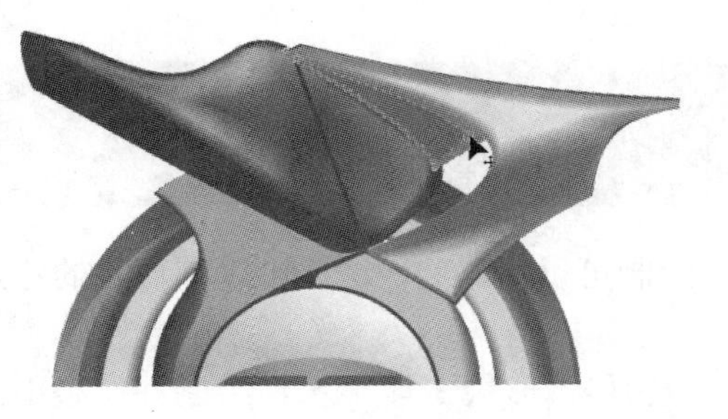

图 11-85　绘制车身厚度中间色的形状

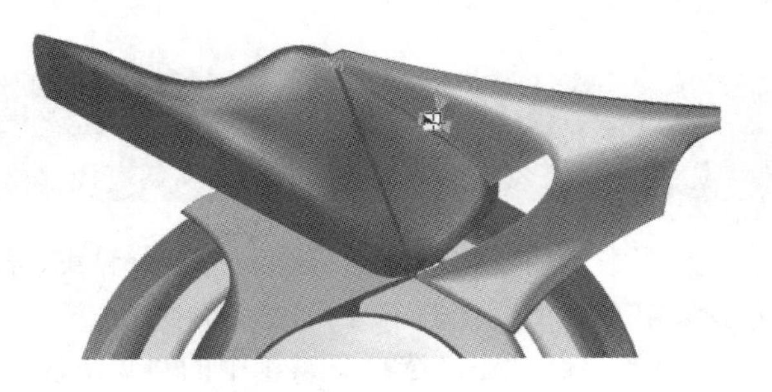

图 11-86　调和中间色

（11）选择工具箱中的“贝济埃工具”和“形状工具”，绘制并调整出图 11-88 所示的图形。选择“填充框”，将填充颜色的 R、G、B 值设置为 222、222、221，完成颜色的填充。在调色板的⊠按钮上单击鼠标右键，删除轮廓线。

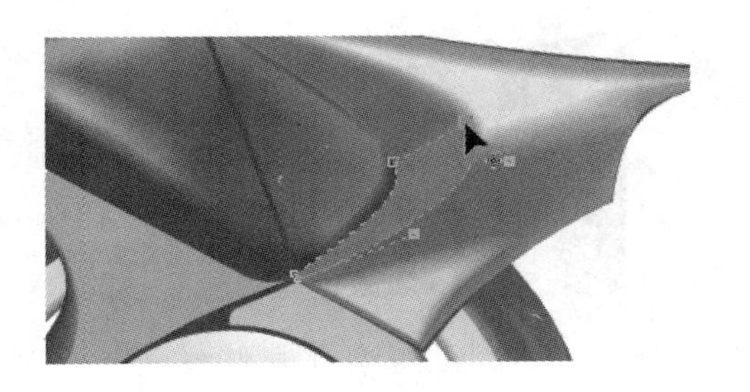

图 11-87　绘制下面的厚度部分

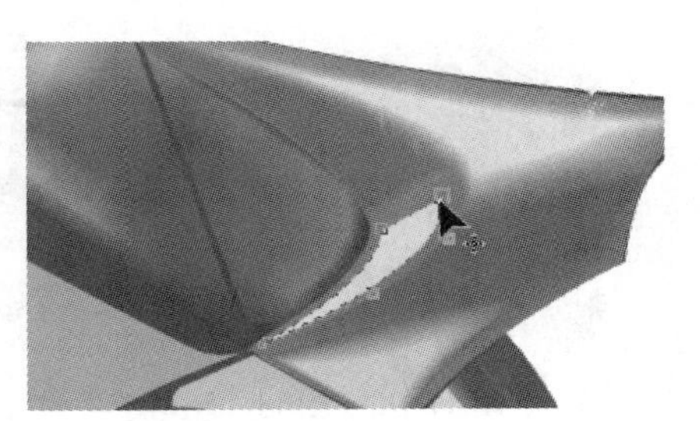

图 11-88　绘制高光图形

（12）选择工具箱中的“交互式调和工具”来调和颜色，效果如图 11-89 所示。

（13）选择机身轮廓线，按【Shift+Page Up】组合键，将轮廓线调整到最前方，效果如图 11-90 所示。

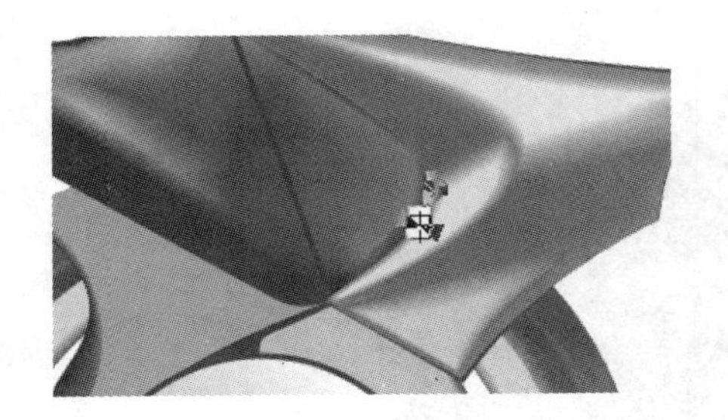

图 11-89　调和颜色

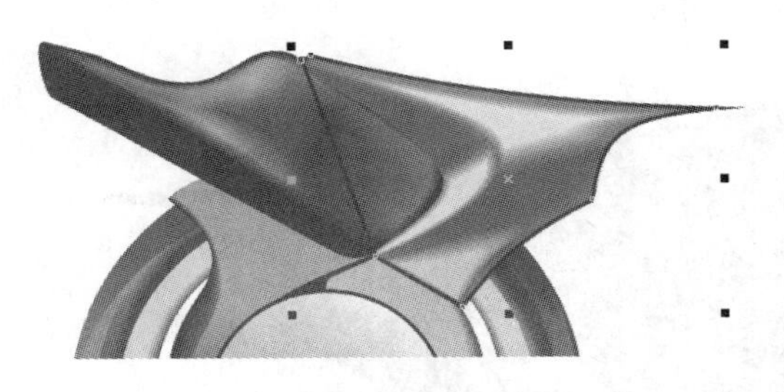

图 11-90　调整车身轮廓线顺序

（14）圈选机身，按【Ctrl+Page Down】组合键，将图形的顺序向后调整，效果如图 11-91 所示。

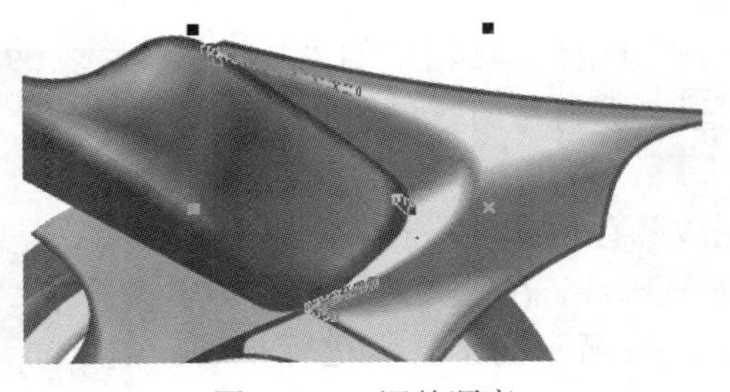

图 11-91　调整顺序

11.7 绘制车灯

此图中不需要将车灯部分绘制得十分精细，部分绘制可以粗略些，这样可以使观者的注意力多集中在富于变化的车身和轮胎等部分。

（1）绘制灯座。选择工具箱中的“贝济埃工具”和“形状工具”，绘制并调整出图11-92 所示的图形。选择“填充框”，将填充颜色的 R、G、B 值设置为 41、39、41，完成颜色的填充。在调色板的☒按钮上单击鼠标右键，删除轮廓线。

（2）调整顺序。保持灯座处于选中状态，按住【Shift+Page Down】组合键，调整到最下层，效果如图 11-93 所示。

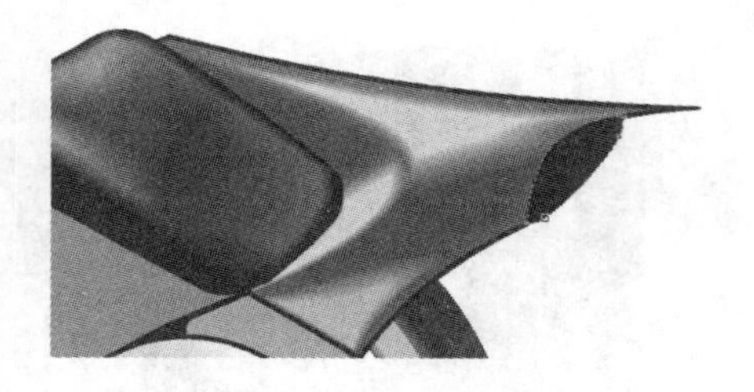

图 11-92　绘制灯座

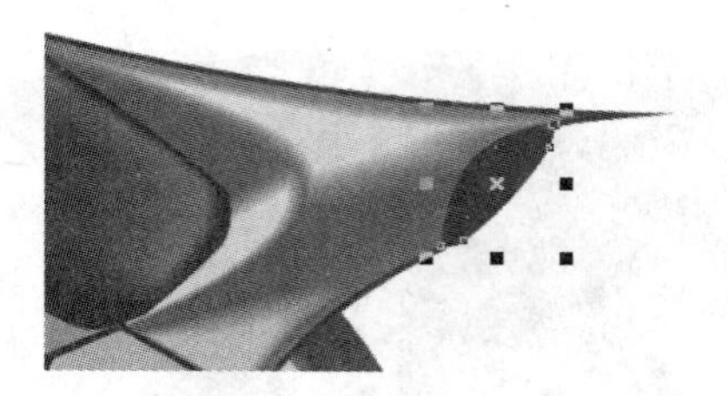

图 11-93　调整灯座顺序

（3）绘制灯的形状。选择工具箱中的“贝济埃工具”和“形状工具”，绘制并调整出图 11-94 所示的图形。选择“填充框”，将填充颜色的 R、G、B 值设置为 112、32、25，完成颜色的填充。在调色板的☒按钮上单击鼠标右键，删除轮廓线。

（4）在工具箱中选择“交互式透明工具”，拖动颜色，效果如图 11-95 所示，将产生交互透明效果。

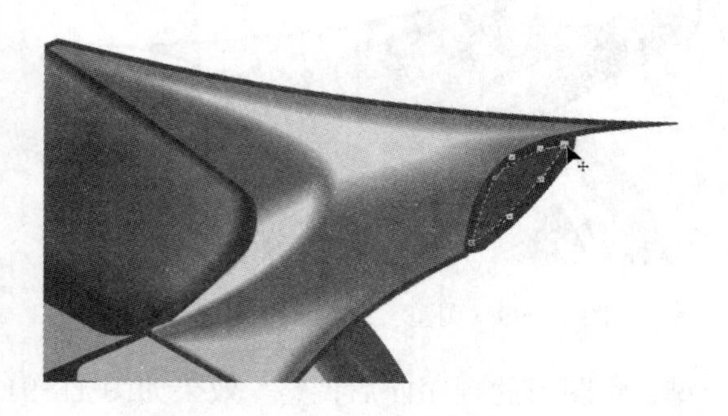

图 11-94　绘制车灯的形状

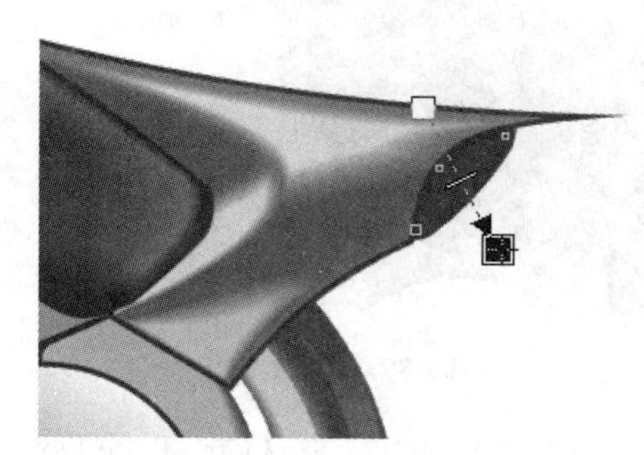

图 11-95　透明车灯颜色

（5）绘制灯的高光部分。选择工具箱中的“贝济埃工具”和“形状工具”，绘制并调整出图 11-96 所示的图形。选择“填充框”，将填充颜色的 R、G、B 值设置为 184、38、39，完成颜色的填充。在调色板的☒按钮上单击鼠标右键，删除轮廓线。在工具箱中选择“交互式透明工具”，在图 11-96 所示的位置上进行拖动。

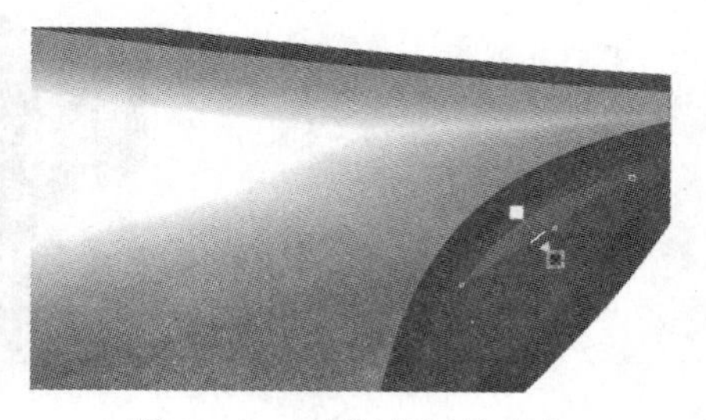

图 11-96　绘制车灯的高光

11.8 绘制其他形状

到这里，设计的主要部分基本上就绘制完成了，但是下面绘制的部件更加精小也更加繁杂，所以绘制此部分时也应多注意作品零件的齐全和作品的整体效果。

11.8.1 绘制挡板

（1）绘制挡板外形。选择工具箱中的“贝济埃工具”和“形状工具”，绘制并调整出图 11-97 所示的图形。设置轮廓线颜色的 R、G、B 值为 51、54、58，设置轮廓线宽度为 0.5mm。选择“填充框”，将填充颜色的 R、G、B 值设置为 173、170、169，完成颜色的填充。

（2）选择工具箱中的“贝济埃工具”和“形状工具”，绘制并调整出图 11-98 所示的图形。在调色板的☒按钮上单击鼠标右键，删除轮廓线。选择“填充框”，将填充颜色的 R、G、B 值设置为 221、222、225，完成颜色的填充。

图 11-97　绘制挡板外形

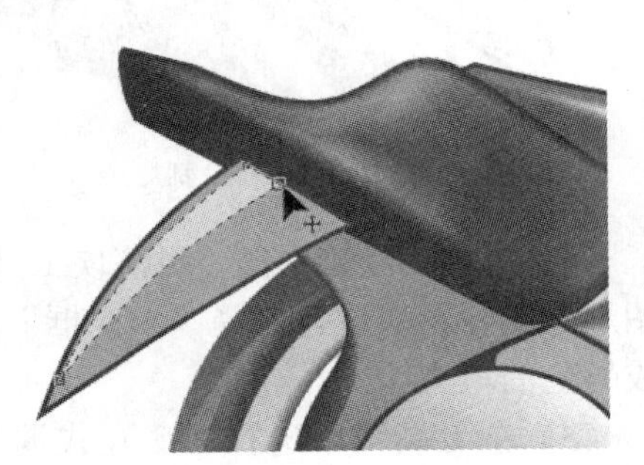

图 11-98　绘制高光形状

（3）调和高光效果。选择工具箱中的“交互式调和工具”，对高光色进行调和，效果如图 11-99 所示。

（4）圈选后挡板，按【Shift+Page Down】组合键，将图形顺序调整到本层（车身层）的最后位置上，效果如图 11-100 所示。

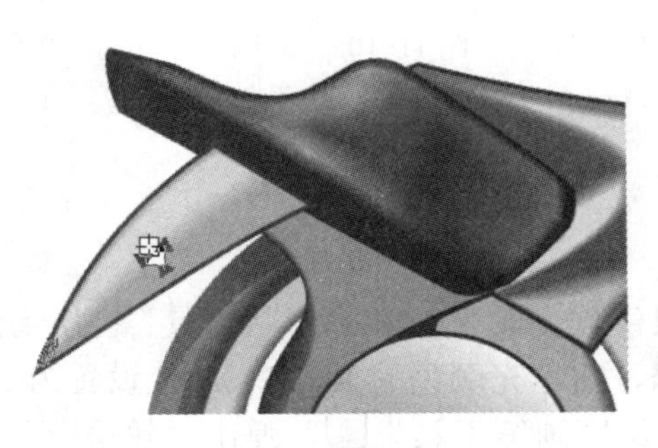

图 11-99　调和高光效果

图 11-100　调整图形顺序

11.8.2 绘制尾灯

（1）绘制灯座。选择工具箱中的“贝济埃工具”和“形状工具”，绘制并调整出图 11-101 所示的图形。删除轮廓线。选择“填充框”，将填充颜色的 R、G、B 值设置为 41、39、41，完成颜色的填充。

（2）绘制灯形。选择工具箱中的“贝济埃工具”和“形状工具”，绘制并调整出图 11-102 所示的图形。删除轮廓线。选择“填充框”，将填充颜色的 R、G、B 值设置为 112、32、25，完成颜色的填充。

（3）调整灯座和灯的颜色。选择工具箱中的“交互式透明工具”，在图形上单击并进行拖动，效果如图 11-103 所示。然后设置透明效果。

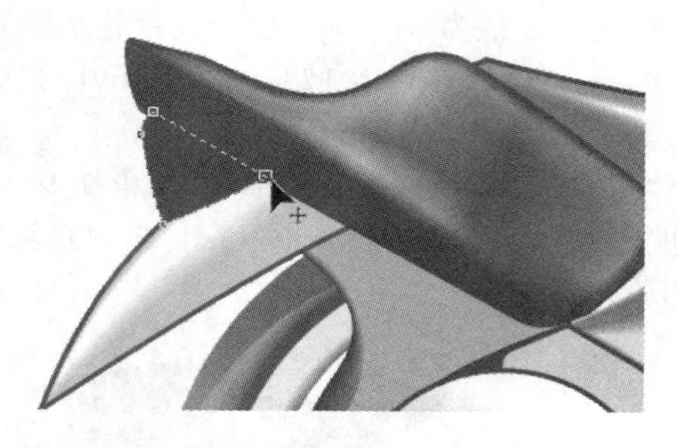

图 11-101　绘制灯座

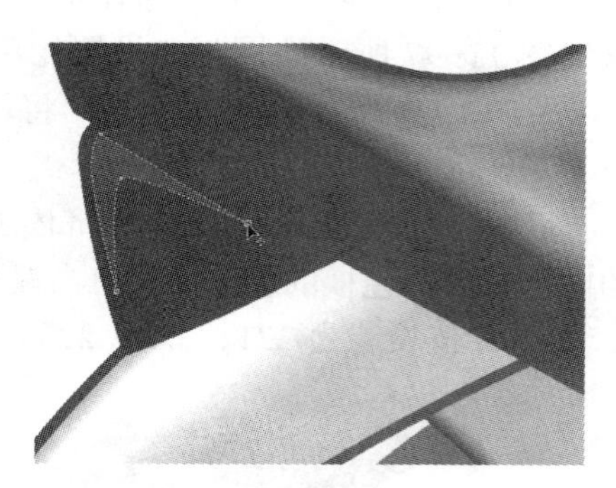

图 11-102　绘制灯形

（4）选择工具箱中的“贝济埃工具”和“形状工具”，绘制并调整出图 11-104 所示的图形。删除轮廓线。选择“填充框”，将填充颜色的 R、G、B 值设置为 184、38、39，完成颜色的填充。

（5）在工具箱中选择“交互式调和工具”，对图形进行调和处理，效果如图 11-105 所示。

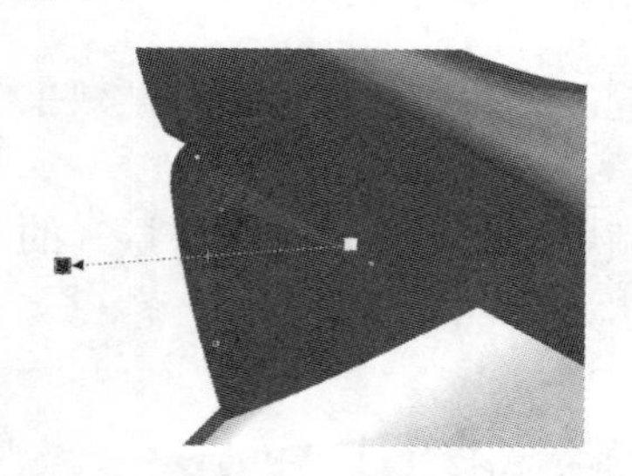

图 11-103　调整灯座和灯的颜色

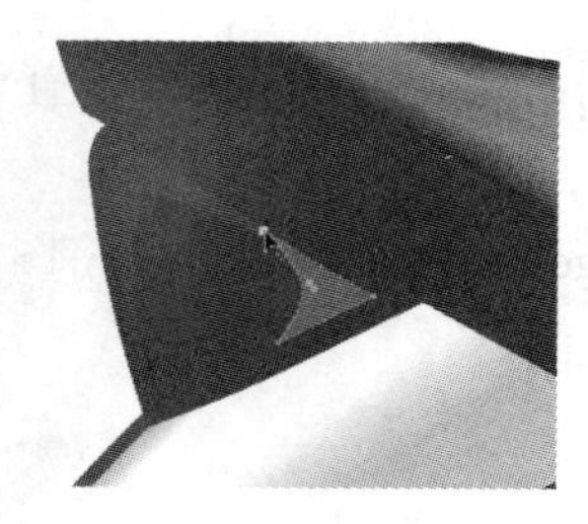

图 11-104　添加一个灯形

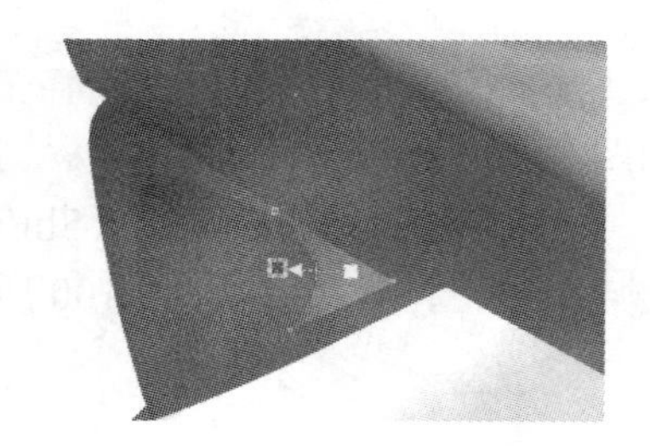

图 11-105　对图形进行调和颜色处理

11.8.3 绘制油箱

（1）绘制油箱的外形。选择工具箱中的“贝济埃工具”和“形状工具”，绘制并调整出图 11-106 所示的图形。选择“填充框”，将填充颜色的 R、G、B 值设置为 219、222、219，完成颜色的填充。选择工具箱中的“轮廓画笔工具”，弹出“轮廓笔”对话框。在“宽度”文本框中输入 0.5 mm，单击“颜色”色样框，选择【其他】按钮，打开“选择颜色”对话框。将颜色的R、G、B值设置为41、39、41。单击【确定】按钮，完成颜色的设置。

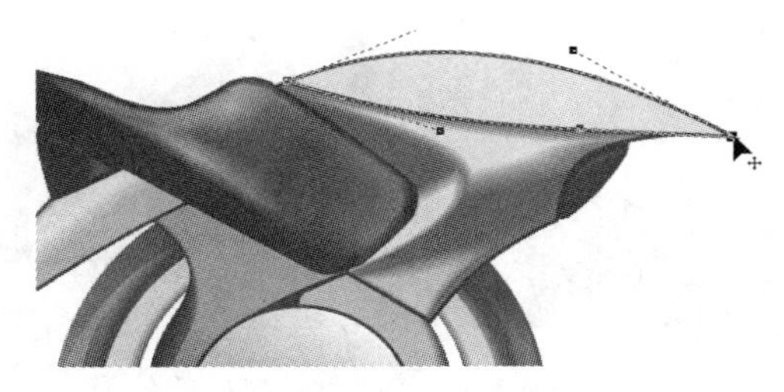
图 11-106　绘制油箱的外形

（2）绘制油箱的暗部。选择工具箱中的“贝济埃工具”和“形状工具”，绘制并调整出图11-107所示的图形。选择工具箱中的“填充框”，将填充颜色的R、G、B值设置为70、58、56，完成颜色的填充。在调色板的☒按钮上单击鼠标右键，删除轮廓线。

（3）选择工具箱中的“交互式调和工具”，调和油箱颜色，效果如图11-108所示。

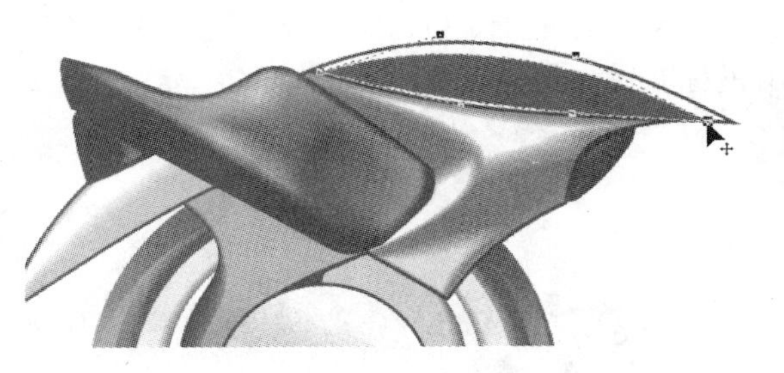
图 11-107　绘制油箱暗部

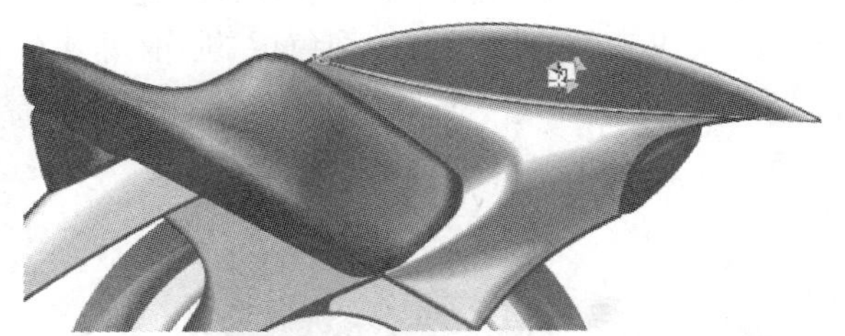
图 11-108　调和颜色后的效果

（4）绘制油箱颜色的最深处。选择工具箱中的“贝济埃工具”和“形状工具”，绘制并调整出图11-109所示的图形。选择工具箱中的“填充框”，将填充颜色的R、G、B值设置为33、34、36，完成颜色的填充。在调色板的☒按钮上单击鼠标右键，删除轮廓线。

（5）调和暗色之间的变化。选择工具箱中的“交互式调和工具”，对颜色进行调和，效果如图11-110所示。

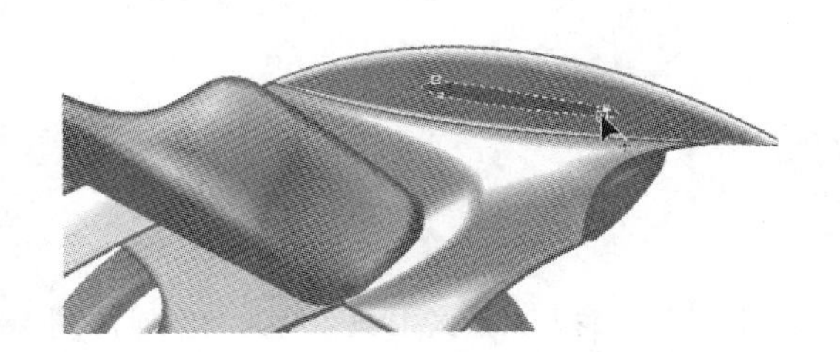
图 11-109　绘制油箱的深暗色

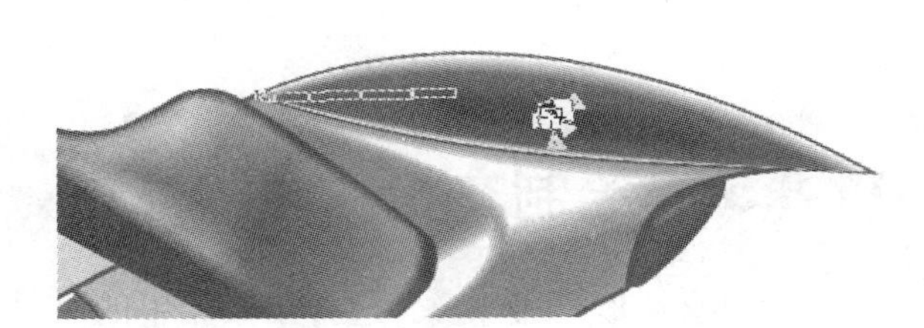
图 11-110　调和颜色后的效果

11.8.4　绘制前挡风板

（1）绘制前挡风板的外形。选择工具箱中的“贝济埃工具”和“形状工具”，绘制并调整出图11-111所示的图形。选择“填充框”，将填充颜色的R、G、B值设置为20、16、13，完成颜色的填充。在调色板的☒按钮上单击鼠标右键，删除轮廓线。

（2）选择工具箱中的“贝济埃工具”和“形状工具”，绘制并调整出图11-112所示的图形。选择“填充框”，将填充颜色的R、G、B值设置为36、28、36，完成颜色的填充。在调色板的☒按钮上单击鼠标右键，删除轮廓线。

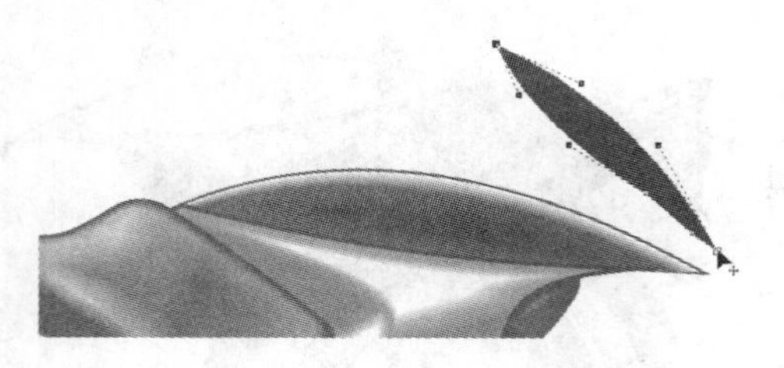

图 11-111　绘制前挡风板的外形

图 11-112　绘制挡风板的中间色部分

（3）选择工具箱中的“交互式调和工具”，调和两个图形的颜色，效果如图 11-113 所示。

（4）绘制图形的高光。选择工具箱中的“贝济埃工具”和“形状工具”，绘制并调整出图 11-114 所示的图形。选择“填充框”，将填充颜色的 R、G、B 值设置为 163、163、153，完成颜色的填充。在调色板的☒按钮上单击鼠标右键，删除轮廓线。

图 11-113　调和两个图形的颜色

图 11-114　绘制高光

（5）选择工具箱中的“交互式调和工具”，对高光进行调和，使高光产生平滑效果，效果如图 11-115 所示。

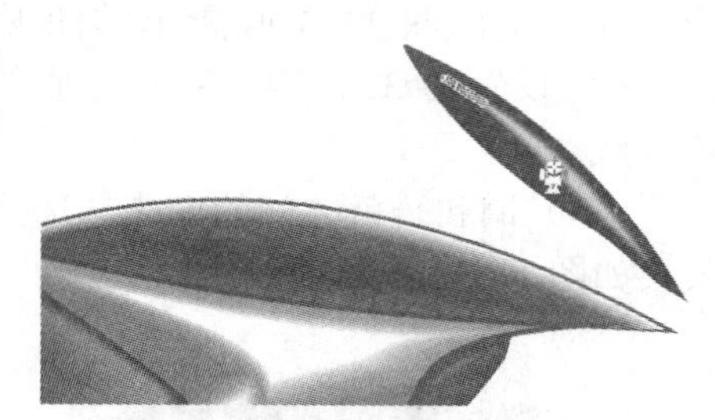

图 11-115　调和高光效果

11.8.5 绘制车把

（1）绘制车把的外形。选择工具箱中的“贝济埃工具”和“形状工具”，绘制并调整出图 11-116 所示的图形。删除轮廓线，选择“填充框”，将填充颜色的 R、G、B 值设置为 19、16、11，完成颜色的填充。

（2）按【Shift+Page Up】组合键，将图形的顺序调整到本层的最后位置上，如图 11-117 所示。

图 11-116　车把的形状

图 11-117　调整图形的顺序

11.8.6 绘制前灯

（1）绘制前灯的外形。选择工具箱中的“贝济埃工具”和“形状工具”，绘制并调整出图 11-118 所示的图形。选择工具箱中的“轮廓画笔工具”，弹出“轮廓笔”对话框，在“宽度”文本框中输入 0.3 mm，单击“颜色”色样框，从弹出的面板中选择【其他】按钮，打开“选择颜色”对话框。将颜色的 R、G、B 值设置为 19、16、11，单击【确定】按钮，完成轮廓线的设置，选择“填充框”，将填充颜色的 R、G、B 值设置为 21、16、12，完成颜色的填充。

（2）选择工具箱中的“贝济埃工具”和“形状工具”，绘制并调整出图 11-119 所示的图形。删除轮廓线。选择“填充框”，将填充颜色的 R、G、B 值设置为 21、16、12，完成颜色的填充。

图 11-118 前灯的外形

图 11-119 中间色形状

（3）选择工具箱中的“贝济埃工具”和“形状工具”，绘制并调整出图 11-120 所示的图形。删除轮廓线。选择“填充框”，将填充颜色的 R、G、B 值设置为 192、197、190，完成颜色的填充。

（4）选择工具箱中的“交互式调和工具”，调和高光效果，产生中间色，效果如图 11-121 所示。

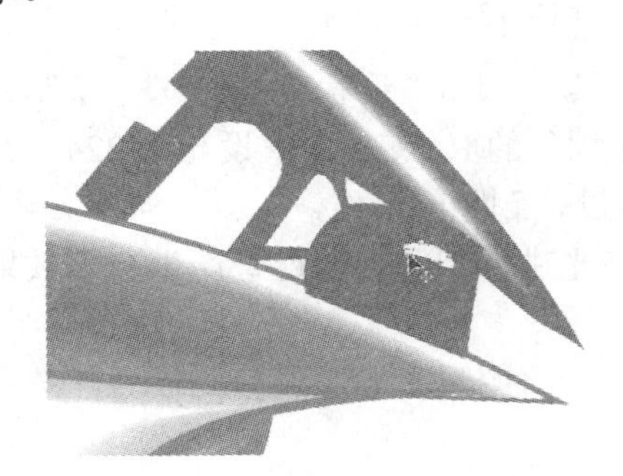

图 11-120 绘制出图形并填充

图 11-121 调和高光效果

11.8.7 绘制挡板支架

选择工具箱中的“贝济埃工具”，绘制出直线，选择工具箱中的“轮廓画笔工具”，弹出“轮廓笔”对话框。在“宽度”文本框中输入 0.3 mm，单击“颜色”色样框，从弹出的面板中单击【其他】按钮，打开“选择颜色”对话框。将颜色的 R、G、B 值设置为 19、16、11。效果如图 11-122 所示。

图 11-122　支架的形状

11.8.8　绘制前连管

（1）绘制前连管的外形。选择工具箱中的“贝济埃工具”和“形状工具”，绘制并调整出图 11-123 所示的图形。删除轮廓线。选择“填充框”，将填充颜色的 R、G、B 值设置为 41、32、33，完成颜色的填充。

（2）绘制前连管中间色形状。选择工具箱中的“贝济埃工具”和“形状工具”，绘制并调整出图 11-124 所示的图形。选择“填充框”，将填充颜色的 R、G、B 值设置为 41、32、33，完成颜色的填充。

图 11-123　前连管的外形

图 11-124　绘制前连管的中间色

（3）绘制高光的形状。选择工具箱中的“贝济埃工具”和“形状工具”，绘制并调整出图 11-125 所示的图形。选择“填充框”，将填充颜色的 R、G、B 值设置为 224、223、221，完成颜色的填充。在调色板的⊠按钮上单击鼠标右键，删除轮廓线。

（4）选择工具箱中的“交互式调和工具”，对高光进行调和，前连管产生金属效果，如图 11-126 所示。

（5）圈选此组图形，按【Shift+Page Down】组合键，将图形和顺序调整到最后，效果如图 11-127 所示。

图 11-125　绘制高光部分

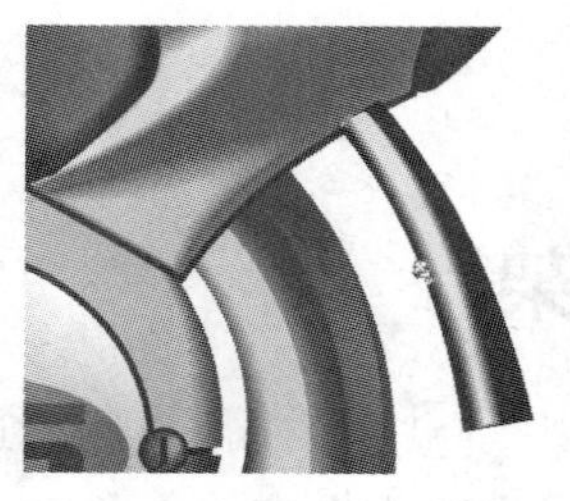

图 11-126　金属连管效果

图 11-127　调整顺序

11.8.9 绘制接头

（1）为了使前管与车身连接得更好，要绘制一个接头，选择工具箱中的“贝济埃工具”和“形状工具”，绘制并调整出图 11-128 所示的图形。删除轮廓线。选择“填充框”，将填充颜色的 R、G、B 值设置为 18、13、10，完成颜色的填充。

（2）按【Ctrl+Page Down】组合键，将接头图形的顺序调整到车身的下面，效果如图 11-129 所示。

（3）绘制下面的接头。选择工具箱中的“贝济埃工具”和“形状工具”，绘制并调整出图 11-130 所示的图形。删除轮廓线。选择“填充框”，将填充颜色的 R、G、B 值设置为 18、13、10，完成颜色的填充。

图 11-128　接头的形状

图 11-129　调整层次

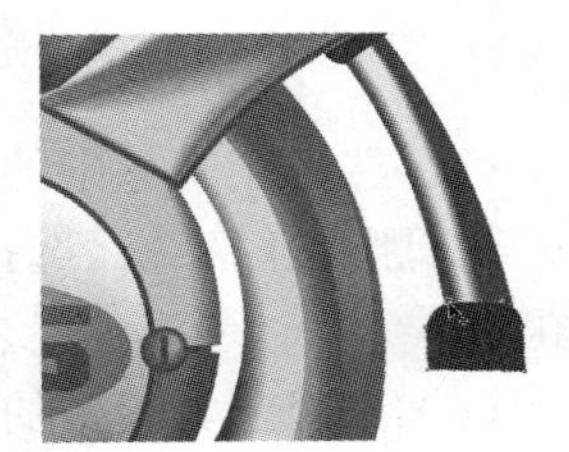

图 11-130　绘制下面的接头的形状

11.8.10 绘制小轮

（1）选择工具箱中的“椭圆形工具”，绘制出圆形，如图 11-131 所示。选择“填充框”，将填充颜色的 R、G、B 值设置为 18、13、10，完成颜色的填充。在调色板的☒按钮上单击鼠标右键，删除轮廓线。

（2）选择工具箱中的“椭圆形工具”，在图 11-133 所示的位置上绘制圆形。在调色板的☒按钮上单击鼠标右键，删除轮廓。在工具箱中单击“填充工具”，弹出扩展工具条，选择其中的“渐变填充框”，打开“渐变填充”对话框。在“类型”中选择“线性”选项，在“颜色调和”中选择“自定义”单选按钮，在渐变轴上加入两个控制点，分别在 40%和 60%的位置上。选中位置为 0%的控制点，设置颜色的 R、G、B 值为 84、70、69，选择位置为 40%的控制点，设置颜色的 R、G、B 值为 106、101、98，选择位置为 60%的控制点，设置颜色的 R、G、B 值为 106、101、98，选择位置为 100%的控制点，设置颜色的 R、G、B 值为 84、70、69。如图 11-132 所示。

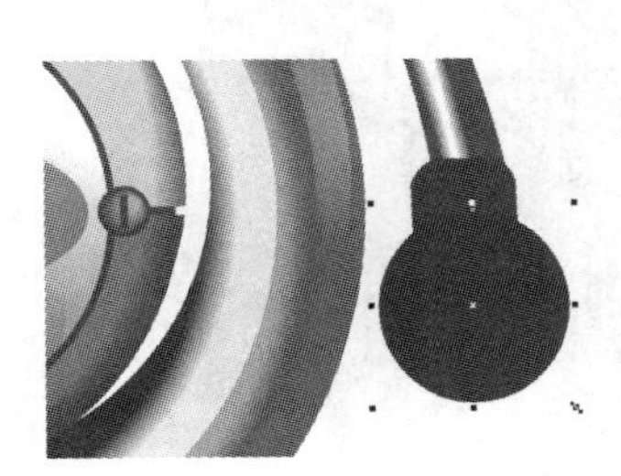

图 11-131　绘制出圆形

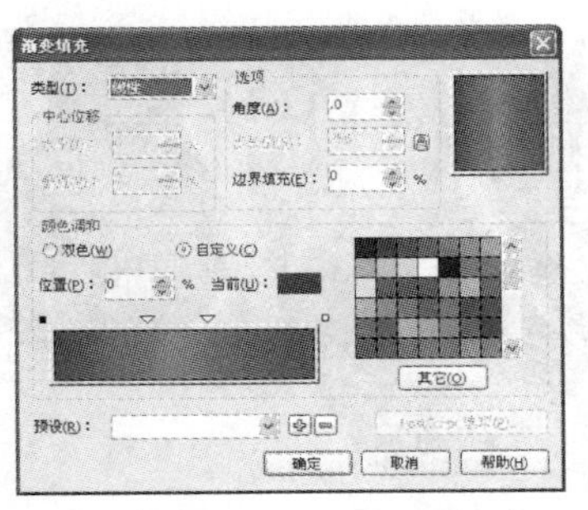

图 11-132　设置渐变色

（3）设置完成后，单击【确定】按钮完成填充，效果如图 11-133 所示。

（4）选择工具箱中的“椭圆形工具”，在合适位置绘制圆形。按住【Shift】键，加选其后的圆形，单击属性栏中的“后减前”按钮，效果如图 11-134 所示。

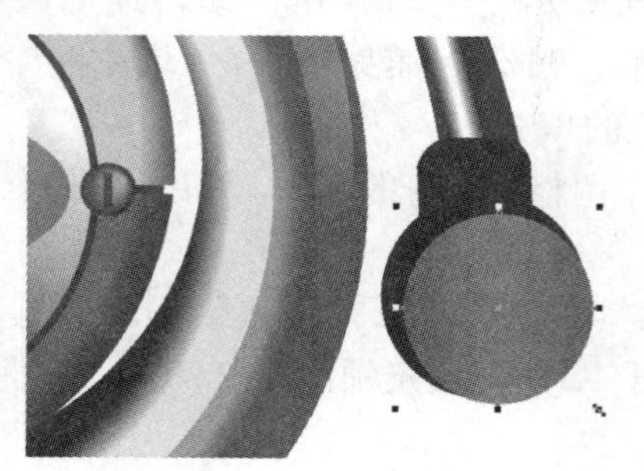

图 11-133　完成填充的颜色效果

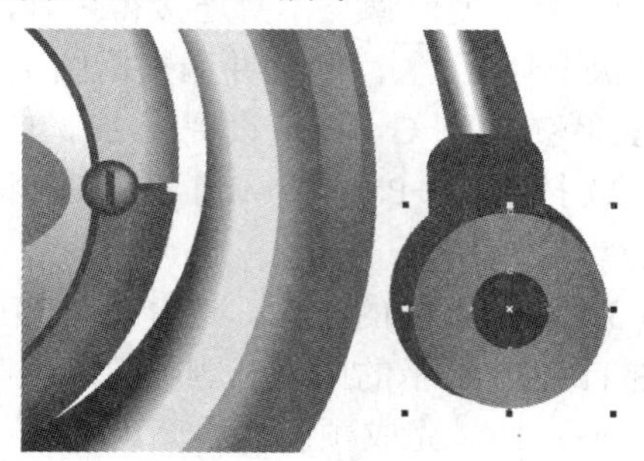

图 11-134　完成减除

（5）选择工具箱中的“贝济埃工具”和“形状工具”，绘制并调整出图 11-135 所示的图形。删除轮廓线。选择“填充框”，将 R、G、B 的参数调整为 45、35、34，完成颜色的填充。

（6）选择工具箱中的“交互式透明工具”，在图 11-136 所示的位置上拖动，使颜色产生过渡的效果。

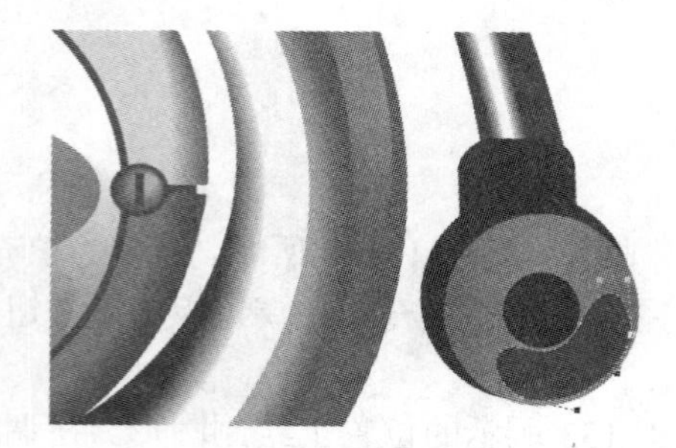

图 11-135　绘制暗部

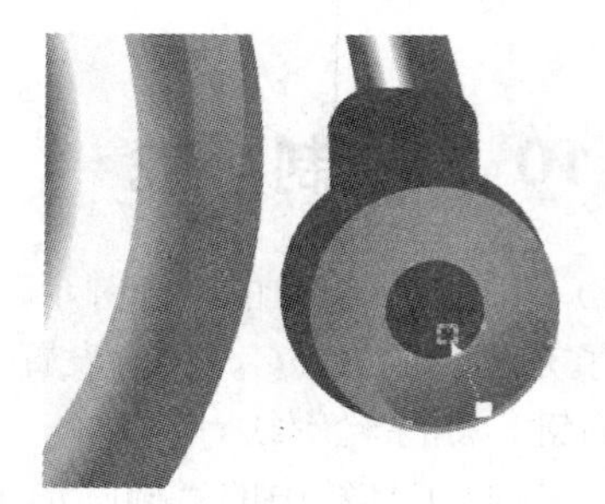

图 11-136　透明暗部

（7）用同样的方法，在圆形的右上方绘制出一个暗部，再选择“交互透明工具”进行调整，效果如图 11-137 所示。

（8）绘制高光。选择工具箱中的“贝济埃工具”和“形状工具”，绘制并调整出图 11-138 所示的图形。删除轮廓线。选择“填充框”，将填充颜色的 R、G、B 值设置为 128、123、119，完成颜色的填充。选择工具箱中的“交互式透明工具”，在图形上拖动鼠标，对图形进行透明处理。

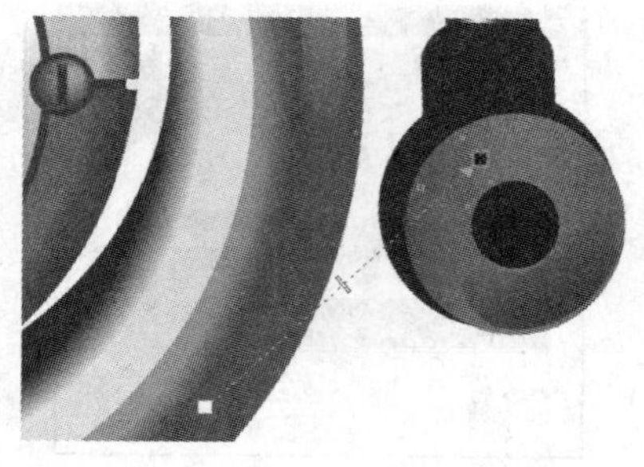

图 11-137　透明效果的设置

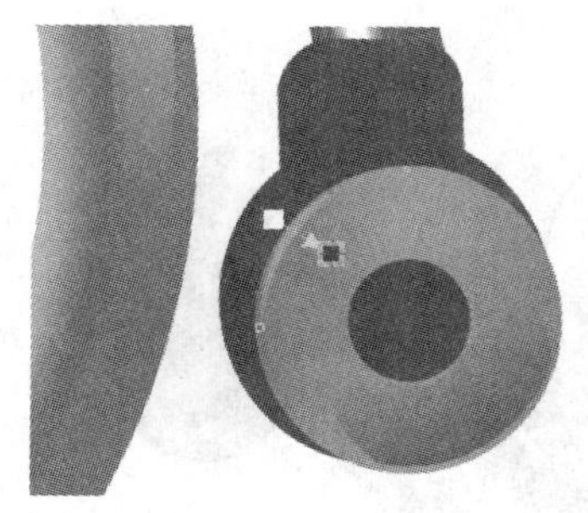

图 11-138　绘制高光

（9）选择工具箱中的“贝济埃工具”和“形状工具”，绘制并调整出图 11-139 所示的图形。删除轮廓线。选择“填充框”，将填充颜色的 R、G、B 值设置为 128、123、119，完成颜色的填充。选择工具箱中的“交互式透明工具”，对图形进行透明处理。

（10）用同样的方法，在中间圆孔处加入一个高光，如图 11-140 所示。

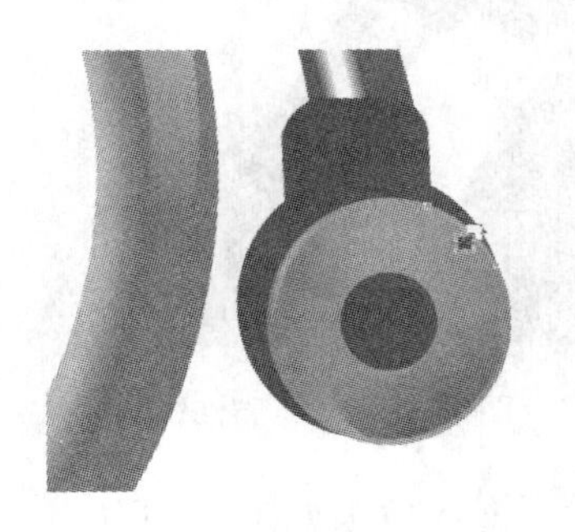

图 11-139 绘制另一处高光

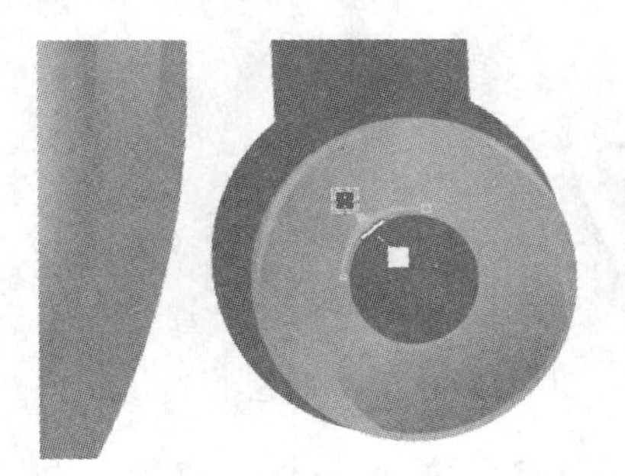

图 11-140 加入新高光

11.8.11 绘制定位仪

（1）选择工具箱中的“贝济埃工具”和“形状工具”，绘制并调整出图 11-141 所示的图形。删除轮廓线。选择“填充框”，将填充颜色的 R、G、B 值设置为 127、123、120，完成颜色的填充。

（2）绘制中间色。选择工具箱中的“贝济埃工具”和“形状工具”，绘制并调整出图 11-142 所示的图形。删除轮廓线。选择“填充框”，将填充颜色的 R、G、B 值设置为 196、197、192。单击【确定】按钮，完成颜色的填充。

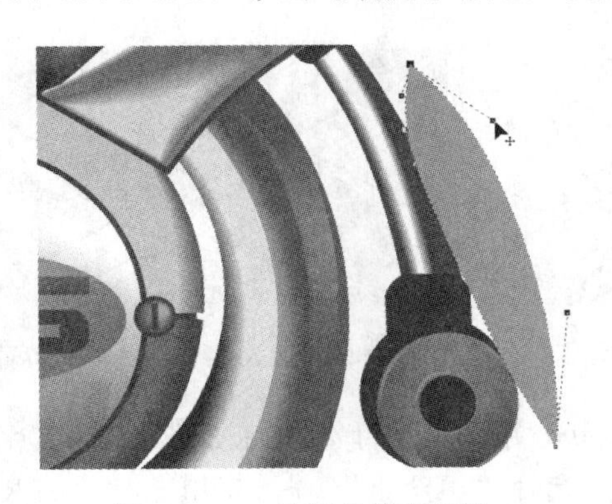

图 11-141 绘制并填充图形

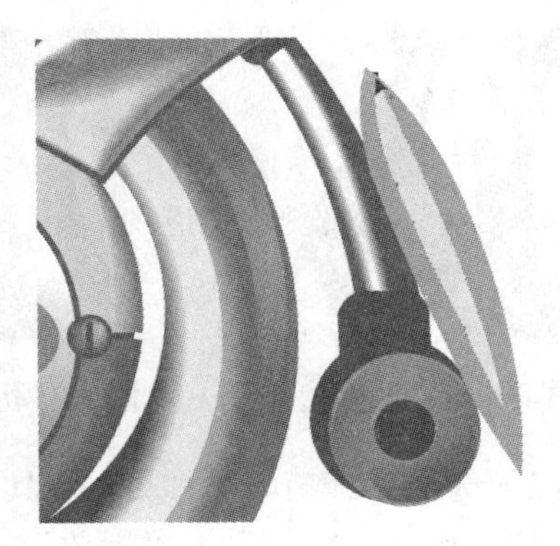

图 11-142 绘制中间色

（3）选择工具箱中的“交互式调和工具”调和颜色，产生过渡效果并增加立体效果，效果如图 11-143 所示。

（4）对边角处进行修饰。选择工具箱中的“贝济埃工具”和“形状工具”，绘制并调整出图 11-144 所示的图形。删除轮廓线。选择“填充框”，将 R、G、B 的参数调整为 18、13、10。单击【确定】按钮，完成颜色的填充。

（5）选择工具箱中的“贝济埃工具”和“形状工具”，绘制并调整出图 11-145 所示的图形。删除轮廓线。选择“填充框”，将填充颜色的 R、G、B 值设置为 18、13、10，单击【确定】按钮，完成颜色的填充。

图 11-143 调和颜色

图 11-144 绘制修饰物

（6）按【Shift+Page Down】组合键，将图形调整到最下面，效果如图 11-146 所示。

11.8.12 输入文字

（1）添加文字修饰。选择工具箱中的“文本工具”，在车架上输入字母“BOMBANDIEA”。全选这些字母，在属性栏中设置文字大小为“6”号、“字体”为黑体。选择“填充框”，将 R、G、B 的值调整为 35、27、24。单击【确定】按钮，完成颜色的填充。选择工具箱中的“轮廓画笔工具”，弹出“轮廓笔”对话框。在“宽度”文本框中输入 0.25 mm，单击“颜色”色样框，选择【其他】按钮，打开“选择颜色”对话框。将颜色的 R、G、B 值调整为 35、27、24，单击【确定】按钮，完成轮廓线的设置。选择“挑选工具”，对文字进行旋转，效果如图 11-147 所示。

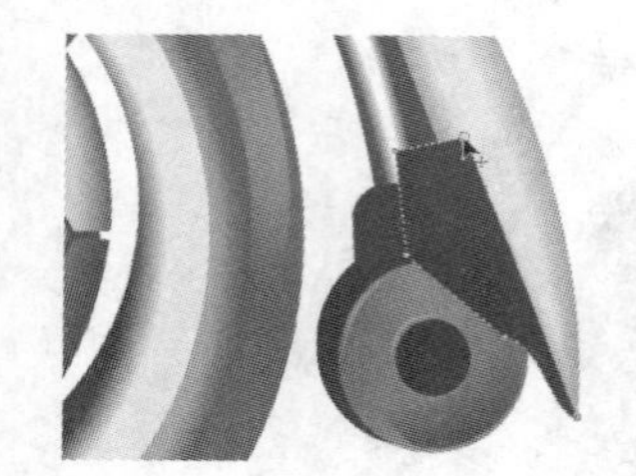
图 11-145 绘制的多边形

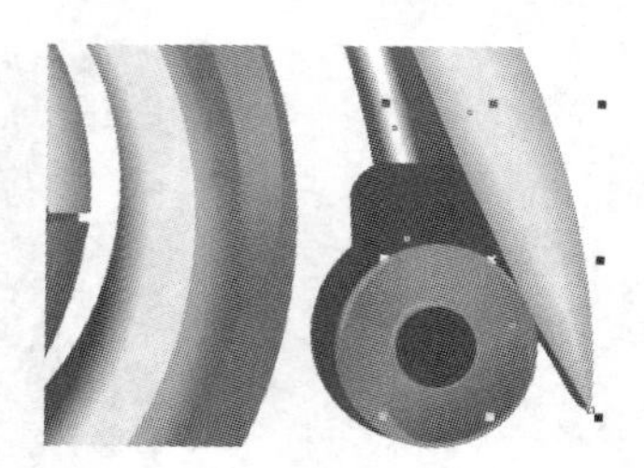
图 11-146 调整图形的顺序

图 11-147 输入并调整文字的位置

（2）选择工具箱中的“文本工具”，在车轮上单击并输入字母“MOTAX”。全选文字，在属性栏中设置“字体”为“黑体”，“字号”为“8”。选择“填充框”，将填充颜色的 R、G、B 值设置为 35、27、24，单击【确定】按钮，完成颜色的填充。选择工具箱中的“轮廓画笔工具”，弹出“轮廓笔”对话框，在“宽度”文本框中输入 0.25 mm，单击“颜色”色样框，选择【其他】按钮，打开“选择颜色”对话框。将颜色的 R、G、B 值设置为 35、27、24，单击【确定】按钮，完成轮廓线的设置。效果如图 11-148 所示。

（3）选择“挑选工具”，单击文本，使其处于选择状态。在文本上单击鼠标右键，拖动到轴承轮廓线上，鼠标变为圆圈形状，释放鼠标，在弹出的快捷菜单中执行【使文本适合路径】命令，字幕变成了圆弧形。拖动文字前面的红色菱形到图 11-149 所示的位置。

图 11-148　输入的文字

图 11-149　设置路径字

（4）在车胎上绘制出车身的阴影。选择工具箱中的“贝济埃工具”和“形状工具”，绘制并调整出图 11-150 所示的图形。选择“填充框”，将填充颜色的 R、G、B 值设置为 41、39、41，单击【确定】按钮，完成颜色的填充。在调色板的☒按钮上单击鼠标右键，删除轮廓。选择工具箱中的“交互式透明工具”，拖动鼠标，如图 11-150 所示，产生半透明的效果。

（5）选择工具箱中的“贝济埃工具”和“形状工具”，绘制并调整出图 11-151 所示的图形。选择“填充框”，将填充颜色的 R、G、B 值设置为 80、84、86，单击【确定】按钮，完成颜色的填充。在调色板的☒按钮上单击鼠标右键，删除轮廓线。

图 11-150　设置车身投影

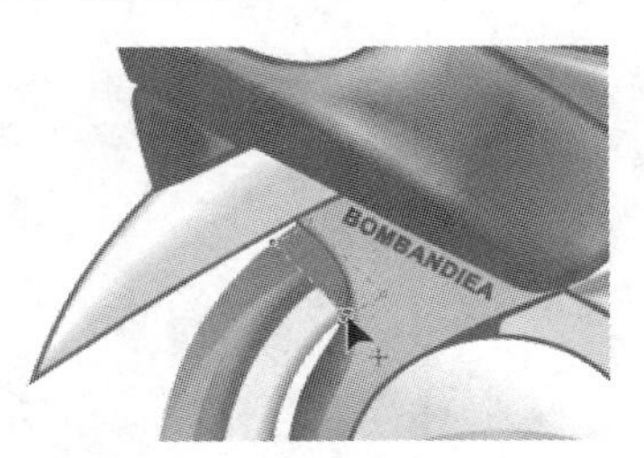

图 11-151　绘制投影形状

（6）选择工具箱中的“交互式透明工具”，拖动鼠标，对图形进行透明处理，效果如图 11-152 所示。

图 11-152　完成后的效果

经验与技巧分享

造型设计是 CorelDRAW X4 的主要用途之一。通过本章的学习，读者可以掌握造型、质感和立体效果制作的方法和技巧。

经验与技巧分享如下。

（1）执行【窗口】→【泊坞窗】→【造型】命令，打开包含了 6 个造型工具的“造型”

泊坞窗。在该泊坞窗中，选中“来源对象”复选框，可在操作后保留来源对象；选中“目标对象”复选框，可在操作后保留目标对象，修整出来的图形将保持目标对象的属性。

（2）在工具箱中选择“交互式网状填充工具”，进行网格填充时，可以为每一个网点填充不同的颜色并定义颜色的扭曲方向，但应注意节点的数目和位置。按【Delete】键，可删除多余节点，确保填充效果平滑、自然。

（3）本章实例多次应用了“对齐工具”。应注意，对齐的参考物是最后选择的对象，如果一次框选多个对象，则对齐的参考物是先创建的对象。

（4）对于较复杂的填充效果，可以将一个图形进行拆分，分别进行填充。

12 游戏角色——剑侠的绘制

本章将设计并绘制一个人物作品。读者通过学习，将可以完全掌握 CorelDRAW X4 强大的绘制和修饰功能。

学习提要

- 绘制前的准备工作
- 绘制头部
- 绘制躯干及衣物
- 增加立体效果
- 绘制宝剑
- 查看绘制效果并进行精细调整

12.1 绘制前的准备

临摹就要找到样本。在创作前，应该先用纸画一幅草图，作为在 CorelDRAW X4 中绘制的样本。仔细观看样本的线条和颜色，思考用哪种工具进行制作比较方便，做到“心中有数”。经过分析，需要用到的绘制工具主要有“贝济埃工具”、“形状工具”、“交互式透明工具”和“渐变填充框”等。明确了需要使用的工具后就可以开始绘制了。

图 12-1　完成后的效果图

本作品的名称为“剑侠叶冰痕”，绘制完成后的效果如图 12-1 所示。绘制顺序为头部→躯体→服饰→配饰。下面将从头部开始制作。

12.2 绘制头部

在绘制此作品时采用的是局部入手的方法，将人物分解为主要部分和次要部分。此作品最重要的图形就是头部，所以这里最先绘制的应是头部。

12.2.1 基本设置

（1）运行 CorelDRAW X4，创建一个新的文件。

（2）执行【窗口】→【调色板】→【默认 RGB 调色板】命令，确保颜色设置为“RGB”模式。

（3）选择工具箱中的“轮廓画笔工具”，在打开的“轮廓笔”对话框中选择“图形”复选框，如图 12-2 所示。

（4）单击【确定】按钮，打开“轮廓笔”对话框。设置“颜色”为黑色，调整“宽度”为 0.25 毫米，在“角”中选择“弧形线条”单选按钮，在“线条端头”中选择“角度端头”单选按钮，单击【确定】按钮，完成轮廓线参数设置。具体设置如图 12-3 所示。

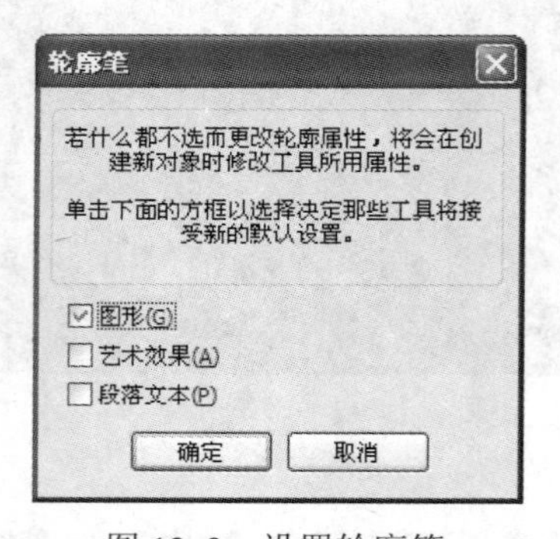

图 12-2　设置轮廓笔

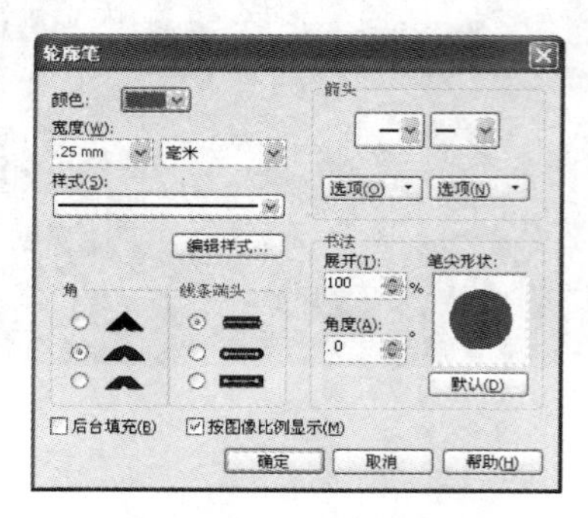

图 12-3　设置轮廓线参数

（5）选择工具箱中的“填充框”，打开“均匀填充”对话框，选择“图形”复选框，如图 12-4 所示。

（6）单击【确定】按钮，打开“均匀填充”对话框，将 R、G、B 的参数设置为 255、255、227，单击【确定】按钮，完成颜色的设置，如图 12-5 所示。

绘制图形的填充色为所设置的颜色。

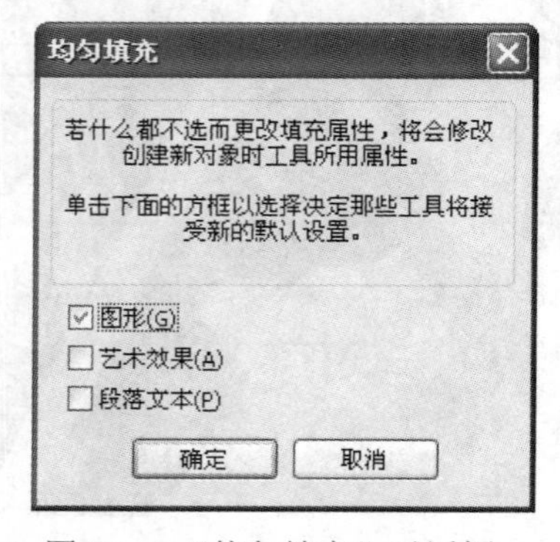

图 12-4　“均匀填充”对话框

图 12-5　设置填充色

12.2.2 绘制脸部形状

（1）现在开始绘制头部。选择工具箱中的“贝济埃工具”，在画布中连续单击，画出一个封闭的脸部轮廓。绘制时不用太准确，因为后面将进行全面的调整。

提示：每一个节点都处于转折处，曲线越复杂，节点就越多，调整曲线将变得十分不方便，并占用计算机空间。

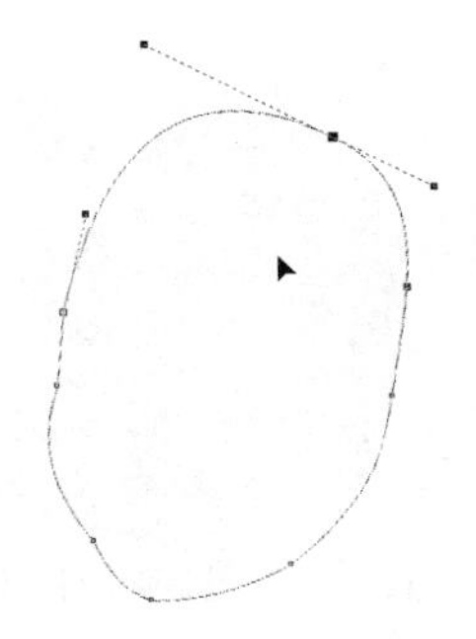

图 12-6 脸部轮廓图

（2）选择工具箱中的“形状工具”，在画布的空白处按下鼠标左键并拖动，圈选所有节点。单击属性栏上的“转换直线为曲线”按钮，将所有直线转换成可以编辑的曲线模式，拖动曲线会产生一定的弧度。如果对此弧度不满意，可单击其中的节点，会出现两个控制手柄，调整手柄边缘的控制点，对此节点两边的曲线进行曲度上的细节调整。完成后的效果如图 12-6 所示。

提示：使用“形状工具”可调整节点的位置；在任意线段上双击，可在双击处增加一个节点；在某个节点上双击，可删除该节点。在造型过程中，以上 3 种针对节点的操作经常会使用，大家需要熟练掌握。

至此，脸部的形状绘制就完成了，下面要对五官进行绘制。

12.2.3 绘制眼睛

（1）在工具箱中选择“贝济埃工具”，在脸部轮廓图的合适位置绘制眉毛的形状。选择“形状工具”，调整形状的节点。在调色板的☒按钮上单击鼠标右键，删除轮廓线。将填充颜色的 R、G、B 值设置为 169、149、124。眉毛效果如图 12-7 所示。

提示：在下面的步骤中，填充色和删除轮廓线的设置方法与此方法相同。在设置填充色和删除轮廓线时只说明颜色的参数，其他的就不再进行详细说明了。

（2）为了使眉毛与面部的接触不那么生硬，可以选择工具箱中的“交互式透明工具”，从眉毛的前部向尾部拖动，形成眉毛渐淡的效果，如图 12-8 所示。

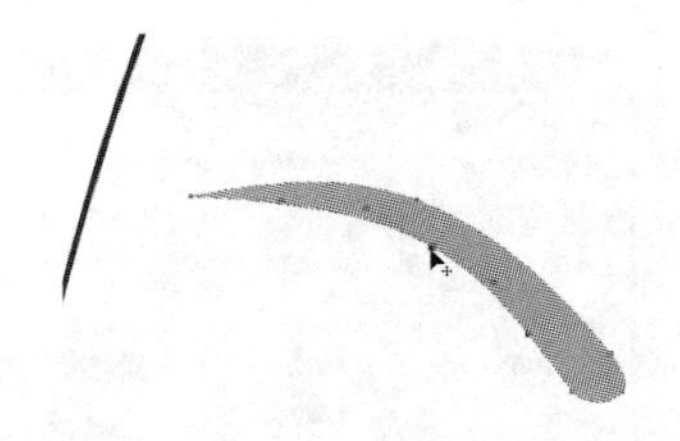

图 12-7 眼眉轮廓图

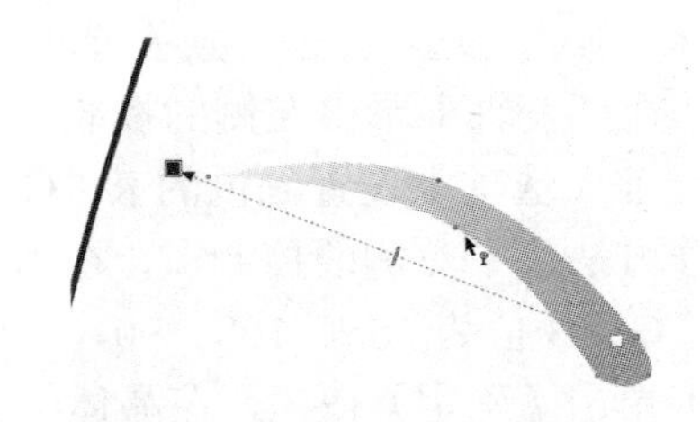

图 12-8 渐淡的眉毛

（3）用同样的方法绘制另一条眉毛，效果如图 12-9 所示。

（4）绘制眼睛。眼睛要稍微复杂一些。首先画出整体轮廓，使用的工具与绘制眉毛的工具完成相同，删除轮廓线，将填充色的 R、G、B 值设置为 36、20、15，效果如图 12-10 所示。

（5）用同样的方法绘制眼白的封闭曲线，填充色为白色，在调色板的☒按钮上单击鼠标右键，删除轮廓线，效果如图 12-11 所示。

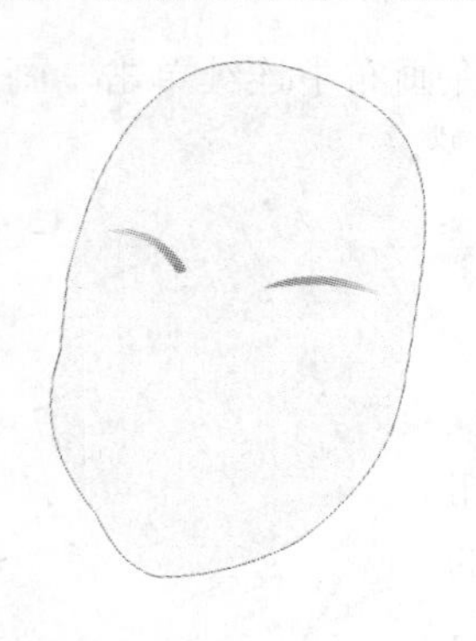

图 12-9　绘制出眉毛

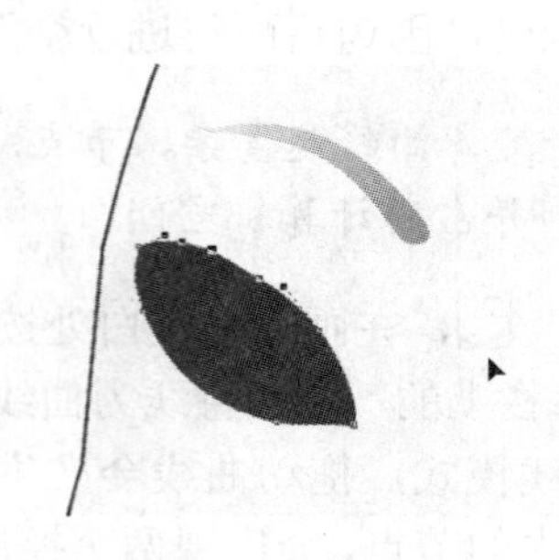

图 12-10　眼睛整体轮廓图

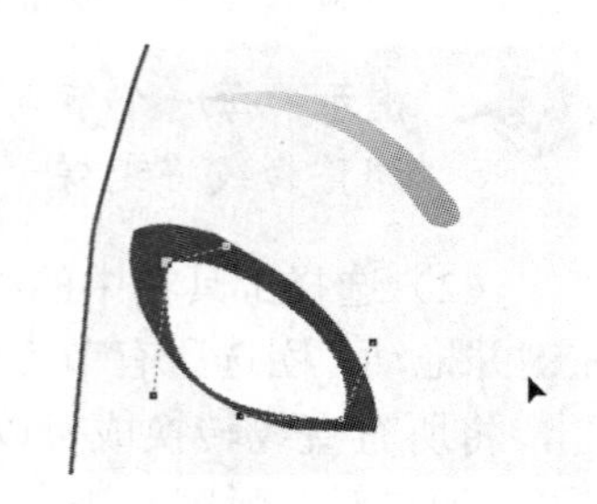

图 12-11　绘制眼白

（6）选择工具箱中的“贝济埃工具”，在眼睛的右侧绘制出一个椭圆形。在椭圆形上单击鼠标右键，从弹出的快捷菜单中执行【转换为曲线】命令，将其转换为曲线。选择工具箱中的“形状工具”来调整节点，在调色板的☒按钮上单击鼠标右键，删除轮廓线。效果如图 12-12 所示。

（7）选择工具箱中的“挑选工具”，圈选眼白及眼球部位的椭圆形，单击属性栏中的“后减前”按钮，对图形进行修剪，效果如图 12-13 所示。

（8）绘制眼球中的晶体。选择工具箱中的“贝济埃工具”，连续单击，绘制出封闭曲线。选择工具箱中的“形状工具”，对曲线进行调节。设置填充色的 R、G、B 值为 155、105、81，在调色板的☒按钮上单击鼠标右键，删除轮廓线，效果如图 12-14 所示。

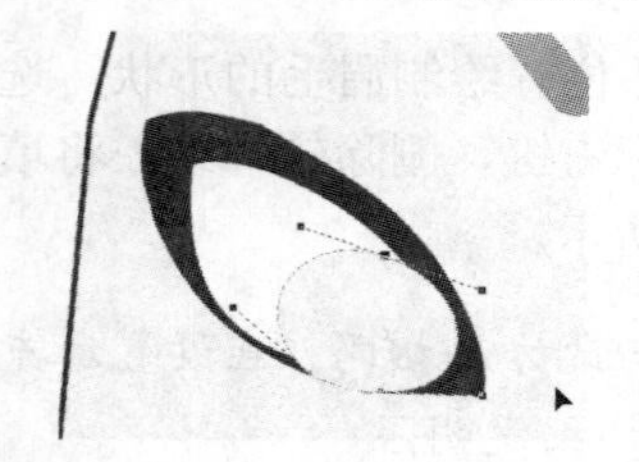

图 12-12　继续绘制眼白

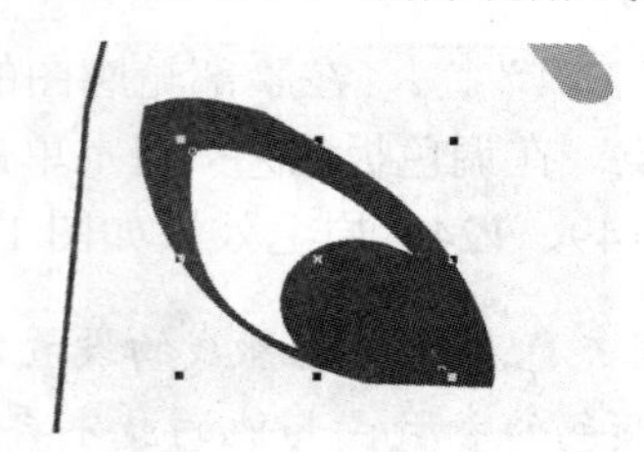

图 12-13　完成修剪结果

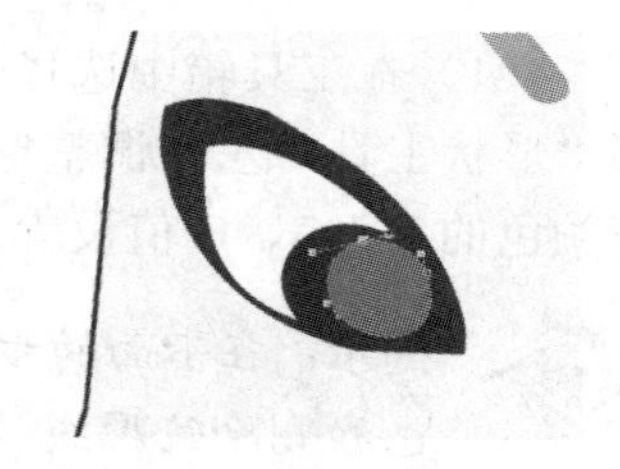

图 12-14　绘制眼球中的晶体

（9）选中眼球，选择工具箱中的“渐变填充框”，打开“渐变填充”对话框。在“类型”中选择“射线”选项，在“颜色调和”中选择“自定义”单选按钮，在渐变轴上单击左侧的控制点，使其处于选中状态。在“当前”选项中设置颜色的 R、G、B 值为 92、62、51。用同样方法选中右侧的控制点，在“当前”选项中设置颜色的 R、G、B 值为 155、108、90，如图 12-15 所示。

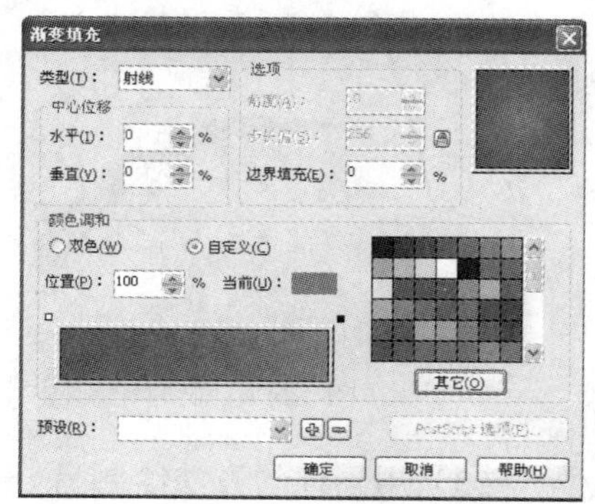

图 12-15　渐变参数的设置

（10）单击【确定】按钮，在晶体中加入渐变效果，如图 12-16 所示。

（11）观察画面，眼球显得比较生硬，选择工具箱中的“交互式透明工具”，从眼球中间向左边拖动。这样，晶体与眼球就产生了和谐的效果，如图 12-17 所示。

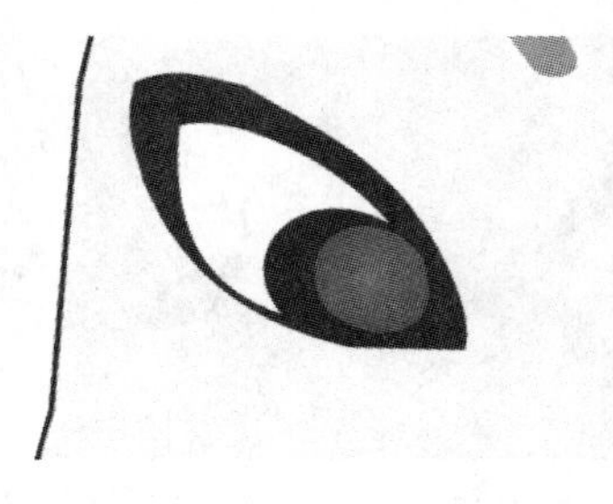

图 12-16　晶体的渐变效果

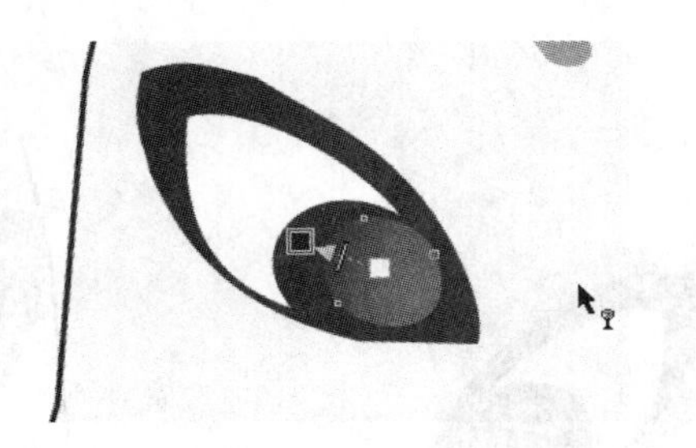

图 12-17　美化晶体与眼球效果

（12）选择工具箱中的“椭圆形工具”，在眼球的适当位置绘制瞳孔，填充色为黑色，效果如图 12-18 所示。

（13）绘制眼影。选择工具箱中的“贝济埃工具”，连续单击，绘制出封闭曲线，选择工具箱中的“形状工具”，对图形进行调节。在调色板的⊠按钮上单击鼠标右键，删除轮廓线。效果如图 12-19 所示。

图 12-18　绘制瞳孔

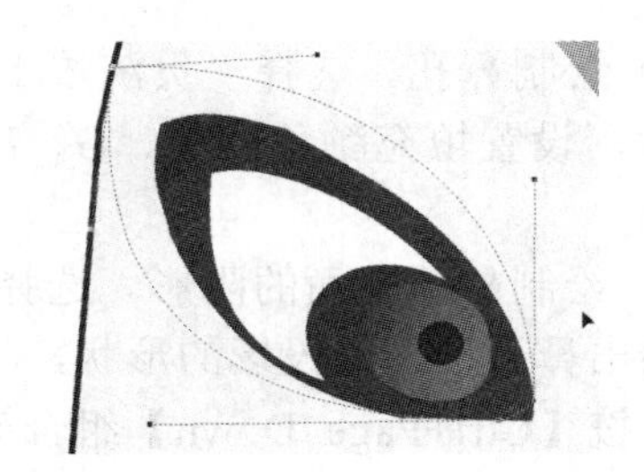

图 12-19　绘制眼影

（14）选择工具箱中的“渐变填充框”，打开“渐变填充”对话框。在“类型”中选择“线性”选项，单击左侧的控制点，在“当前”选项中设置颜色的 R、G、B 值为 180、114、88，选中右侧的控制点，在“当前”选项中设置颜色的 R、G、B 值为 252、225、202，如图 12-20 所示。单击【确定】按钮，完成颜色的设置。

提示：渐变填充后，可用“交互式填充工具”进行调节，使用方法参照前面的章节。

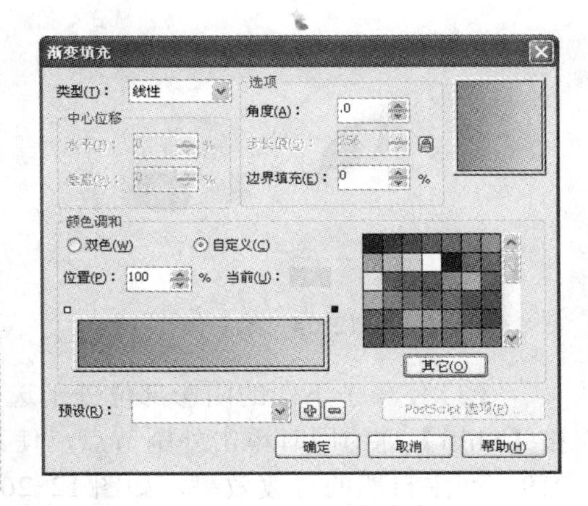

图 12-20　设置渐变色

（15）现在发现眼影挡住了眼睛的部分，要将其移动到眼睛的下方，确定眼影形状处于选择状态。多次按【Ctrl+Page Down】组合键，将眼影移至眼部轮廓图形的后面，效果如图 12-21 所示。

（16）现在，眼影效果略显生硬，还要使用“交互式透明工具”从眼影中间向眼尾方向拖动，产生过渡效果，如图 12-22 所示。

（17）用相同的方法绘制出另一只眼睛，效果如图 12-23 所示。

至此，眼睛就绘制完成了，下面来绘制鼻子。

图 12-21　调整图形的前后位置

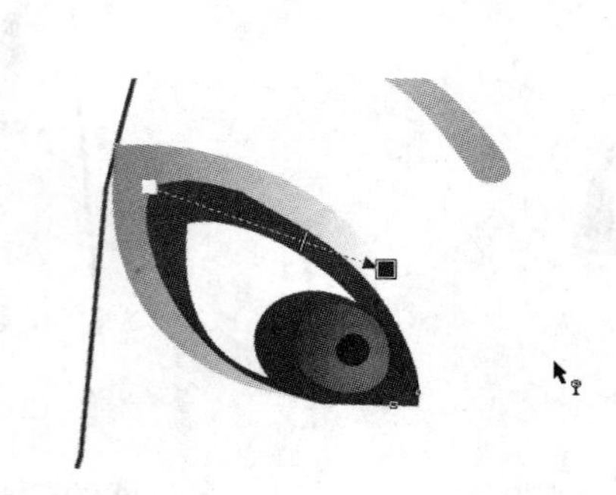

图 12-22　制作过渡效果

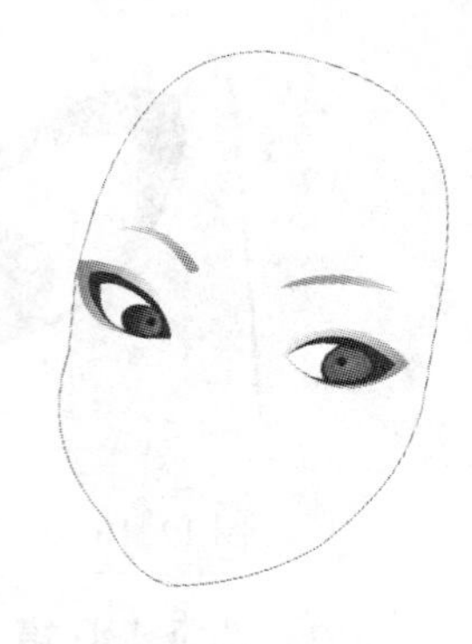

图 12-23　完成眼睛的绘制

12.2.4　鼻子的画法

（1）绘制鼻孔。选择“贝济埃工具”和“形状工具”，在脸部的合适位置画出鼻孔的轮廓，设置填充颜色的 R、G、B 值为 231、186、153，删除轮廓线，效果如图 12-24 所示。

（2）绘制鼻子下面的阴影。选择“贝济埃工具”和“形状工具”，在脸部的合适位置绘制出鼻子根部与投影的形状，将填充颜色的 R、G、B 值设置为 246、213、172，删除轮廓线。按【Ctrl+Page Down】组合键，将鼻子下面的阴影放到鼻孔后面，效果如图 12-25 所示。

图 12-24　绘制鼻孔

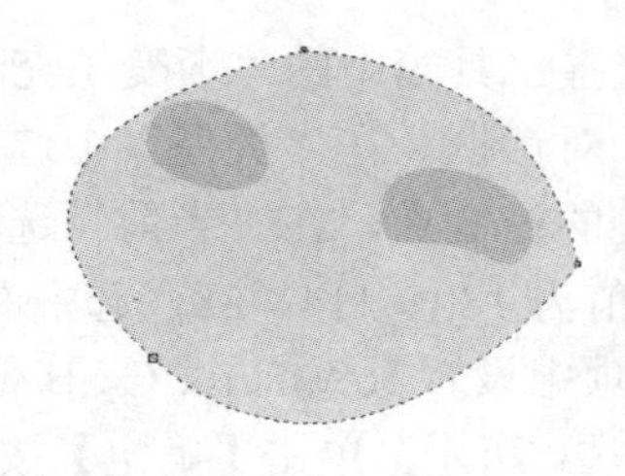

图 12-25　绘制鼻子的阴影

（3）使鼻子下面的阴影部位处于选中状态。选择工具箱中的“交互式网状填充工具”，按【Shift】键的同时单击外围节点，使其处于选择状态，将 R、G、B 值设置为 253、250、219，产生自然的过渡效果，如图 12-26 所示。

（4）绘制鼻子侧面的阴影。选择工具箱中的“贝济埃工具”，连续单击，绘制出封闭曲线。选择工具箱中的“形状工具”，对曲线进行调节。将填充颜色的 R、G、B 值设置为 255、221、186，然后删除轮廓线，按【Ctrl+Page Down】组合键移动到鼻子下面的阴影的后面。效果如图 12-27 所示。

（5）选择工具箱中“交互式网状填充工具”，侧面的阴影图形出现网状控制点，对节点进行调节。将左侧的向脸部拉伸，这样向脸部将产生颜色渐变，下面的控制点向鼻子下面的阴影拉伸。按【Shift】键的同时单击左侧边缘节点，将 R、G、B 值设置为 255、255、227。这样，阴影间的颜色将变得十分和谐，效果如图 12-28 所示。

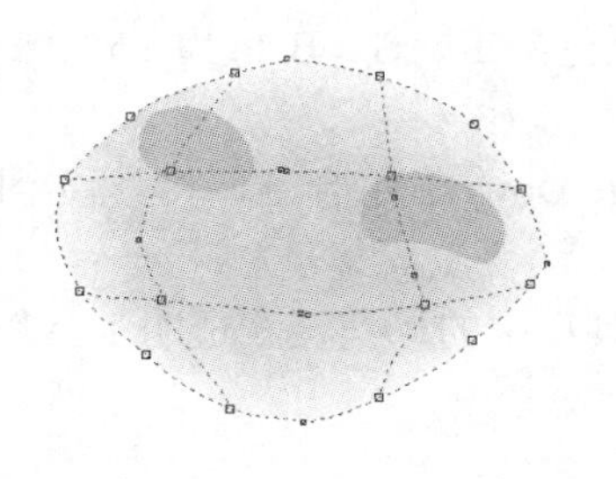

图 12-26 调整阴影 图 12-27 绘制鼻子侧面的阴影

（6）对鼻下阴影和鼻侧阴影进行调节，使彼此之间产生淡化边缘效果。选择工具箱中的“交互式透明工具”，分别对鼻侧阴影和鼻下阴影进行调节，如果一次达不到效果可以进行多次调节。效果如图 12-29 所示。

（7）继续添加鼻子右侧的阴影，制作方法与绘制鼻子左侧的方法相同。效果如图 12-30 所示。

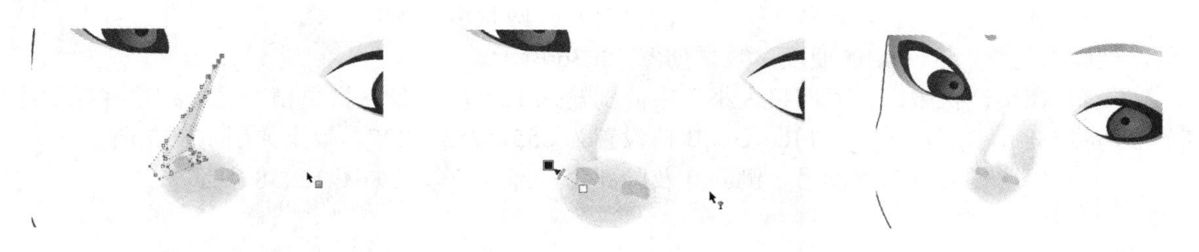

图 12-28 调整鼻子侧面的阴影 图 12-29 淡化阴影边缘 图 12-30 绘制鼻子右侧的阴影

12.2.5 嘴的绘制方法

（1）在工具箱中选择“贝济埃工具”和“形状工具”，勾勒出唇型，将填充颜色的 R、G、B 值设置为 255、211、182，删除轮廓线，效果如图 12-31 所示。

（2）在工具箱中分别选择“贝济埃工具”和“形状工具”，勾勒出唇间阴影，将填充颜色的 R、G、B 值设置为 176、130、104，删除轮廓线，效果如图 12-32 所示。

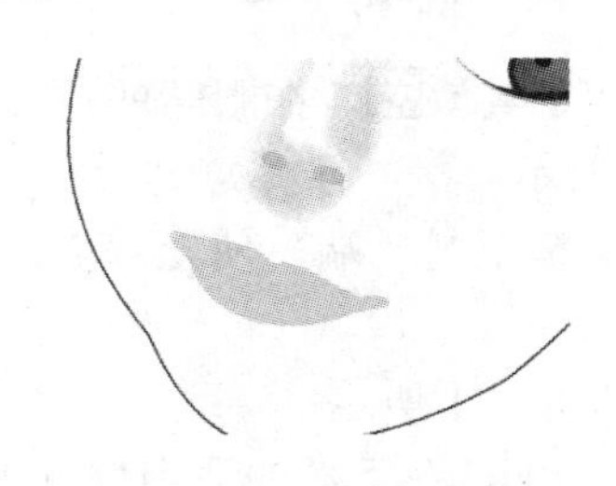

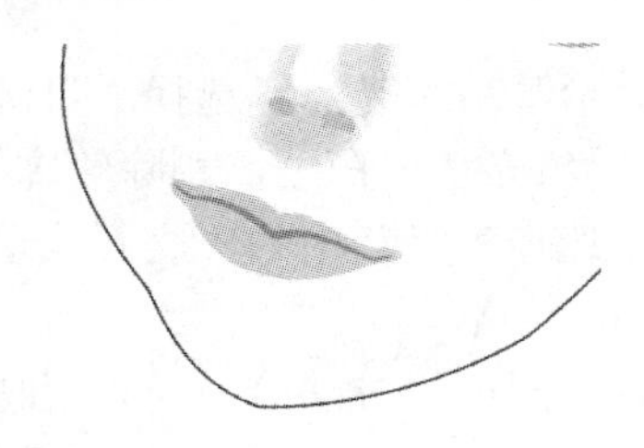

图 12-31 绘制唇型 图 12-32 绘制唇间阴影

12.2.6 给脸部化妆

（1）补画腮红。在工具箱中分别选择“贝济埃工具”和“形状工具”，在眼下绘制出图 12-33 所示的封闭曲线作为腮红轮廓。设置填充颜色的 R、G、B 值为 255、216、197，删除轮廓线。效果如图 12-33 所示。

（2）使腮红轮廓处于选中状态，多次按【Ctrl+Page Down】组合键，将其移至眼影下层，效果如图 12-34 所示。

（3）下面使腮红轮廓变得自然柔和一些，选择工具箱中的“交互式透明工具”，从腮红中间向左下拖动，效果如图 12-35 所示。

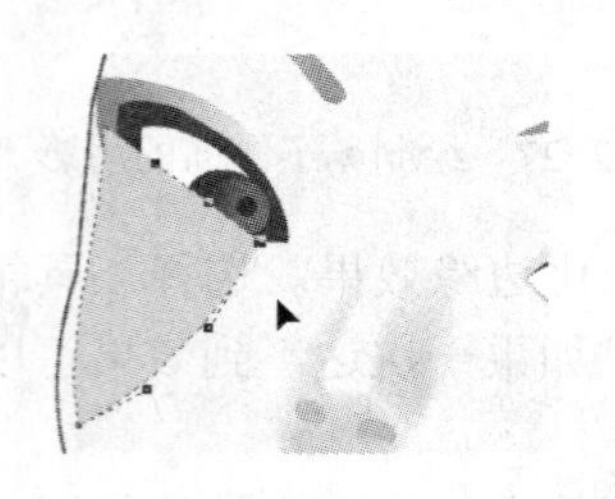

图 12-33 补画腮红

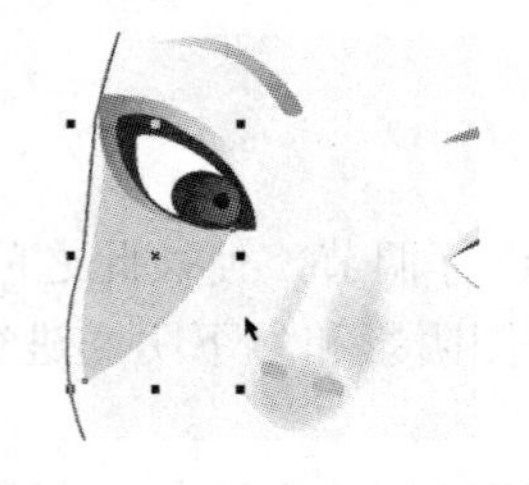

图 12-34 调整腮红的前后位置

图 12-35 淡化腮红轮廓

（4）选择腮红轮廓，选择工具箱中的“交互式网状填充工具”，调节虚化边缘节点位置，使腮红边缘产生一定的曲度，效果如图 12-36 所示。

（5）在属性栏中，在“网格大小”中分别输入 10 和 3，使网格更精细。分别选择左边缘节点，将左侧边缘节点颜色的 R、G、B 值设置为 255、255、227。效果如图 12-37 所示。

（6）用同样的方法绘制另一侧腮红及脸部阴影部分，效果如图 12-38 所示。

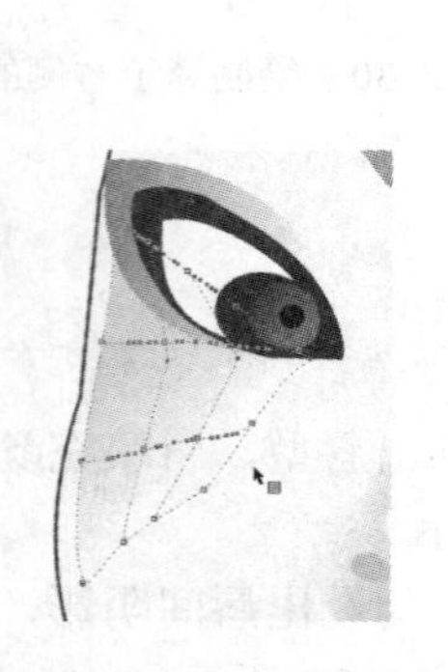

图 12-36 调整腮红轮廓形状

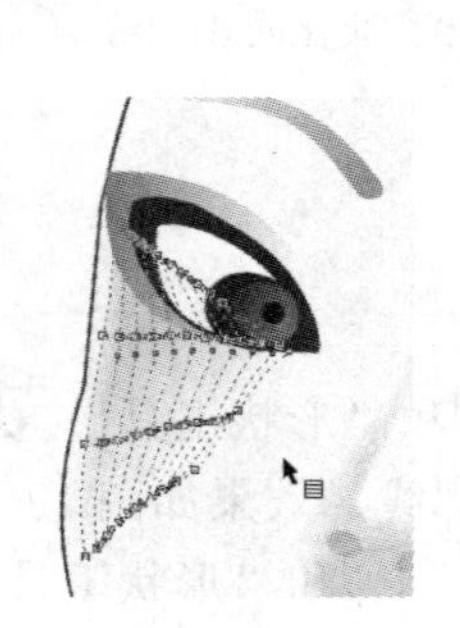

图 12-37 调整节点

图 12-38 绘制另一侧腮红和脸部阴影后的效果

（7）给眼睛添光点。选择“贝济埃工具”和“形状工具”，在眼睛的适当位置绘制光点，设置填充色为白色，删除轮廓线，效果如图 12-39 所示。

（8）选择工具箱中的“交互式透明工具”，从一端拖至另一端，使光点更自然，效果如图 12-40 所示。

（9）用同样的方法给另一只眼睛添加光点，效果如图 12-41 所示。

（10）为脸部添光彩。选择工具箱中的“椭圆形工具”，在下额的适当位置画椭圆形，使其产生立体效果，设置填充颜色为白色，删除轮廓线，效果如图 12-42 所示。

（11）选择工具箱中的“交互式透明工具”，在属性栏中选择“透明度类型”为“射线”。单击中心点，设置“透明中心点值”为 0。单击“边缘点”，设置“边缘点值”为 100，调节半径大小，使下额光点边缘变柔和。效果如图 12-43 所示。

（12）用同样的方法为脸部其他位置增添光彩。效果如图 12-44 所示。

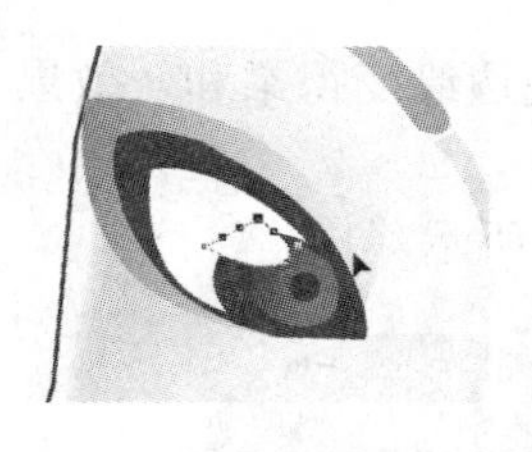

图 12-39　眼睛的高光点

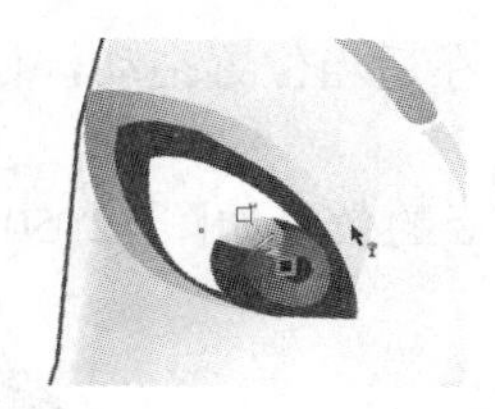

图 12-40　调整高光点

图 12-41　给另一只眼睛添加光点

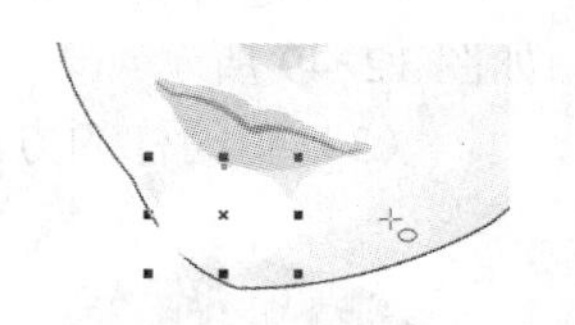

图 12-42　绘制椭圆形

（13）确定脸部处于选择状态，删除轮廓线，效果如图 12-45 所示。

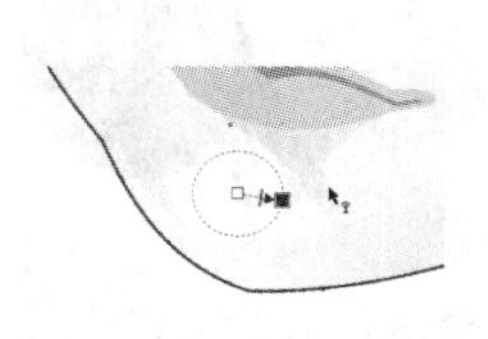

图 12-43　淡化轮廓

图 12-44　为脸部其他位置增添光彩

图 12-45　删除轮廓线

12.3　绘制头发

在绘制头发时采用从整体到局部的绘制顺序，这样可以使绘制的头发既富于变化又不显得杂乱。

12.3.1　绘制头发的形状

（1）在工具箱中分别选择“贝济埃工具”和“形状工具”，绘制出头发轮廓，设置填充颜色的 R、G、B 值为 84、68、55。按【Shift+Page Down】组合键，将头发图形移至最下层。在调色板中的☒按钮上单击鼠标右键，删除轮廓线。效果如图 12-46 所示。

（2）在工具箱中分别选择“贝济埃工具”和“形状工具”，在最上层绘制出头发形状。在调色板中的☒按钮上单击鼠标右键，删除轮廓线。效果如图 12-47 所示。

12.3.2　绘制明暗效果

（1）绘制头发上的明亮部分。如图 12-48 所示，填充颜色的 R、G、B 值为 124、107、104。在调色板中的☒按钮上单击鼠标右键，删除轮廓线。效果如图 12-48 所示。

图 12-46　绘制头发的形状

图 12-47　修整头发的形状

（2）选择工具箱中的“交互式透明工具”，在适当位置拖动，使边缘变得柔和，效果如图 12-49 所示。

（3）用同样的方法继续为头发添加光影，完成后的效果如图 12-50 所示。

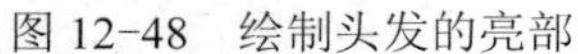
图 12-48　绘制头发的亮部

图 12-49　柔化边缘

图 12-50　绘制光影

12.4　绘制耳部与头饰

在绘制耳部与头饰时要注意颜色上的变化，这样可以产生简而不乱的效果，从而更加突出脸部图形。

12.4.1　绘制耳部的基本形状

（1）绘制耳部轮廓。选择工具箱中的“贝济埃工具”和“形状工具”，在适当位置绘制出图形。将填充颜色的 R、G、B 值设置为 179、162、144，如图 12-51 所示，按【Ctrl+Page Down】组合键，将其移至最下层。在调色板中的⊠按钮上单击鼠标右键，删除轮廓线。

（2）继续使用“贝济埃工具”和“形状工具”，在适当位置绘制图形，设置填充颜色的 R、G、B 值为 249、249、218。在调色板中的⊠按钮上单击鼠标右键，删除轮廓线。效果如图 12-52 所示。

图 12-51　绘制耳部外轮廓

图 12-52　绘制耳部内轮廓

（3）按【Ctrl+Page Down】组合键，将其向下移至耳部轮廓上面。

（4）使用“贝济埃工具”和“形状工具”，在适当位置绘制图形，将填充颜色的 R、G、B 值设置为 255、229、202。在调色板中的☒按钮上单击鼠标右键，删除轮廓线。效果如图 1-53 所示。

（5）将其向下移至适当位置。选择工具箱中的“交互式透明工具”，在适当位置拖动鼠标，对图形进行透明处理。效果如图 12-54 所示。

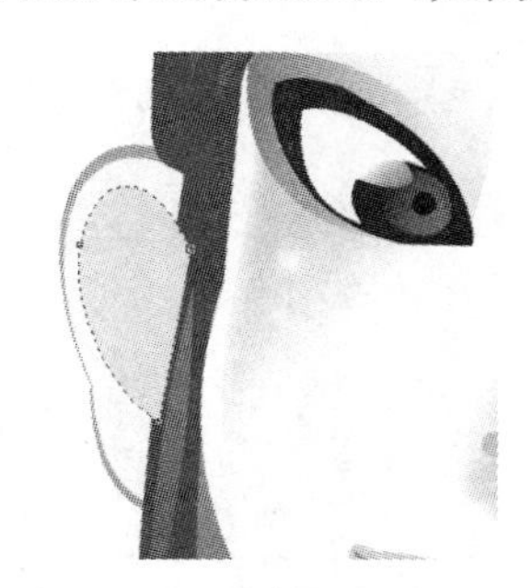

图 12-53　绘制耳部内部形状

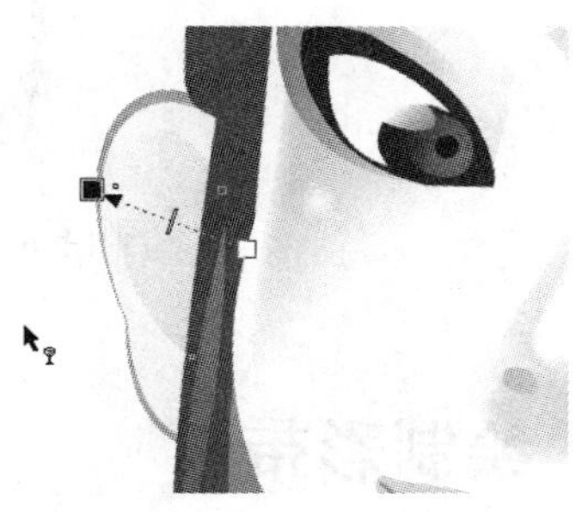

图 12-54　透明处理以淡化轮廓

（6）绘制耳窝。选择工具箱中的“贝济埃工具”和“形状工具”，在适当位置绘制图形，将填充颜色的 R、G、B 值设置为 179、162、144。在调色板中的☒按钮上单击鼠标右键，删除轮廓线。效果如图 12-55 所示。

（7）在工具箱中选择“交互式透明工具”，从右上方拉至左下方，使画面变得不生硬，效果如图 12-56 所示。

（8）用同样的方法继续添加阴影，并将其向下移动至适当位置，效果如图 12-57 所示。

图 12-55　绘制耳窝

图 12-56　透明效果制作

图 12-57　添加阴影

（9）绘制高光。选择“贝济埃工具”和“形状工具”，在适当位置绘制图 12-58 所示的图形，填充色为白色。在调色板中的☒按钮上单击鼠标右键，删除轮廓线。

（10）选择“交互式透明工具”，柔和图形的边缘，效果如图 12-59 所示。

（11）用同样的方法为耳垂部位添加高光，效果如图 12-60 所示。

图 12-58　绘制高光

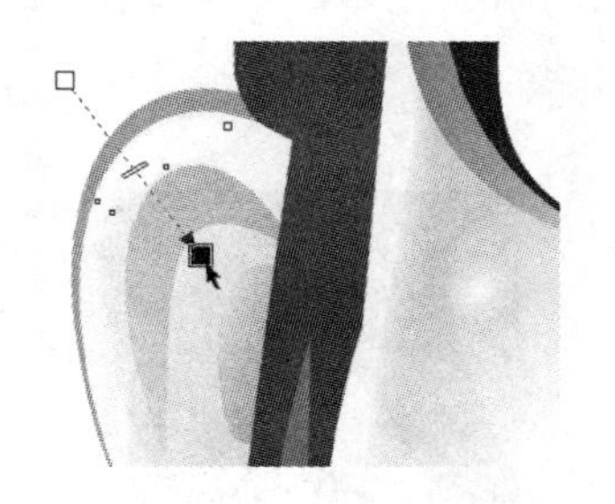

图 12-59　柔和边缘

图 12-60　为耳垂部位添加高光

（12）用同样的方法绘制出另一只耳朵，完成后的效果如图 12-61 所示。

图 12-61　完成耳部绘制的效果

12.4.2　绘制彩带

（1）选择工具箱中的“贝济埃工具”和“形状工具”，在适当位置绘制图形。将填充颜色的 R、G、B 值设置为 84、68、55。在调色板中的☒按钮上单击鼠标右键，删除轮廓线。按【Ctrl+Page Down】组合键，将该图形调整到合适图层，效果如图 12-62 所示。

提示：将彩带图形向下移至右侧的边缘，在头发的下面。

（2）确定图形处于选择状态，按【Ctrl+C】组合键进行复制，再按【Ctrl+V】组合键进行粘贴。修改填充颜色的 R、G、B 值为 198、108、71，适当调整图形的位置。效果如图 12-63 所示。

（3）用同样的方法绘制其他部分的彩带，效果如图 12-64 所示。

图 12-62　绘制彩带形状

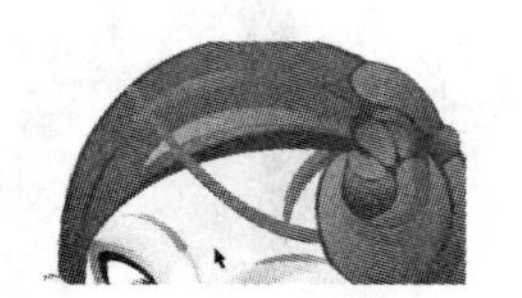

图 12-63　复制并调整彩带

图 12-64　完成绘制彩带后的效果

（4）为彩带添加光影。选择工具箱中的“贝济埃工具”和“形状工具”绘制图形，将填充颜色设置为白色，在调色板中的☒按钮上单击鼠标右键，删除轮廓线。效果如图 12-65 所示。

（5）选择“交互式透明工具”来柔和边缘，效果如图 12-66 所示。

（6）用同样的方法为其他头饰添加光影，效果如图 12-67 所示。

图 12-65　添加了光影的彩带

图 12-66　柔和边缘

图 12-67　添加光影后的效果

12.4.3 绘制彩珠

（1）选择工具箱中的“椭圆形工具”来绘制圆形，将填充颜色的 R、G、B 值设置为 84、68、55。在调色板中的☒按钮上单击鼠标右键，删除轮廓线。效果如图 12-68 所示。

（2）选择工具箱中的“挑选工具”，将图形复制并粘贴，适当调整图形的位置，将填充颜色的 R、G、B 值设置为 71、219、171。效果如图 12-69 所示。

（3）选择工具箱中的“椭圆形工具”，在彩珠上绘制圆形，设置填充色为白色。在调色板中的☒按钮上单击鼠标右键，删除轮廓线。效果如图 12-70 所示。

图 12-68　绘制彩珠形状

图 12-69　复制并调整彩珠

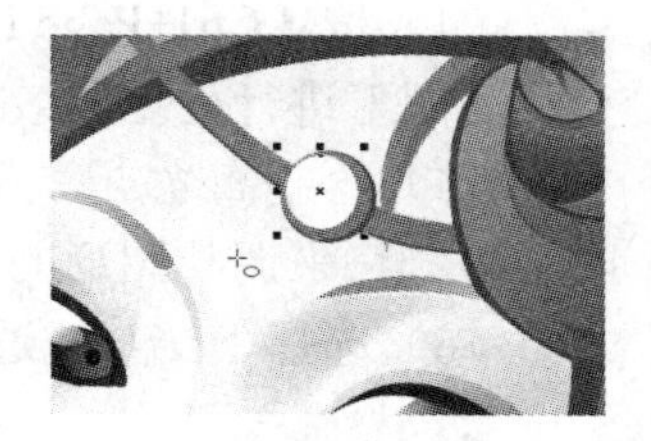

图 12-70　绘制圆形

（4）选择“交互式透明工具”，对圆形进行渐变处理，效果如图 12-71 所示。

（5）选择“椭圆形工具”，绘制白色小圆点，放置到适当的位置作为高光效果。在调色板中的☒按钮上单击鼠标右键，删除轮廓线。效果如图 12-72 所示。

（6）用同样的方法绘制多个彩珠，放置到相应的位置，其中蓝色彩珠填充颜色的 R、G、B 值为 66、142、194，效果如图 12-73 所示。

图 12-71　处理颜色

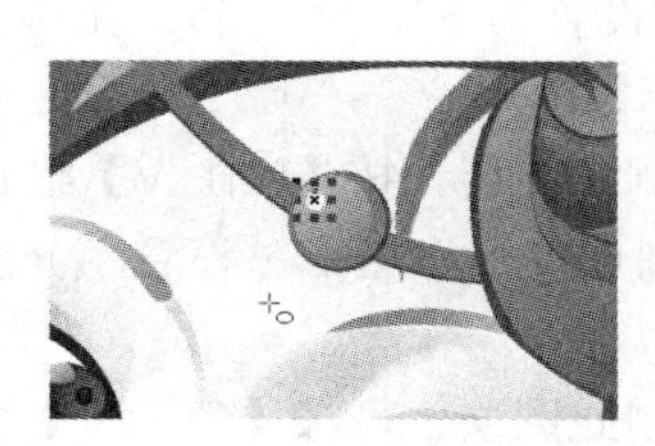

图 12-72　绘制高光

图 12-73　完成彩珠绘制

12.4.4 绘制发钗

（1）选择“贝济埃工具”，在适当位置绘制出图形，选择“形状工具”修改图形的形状，将填充颜色的 R、G、B 值设置为 84、68、55。在调色板中的☒按钮上单击鼠标右键，删除轮廓线。效果如图 12-74 所示。

（2）连续按【Ctrl+Page Down】组合键几次，将图形移至彩带下层，按【Ctrl+C】组合键复制图层，按【Ctrl+V】组合键进行粘贴。选择“形状工具”，调整粘贴发钗的节点，使其比原发钗图形位置低一些。设置填充颜色的 R、G、B 值为 71、219、171，连续按【Ctrl+Page Down】组合键，将图形移至彩带下层。效果如图 12-75 所示。

（3）按【Ctrl+C】组合键复制此图层，按【Ctrl+V】组合键进行粘贴，将填充颜色设置为白色，效果如图 12-76 所示。

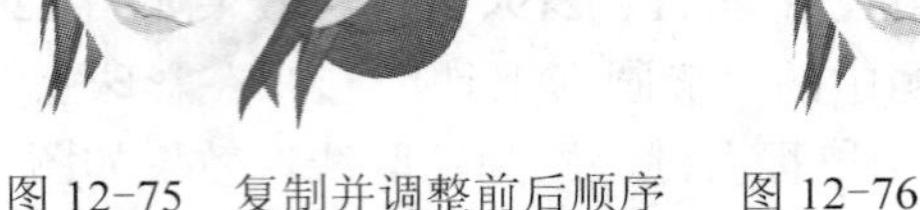
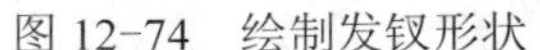

图 12-74　绘制发钗形状　　图 12-75　复制并调整前后顺序　　图 12-76　复制并更改填充颜色

（4）按【Ctrl+Page Down】组合键，将图形位置移至彩带下面。选择“交互式透明工具”，对图形进行处理。效果如图 12-77 所示。

（5）绘制高光点。选择工具箱中的“贝济埃工具”，在适当位置绘制图形，选择“形状工具”来调整图形的形状，将填充颜色设置为白色。效果如图 12-78 所示。

（6）选择“交互式透明工具”，对图形进行调整，效果如图 12-79 所示。

图 12-77　对图形进行淡化处理　　图 12-78　绘制高光　　图 12-79　调整高光形状

（7）选择工具箱中的“贝济埃工具”来绘制图形，选择“形状工具”，调整图形的形状，将填充颜色的 R、G、B 值设置为 84、68、55。在调色板中的☒按钮上单击鼠标右键，删除轮廓线。效果如图 12-80 所示。

（8）按【Ctrl+C】组合键复制此图层，按【Ctrl+V】组合键进行粘贴。将鼠标移至边角处控制点，按住【Shift】键拖动控制点以缩小图形，设置填充颜色的 R、G、B 值为 125、110、71。效果如图 12-81 所示。

（9）按【Ctrl+C】组合键复制此图层，再按【Ctrl+V】组合键进行粘贴。将鼠标移至边角处的控制点，按住【Shift】的同时拖动鼠标以缩小图形，将填充颜色的 R、G、B 值设置为 246、242、179。效果如图 12-82 所示。

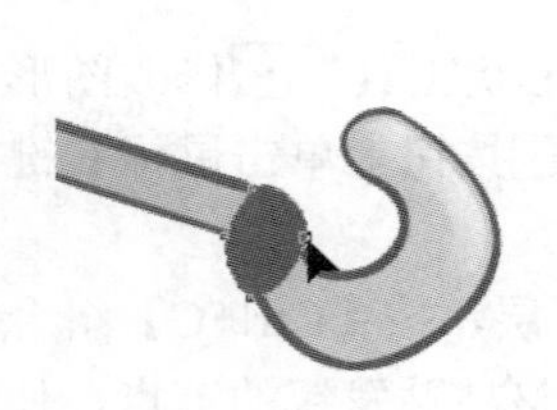
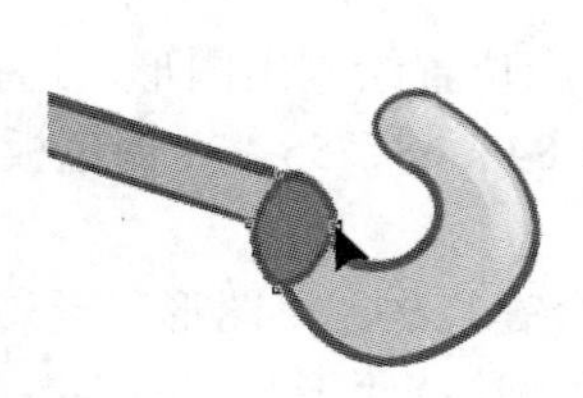

图 12-80　绘制球形装饰　　图 12-81　调整形状　　图 12-82　复制并调整颜色

（10）选择“交互式透明工具”，对颜色进行调整，效果如图 12-83 所示。

（11）选择工具箱中的“椭圆形工具”，在适当位置绘制白色圆形。在调色板中的☒按钮上单击鼠标右键，删除轮廓线。选择“交互式透明工具”，对图形进行调整。效果如图12-84所示。

（12）使用同样的方法，绘制另一个发钗装饰物，效果如图12-85所示。

（13）使用上面的方法再绘制一只发钗，完成的效果如图12-86所示。

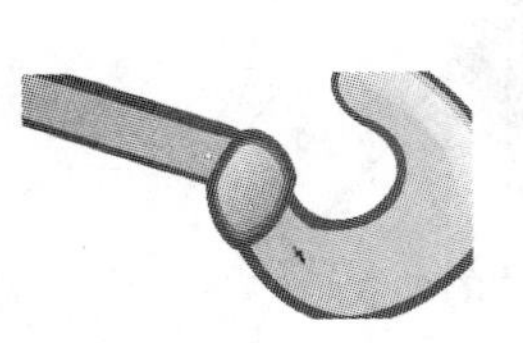

图12-83　调整颜色

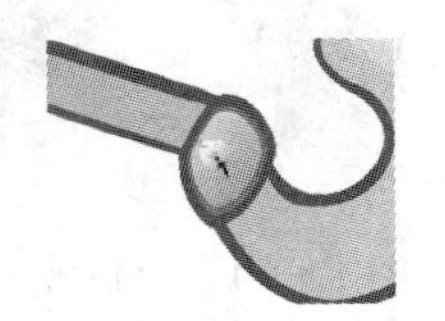

图12-84　绘制高光

图12-85　完成发钗的绘制

图12-86　观看完整头部

12.5　身体的绘制

身体是作品中展示动态的部分，在绘制前应充分考虑到身体与头部的比例和角度上的变化，做到“心中有数”后再进行绘制。绘制时要注意身体颜色的统一。

12.5.1　绘制身体轮廓

选择“贝济埃工具”和“形状工具”，绘制图12-87所示的图形。将填充颜色的R、G、B参数分别为249、249、218，将轮廓线颜色的R、G、B值设置为84、68、55。按【Ctrl+Page Down】组合键，将图形移至最下层。

提示：绘制的方法同绘制脸部的方法，需要一定的耐心。

12.5.2　绘制衣服轮廓

（1）选择工具箱中的“贝济埃工具”来绘制衣服。选择“形状工具”，对衣服的形状进行调整，将填充颜色设置为白色。效果如图12-88所示。

图12-87　绘制身躯

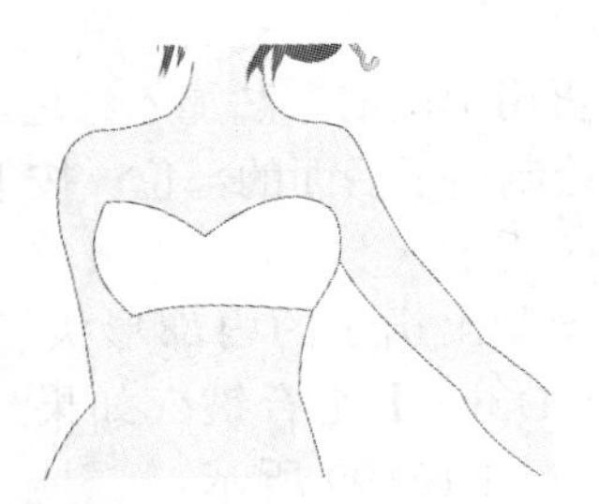

图12-88　绘制衣服

（2）选择“贝济埃工具”和“形状工具”，绘制出外衣，将填充颜色的 R、G、B 值设置为 255、84、36。效果如图 12-89 所示。

（3）用同样的方法绘制另一边的外衣，效果如图 12-90 所示。

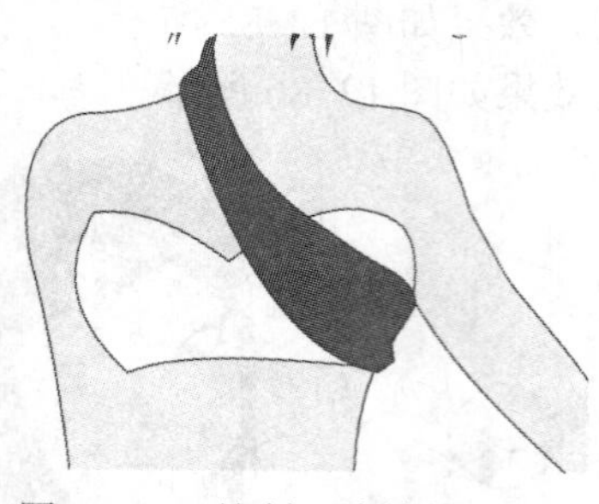
图 12-89　绘制一边的外衣

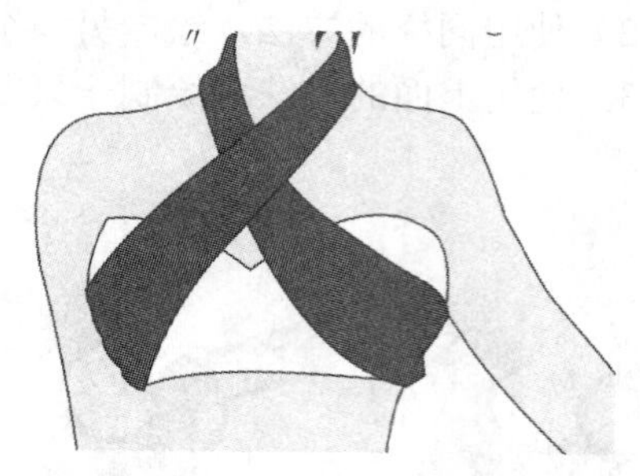
图 12-90　绘制另一边的外衣

（4）再绘制下面的一条胸带，效果如图 12-91 所示。

（5）选择“贝济埃工具”和“形状工具”来绘制左侧的裙子。将填充颜色的 R、G、B 值设置为 248、232、216，效果如图 12-92 所示。

（6）选择“贝济埃工具”和“形状工具”，绘制图 12-93 所示的形状。将填充颜色 R、G、B 值设置为 255、84、36。在调色板中的☒按钮上单击鼠标右键，删除轮廓线。效果如图 12-93 所示。

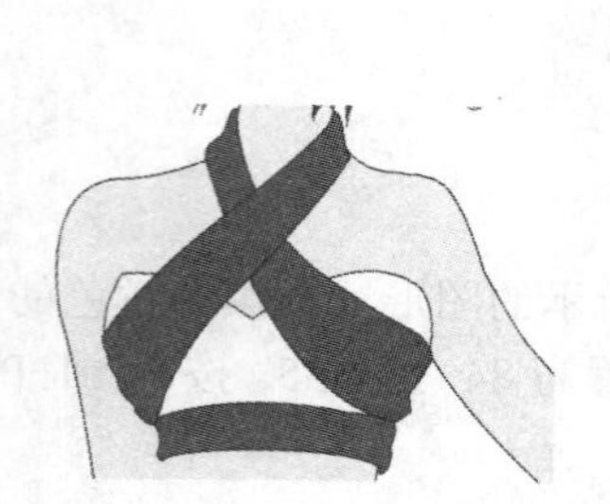
图 12-91　绘制胸带

图 12-92　绘制裙子

图 12-93　绘制红色裙子

（7）确定此图形处于选择状态，按住【Shift】键，单击底部的裙子，单击属性栏中的“相交”按钮，移出相交的部分图形。确定移出的图形处于选择状态，按【Delete】键将其删除。选中相交部分的图形，设置填充色的 R、G、B 值为 255、84、36。在调色板中的☒按钮上单击鼠标右键，删除轮廓线。效果如图 12-94 所示。

（8）绘制裙子翻转过去的部分。设置填充色的 R、G、B 值为 248、232、216，按【Shift+Page Down】组合键把它移动到最下面。效果如图 12-95 所示。

（9）绘制右侧的裙子。将填充色的 R、G、B 值设置为 248、232、216，效果如图 12-96 所示。

（10）再用上面的方法加入红色形状，效果如图 12-97 所示。

（11）绘制裙子后面的部位。按【Shift+Page Down】组合键，将图形移至身体的下层，效果如图 12-98 所示。

（12）绘制出裙子的内部形状。将填充颜色的 R、G、B 值设置为 255、84、36。按【Ctrl+Page Down】组合键（如果一次不能实现可多次按此组合键），将图形移至身体的下层。效果如图 12-99 所示。

图 12-94　修剪裙子

图 12-95　绘制裙子下角

图 12-96　绘制右侧的裙子

图 12-97　加入红色图形

图 12-98　绘制后面的裙子

图 12-99　调整前后位置

12.5.3 绘制高筒袜

（1）选择工具箱中的“贝济埃工具”，绘制左腿的高筒袜。选择“形状工具”来调整形状，将填充色的 R、G、B 值设置为 248、232、216。效果如图 12-100 所示。

（2）用上面的方法，再绘制左腿高筒袜的右侧部分。按【Ctrl+Page Down】组合键，将此图形移动到左侧高筒袜的下层，效果如图 12-101 所示。

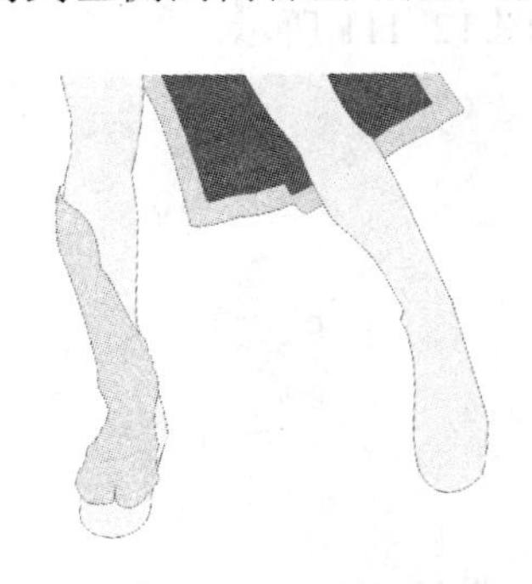

图 12-100　绘制高筒袜

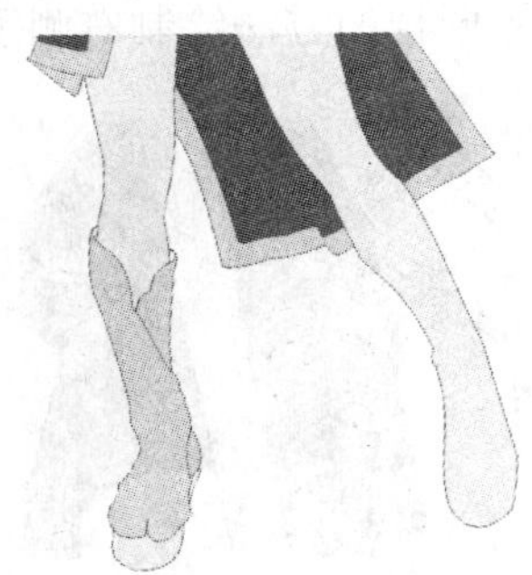

图 12-101　绘制右侧的高筒袜

（3）选择工具箱中的“贝济埃工具”，绘制花边和筒袜带子，效果如图 12-102 所示。再将填充颜色的 R、G、B 值设置为 180、122、75。

（4）选择工具箱中的“贝济埃工具”来绘制鞋底，将填充颜色的 R、G、B 值设置为 183、109、62，效果如图 12-103 所示。

（5）选择工具箱中的“贝济埃工具”来绘制鞋带，将填充色的 R、G、B 值设置为 180、122、75，效果如图 12-104 所示。

（6）用同样的方法绘制另一条腿的袜和鞋，效果如图 12-105 所示。

（7）向上拖动窗口边框的滚动按钮，在页面中显示裙子部分，然后绘制裤子。如果有多余部分，可使用相交功能对多余部分进行修剪，然后删除原图形。设置修剪后的图形填充色，其 R、G、B 值为 117、68、64。绘制裤子的效果，按【Ctrl+Page Down】组合键，调整到裙子下层。效果如图 12-106 所示。

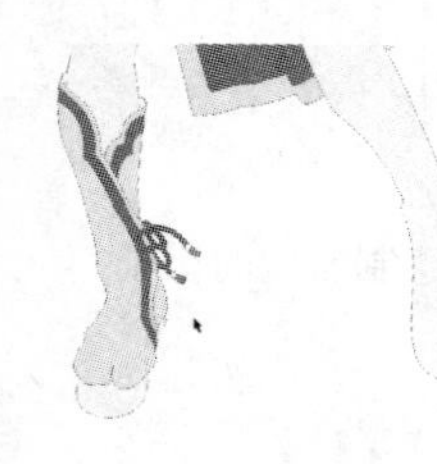

图 12-102　绘制花边

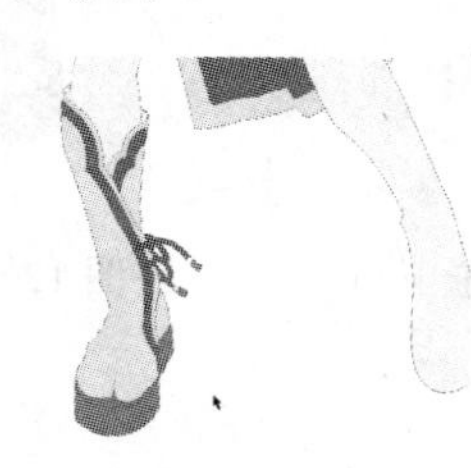

图 12-103　绘制鞋底

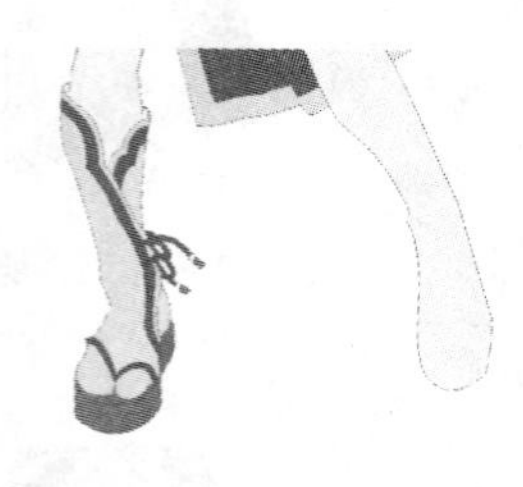

图 12-104　绘制鞋带

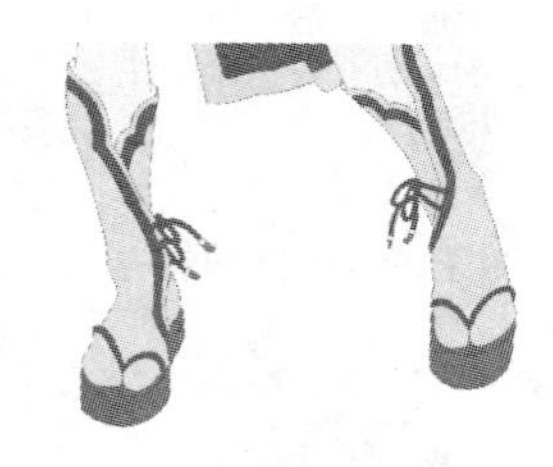

图 12-105　完成袜和鞋的绘制

（8）拖动窗口右侧的滚动滑块，使画布显示肩膀的位置。选择工具箱中的“贝济埃工具”，绘制手臂上的装饰物，将填充颜色的 R、G、B 值设置为 248、232、216。效果如图 12-107 所示。

（9）用同样的方法绘制裙子上的装饰腰带，效果如图 12-108 所示。

（10）在腰带的左侧再绘制一组装饰，效果如图 12-109 所示。

图 12-106　绘制裤子

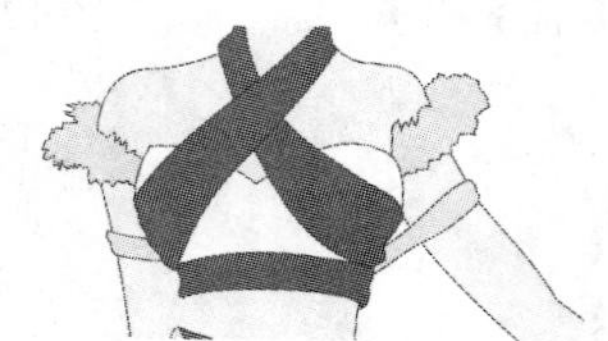

图 12-107　绘制装饰物

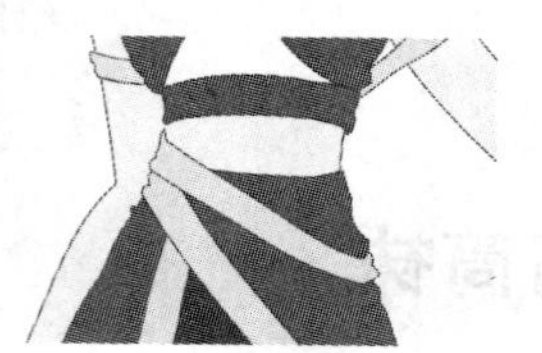

图 12-108　绘制装饰腰带

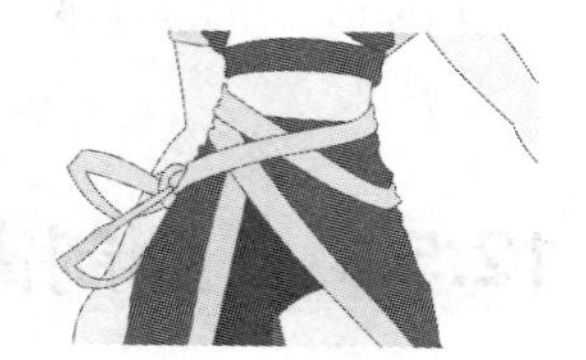

图 12-109　绘制一组装饰

（11）选择工具箱中的“贝济埃工具”，绘制左侧手臂上的手镯。将填充色的 R、G、B 值调整为 255、84、36，效果如图 12-110 所示。

（12）用同样的方法绘制右侧手臂上的手镯，效果如图 12-111 所示。

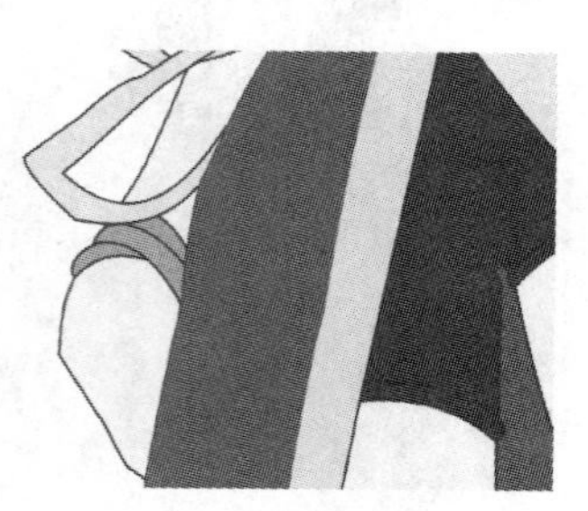

图 12-110　绘制左手手镯

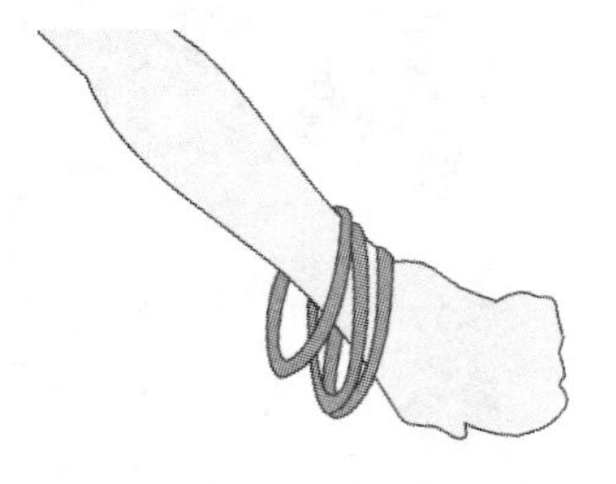

图 12-111　绘制右手手镯

12.6　修饰皮肤

修饰皮肤主要以增加肤色的立体效果为主，在绘制时需根据人体结构的变化对颜色进行调整，使作品更加真实。

12.6.1 修饰颈和胸部皮肤

这一步的目的是使身体产生立体效果，同时产生皮肤的质感，这样能使图像更真实。

（1）向上拖动右侧的滚动滑块，选择“缩放工具”，放大颈与头部相交的位置。绘制颈与头部相交阴影的形状，选择工具箱中的“贝济埃工具”，绘制封闭曲线。如果需要调整形状可使用“形状工具”来进行调整，将填充颜色的 R、G、B 值设置为 84、68、55。选择“交互式透明工具”，进行过渡色的制作，删除轮廓线，按【Ctrl+Page Down】组合键将其向下调整到脸的下面。效果如图 12-112 所示。

（2）在颈部绘制倒三角。将填充色的 R、G、B 值设置为 255、216、197，删除轮廓线。选择“交互式透明工具”来绘制过渡色，按【Ctrl+Page Down】组合键将其向下调整到衣服下面。效果如图 12-113 所示。

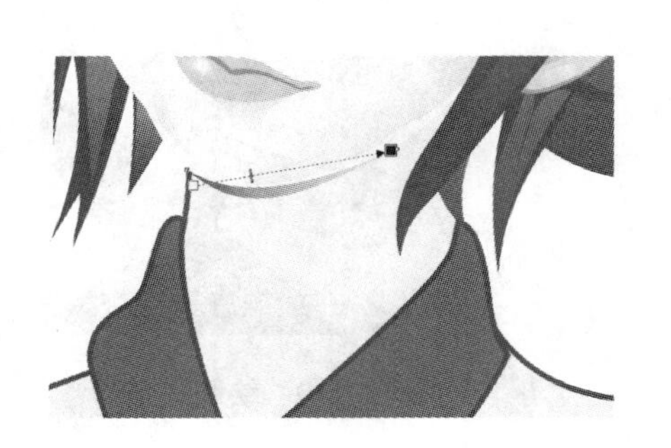

图 12-112　调整空间感

图 12-113　绘制颈部明暗效果

（3）选择“贝济埃工具”，将填充色的 R、G、B 值调整为 255、216、197，在颈的右侧绘制一个三角形的投影。选择“交互式透明工具”，对图形进行渐淡处理，按【Ctrl+Page Down】组合键将其向下调整到脸部下面。效果如图 12-114 所示。

（4）添加脖子的高光部分。绘制三角形，填充为白色，删除轮廓线。选择“交互式透明工具”，对图形进行渐淡处理。按【Ctrl+Page Down】组合键将其向下调整到脸部下面。效果如图 12-115 所示。

图 12-114　绘制颈部阴影

图 12-115　淡化阴影

（5）绘制锁骨。选择“贝济埃工具”绘制封闭曲线，使用“形状工具”进行调整。将 R、G、B 值设置为 84、68、55，删除轮廓线。选择“交互式透明工具”，对图形进行渐淡处理，按【Ctrl+Page Down】组合键将其向下调整到衣服下面。效果如图 12-116 所示。

（6）选择“贝济埃工具”，绘制一个暗部的形状。将填充色的 R、G、B 值设置为 255、216、197。选择“交互式透明工具”，对图形进行渐淡处理，删除轮廓线。效果如图 12-117 所示。

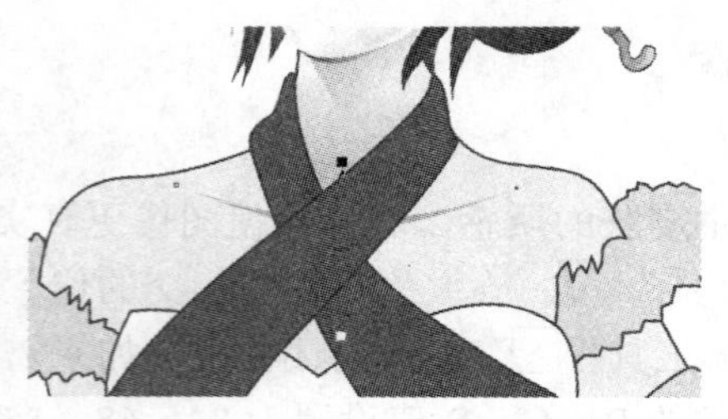

图 12-116　绘制锁骨

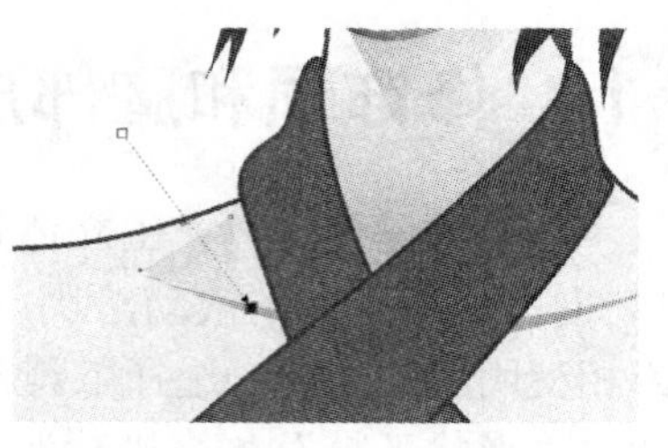

图 12-117　对投影进行淡化处理

（7）在右侧，也进行同样的暗部制作，效果如图 12-118 所示。

（8）选择“贝济埃工具”，在左侧胳膊与肩相交的位置上绘制白色的高光部分，使用“形状工具”对图形进行调整。选择“交互式透明工具”，对图形进行渐淡处理。效果如图 12-119 所示。

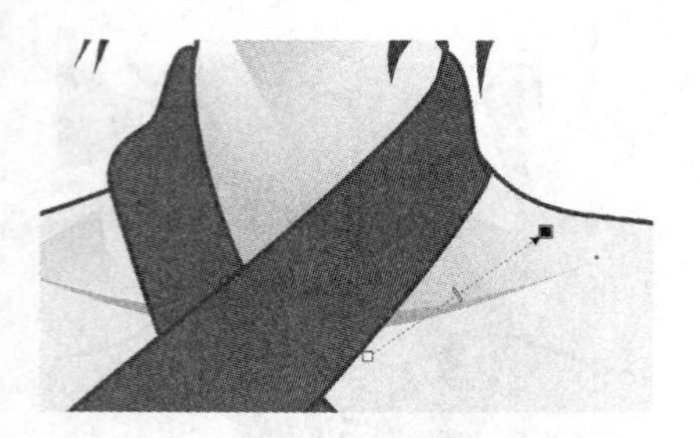

图 12-118　调整暗部边缘

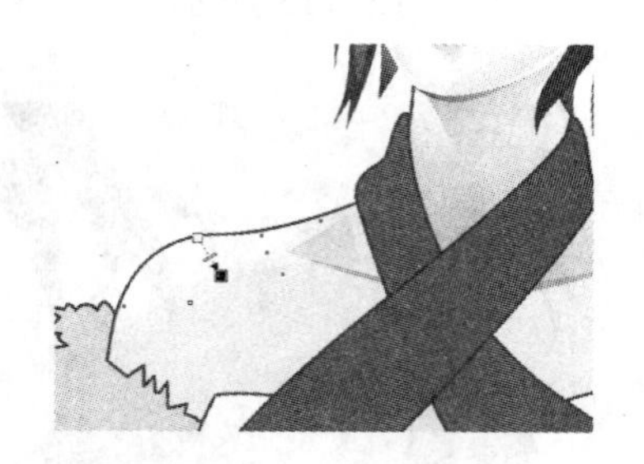

图 12-119　绘制高光

（9）选择“贝济埃工具”，在左侧胳膊与肩相交的位置上绘制暗部，将填充色的 R、G、B 值设置为 255、216、197，删除轮廓线。按【Ctrl+Page Down】组合键将其移到衣服装饰物下面。选择“交互式透明工具”，对图形进行渐淡处理。效果如图 12-120 所示。

（10）用同样的方法，在肩部绘制一块填充色为白色的反光，选择“交互式透明工具”，对图形进行渐淡处理，效果如图 12-121 所示。

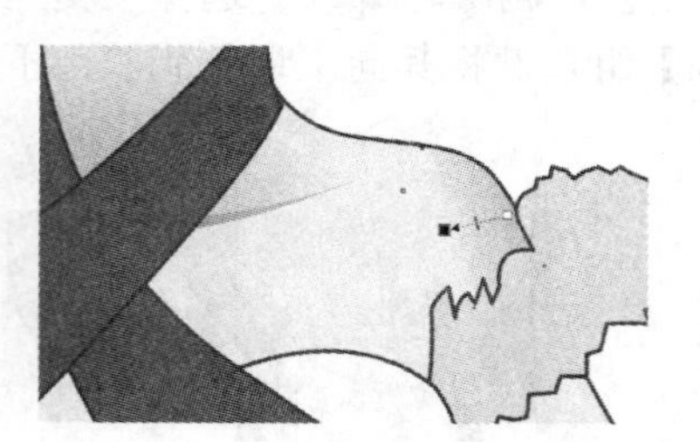

图 12-120　淡化边缘

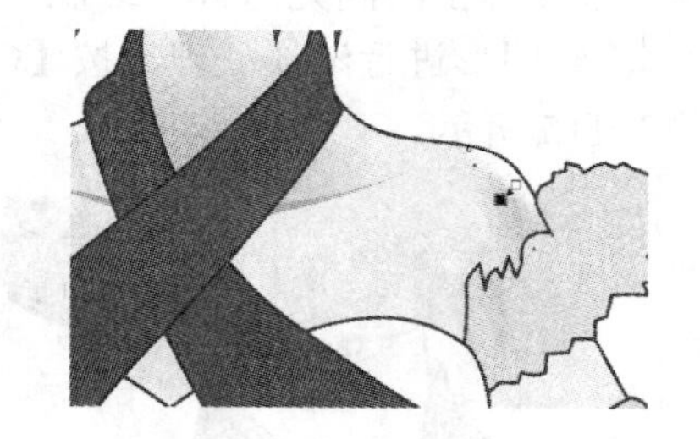

图 12-121　绘制反光

（11）在左侧胳膊装饰物的上方，使用“贝济埃工具”来绘制一个三角形的区域。将填充色的 R、G、B 值设置为 255、216、197，并按【Ctrl+Page Down】组合键，将其移动到胸部衣物和装饰物的下层，然后删除轮廓线。选择“交互式透明工具”，对图形进行渐淡处理。效果如图 12-122 所示。

（12）选择“贝济埃工具”，绘制左臂的液窝部分的封闭曲线。使用“形状工具”对它进行调整，然后删除轮廓线。将填充色的 R、G、B 值设置为 255、216、197。选择“交互式透明工具”进行淡化处理。这个淡化处理只要做一点效果就可以了，如图 12-123 所示。

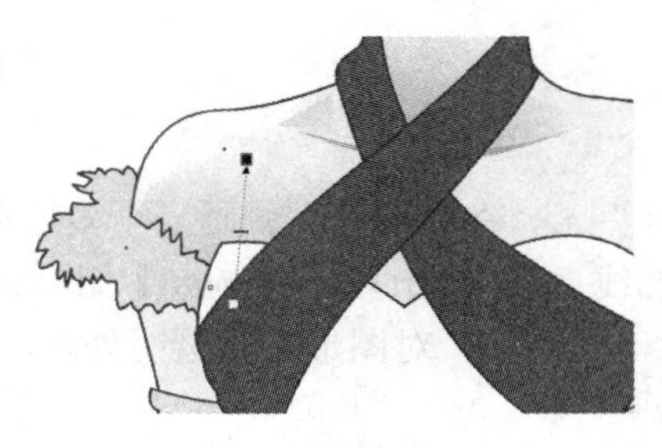

图 12-122　绘制暗部

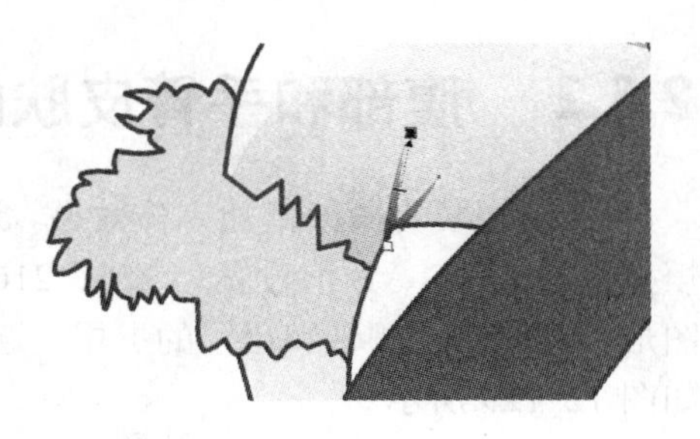

图 12-123　绘制液窝

（13）在右侧胸部的上方绘制一个矩形，将填充色的 R、G、B 设置为 255、216、197。按【Ctrl+Page Down】组合键，将其移动到胸部衣物和装饰物的下层，删除轮廓线。选择“交互式透明工具”，对图形进行淡化处理。效果如图 12-124 所示。

（14）选择“贝济埃工具”，在右臂的下方绘制液窝形状，将填充色的 R、G、B 值设置为 84、68、55，删除轮廓线。效果如图 12-125 所示。

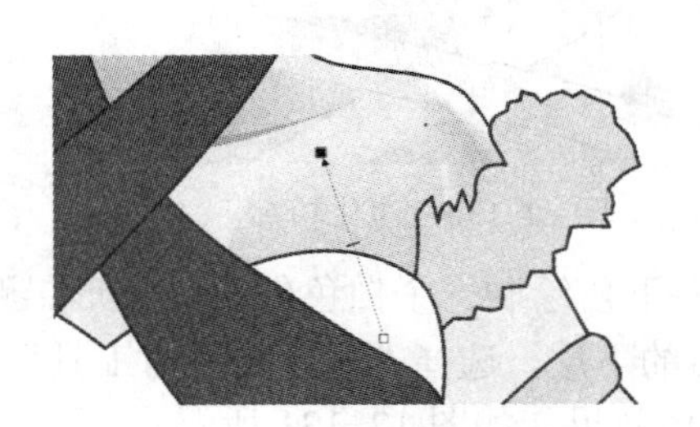

图 12-124　绘制胸部并淡化

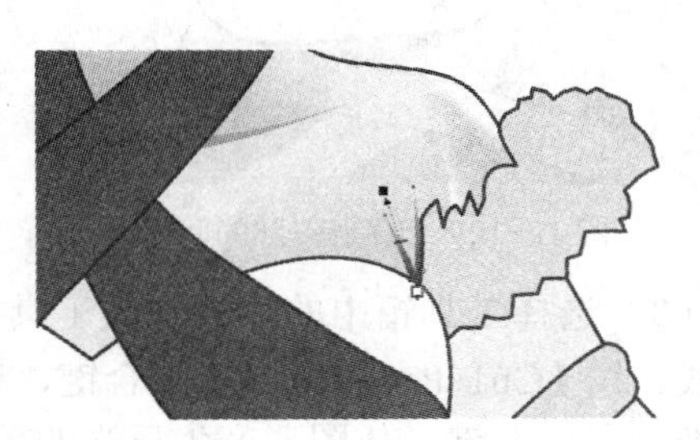

图 12-125　绘制右侧液窝

（15）选择“贝济埃工具”，在两个锁骨的下方绘制出一个倒三角形，这样会展示出人物胸部的立体效果。将填充色的 R、G、B 值设置为 255、216、197，删除轮廓线。按【Ctrl+Page Down】组合键，将其移至胸部液窝衣服的下层。选择“交互式透明工具”，对图形进行处理。在处理时，可使用“缩放工具”放大或缩小图形。产生的效果如图 12-126 所示。

（16）选择“贝济埃工具”，在左侧红色衣物与胸部衣物相交的位置上绘制矩形（图形要小一些）。将填充色调整为白色，删除轮廓线。按【Ctrl+Page Down】组合键，将图形移到衣物的下层。选择“交互式透明工具”，对图形进行透明处理，产生反光效果，如图 12-127 所示。

（17）在胸部衣物中间与红色衣物相交位置上绘制一个正三角形，将填充色的 R、G、B 值设置为 255、216、197。按【Ctrl+Page Down】组合键，将图形移到衣物的下层，选择“交互式透明工具”，对图形进行透明处理。这样，胸部就产生了立体效果并产生了隆起的效果，如图 12-128 所示。

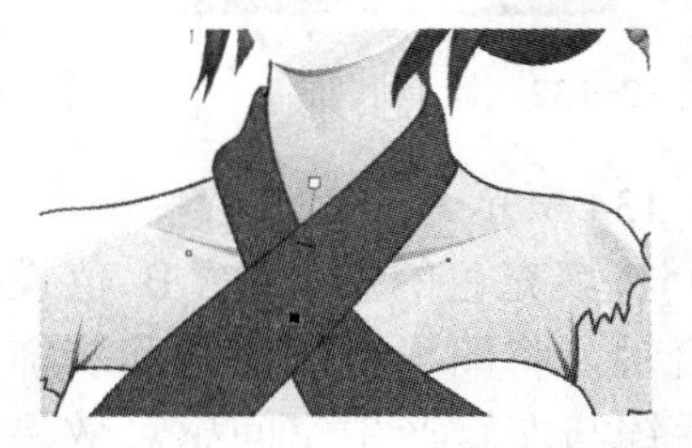

图 12-126　绘制锁骨下方的暗部

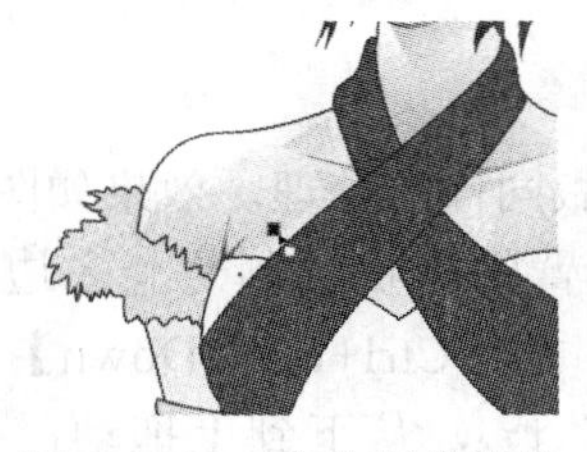

图 12-127　产生反光效果

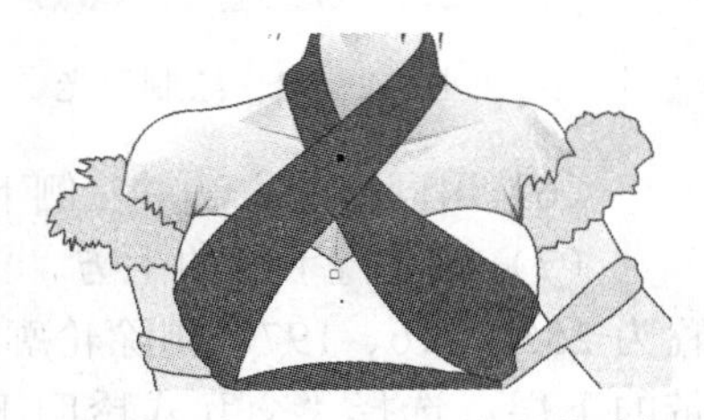

图 12-128　绘制胸部中间的暗部

12.6.2 腹部和手臂皮肤的修饰

（1）现在要为腹部增加立体效果。选择“贝济埃工具”，在腹部的右侧画一个多边形，将填充色的 R、G、B 值设置为 255、216、197，删除轮廓线。按【Ctrl+Page Down】组合键，将图形移到胸带、腰带和裙子的下层。选择“交互式透明工具”，对图形进行透明处理。效果如图 12-129 所示。

（2）选择“贝济埃工具”，在胸带下方绘制一个向左倾斜的多边形，填充色不变，删除轮廓线。按【Ctrl+Page Down】组合键，将图形移到胸带的下层，选择“交互式透明工具”，对图形进行淡化处理。效果如图 12-130 所示。

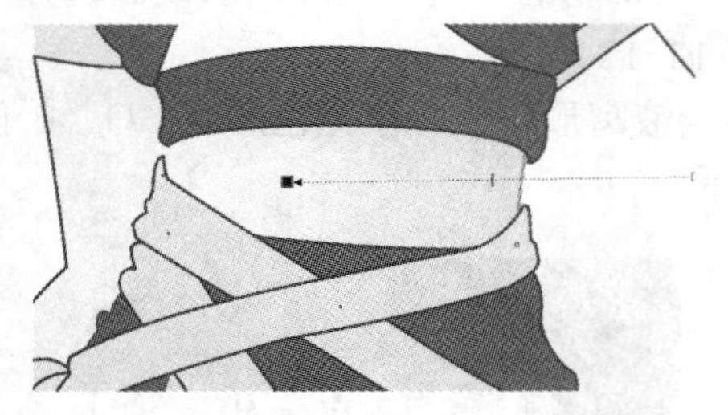

图 12-129 绘制腹部的暗部

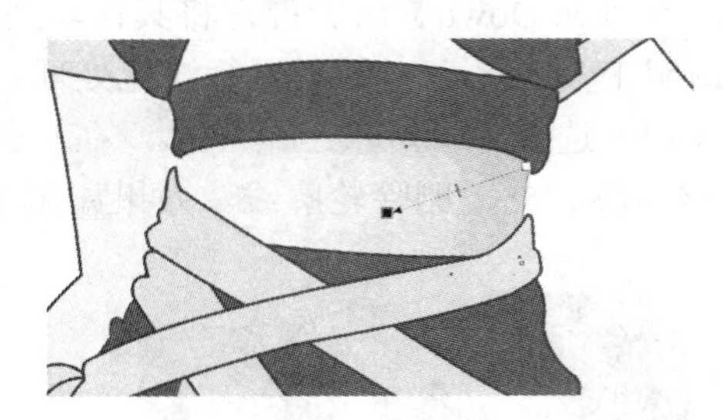

图 12-130 淡化轮廓

（3）选择工具箱中的“贝济埃工具”，在腹部右下角绘制一个白色的小三角形，删除轮廓线。按【Ctrl+Page Down】组合键，将图形移到腰带的下层，选择“交互式透明工具”，按住拖动鼠标左键，使图形产生反光的效果，以增加立体效果。如图 12-131 所示。

（4）在腹部肚脐的位置上画一个倒三角形，将填充色的 R、G、B 值设置为 84、68、55，删除轮廓线。选择“交互式透明工具”，在三角形下面顶角处，按下鼠标左键并向上拖动，产生淡化的渐变效果，如图 12-132 所示。

（5）至此，腹部就绘制完成了，下面来绘制左臂。从左臂的装饰物到左臂的上臂与下臂的转折处，沿左臂的外轮廓线向右绘制占左臂三分之一的矩形。将填充色的 R、G、B 值设置为 255、216、197，删除轮廓线。按【Ctrl+Page Down】组合键，将图形移至装饰物的下层，选择“交互式透明工具”，从左向右按住并拖动鼠标左键，产生淡化的立体效果效果，如图 12-133 所示。

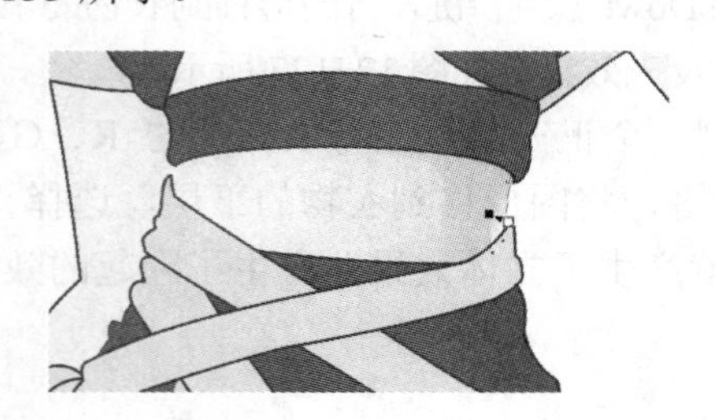

图 12-131 绘制反光

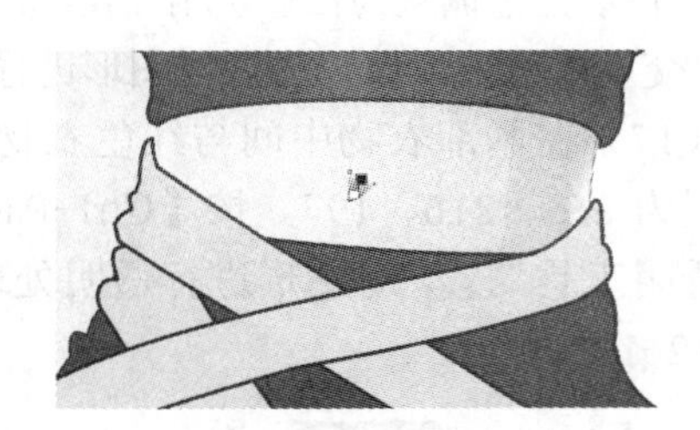

图 12-132 绘制肚脐

（6）用同样的方法对左侧下臂做同样的处理，效果如图 12-134 所示。

（7）在左臂手镯的上方，沿左臂的形状绘制一个多边形，将填充色的 R、G、B 值设置为 255、216、197，删除轮廓线。按【Ctrl+Page Down】组合键，将图形移到手镯和装饰带的下层。选择“交互式透明工具”，从下到上拖动，使手镯与左臂产生空间感。效果如图 12-135 所示。

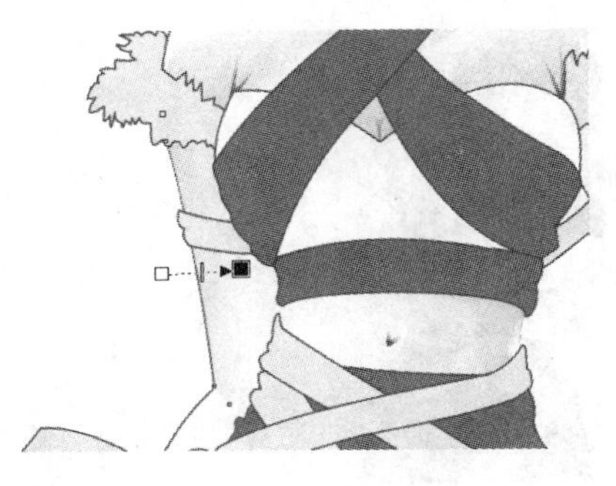
图 12-133 为左臂添加暗部

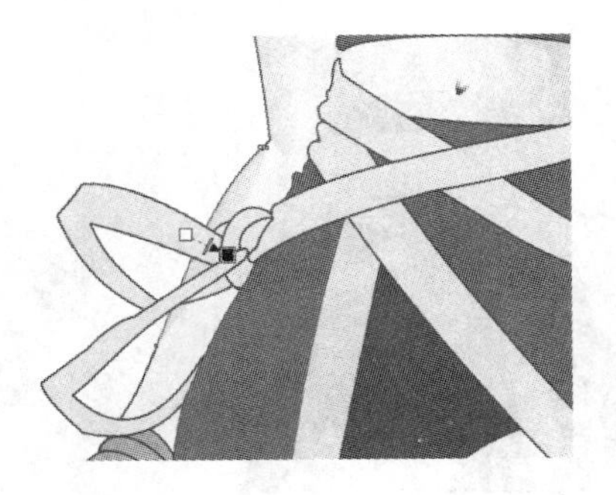
图 12-134 继续绘制左臂暗部

（8）在手与裙子交叉的部位绘制一个多边形。将填充色的 R、G、B 值设置为 255、216、197，按【Ctrl+Page Down】组合键，删除轮廓线。将图形移到裙子的下方，选择“交互式透明工具”，从右下角向左上角拖动，效果如图 12-136 所示。

完成左手绘制后的效果如图 12-137 所示。

（9）选择工具箱中的“贝济埃工具”，沿右边的胳膊绘制胳膊的形状。将填充色的 R、G、B 值设置为 255、216、197，删除轮廓线。再按【Ctrl+Page Down】组合键，将此层移到装饰物的下层，效果如图 12-138 所示。这样做的目的是使胳膊颜色变得与其他部位和谐。

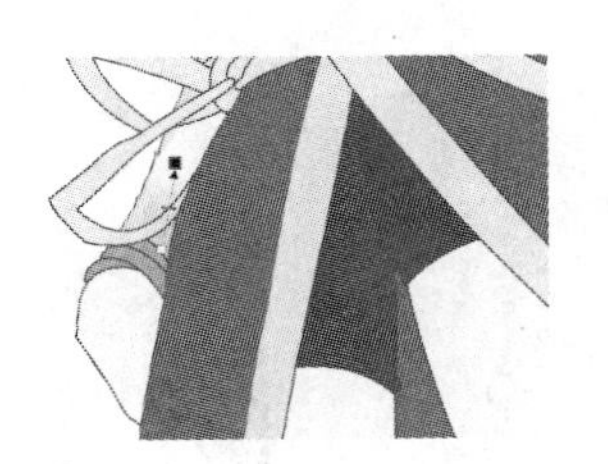
图 12-135 增加手镯的空间感

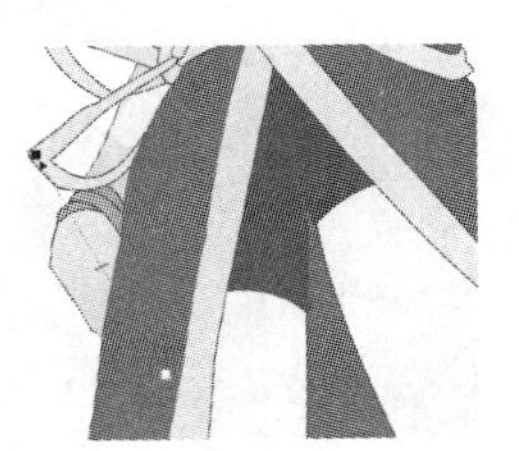
图 12-136 手部的立体效果

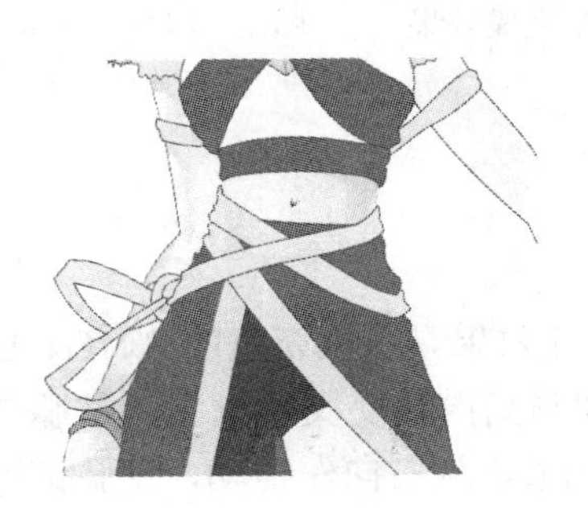
图 12-137 绘制手部高光

图 12-138 绘制右臂并调整图形形状

（10）选择“贝济埃工具”，在右臂的下臂上，在手臂方向的中心位置绘制一个倒三角形。将填充色的 R、G、B 值设置为 249、249、218，删除轮廓线。选择“交互式透明工具”，对图形进行淡化处理。效果如图 12-139 所示。

（11）用同样的方法，对右侧上臂做同样的处理，效果如图 12-140 所示。

（12）选择“贝济埃工具”，沿胳膊绘制反光，将填充色调整为白色，删除轮廓线，形状如图 12-141 所示。按【Ctrl+Page Down】组合键，将图形移到手臂装饰物和手镯的下方。

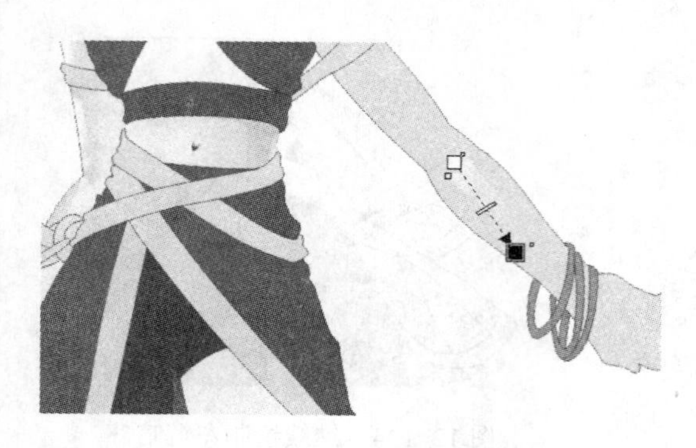

图 12-139　淡化处理

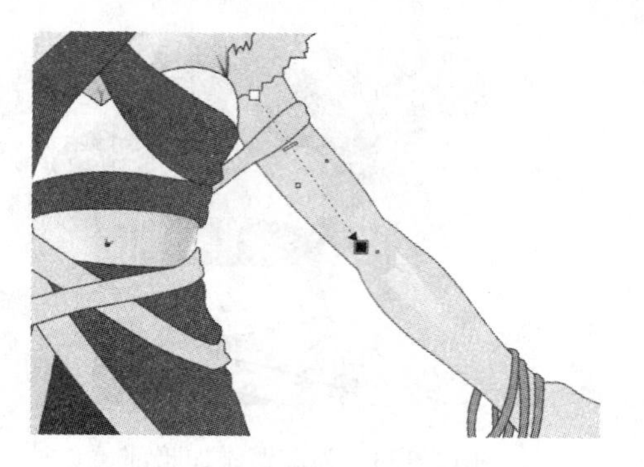

图 12-140　增加右臂的立体效果

提示：如果绘制得不准确，那么可以使用“形状工具”对图形进行调整。

（13）将填充色的 R、G、B 值设置为 84、68、55，选择“贝济埃工具”，绘制手指的形状，删除轮廓线，效果如图 12-142 所示。

（14）将填充色的 R、G、B 值设置为 249、249、218，选择“贝济埃工具”，绘制手背上的多边形，删除轮廓线，使手产生立体效果，如图 12-143 所示。

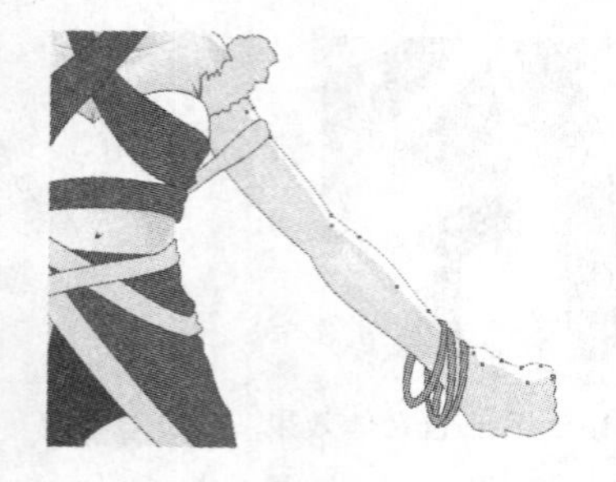

图 12-141　绘制高光形状

图 12-142　手臂绘制完成效果

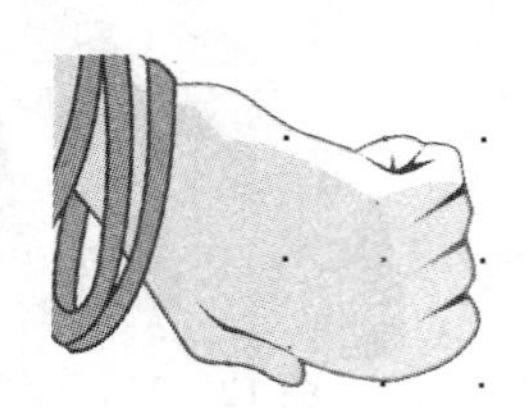

图 12-143　增加手的立体效果

12.6.3　腿部皮肤的修饰

（1）手臂效果制作完成了，下面将增加腿部的立体效果。将填充色的 R、G、B 值设置为 255、216、197，选择“贝济埃工具”，在左腿中间与高筒袜交叉的位置，按腿的形状绘制出一个多边形，删除轮廓线。选择“交互式透明工具”，从右向左拖动，使腿部产生立体效果，按【Ctrl+Page Down】组合键，将图形移到高筒袜的下层。效果如图 12-144 所示。

（2）在左腿裙子的右侧和裤子的下方绘制一个多边形，删除轮廓线，填充色不变。选择“交互式透明工具”，从上向下拖动，产生淡化效果。按【Ctrl+Page Down】组合键，调整到裙子下面，使腿部产生立体效果。效果如图 12-145 所示。

提示：在绘制人物时最好了解一些人体解剖知识，这样对准确地表现人物形态有一定的帮助。

（3）使用脸部绘制高光的方法来绘制膝盖和腿部的高光点，这会使腿部有极强的立体感。效果如图 12-146 所示。

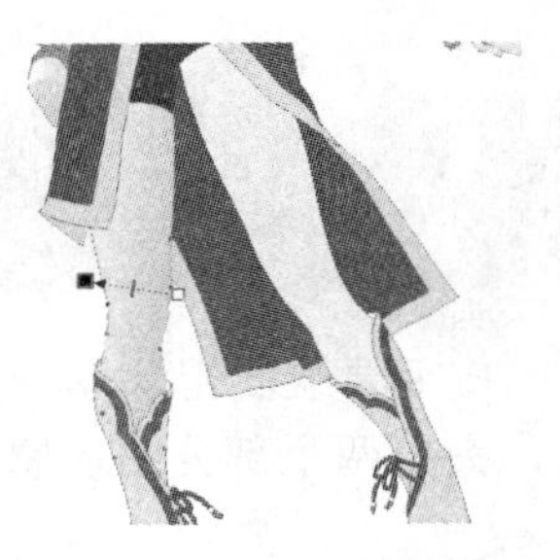

图 12-144　绘制左腿的暗部

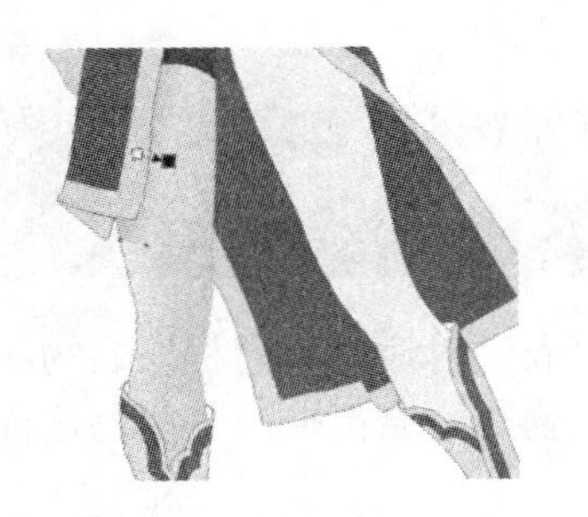

图 12-145　绘制裙子的阴影

（4）在右腿高筒袜中间向上到大腿的上方，按腿形绘制一个多边形，将填充色的 R、G、B 值设置为 255、216、197，删除轮廓线。选择“交互式透明工具”，使其产生淡化效果，按【Ctrl+Page Down】组合键，调整到鞋的下面。效果如图 12-147 所示。

图 12-146　绘制高光点

图 12-147　为右腿绘制暗部

（5）选择“贝济埃工具”，绘制膝盖的形状。将填充色的 R、G、B 值设置为 249、249、218，删除轮廓线。选择“交互式透明工具”，从下到上淡化图形，效果如图 12-148 所示。

（6）在右腿的内侧，根据腿的形状绘制一个多边形。将填充色的 R、G、B 值设置为 255、216、197，删除轮廓线。选择“交互式透明工具”，从内向外拖动进行淡化。按【Ctrl+Page Down】组合键，将图形移到裤子的下层。效果如图 12-149 所示。

（7）选择“贝济埃工具”，分别在大腿的内侧、外侧边缘和与高筒袜相交的位置上绘制反光效果，加强腿的立体效果。完成效果如图 12-150 所示。

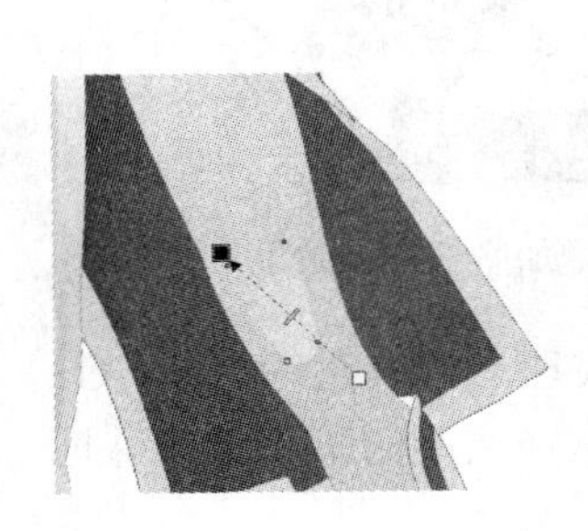

图 12-148　增加立体效果

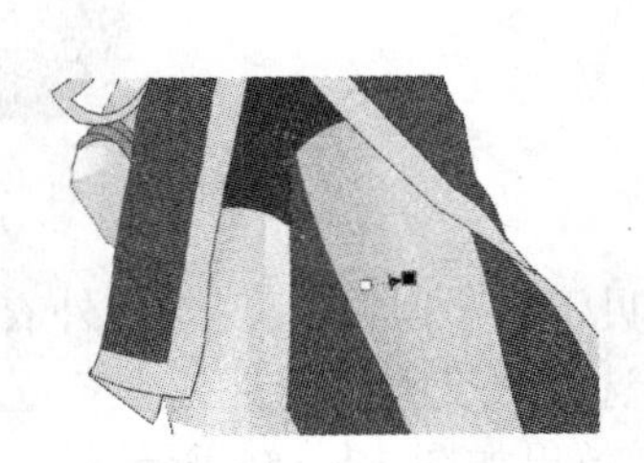

图 12-149　淡化明暗轮廓

图 12-150　完成腿部修饰

12.7 修饰衣物

绘制衣物时注意不同材质衣物的空间变化，例如手臂上的皮毛要绘制得浑厚一些，而其他部分的衣物要绘制得轻薄一些，这样可使两者形成对比效果，突出两个部分的质感。

12.7.1 修饰胸部衣物

（1）选择“贝济埃工具”，在手臂装饰物上绘制一个亮面的形状。将填充色调整为白色，删除轮廓线。选择“交互式透明工具”，对亮面与暗面进行过渡制作。效果如图 12-151 所示。

（2）用同样的方法绘制右手臂的装饰立体效果，如图 12-152 所示。

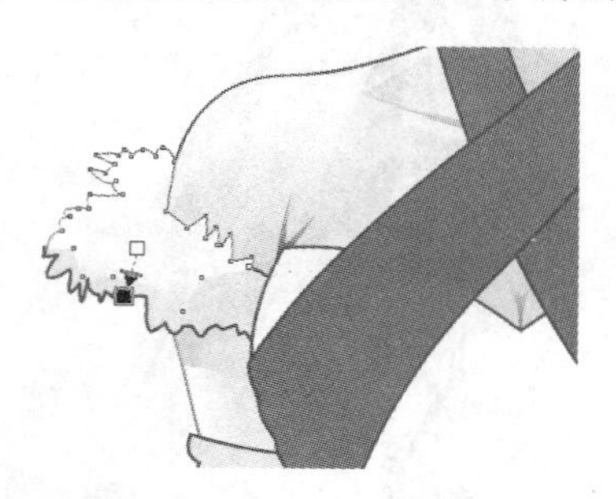

图 12-151　为左手臂装饰物增加立体效果

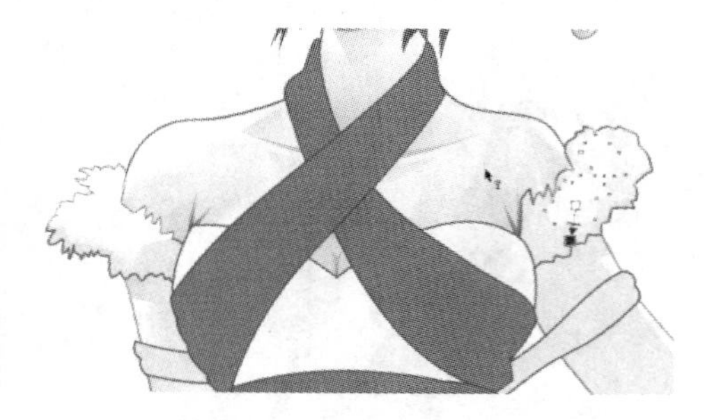

图 12-152　增加右手臂装饰物的立体效果

（3）选择“贝济埃工具”，绘制胸部衣物的纹理。将填充色的 R、G、B 值设置为 84、68、55，删除轮廓线。选择“交互式透明工具”，产生自然淡化的效果。效果如图 12-153 所示。

（4）根据胸部的形状，对衣物的暗部进行绘制，将填充色的 R、G、B 值设置为 255、216、197，删除轮廓线。绘制胸部衣物的明暗变化，按【Ctrl+Page Down】组合键，将图形分别下移到衣纹和红色衣物的下层。效果如图 12-154 所示。

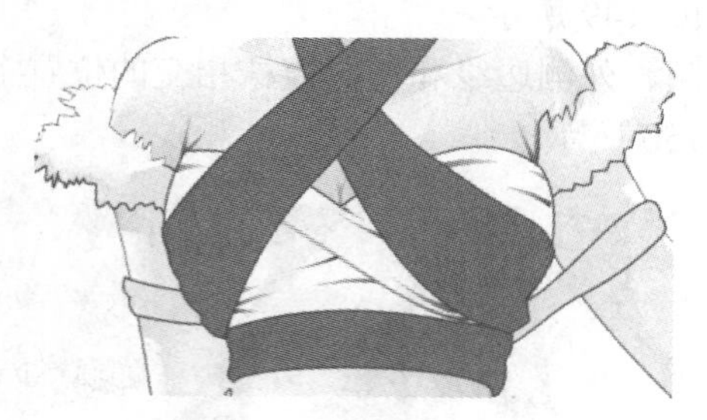

图 12-153　绘制胸部的衣纹

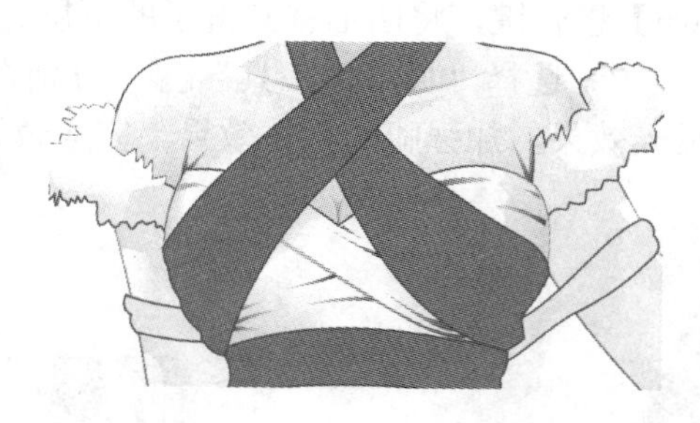

图 12-154　增加胸部立体效果

（5）给外衣添加立体效果。选择“贝济埃工具”，绘制外衣纹理。将填充色的 R、G、B 值设置为 84、68、55，删除轮廓线。选择“交互式透明工具”，在绘制的暗部单击并拖动到白色的部分，产生自然淡化的效果。效果如图 12-155 所示。

（6）单击前面的胸带，使其处于选择状态。按【Ctrl+C】组合键复制外衣，再按【Ctrl+V】

组合键进行粘贴，将填充色调整为白色，效果如图 12-156 所示。

（7）使图形处于选中状态，删除边框线。连续按【Ctrl+Page Down】组合键多次，将位置调到外衣纹理下方。选择“交互式透明工具”，对图形进行调节，使外衣增加反光效果。效果如图 12-157 所示。

图 12-155　为红色外衣绘制衣纹

图 12-156　复制图形并添加白色

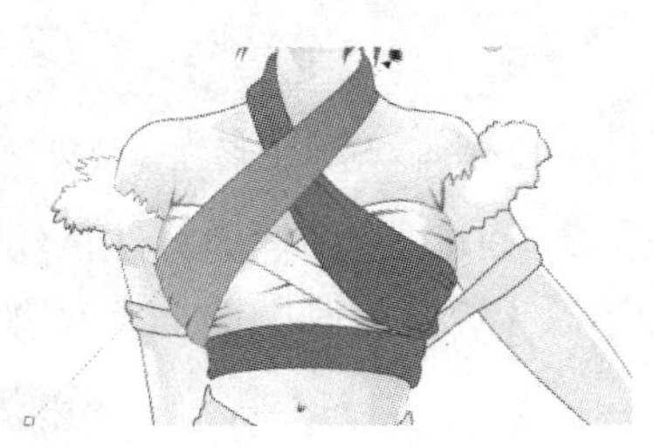

图 12-157　增加反光效果

（8）选择“贝济埃工具”，在上方外衣上绘制图 12-158 所示的图形，设置填充颜色的 R、G、B 值为 255、235、168，删除轮廓线。效果如图 12-158 所示。

（9）选择“交互式透明工具”，对图形进行淡化调整，使其变得柔和，效果如图 12-159 所示。

（10）选择“贝济埃工具”，绘制图 12-160 所示的图形，将填充色的 R、G、B 值设置为 255、84、36，删除轮廓线。效果如图 12-160 所示。

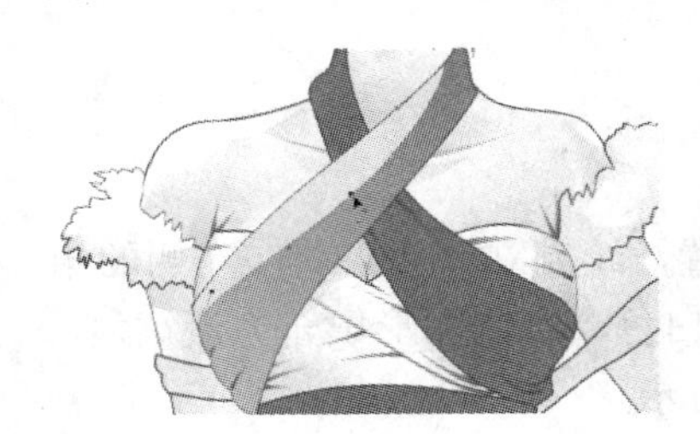

图 12-158　绘制亮部图形

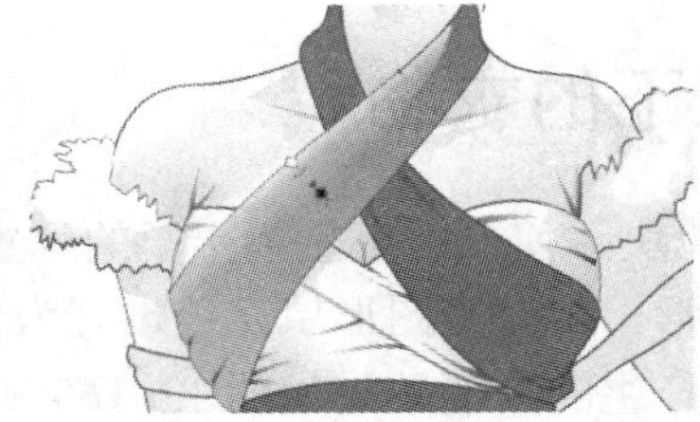

图 12-159　淡化亮、暗部轮廓

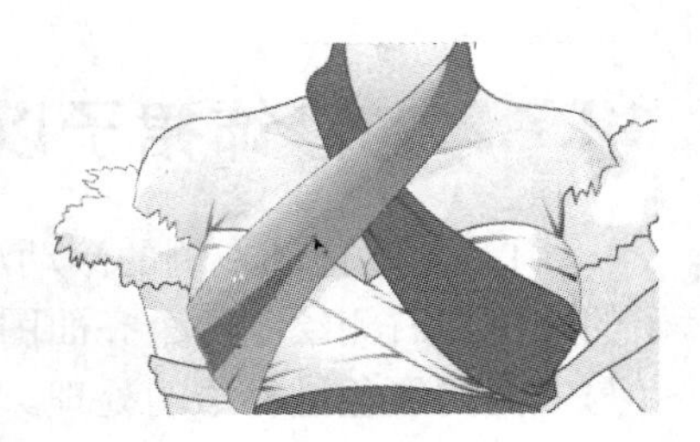

图 12-160　绘制暗部

（11）选择“交互式透明工具”，将其调整淡化为柔和效果，效果如图 12-161 所示。

（12）绘制图 12-162 所示的图形，将填充色的 R、G、B 值设置为 255、84、36，效果如图 12-162 所示。

（13）选择“交互式透明工具”，将图形柔化，效果如图 12-163 所示。

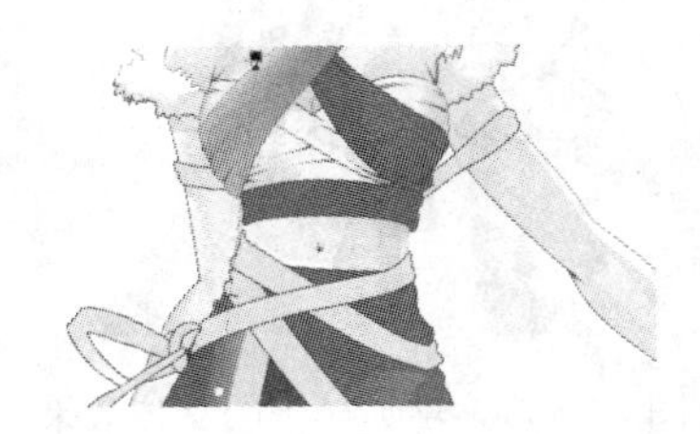

图 12-161　淡化处理

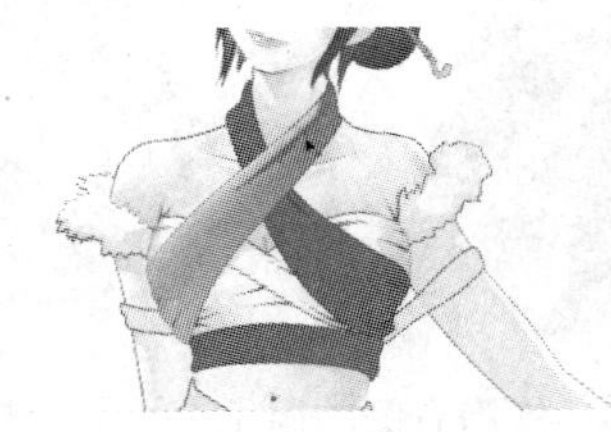

图 12-162　绘制暗部

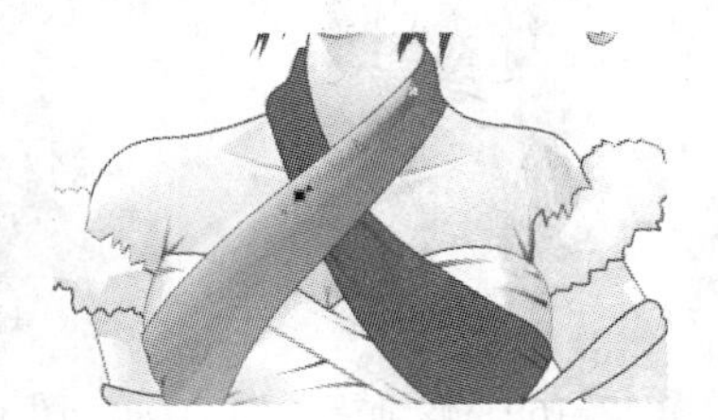

图 12-163　淡化暗部

（14）绘制图 12-164 所示的形状，将填充色的 R、G、B 值设置为 255、84、36，删除轮廓线。

（15）选择“交互式透明工具”，使边缘变得柔和，效果如图 12-165 所示。

一部分外衣的立体效果就绘制完成了，如图 12-166 所示。

图 12-164　增加前后立体效果

图 12-165　淡化明暗轮廓

图 12-166　绘制后的外衣效果

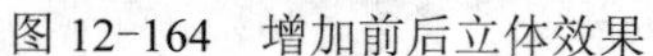

（16）用同样的方法，绘制出另一部分衣物的立体效果，如图 12-167 所示。

（17）绘制胸部下方衣物的立体效果，如图 12-168 所示。

图 12-167　完成外衣的修饰

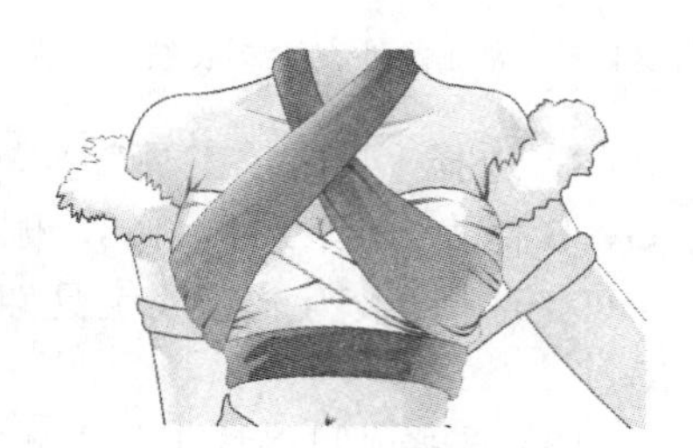

图 12-168　增加衣物的立体效果

12.7.2　修饰裙子以下的衣物

（1）向下拖动右侧的滚动滑块，使页面上显示裙子的位置，绘制立体效果。在左侧的裙子的左侧和右侧绘制两个亮面图形，将左侧图形填充色设置为白色，右侧图形填充为淡黄色，并与中间的红色进行透明处理。产生的渐变效果如图 12-169 所示。

（2）绘制右侧的衣纹，产生立体效果，如图 12-170 所示。

（3）在裤子上绘制白色，再选择“交互式透明工具”将白色淡化。白色只是反光，不要制作得过白。此时裤子产生的立体效果如图 12-171 所示。

图 12-169　修饰裙子

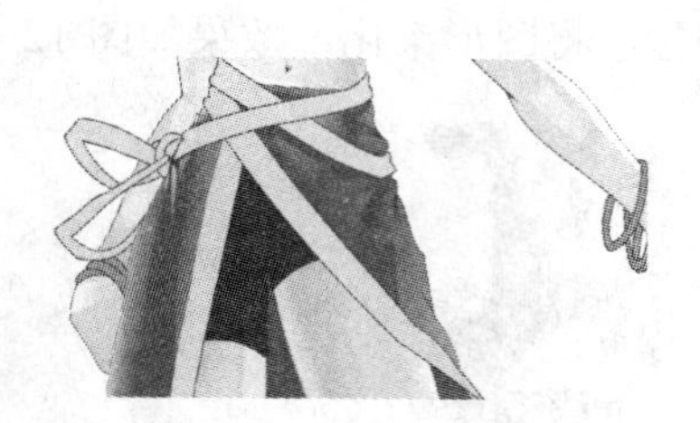

图 12-170　修饰右侧的裙子

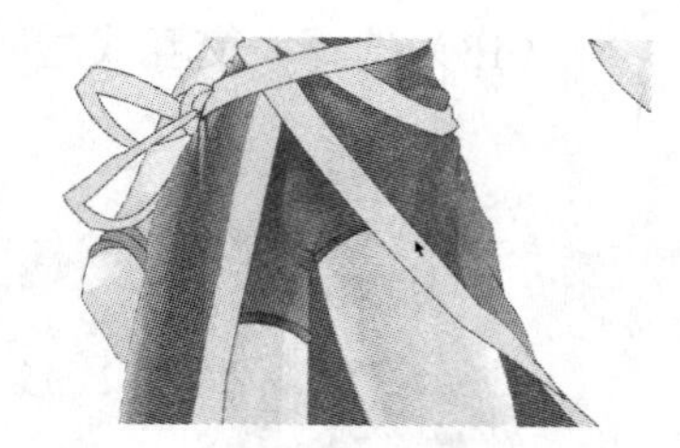

图 12-171　增加裤子的立体效果

（4）选择“贝济埃工具”，绘制裙子的边饰，这里不需要用“交互式透明工具”进行处理，这样感觉硬一些。色块给人一种裙边轻薄的质感，如图 12-172 所示。

（5）用同样的方法为后裙增加空间感，效果如图 12-173 所示。

（6）选择“贝济埃工具”，将填充色调整为白色，为腰带和装饰物绘制明暗效果，如

图 12-174 所示。可使用“缩放工具”观看效果。

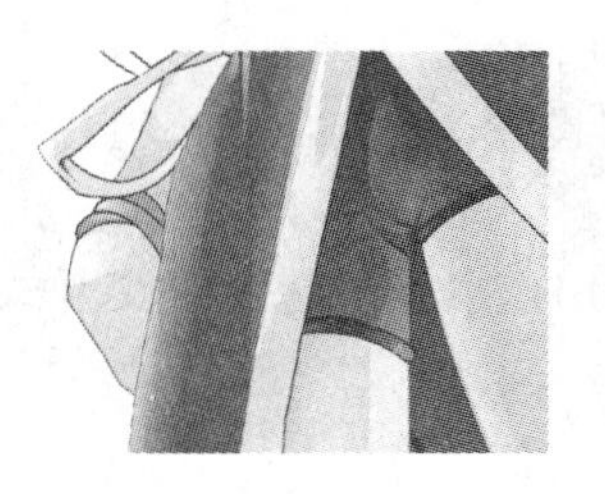
图 12-172　淡化裤子的明暗轮廓

图 12-173　增加后裙的空间感

图 12-174　完成衣物手工艺修饰

（7）为高筒袜绘制亮部。选择“贝济埃工具”，在左腿高筒袜的左侧和脚指的部分绘制图 12-175 所示的形状。将填充色调整为白色，删除轮廓线。按【Ctrl+Page Down】组合键，将亮部的图形移到鞋带的下层。

（8）用同样的方法绘制右腿袜的立体效果，效果如图 12-176 所示。

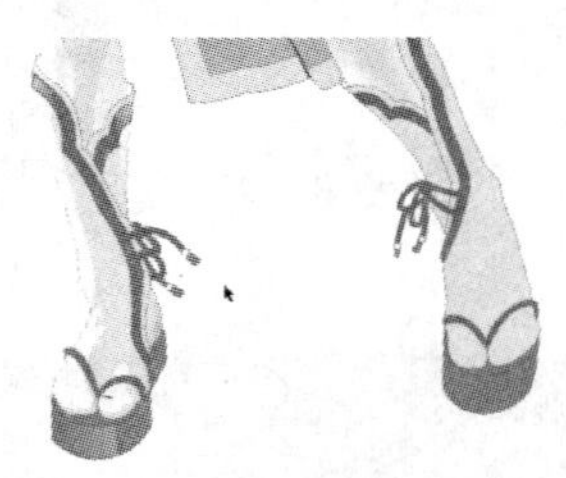
图 12-175　为高筒袜绘制亮部

图 12-176　绘制右腿袜的立体效果

12.8　绘制宝剑

宝剑并不是作品主要表现的部分，所以这里需进行简化描绘，通过对比使人物形象更加突出。

（1）选择“贝济埃工具”，在人物的右侧绘制宝剑，按【Ctrl+Page Down】组合键，将宝剑移到发钗的下层，效果如图 12-177 所示。

（2）绘制宝剑的装饰物。将填充色的 R、G、B 值设置为 255、235、168，效果如图 12-178 所示。

图 12-177　绘制宝剑形状

图 12-178　绘制宝剑的装饰物

（3）用同样的方法绘制剑柄。按【Ctrl+Page Down】组合键，将其移动到右手的下层，将填充色的 R、G、B 值设置为 142、185、178，如图 12-179 所示。

（4）绘制燕翅。按【Ctrl+Page Down】组合键，将其移动到右手的下层、剑柄的上层，将填充色的 R、G、B 值设置为 255、235、168，效果如图 12-180 所示。

（5）绘制宝剑最下方的云纹图形，并将填充色的 R、G、B 值设置为 165、141、113，效果如图 12-181 所示。

（6）绘制剑锋的形状。将填充色的 R、G、B 值设置为 165、141、113，选择“交互式透明工具”，对剑锋进行淡化处理。完成效果如图 12-182 所示。

至此，本实例的绘制就全部完成了。

图 12-179　绘制剑柄

图 12-180　绘制燕翅

图 12-181　绘制云纹

图 12-182　完成效果

经验与技巧分享

本章介绍了一个人物插画的绘制方法和过程。

经验与技巧分享如下。

（1）绘制图形前的准备工作相当重要。在绘图之前应仔细考虑绘制顺序。从本实例来讲，应从大处着眼，从底层画起，先画身体，再添加衣饰，最后修饰画面。

（2）在绘图前，还应考虑应用何种绘图工具来进行绘制。要绘制精确的图形，就应使用“贝济埃工具”来绘制，然后使用“形状工具”进行调整。

（3）在绘制图形时，应尽量使用较少的点调整出圆滑的曲线。在绘制前应先对各项参数进行设置，以免以后重复设置。例如，在绘制新图形前，应先设置线条的颜色、宽度、角的形状、线条端头的形状及线条是否按图形比例显示等。

（4）在绘制过程中，还有很多绘制技巧。例如，可多用“复制”和“粘贴”图形的功能，使类似的图形不必重复绘制，可以多使用“修剪工具”，使绘制更简单，提高工作效率。

（5）给人物增加立体效果时，应多使用“交互式透明工具”。透明效果是通过改变对象填充颜色的透明程度来创建独特的视觉效果的。此例多次应用“交互式透明工具”，使图形边缘显得柔和，最终达到理想的效果。

13 招贴画的设计与绘制

招贴画是现代平面广告的重要组成部分。招贴画具有独特的艺术效果，它可以在没有制作出产品时就可以对产品进行宣传，还可以通过对形象进行夸张、变形，实现宣传的目的。

本章需要完成的招贴画效果如图 13-1 所示。

图 13-1　招贴画绘制的效果图

学习提要

- 招贴画的设计方法与技巧
- 绘制酒瓶
- 制作啤酒商标
- 装饰酒瓶制线段及曲线

13.1　绘制酒瓶

酒瓶作为招贴主要表现的部分，需要进行精细的描绘，使作品具有真实的效果。通过绘制使酒瓶形状的真实度达到最高。

13.1.1　新建文件

（1）运行 CorelDRAW X4，创建一个新的文件。

（2）单击“轮廓工具”，弹出扩展工具条，选择其中的“细线轮廓工具”。设置绘制图形时轮廓线为细轮廓线。

13.1.2 绘制基本轮廓

（1）绘制酒瓶的基本轮廓图。选择工具箱中的“贝济埃工具”，绘制出酒瓶的基本形状，再选择工具箱中的“形状工具”，圈选全部图形。在任意节点上单击鼠标右键，在弹出的菜单中执行【到曲线】命令，将路径转换为曲线。拖动旋转曲线两端节点的调节手柄来改变曲线的形态。单击“填充工具”，弹出扩展工具条，选择其中的“填充框”，打开“均匀填充”对话框，将颜色的 R、G、B 值设置为 24、76、24，单击【确定】按钮完成填充，删除轮廓线。效果如图 13-2 所示。

（2）绘制反光层。选择图形并单击鼠标右键，从弹出的菜单中执行【复制】命令。在空白处单击鼠标右键，从弹出的菜单中执行【粘贴】命令，选择复制出的图形。选择工具箱中的“填充框”，将颜色的 R、G、B 值设置为 232、234、234。选择工具箱中的“形状工具”，调节曲线上的节点来改变曲线的形态。效果如图 13-3 所示。

（3）绘制暗部。选择反光图形并单击鼠标右键，从弹出的菜单中执行【复制】命令。在空白处单击鼠标右键，从弹出的菜单中执行【粘贴】命令，选择复制出的图形。选择“填充框”，将颜色的 R、G、B 值设置为 24、76、24。选择工具箱中的“形状工具”，调节曲线上的节点来改变曲线的形态。效果如图 13-4 所示。

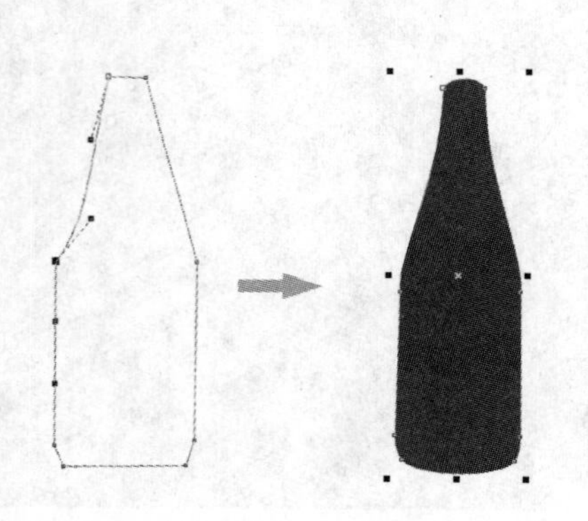

图 13-2 绘制基本轮廓与填充

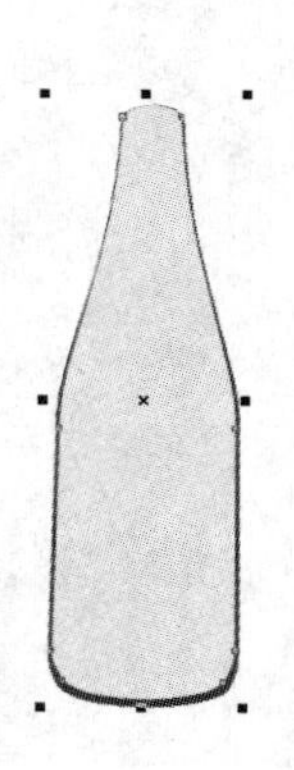

图 13-3 绘制反光层

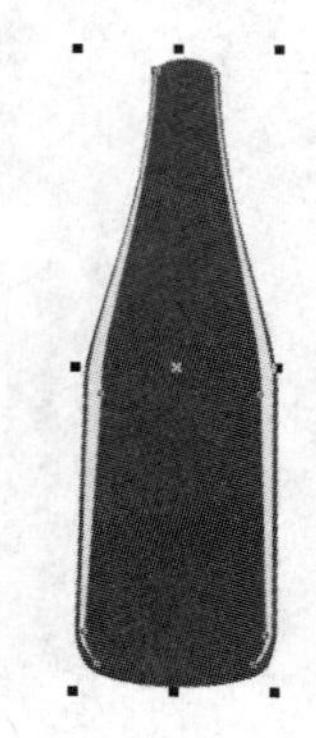

图 13-4 绘制暗部

（4）复制暗部图形，选中复制出的图形。选择“填充框”，将颜色的 R、G、B 值设置为 149、193、145。选择工具箱中的“形状工具，调节曲线上的节点来改变曲线的形态。效果如图 13-5 所示。

（5）复制暗部图形，选中复制出的图形。选择“填充框”，将颜色的 R、G、B 值设置为 231、241、230。选择工具箱中的“形状工具”，调节曲线上节点来改变曲线的形态。效果如图 13-6 所示。

（6）选择暗部图形。选择工具箱中的“交互式调和工具”，将鼠标移至图形上，当鼠标变成形状时，拖动到反光部后再松开，产生两对象之间的渐变效果，如图 13-7 所示。

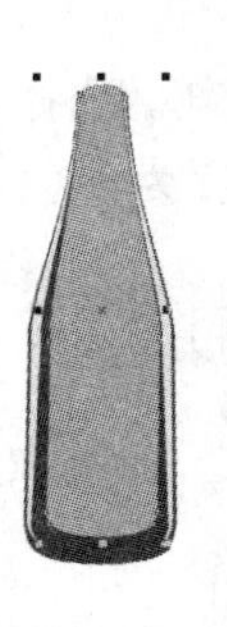

图 13-5　复制并调节曲线上的节点

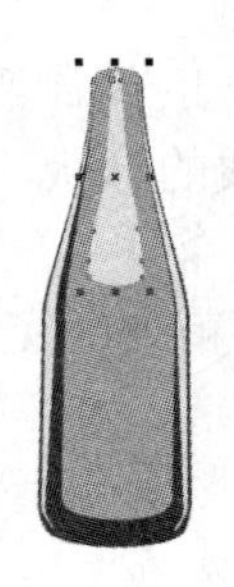

图 13-6　绘制亮部

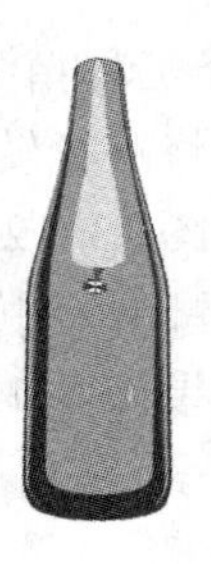

图 13-7　调节暗部和反光部

（7）选择固有色（固有色是物体本身的颜色，这里指面积最大的绿色）图形。选择工具箱中的“交互式调和工具”，把鼠标移动到图形上，当鼠标变成形状时，拖动到暗部后再松开，产生两对象之间的渐变效果，如图 13-8 所示。

（8）选择亮部图形。选择工具箱中的“交互式调和工具”，把鼠标移动到图形上，鼠标变成形状时，拖动到固有色（绿色）的图形上后再松开鼠标，产生两对象之间的渐变效果，如图 13-9 所示。

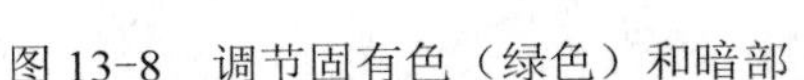

图 13-8　调节固有色（绿色）和暗部

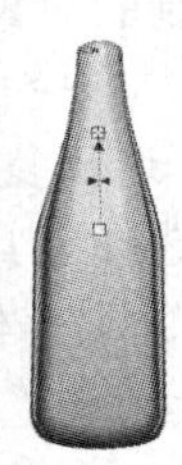

图 13-9　调节亮部和固有色（绿色）产生渐变效果

13.1.3　修饰瓶子

（1）选择工具箱中的“贝济埃工具”，绘制酒瓶右侧的反光部分。选择工具箱中的“形状工具”，将路径转换为曲线。调整曲线的形状，选择“填充框”，将颜色的 R、G、B 值设置为 149、193、145，删除轮廓线。效果如图 13-10 所示。

（2）在工具箱中选择“贝济埃工具”，绘制酒瓶右侧的暗部。选择工具箱中的“形状工具”，将路径转换为曲线，调整曲线的形状。选择“填充框”，将颜色的 R、G、B 值设置为 24、76、24，删除图形的轮廓。效果如图 13-11 所示。

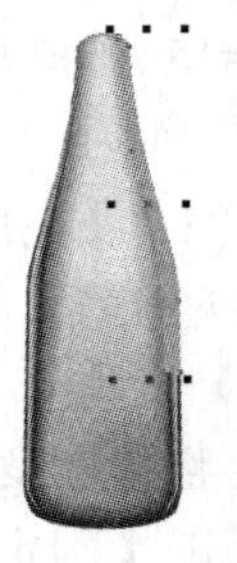

图 13-10　绘制酒瓶右侧的反光部分

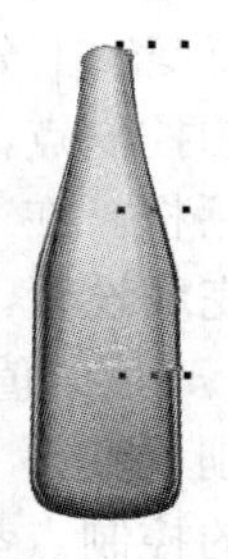

图 13-11　绘制酒瓶右侧的暗部

（3）选择工具箱中的“贝济埃工具”，绘制酒瓶左侧底部的亮部。选择工具箱中的“形状工具”，将路径转换为曲线。调整曲线的形状，将曲线的颜色设置为白色，删除图形的轮廓线。效果如图 13-12 所示。

（4）选择刚绘制好的对象，选择工具箱中“交互式透明工具”，从图形的右上方向左下方拖动，效果如图 13-13 所示。

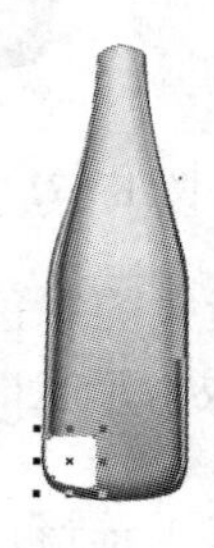

图 13-12　绘制酒瓶左侧底部的亮部

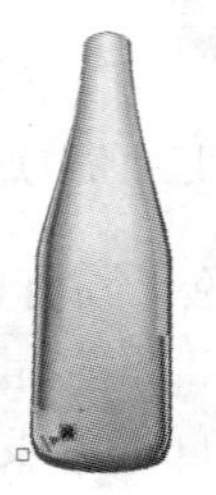

图 13-13　使用“交互式透明工具”调整透明度

（5）选中刚绘制的对象并单击鼠标右键。从弹出的菜单中执行【复制】命令，在空白处单击鼠标右键，从弹出的菜单中选择【粘贴】命令，选择复制出的图形。在属性栏中单击“水平镜像”按钮，选择工具箱中的“挑选工具”，选中图形并调整图形到瓶底的另一侧，与瓶底左侧的图形对称分布。效果如图 13-14 所示。

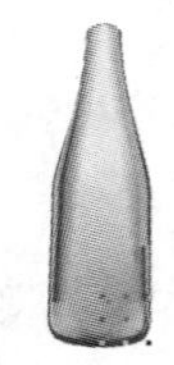

图 13-14　复制和镜像图形

13.1.4　绘制瓶嘴部分

（1）选择工具箱中的“贝济埃工具”，绘制酒瓶上部的螺旋部分。选择工具箱中的“形状工具”，将路径转换为曲线，调整曲线的形状。选择曲线，选择“填充框”，将颜色的 R、G、B 值设置为 149、193、145，删除图形的轮廓线。效果如图 13-15 所示。

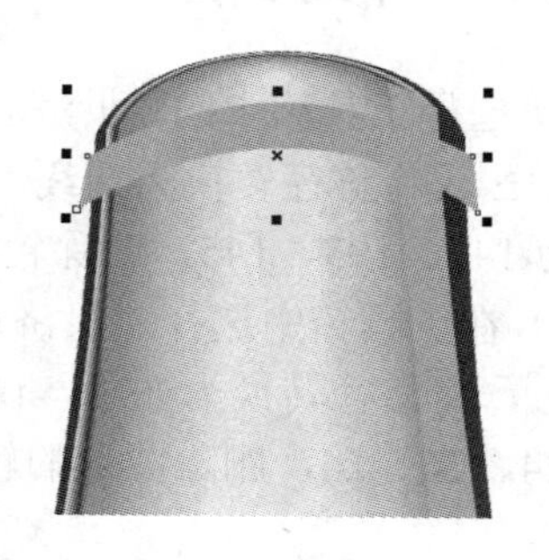

图 13-15　绘制并调整曲线路径

（2）选择绘制好的曲线路径对象。选择工具箱中的“交互式透明工具”，从左到右拖动鼠标，单击属性栏中的“编辑透明度”按钮，弹出“渐变透明度”对话框。在渐变轴上分别双击两次，增加两个控制点，选中左侧的控制点，单击【其他】按钮，打开“选择颜色”对话框。在“模型”中选择“灰度”选项，将“L”（亮度）值设置为 255，单击【确定】按钮完成设置。用同样的方法设置第 2 个控制点的“L”（亮度）值为 255，第 3 个控制点的“L”（亮度）值为 0，最右侧控制点的“L”（亮度）值为 0。将“角度”和“边界填充”的参数分别调整为 1.6 和 4（选项组中的所有参数决定整体渐变角度和边界，不需要将每个渐变轴上的控制点都进行设置），如图 13-16 所示。单击【确定】按钮，效果如图 13-17 所示。

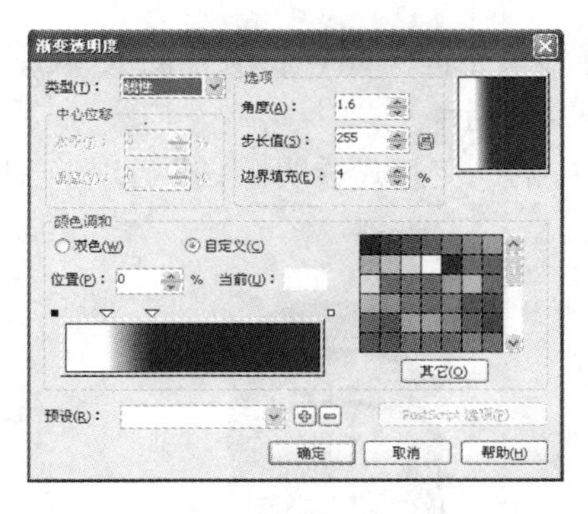

图 13-16　调整透明参数

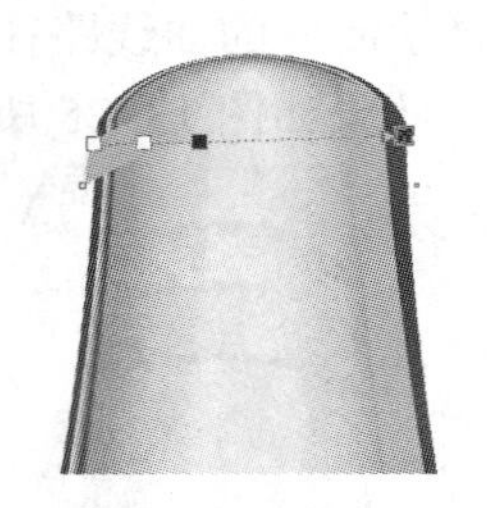

图 13-17　调整透明后的效果

（3）选择工具箱中的“贝济埃工具”，绘制酒瓶螺旋的反射部分。选择工具箱中的“形状工具”，将路径转换为曲线，调整曲线的形状。将颜色设置为白色，删除图形的轮廓线。效果如图 13-18 所示。

（4）选择绘制好的曲线路径对象，选择工具箱中的“交互式透明工具”，从左到右拖动，效果如图 13-19 所示。

（5）选择工具箱中的“贝济埃工具”，绘制酒瓶螺旋右侧的暗部。选择工具箱中的“形状工具”，将路径转换为曲线，调整曲线的形状。选择“填充框”，将颜色的 R、G、B 值设置为 24、76、24，删除图形的轮廓线。效果如图 13-20 所示。

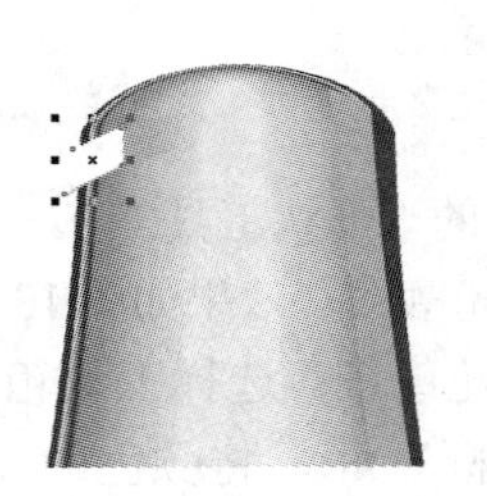

图 13-18　绘制酒瓶螺旋的反射部分

图 13-19　制作透明效果

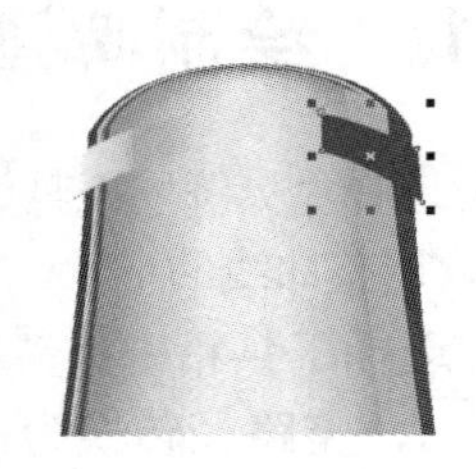

图 13-20　绘制酒瓶螺旋右侧的暗部

（6）选择绘制好的曲线路径对象，选择工具箱中的“交互式透明工具”，从左到右拖动，效果如图 13-21 所示。

（7）选择工具箱中的“贝济埃工具”，绘制出螺旋底部。选择工具箱中的“形状工具”，将路径转换为曲线，调整曲线的形状。选择“填充框”，将颜色的 R、G、B 值设置为 24、76、24，删除图形的轮廓线。效果如图 13-22 所示。

（8）重复以上步骤，绘制瓶口下面的另一个螺旋，效果如图 13-23 所示。

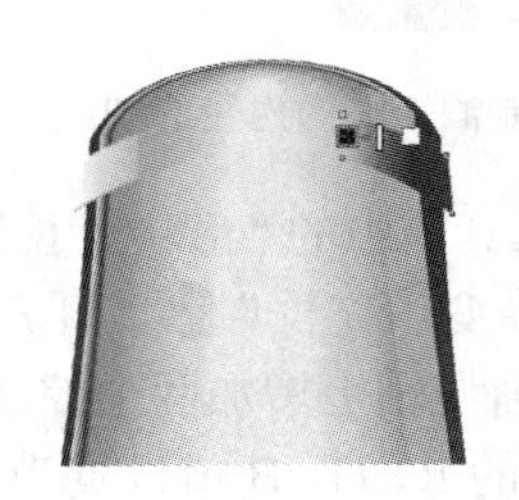

图 13-21　制作透明效果

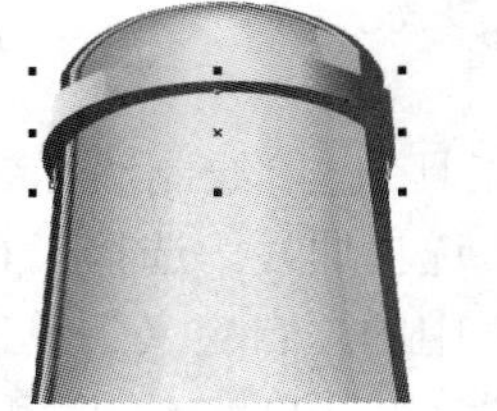

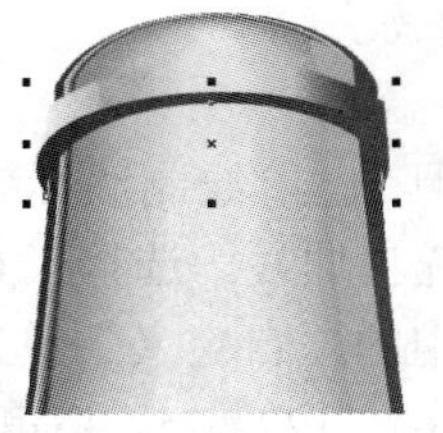

图 13-22　绘制出螺旋底部

图 13-23　绘制瓶口下面的另一个螺旋

（9）选择工具箱中的“贝济埃工具”，绘制瓶口处的暗部。选择工具箱中的“形状工具”，将路径转换为曲线，调整曲线的形状。选择“填充框”，将颜色的 R、G、B 值设置为 24、76、24，删除图形的轮廓线。效果如图 13-24 所示。

（10）选择绘制好的曲线路径对象，选择工具箱中的“交互式透明工具”，向对象的左下角方向拖动，效果如图 13-25 所示。

图 13-24　绘制瓶口处的暗部

图 13-25　制作透明效果

13.2　啤酒商标

商标是此招贴画中的主要部分，招贴画的目的就是通过形象化的手段对品牌进行宣传，提高产品的知名度。所以在绘制商标时要尽可能地使其真实。

13.2.1　绘制啤酒商标的轮廓

（1）选择“贝济埃工具”，绘制酒瓶贴轮廓。选择工具箱中的“形状工具”，将路径转换为曲线，调整曲线的形状。将填充色设置为“白色”，删除图形的轮廓线。效果如图 13-26 所示。

（2）选择工具箱中的“贝济埃工具”，绘制出酒瓶贴的内轮廓图。选择工具箱中的“形状工具”，将路径转换为曲线，调整曲线的形状。选择“填充框”，将颜色的 R、G、B 值设置为 31、42、20，删除图形的轮廓线。效果如图 13-27 所示。

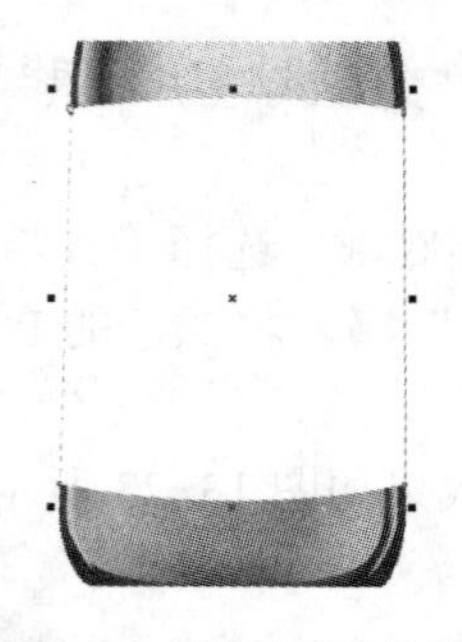

图 13-26　绘制填充路径

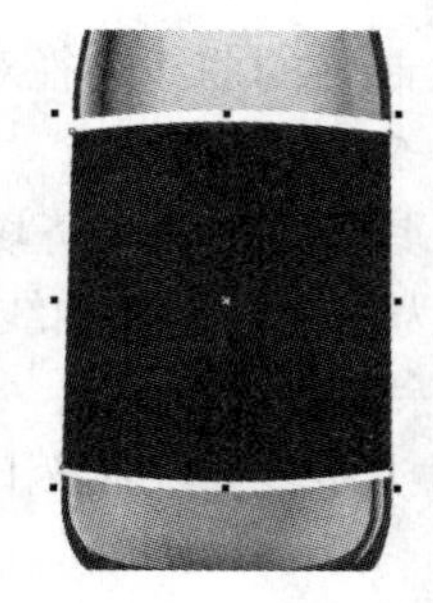

图 13-27　绘制酒瓶贴的内轮廓图

（3）选择工具箱中的“贝济埃工具”，绘制酒标颜色。选择工具箱中的“形状工具”，将路径转换为曲线，调整曲线形状。选择曲线，选择工具箱中的“渐变填充框”，打开“渐变填充”对话框。选择“颜色调和”中的“自定义”单选按钮，在渐变轴上增加两个控制点，将最左侧控制点的 R、G、B 值设置为 67、122、75，将第 2 个控制点的 R、G、B 值设置为 166、191、147，第 3 个控制点的 R、G、B 值设置为 67、122、75，将最右侧控制点的 R、G、B 值设置为 166、191、147，单击【确定】按钮，完成填充设置，如图 13-28 所示。删除图形的轮廓线，效果如图 13-29 所示。

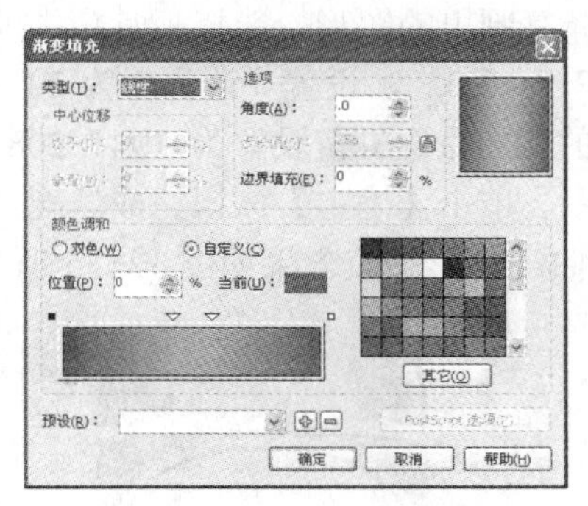

图 13-28　设置渐变填充

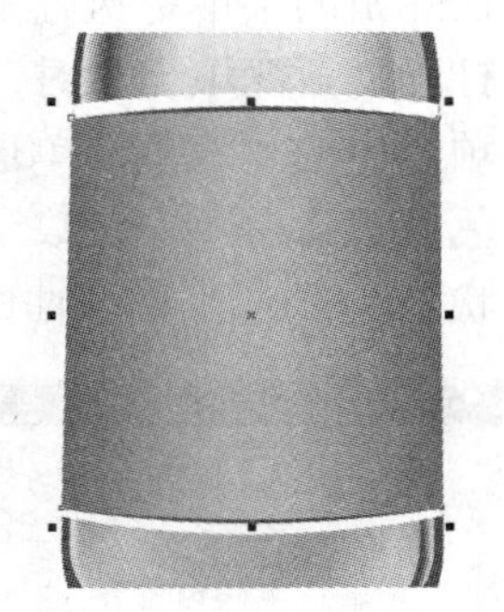

图 13-29　绘制填充路径

（4）选择工具箱的“贝济埃工具”，绘制酒瓶贴内部的圆形。选择工具箱中的“形状工具”，将路径转换为曲线，调整曲线的形状。将颜色设置为白色，删除轮廓线。效果如图 13-30 所示。

（5）选择图形并单击鼠标右键，从弹出的菜单中执行【复制】命令。在空白处单击鼠标右键，在弹出的菜单中执行【粘贴】命令，选择复制出的图形。选择“填充框”，将颜色的 R、G、B 值设置为 31、42、20，选择工具箱中的“形状工具”，调节曲线上的节点来改变曲线的形态。效果如图 13-31 所示。

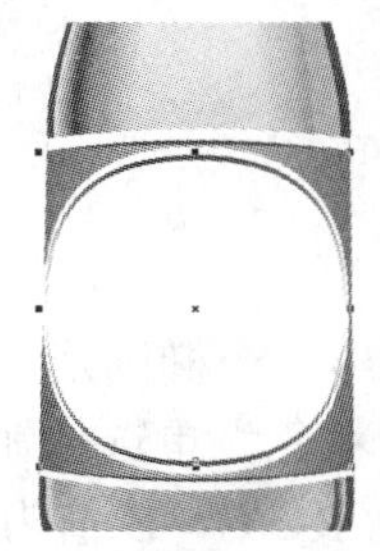

图 13-30　绘制出酒瓶贴内部的圆形

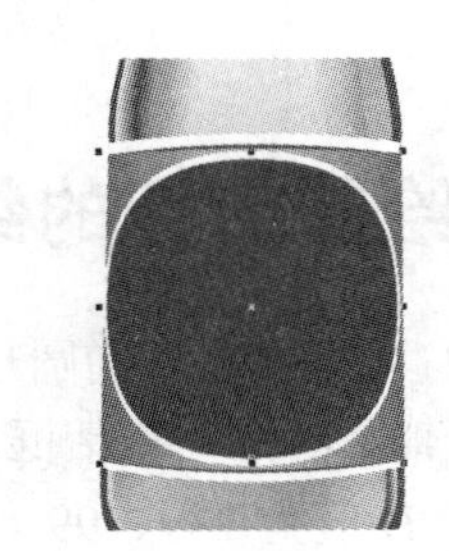

图 13-31　复制并填充图形

（6）选择绘制好的曲线路径对象，选择工具箱中的“交互式透明工具”，从左到右拖动鼠标。单击属性栏中的“编辑透明度”按钮，打开“渐变透明度”对话框。将“角度”调整为-90，选中最左侧的控制点，单击【其他】按钮，打开“选择颜色”对话框。在“模型”中选择“灰度”，将“L”（亮度）的参数设置为 255，单击【确定】按钮完成设置。用同样的方法，将右侧控制点的“L”（亮度）值设置为 255，在渐变轴中间的位置上双击，增加一个控制点，将其“L”（亮度）值设置为 0，具体设置如图 13-32 所示。设置完成后单击【确定】按钮。图形效果如图 13-33 所示。

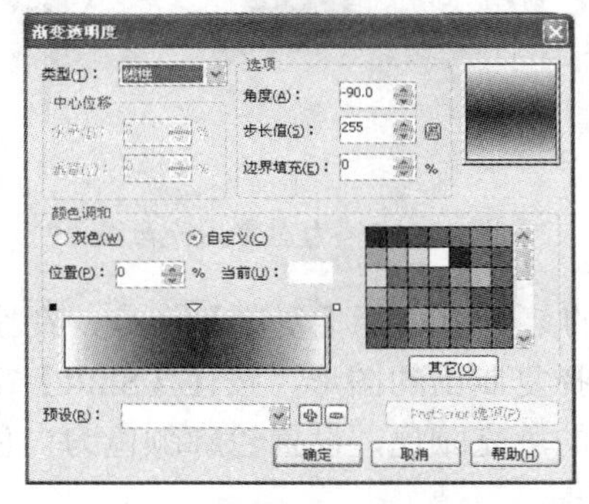

图 13-32　设置透明参数

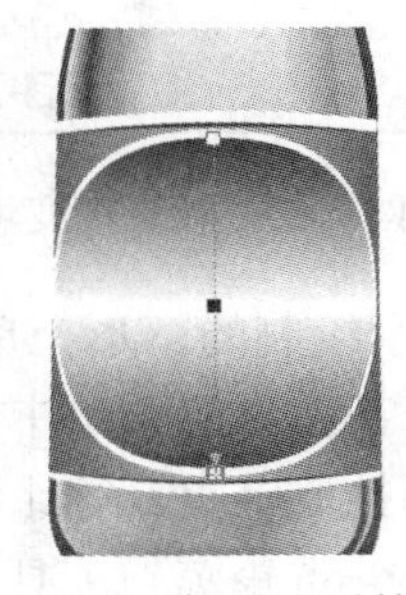

图 13-33　添加透明后的效果

（7）选择添加透明的图形并单击鼠标右键，从弹出的菜单中选择【复制】，在空白处单击鼠标右键，在弹出的菜单中执行【粘贴】命令，选择复制出的图形。选择工具箱中的“渐变填充框”，打开“渐变填充”对话框。设置“角度”为-3.0°，设置“边界”为 34，选择“颜色调和”选项组中的“双色”单选按钮，将“从”的 R、G、B 值设置为 194、208、184，将“到”的颜色调整为白色，参数设置如图 13-34 所示。单击【确定】按钮完成填充，选择工具箱中的“形状工具”，调节曲线上的节点来改变曲线的形态。效果如图 13-35 所示。

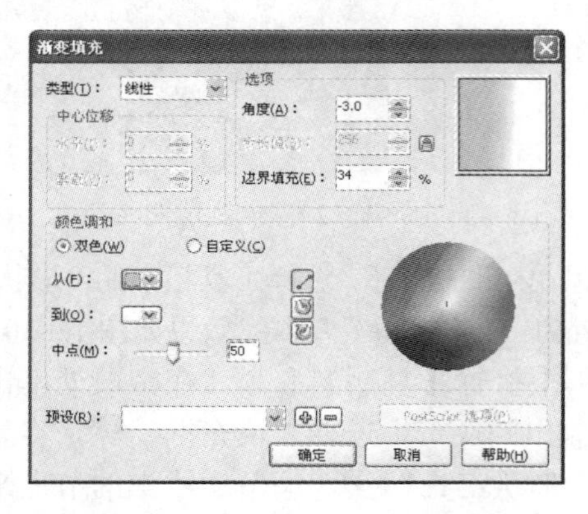

图 13-34　设置渐变填充的参数

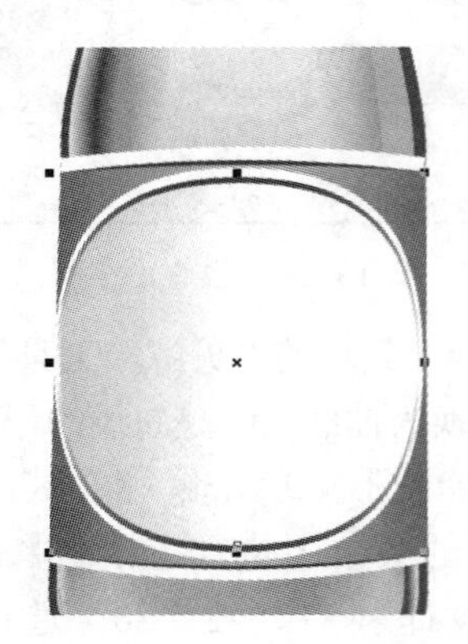

图 13-35　复制对象、改变填充方式

13.2.2 绘制商标的细节

（1）选择工具箱中的“椭圆形工具”，在页面中绘制出一个椭圆形。选择“渐变填充框”，打开“渐变填充”对话框。在“颜色调和”中选择“双色”单选按钮，在“从”中设置颜色的 R、G、B 值为 239、99、45，在“到”中设置颜色的 R、G、B 值为 157、6、19，设置“角度”参数为-63.8，设置“边界填充”为 25，设置如图 13-36 所示。删除图形的轮廓线，效果如图 13-37 所示。

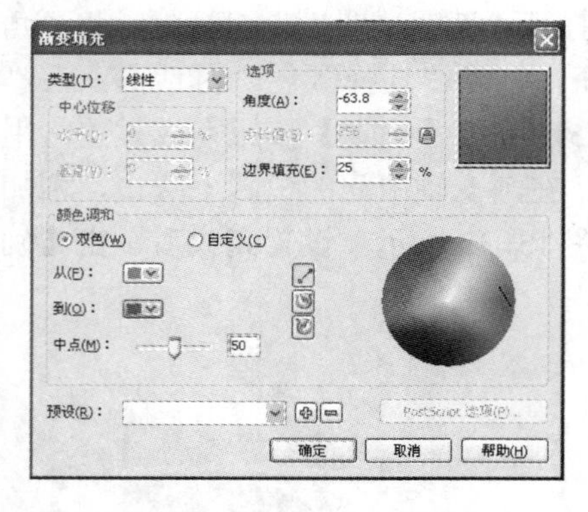

图 13-36　设置渐变填充的参数

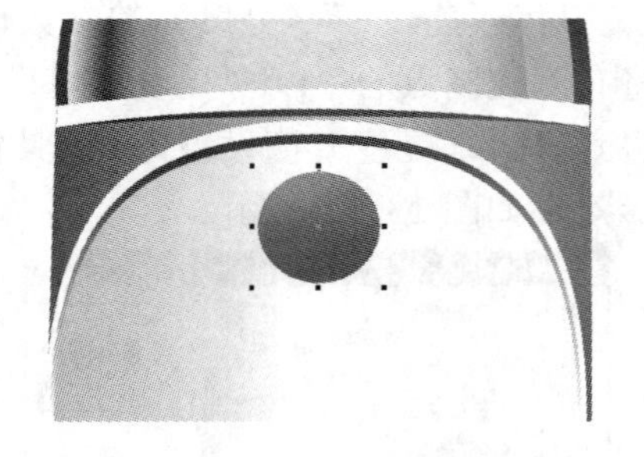

图 13-37　为对象填充渐变

（2）在刚绘制的圆形上单击鼠标右键，从弹出的菜单中执行【复制】命令，在空白处单击鼠标右键，在弹出的菜单中执行【粘贴】命令。选择复制出的图形，按住【Shift】键的同时拖动右上角的控制节点，等比例缩小图形，删除图形的填充颜色，设置轮廓颜色为白色，在工具箱中选择“一点轮廓”工具。效果如图 13-38 所示。

（3）选择工具箱中的“矩形工具”，在页面中绘制一个矩形，删除图形的填充颜色，设置轮廓颜色为白色，选择工具箱中的“一点轮廓”工具，效果如图 13-39 所示。

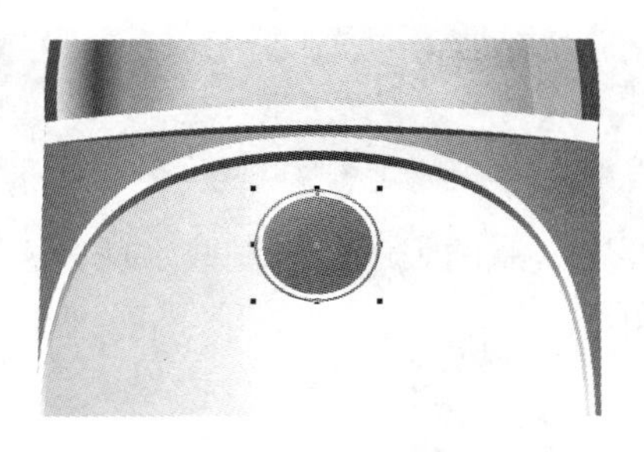

图 13-38　复制并调整对象

图 13-39　绘制并设置矩形

（4）选择工具箱中的“贝济埃工具”，绘制标志。选择工具箱中的“形状工具”，将路径转换为曲线，调整曲线的形状。选择该曲线，将颜色设置为白色，设置轮廓颜色为“白色”，选择工具箱中的“一点轮廓”工具。效果如图 13-40 所示。

（5）选择工具箱中的“贝济埃工具”，绘制标志。选择工具箱中的“形状工具”，将路径转换为曲线，调整曲线的形状。选择该曲线，将颜色设置为白色，删除图形的轮廓线，效果如图 13-41 所示。

图 13-40　绘制路径

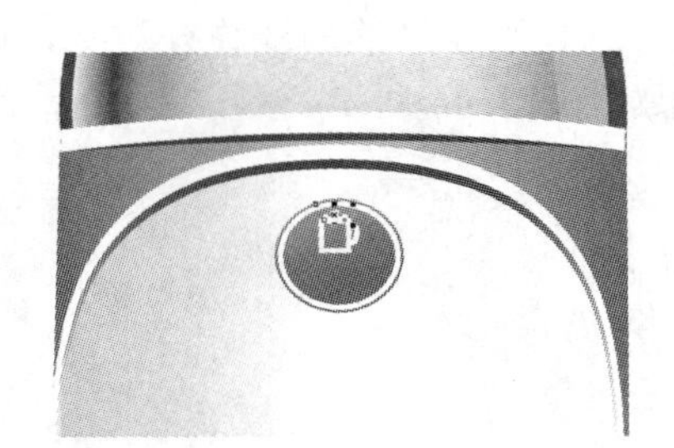

图 13-41　绘制填充路径

（6）选择工具箱中的“文本工具”，输入文字“PDR”，选择“填充框”，将颜色设置为“白色”，如图 13-42 所示。

（7）选择工具箱中的“文本工具”，输入多行文字，选择工具箱中的“填充框”，将颜色的 R、G、B 值设置为 24、76、24。图形效果如图 13-43 所示。

图 13-42　输入文字

图 13-43　输入多行文字

提示：在本实例中输入的多行文字没有交代具体内容，在实际应用中要根据要求来输入。

13.3 装饰酒瓶

为了使酒瓶给观者一种真实的装有酒的效果，需要在酒瓶的表面绘制一些水珠，这样会使观者认为这是一种清晾可口的酒，从而增加对产品的好感。

13.3.1 制作水滴效果

（1）选择工具箱中的“贝济埃工具”，绘制出水滴的基本轮廓图。选择“形状工具”，将路径转换为曲线，调整曲线的形状。选择曲线，选择工具箱中的“填充框”，将颜色的R、G、B值设置为149、193、145，删除图形的轮廓线。效果如图13-44所示。

（2）选择工具箱中的“贝济埃工具”，绘制水滴的高光。选择工具箱中的“形状工具”，将路径转换为曲线，调整曲线的形状。将填充颜色设置为白色，删除图形的轮廓线。效果如图13-45所示。

（3）选择绘制好的曲线路径对象，选择工具箱中的“交互式透明工具”，沿左下方拖动，效果如图13-46所示。

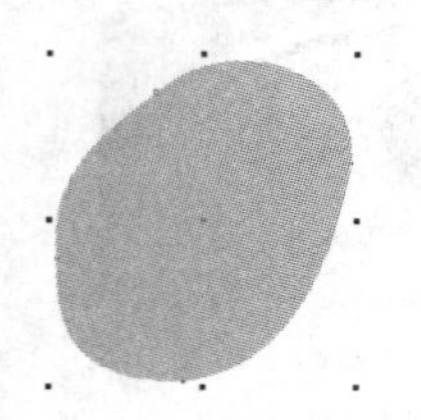

图13-44　绘制水滴轮廓

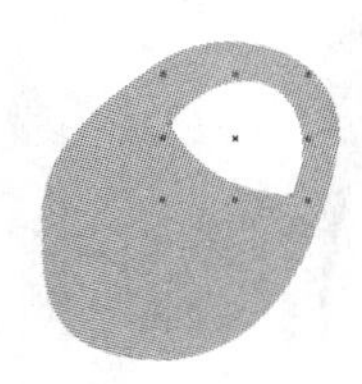

图13-45　继续绘制水滴轮廓

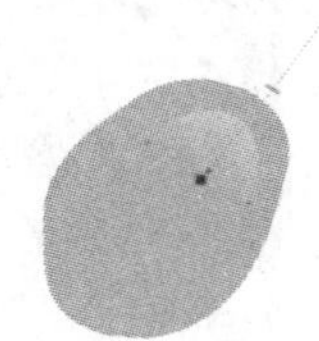

图13-46　制作透明效果

（4）选择工具箱中的“贝济埃工具”，绘制出水滴的反光效果。选择工具箱中的“形状工具”，将路径转换为曲线，调整曲线的形状。将填充颜色设置为白色，删除图形的轮廓线。效果如图13-47所示。

（5）选择绘制好的曲线路径对象，选择工具箱中的“交互式透明工具”，沿右上方拖动，效果如图13-48所示。

（6）选择工具箱中的“贝济埃工具”，绘制水滴的暗部。选择工具箱中的“形状工具”，将路径转换为曲线，调整曲线的形状。选择“填充框”，将颜色的R、G、B值设置为24、76、24，删除图形的轮廓线。效果如图13-49所示。

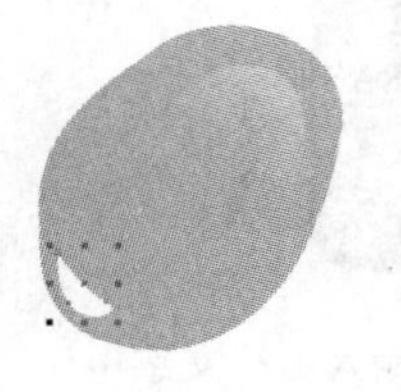

图13-47　绘制水滴的反光效果

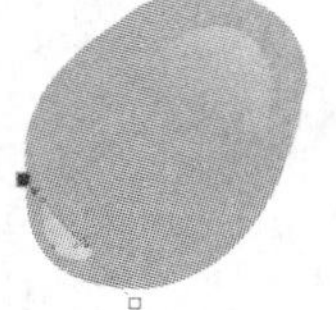

图13-48　制作左下方的透明效果

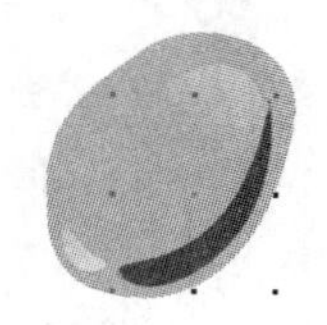

图13-49　绘制水滴的暗部

（7）选择绘制好的曲线路径对象，选择工具箱中的“交互式透明工具”，沿右上方拖动，效果如图 13-50 所示。

（8）选择工具箱中的“贝济埃工具”，绘制水滴的暗部。选择工具箱中的“形状工具”，将路径转换为曲线，调整曲线的形状。选择工具箱中的“填充框”，将颜色的 R、G、B 值设置为 24、76、24，删除图形的轮廓线。效果如图 13-51 所示。

（9）选择绘制好的曲线路径对象，选择工具箱中的“交互式透明工具”，沿右下方向拖动，效果如图 13-52 所示。

（10）选择工具箱中的“贝济埃工具”，绘制出水滴的高光。选择工具箱中的“形状工具”，将路径转换为曲线，调整曲线的形状。将填充颜色设置为白色，删除图形的轮廓线。效果如图 13-53 所示。

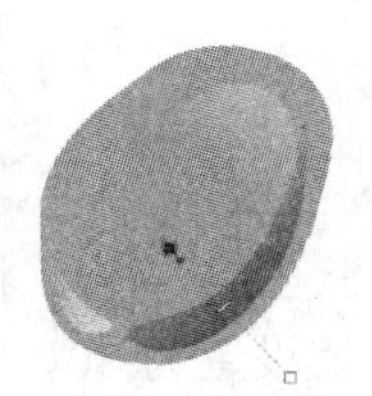

图 13-50　制作右下方的透明效果

图 13-51　继续绘制水滴的暗部

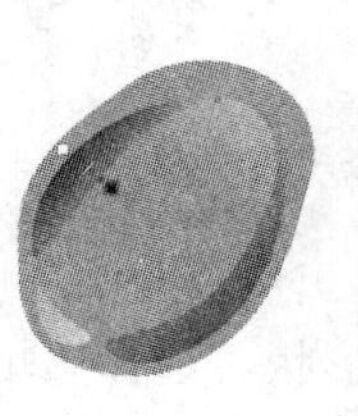

图 13-52　继续制作透明效果

图 13-53　绘制水滴的高光

（11）选择绘制好的曲线路径对象，选择工具箱中的“交互式透明工具”，沿右上方拖动，效果如图 13-54 所示。

（12）选择水滴的全部图形，执行【排列】→【群组】命令，将水滴组合成一个整体。单击鼠标右键，在弹出的菜单中执行【复制】命令。在空白处单击鼠标右键，从弹出的菜单中执行【粘贴】命令。选择工具箱中的“挑选工具”，单击图形使其处于选择状态并拖动图形。重复同样的步骤，完成瓶壁上的水滴效果。效果如图 13-55 所示。

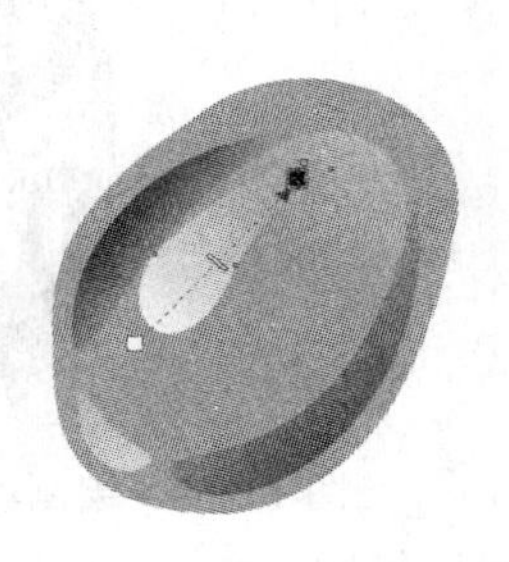

图 13-54　制作左上方的透明效果

图 13-55　完成水滴的效果

13.3.2　添加手臂

（1）执行【文件】→【导入】命令，导入素材“手 1.png”和“手 2.png”，效果如图 13-56 所示。

提示：为了导入背景透明的手，可以使用 Photoshop 或 Fireworks 对手臂图形进行处理，删除背景，然后将文件存储为 PNG 格式。

（2）选择工具箱中的“挑选工具”，调整手臂图到合适的位置，效果如图 13-57 所示。

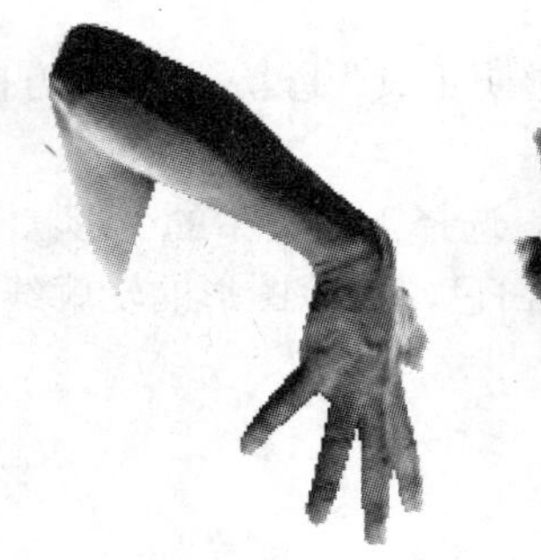
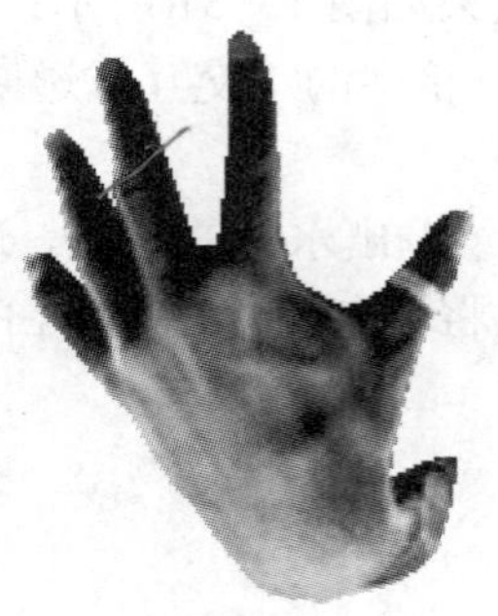

图 13-56　导入两张手臂素材图

图 13-57　调整手臂图片的位置

（3）选择工具箱中的“贝济埃工具”，绘制出手臂阴影。选择“形状工具”，将路径转换为曲线，调整曲线的形状。选择“填充框”，将颜色的 R、G、B 值设置为 30、82、30，删除图形的轮廓线。效果如图 13-58 所示。

（4）选择绘制好的曲线路径对象，选择工具箱中的“交互式透明工具”，沿左下方拖动，效果如图 13-59 所示。

（5）选择“贝济埃工具”，绘制另一处阴影。选择工具箱中的“形状工具”，将路径转换为曲线，调整曲线的形状。选择“填充框”，将颜色的 R、G、B 值设置为 30、82、30，删除图形的轮廓线。效果如图 13-60 所示。

图 13-58　绘制填充路径 1

图 13-59　设置透明效果 1

图 13-60　绘制填充路径 2

（6）选择绘制好的曲线路径对象，选择工具箱中的“交互式透明工具”，沿右下方拖动，效果如图 13-61 所示。

（7）选择工具箱中的“贝济埃工具”，绘制出下臂轮廓图。选择“形状工具”，将路径转换为曲线，调整曲线的形状。选择曲线，选择工具箱中的“填充框”，将颜色的 R、G、B 值设置为 30、82、30，删除图形的轮廓线。效果如图 13-62 所示。

（8）选择绘制好的曲线路径对象，选择工具箱中的“交互式透明工具”，沿右下方拖动，效果如图 13-63 所示。

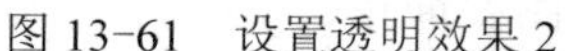

图 13-61　设置透明效果 2

图 13-62　绘制出下臂轮廓图

图 13-63　设置透明效果 3

（9）选择手部的全部阴影，按【Ctrl+Page Down】组合键，将阴影所在层调整到手的后面，效果如图 13-64 所示。

13.3.3　绘制背景

选择工具箱中的“矩形工具”，绘制一个矩形。选择“填充框”，将颜色的 R、G、B 值设置为 235、236、238，删除图形的轮廓线。按【Shift+Page Down】组合键，将矩形放置到最后。效果如图 13-65 所示。

图 13-64　移动阴影所在层的位置

图 13-65　完成效果

经验与技巧分享

本实例是一幅位图与矢量图相结合的招贴画作品。制作时，在位图与矢量图颜色上要保持和谐，交接处要自然，这样才能给人真实的效果。

经验与技巧分享如下。

（1）在绘制瓶子轮廓时，多次使用了“交互式调和工具”。要使调和效果产生平滑和自然的效果。首先在绘画前就要确定哪两个图形需要调和。在绘制时，要使两个图形的节点数量和绘制的顺序（顺时针或者逆时针方向）都要相同。也可以通过复制图形进行形状调整的方式达到此目的。

（2）要取消调和，可以单击属性栏中的“清除调和”按钮。

（3）经过 Photoshop 处理完的手部图片，一定要保存为背景透明的 PNG 图形，否则将图像导入到 CorelDRAW X4 中，其背景会遮挡画面。

（4）如果导入的位图与绘制的矢量图形在颜色上产生不和谐的效果时，可以使用 CorelDRAW X4 的颜色调整功能进行调整，这种方法相对于调整矢量图要简单。

14 草莓奶汁广告插画的绘制

在前面的章节中，绘制了人物、卡通、机械、玻璃等不同效果的作品，只是缺少水果和液体效果的绘制，所以本章将选择在水果和液体中比较有代表性的草莓和奶汁进行绘制，效果如图 14-1 所示。

在绘制这两种物体之前，首先要对绘制此种插画所要展示的特点和效果要有一个充分的准备。本例中将草莓和奶汁的动感效果作为本插画所要达到的目标。

下面将分别对这两种图形进行绘制，这里首先绘制的是奶汁。

图 14-1 完成效果

学习提要

- 绘制奶汁
- 绘制奶珠
- 绘制草莓
- 绘制叶茎与组合图形

14.1 绘制奶汁

在本作品中，奶汁是动感极强的，这样的动感是通过掀起的浪花和水珠表现出来的。

14.1.1 绘制奶汁平面

使用“贝济埃工具”和“形状工具”，绘制图 14-2 所示的形状。单击工具箱中的“填充工具”，弹出扩展工具组。选择其中的“填充框”，打开“均匀填充”对话框。在“模型”中选择“CMYK”选项，将 C、M、Y、K 参数调整为 4、4、5、0。单击“轮廓工具”上的黑色小三角，在展开的工具组中单击✕，删除轮廓。这是一个正常的奶汁颜色。

下面将对掀起的奶的浪花进行绘制。

14.1.2 绘制内侧阴影

（1）绘制奶的浪花内侧阴影的底面部分。使用“贝济埃工具”和“形状工具”绘制图14-3所示的形状。设置“均匀填充”的C、M、Y、K参数值为29、26、25、0。

提示：在下面的操作中，所有的图形都要删除轮廓线。以下的操作过程将不再重复说明。

（2）使用“贝济埃工具”和“形状工具”绘制图14-4所示的形状，设置“均匀填充”的C、M、Y、K参数值为10、11、10、0。

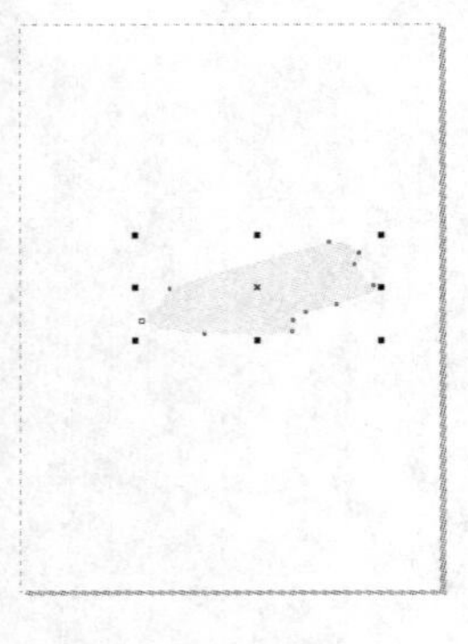

图14-2 绘制底面

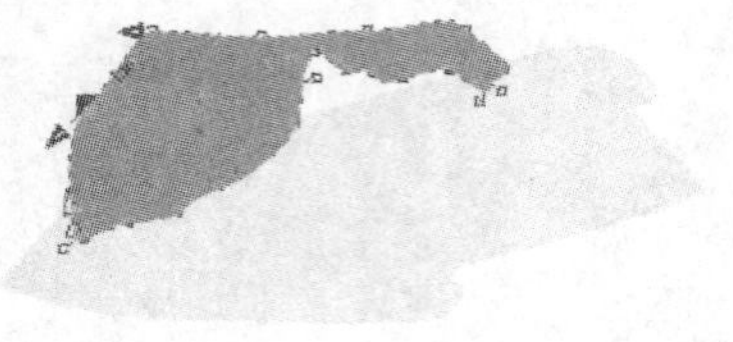

图14-3 绘制内侧最下方的阴影

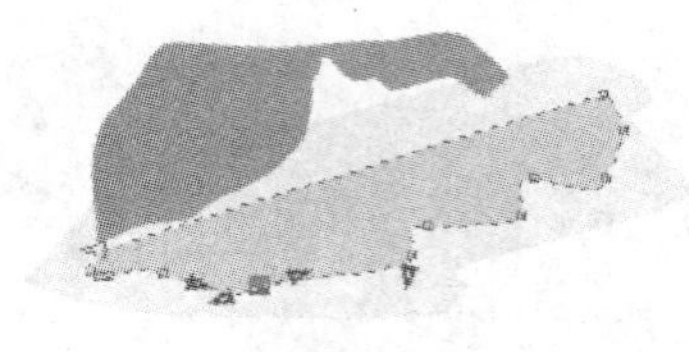

图14-4 绘制内侧立面最下方的暗面

（3）使用“贝济埃工具”和“形状工具”绘制图14-5所示的形状，设置“均匀填充”的C、M、Y、K参数值为19、16、20、0。

（4）使用“贝济埃工具”和“形状工具”绘制图14-6所示的形状，设置“均匀填充”的C、M、Y、K参数值为38、33、33、1。

（5）使用同样的工具绘制图14-7所示的中间色调的形状，设置“均匀填充”的C、M、Y、K参数值为13、13、13、0。

图14-5 绘制上方暗面

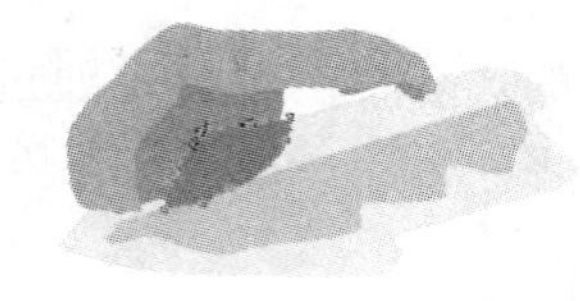

图14-6 绘制底层部分的暗面

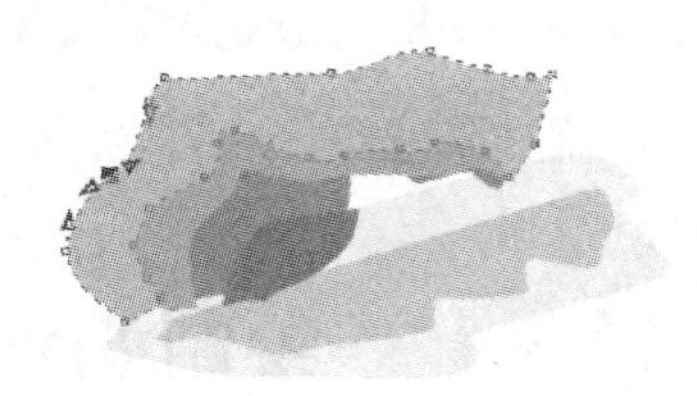

图14-7 绘制中间色调部分

到这里，内侧阴影部分就绘制完成了，下面将绘制内侧的亮面和边缘部分。

14.1.3 绘制亮面及效果修饰

（1）当绘制完成亮面和边缘部分后，整体的内侧部分就显得很立体，在绘制时应注意颜色的和谐程度。

（2）在绘制上面的亮面时，边缘要多绘制尖峰效果，这样可显示出奶的浪花的弹出效果。使用“贝济埃工具”和“形状工具”绘制图 14-8 所示的形状，设置“均匀填充”的 C、M、Y、K 参数值为 8、6、8、0。

（3）为了使亮面更富于变化，下面将绘制图形，对边缘的形状进行修饰。因为奶汁是液态的，添加修饰可展示出液体体形的不固定状态。使用“贝济埃工具”和“形状工具”绘制图 14-9 所示的形状，设置“均匀填充”的 C、M、Y、K 参数值为 20、15、19、0。

（4）下面还要绘制边缘。这些边缘可以有一定的厚度感，使人感觉到奶汁具有一定的黏稠效果。使用同样的方法绘制图 14-10 所示的图形，设置“均匀填充”的 C、M、Y、K 参数值为 16、13、16、0。

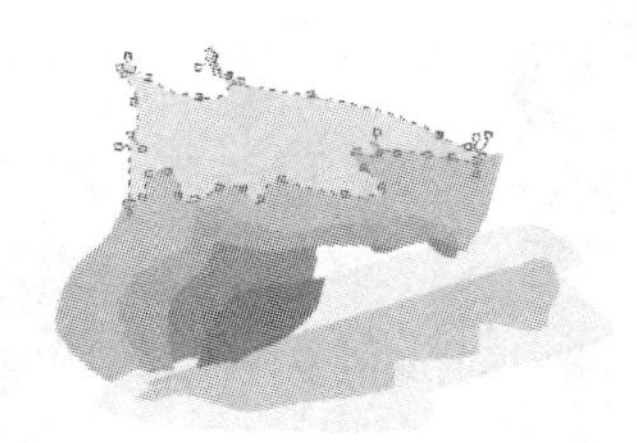
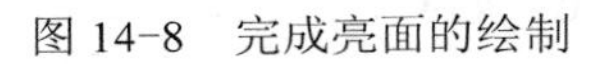

图 14-8　完成亮面的绘制

图 14-9　绘制奶汁边缘

图 14-10　完成边缘暗面绘制

（5）在右侧绘制一个暗色，这样可以增加内侧的立体效果。使用“贝济埃工具”和“形状工具”绘制图 14-11 所示的形状，设置“均匀填充”的 C、M、Y、K 参数值为 20、14、15、0。

（6）绘制边缘高光。由于液体的形状是多变的，所以这里绘制的高光分配在两个部分。绘制完图形后，将填充色设置为白色。位置与效果如图 14-12 所示。

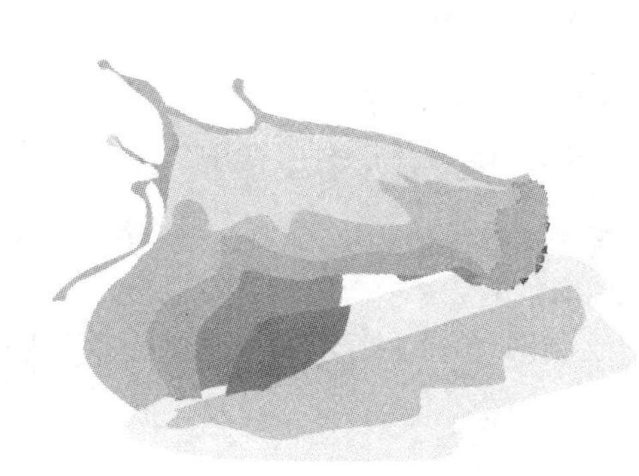

图 14-11　绘制右侧暗色图形

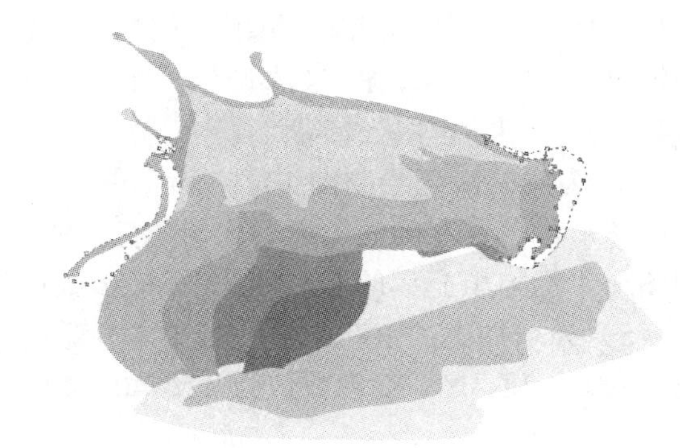

图 14-12　绘制边缘高光

至此，奶的浪花的内侧部分就绘制完成了，下面将绘制奶的浪花的右侧部分。

14.1.4　绘制奶的浪花的右侧部分

奶的浪花是一个具有 4 面的立体形状，由于透视的关系产生了前后显示的图形大一些，而左右的图形偏小。下面先绘制右侧部分。

（1）绘制奶的浪花溅出的图形，绘制图 14-13 所示的上面的图形。设置“均匀填充”的

C、M、Y、K 参数值为 13、14、18、0。再绘制下面的图形，并设置“均匀填充”的 C、M、Y、K 参数值为 5、8、11、0。

（2）为溅出图形增加立体效果。绘制左侧图形，设置“均匀填充”的 C、M、Y、K 参数值为 28、33、25、0，为下面的图形设置“均匀填充”的 C、M、Y、K 参数值为 53、39、36、2。效果如图 14-14 所示。

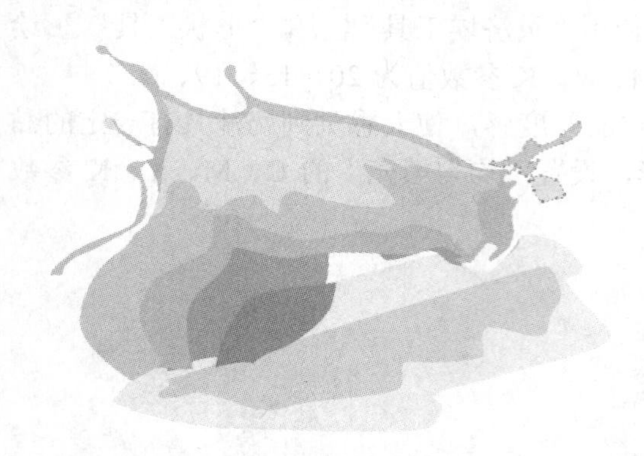

图 14-13　绘制右侧的两个图形

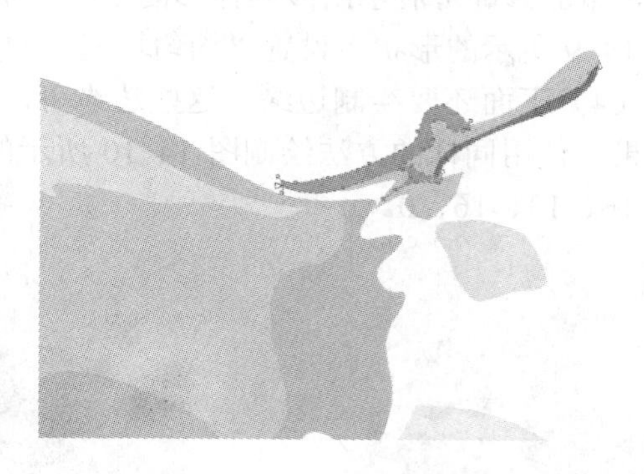

图 14-14　绘制图形的颜色变化

（3）绘制另一处奶的浪花。首先绘制左侧图形，并设置“均匀填充”的 C、M、Y、K 参数值为 28、33、25、0，下面图形“均匀填充”的 C、M、Y、K 参数值为 53、39、36、2。绘制暗面最右侧的绿色形状线图形，并设置“均匀填充”的 C、M、Y、K 参数值为 35、30、30、0，绘制中心蓝色形状线图形并设置“均匀填充”的 C、M、Y、K 参数值为 18、14、16、0，绘制最左侧的图形并设置“均匀填充”的 C、M、Y、K 参数值为 42、40、42、0。效果如图 14-15 所示。

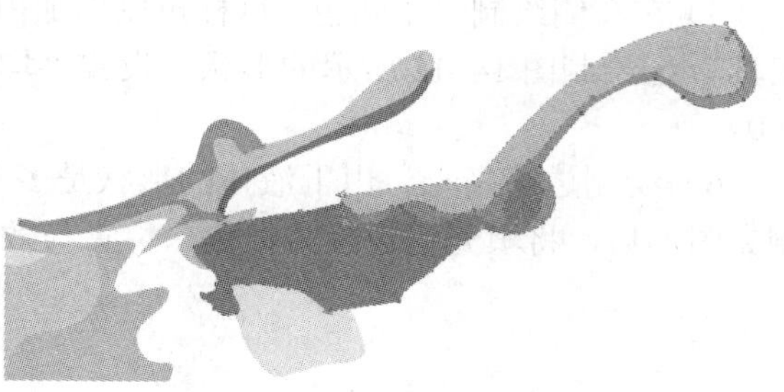

图 14-15　绘制最外侧的图形

（4）为奶的浪花绘制图 14-16 所示的反光面图形。设置左侧的图形“均匀填充”的 C、M、Y、K 参数值为 25、31、28、0，设置右侧的图形“均匀填充”的 C、M、Y、K 参数值为 0、2、8、0。

（5）为增加奶的浪花的变化效果，在溅出图形中绘制图 14-17 所示的形状，设置“均匀填充”的 C、M、Y、K 参数值为 42、40、42、2。

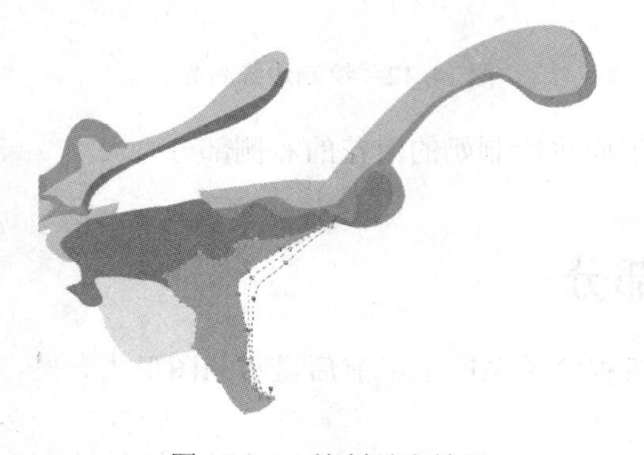

图 14-16　绘制反光效果

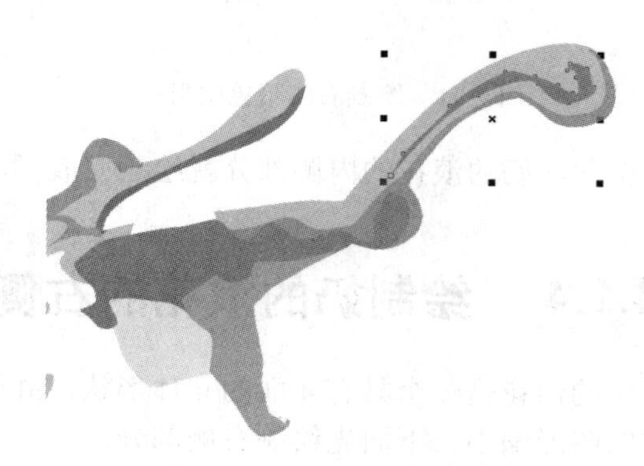

图 14-17　绘制中心的折射图形

至此就基本完成了右侧的溅出图形的绘制，下面将对内侧和右侧的奶的浪花图形进行修饰。

（6）绘制右侧与内侧亮面上方的高光部位的图形，设置“均匀填充”为白色，图形的位置如图 14-18 和图 14-19 所示。

（7）为了丰富亮部的颜色，在内侧溅出奶的浪花最高处的两个图形上绘制图 14-20 所示的增加立体效果的图形，设置“均匀填充”的 C、M、Y、K 参数值为 8、6、8、0。

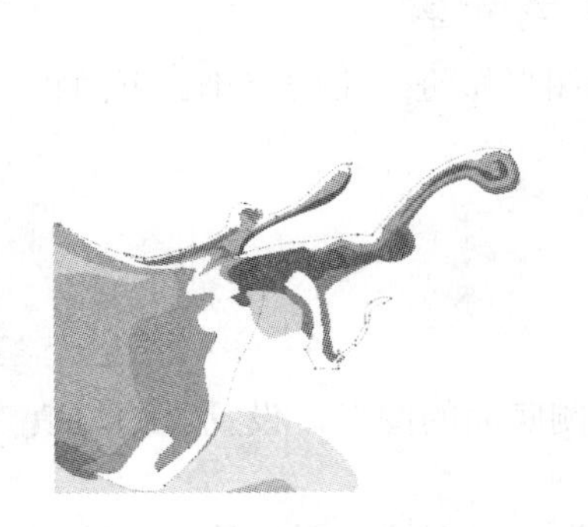

图 14-18　右侧的高光图

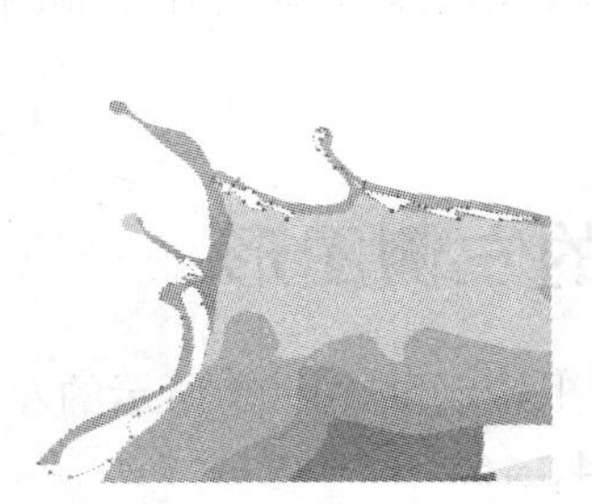

图 14-19　上方的高光图形

图 14-20　绘制使图形产生立体效果的颜色

至此，两部分的修饰图形就绘制完成了，下面将绘制外侧的奶的浪花图形。

14.1.5　绘制外侧

由于这里要绘制的奶的浪花是四周的，所以下面将绘制奶的浪花外侧的图形。

（1）使用“贝济埃工具”和“形状工具”绘制图 14-21 所示的外侧底面暗部的图形，设置“均匀填充”的 C、M、Y、K 参数值为 20、19、20、0。

（2）使用同样的方法绘制上一层如图 14-22 所示的中间色调部分的形状，并设置“均匀填充”的 C、M、Y、K 参数值为 27、27、27、0。

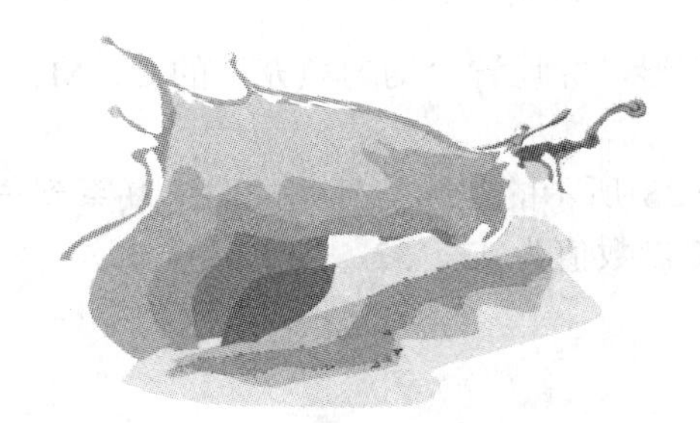

图 14-21　绘制外侧最下方的颜色

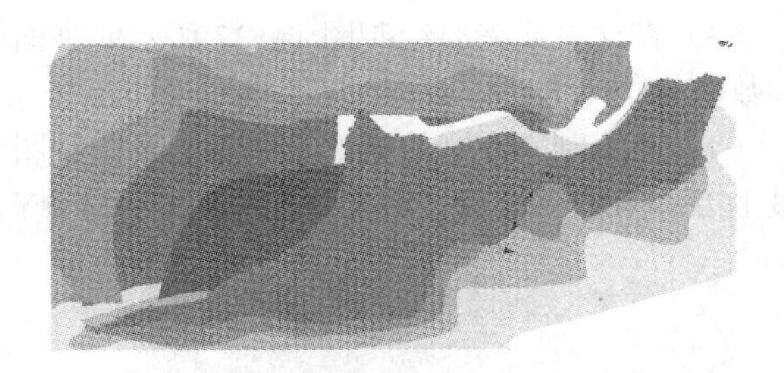

图 14-22　绘制中间色调的图形

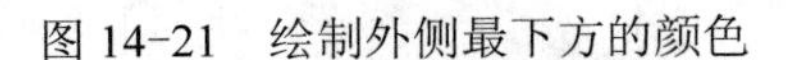

（3）由于在外侧上部有时会被顶端溅起的奶的浪花遮挡，产生相对较暗的图形，所以这里还要绘制一部分如图 14-23 所示的暗色图形，并设置“均匀填充”的 C、M、Y、K 参数值为 27、27、27、0。

（4）这里要绘制外侧图形最上方的暗面，如图 14-24 所示，并设置“均匀填充”的 C、M、Y、K 参数值为 57、49、50、15。

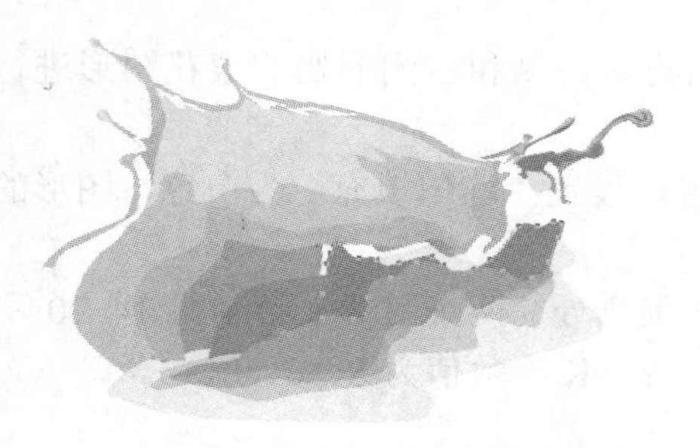

图 14-23 绘制上方的暗面颜色

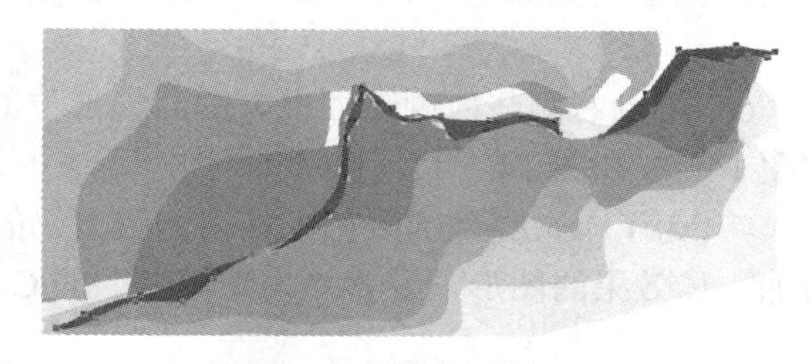

图 14-24 绘制边缘色

至此，外侧图形就基本绘制完成了，但还需要对现在绘制的图形做进一步的修饰。下面将绘制奶的浪花的左侧图形。

14.1.6 绘制奶的浪花的左侧图形

（1）在奶的浪花的左侧中间位置上绘制图 14-25 所示的左侧底面的图形，设置“均匀填充”的 C、M、Y、K 参数值为 20、14、15、0。

（2）由于此部分是迎光面，所以此部分图形以亮面和高光为主，在绘制图形的下方绘制一个白色图形，如图 14-26 所示。它起到高光的作用。

图 14-25 绘制左侧底面图形

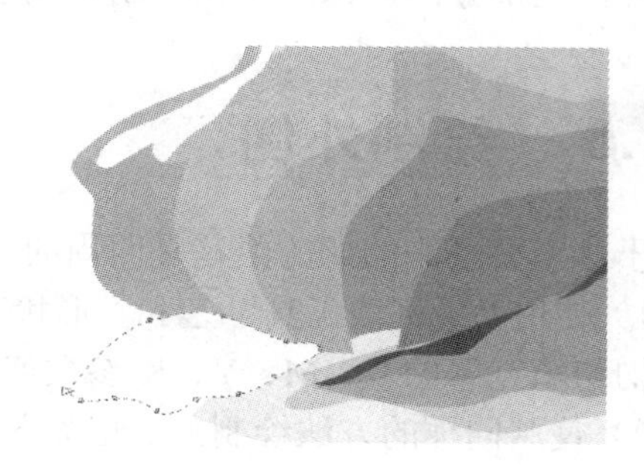

图 14-26 绘制高光

（3）在这里还需要绘制图 14-27 所示的亮面的图形，并设置“均匀填充”的 C、M、Y、K 参数值为 13、8、8、0。

（4）在绘制完左侧的图形后，还需要绘制图 14-28 所示的左侧与外侧的图形联系到一起的最上方的暗色，设置“均匀填充”的 C、M、Y、K 参数值为 43、32、34、0。

图 14-27 绘制亮色

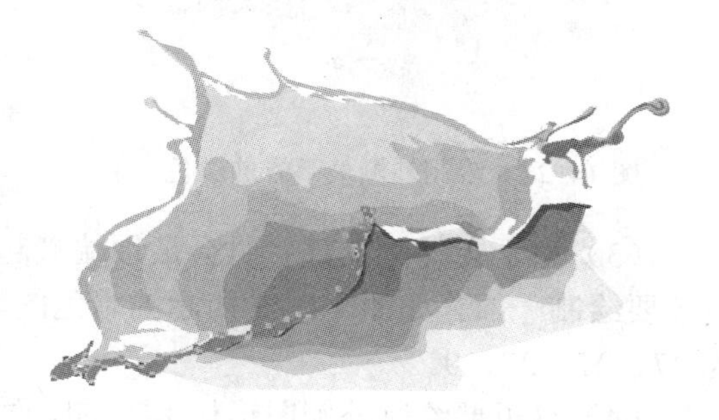

图 14-28 绘制奶汁厚度

（5）还需要绘制图 14-29 所示的高光。绘制高光时要注意外形的变化。

至此，整体的奶汁效果就绘制完成了，效果如图 14-30 所示。

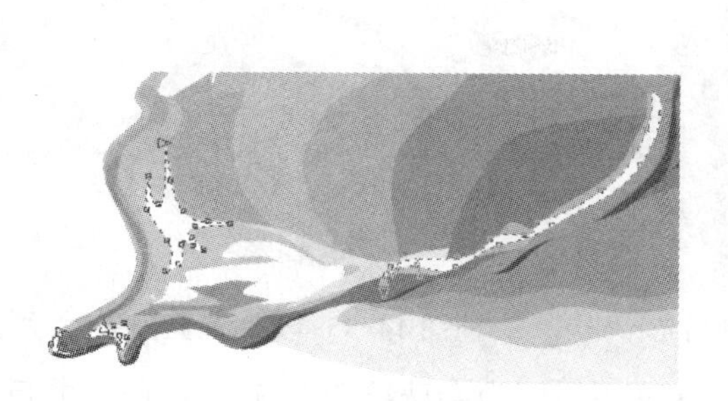

图 14-29 绘制高光

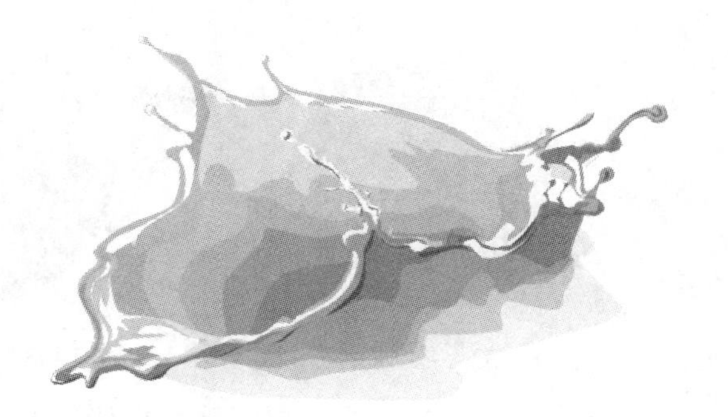

图 14-30 完成奶的浪花绘制

下面将绘制奶珠，对奶的浪花效果进行装饰并使奶的浪花效果更加真实。

14.2 绘制奶珠

绘制奶珠与绘制球的方法比较接近，是由高光、亮面、亮面中间调子、暗面和反光部分组成的。下面将对奶珠进行绘制。

（1）绘制奶珠的亮面色。使用“贝济埃工具”和“形状工具”绘制图 14-31 所示的圆形，并设置“均匀填充”的 C、M、Y、K 参数值为 26、21、22、0。

提示：这里绘制的奶珠不要使用“椭圆形工具”进行绘制，因为使用此工具绘制的图形会产生生硬的效果，而没有奶珠的生气。

（2）使用同样的工具，绘制图 14-32 所示的奶珠亮面中间色调的颜色部分，并设置“均匀填充”的 C、M、Y、K 参数值为 42、34、35、0。

图 14-31 绘制整个球体形状

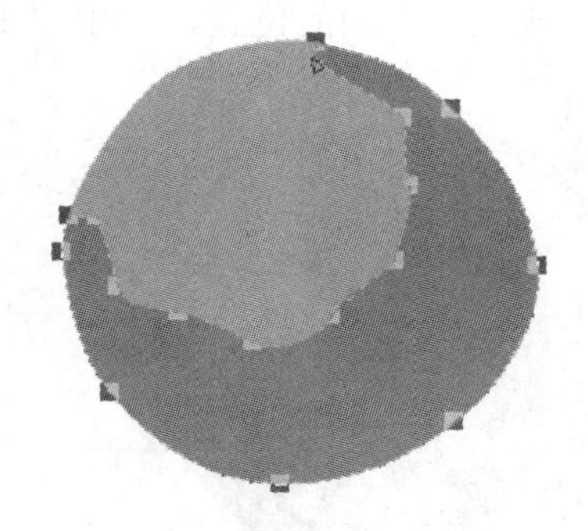

图 14-32 绘制亮面中间色调的图形

（3）绘制图 14-33 所示奶珠的暗面，并设置“均匀填充”的 C、M、Y、K 参数值为 47、39、40、2。

（4）为了显示出奶珠的亮度，在图 14-34 所示的位置上绘制高光，填充色为白色。

（5）修饰高光部分。为了体现奶珠的立体效果，需要在高光的边缘绘制图 14-35 所示的图形，C、M、Y、K 参数值为 51、39、46、4。

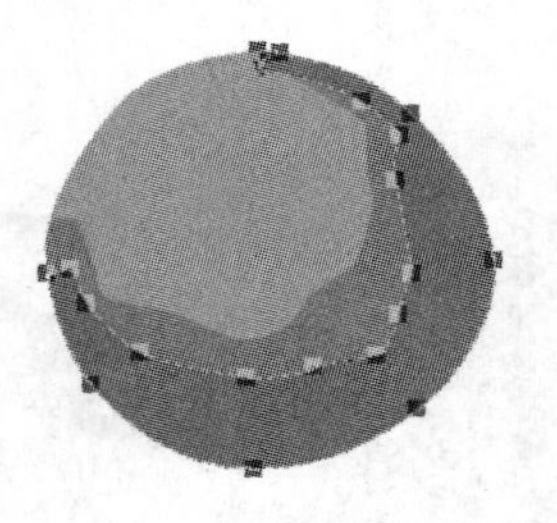
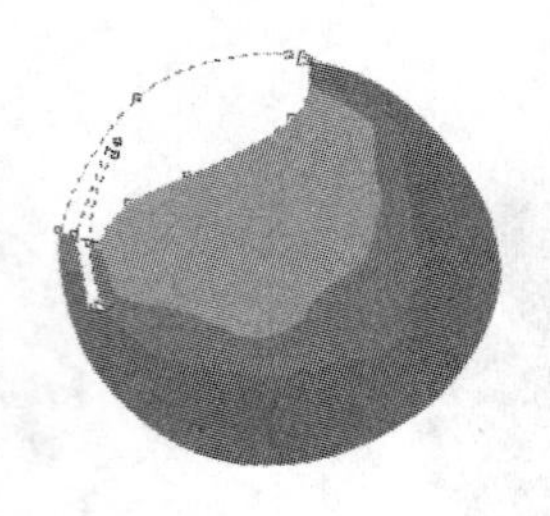
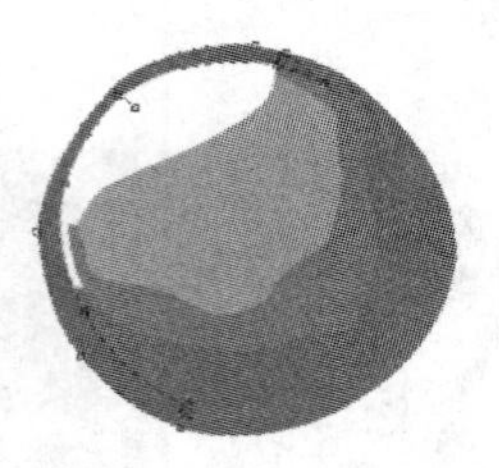

图 14-33　绘制暗面形状　　图 14-34　绘制高光　　图 14-35　完善高光效果

（6）绘制反光。为了更好地表现奶珠的效果，这里还需要为奶珠绘制图 14-36 所示的反光图形，设置填充色为白色。

（7）大面积的反光图形会使图形产生平面感，为了更好地展现立体效果，可以通过绘制图 14-37 所示的完善反光图形进行调整，并设置均匀填充的 C、M、Y、K 参数值为 15、16、22、0。

（8）绘制图 14-38 所示的图形来丰富暗面，设置均匀填充的 C、M、Y、K 参数值为 55、45、45、9，这样球的效果就显得更丰富了。

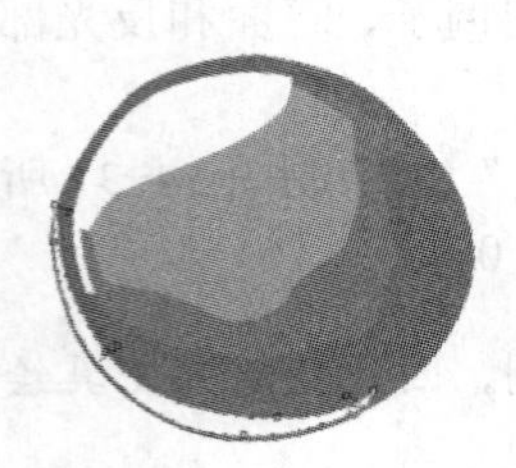
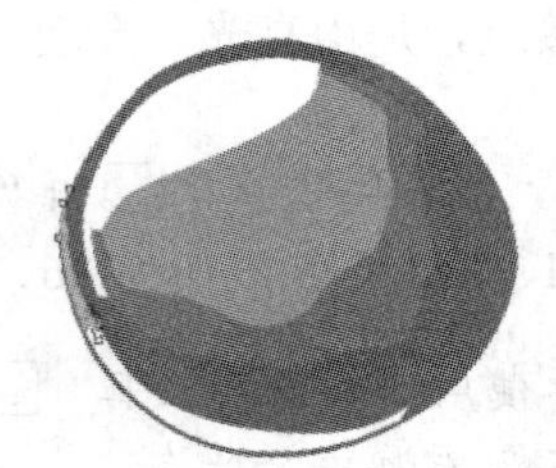
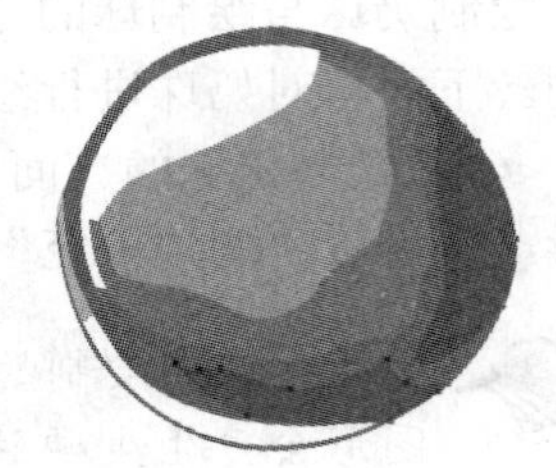

图 14-36　绘制反光图形　　图 14-37　绘制图形使反光产生变化　　图 14-38　完成暗面绘制

（9）在图形上面绘制白色圆形，作为光点，效果如图 14-39 所示。

（10）圈选全部奶珠图形，执行【排列】→【编组】命令。再进行复制，通过多次粘贴后缩小奶珠，放置在不同的位置，产生图 14-40 所示的效果。

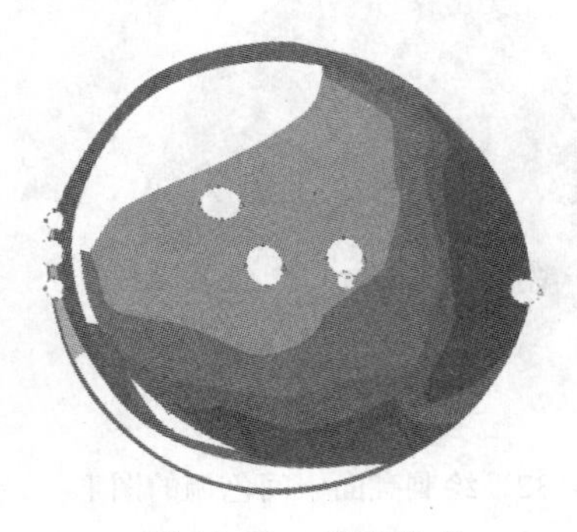

图 14-39　绘制光点

图 14-40　完成奶的浪花的绘制

完成了奶的浪花的绘制，下面将绘制插画中另一个图形——草莓。

14.3 绘制草莓

草莓形如心形，表面有一粒粒的黑籽。黑籽为草莓的种子部分。在绘制草莓时先从草莓的大体明暗效果入手，最后通过图形的修饰来完成细节的绘制。下面开始绘制草莓。

14.3.1 绘制果实

（1）使用“贝济埃工具”和“形状工具”绘制图 14-41 所示的形状，并设置“均匀填充”的 C、M、Y、K 参数值为 25、100、100、29，绘制中间色图形，设置“均匀填充”的 C、M、Y、K 参数值为 11、80、91、2。效果如图 14-42 所示。

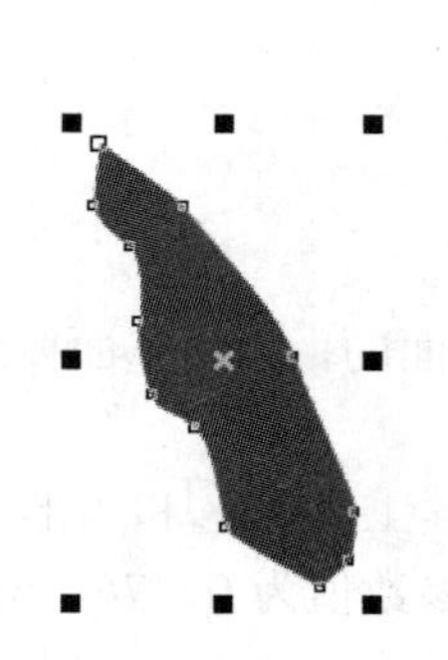

图 14-41　绘制顶面暗面

图 14-42　绘制顶面中间色部分

（2）绘制图 14-43 所示的中间色图形，并设置“均匀填充”的 C、M、Y、K 参数值为 25、100、100、29。

（3）绘制图 14-44 所示的草莓暗面，并设置“均匀填充”的 C、M、Y、K 参数值为 29、100、100、40。

（4）这里为了强调草莓的立体效果，还需要绘制图 14-45 所示的明暗交界线图形，设置“均匀填充”的 C、M、Y、K 参数值为 32、100、100、51。

图 14-43　绘制中间色图形

图 14-44　绘制暗面的反光部分

图 14-45　绘制暗面

（5）绘制图 14-46 所示的亮面边缘处的图形，设置“均匀填充”的 C、M、Y、K 参数值为 23、99、100、20。

（6）绘制图 14-47 所示的草莓最亮的图形，设置“均匀填充”的 C、M、Y、K 参数值为 0、37、21、0。

（7）完善草莓顶面的图形。设置“均匀填充”的 C、M、Y、K 参数值为 36、100、100、61，效果如图 14-48 所示。

图 14-46　绘制亮面的边缘

图 14-47　绘制亮面

图 14-48　完善草莓顶面的图形

14.3.2　绘制表面种子

由于草莓是聚合果类的果实，所以种子是生长在果皮表面的，因此下面要绘制草莓的种子的图形。

（1）绘制种子周围凹陷部分图形的底面。使用“贝济埃工具”和“形状工具”绘制图 14-49 所示的形状，设置“均匀填充”的 C、M、Y、K 参数值为 0、76、65、0。

提示：这里可以绘制得大些，当绘制完成后可全选绘制的图形并根据据草莓的图形比例进行调整。

（2）绘制图 14-50 所示的图形，使凹陷产生立体效果，设置“均匀填充”的 C、M、Y、K 参数值为 0、63、52、0。

（3）绘制图 14-51 所示的凹陷深处的图形，设置“均匀填充”的 C、M、Y、K 参数值为 0、98、100、0。

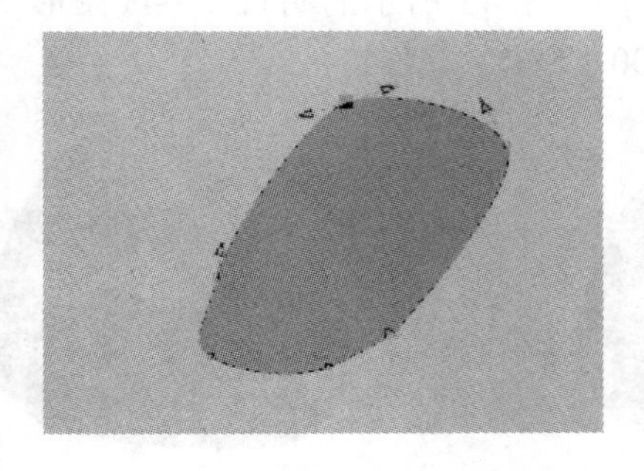

图 14-49　绘制种子凹陷图形底面

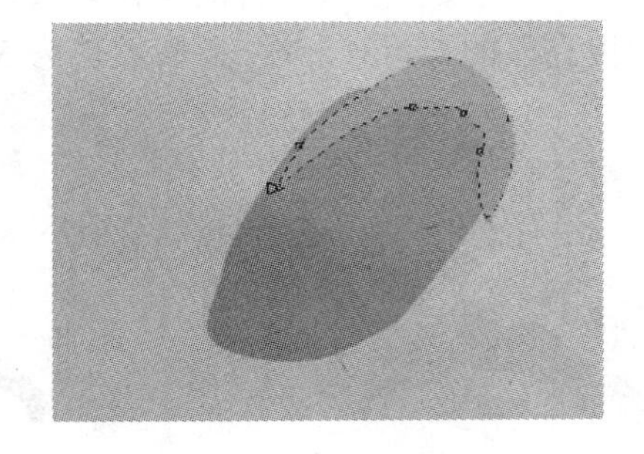

图 14-50　绘制凹陷立体效果图形

（4）绘制图 14-52 所示的种子托的侧面，设置“均匀填充”的 C、M、Y、K 参数值为 24、100、100、25。

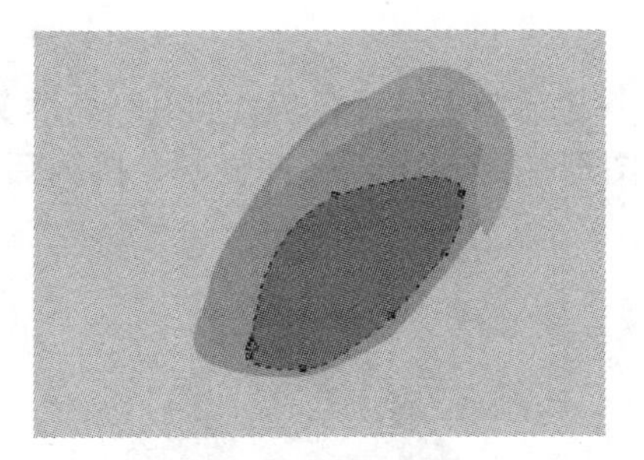

图 14-51　绘制凹陷的深处

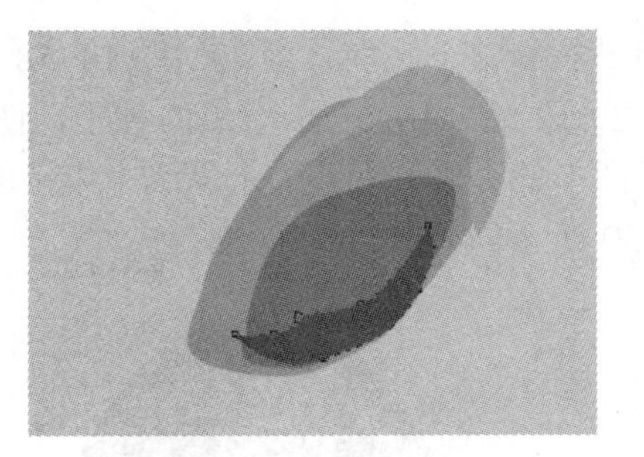

图 14-52　绘制种子托的侧面

（5）绘制图 14-53 所示的种子托的底面，设置“均匀填充”的 C、M、Y、K 参数值为 16、95、100、6。

（6）绘制图 14-54 所示的种子图形，设置“均匀填充”的 C、M、Y、K 参数值为 6、71、70、0。

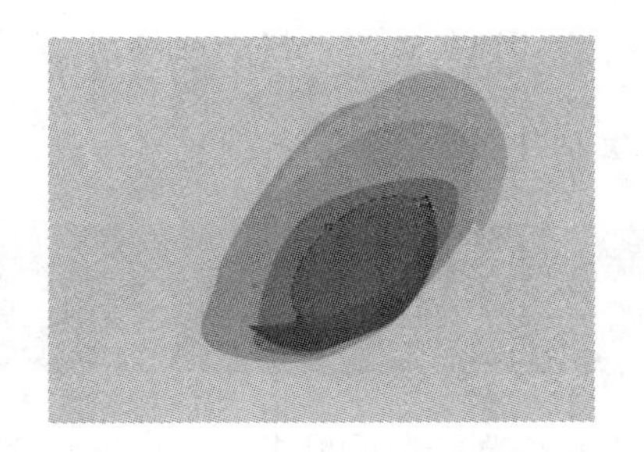

图 14-53　绘制种子托的底面

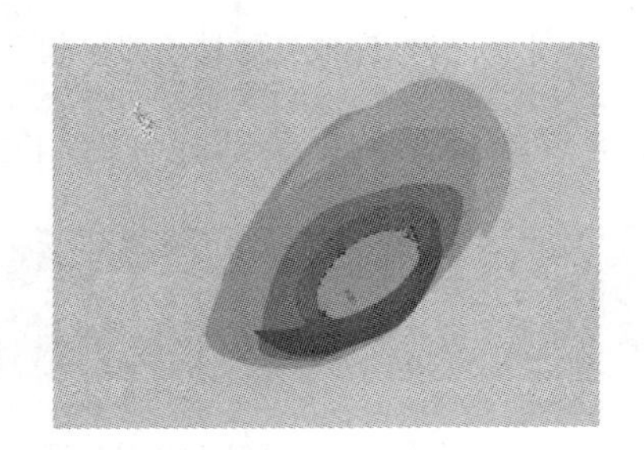

图 14-54　绘制种子图形

（7）绘制图 14-55 所示的种子的明暗交界图形，设置“均匀填充”的 C、M、Y、K 参数值为 26、65、100、13。

（8）绘制图 14-56 所示的种子中间色图形，设置“均匀填充”的 C、M、Y、K 参数值为 4、42、76、0。

（9）绘制图 14-57 所示的种子的亮面图形，设置“均匀填充”的 C、M、Y、K 参数值为 11、16、53、0。

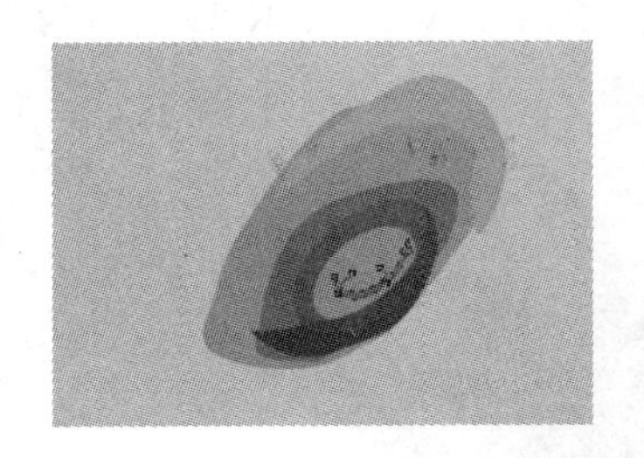

图 14-55　绘制明暗交界图形

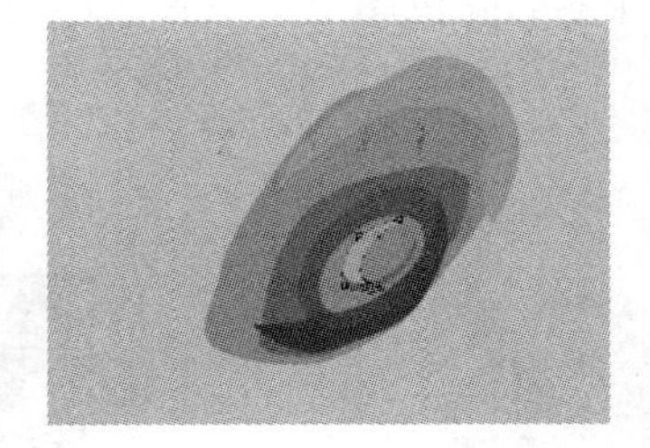

图 14-56　种子中间色图形

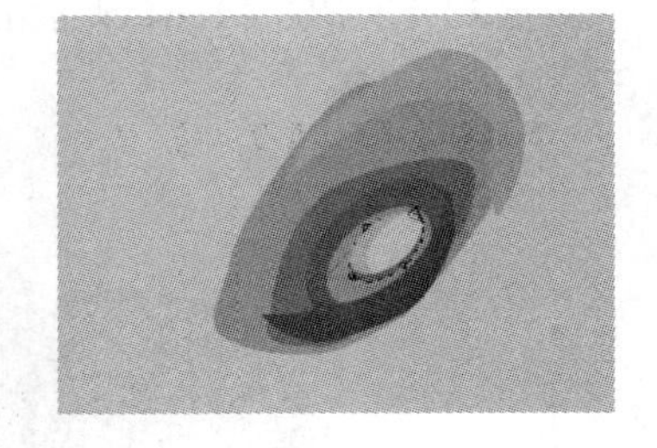

图 14-57　种子的亮面图形

至此，就完成了单个种子部分的绘制，下面将对种子的分布进行设置。

14.3.3　排列种子图形

（1）选择绘制的种子图形（可以编组），将其拖动到草莓的亮面，再通过复制与粘贴的方法将种子布满整个亮面，效果如图 14-58 所示。

（2）选择其中的一个编组的种子，使用【效果】→【调整】→【色度\饱和度\亮度】命令，对种子图形的亮度和色度进行调整，将调暗后的种子图形拖到暗面，进行复制、排列后，产生图 14-59 所示的效果。

图 14-58　完成亮面种子的绘制

图 14-59　完成种子的绘制

至此，草莓图形的果实部分就绘制完成了，下面绘制叶茎图形。

14.4　绘制叶茎与组合图形

为了使草莓图形显得更鲜活，还要在草莓果实的上方绘制绿色的叶茎，这样草莓图形才能算做完整了。

14.4.1　绘制叶茎

（1）使用“贝济埃工具”和“形状工具”绘制图 14-60 所示的叶茎整体形状，设置“均匀填充”的 C、M、Y、K 参数值为 51、17、68、0。

（2）绘制图 14-61 所示的叶茎的亮色图形，设置“均匀填充”的 C、M、Y、K 参数值为 33、2、45、0。

图 14-60　绘制叶茎基本色形状

图 14-61　绘制亮色形状

（3）绘制图 14-62 所示的中间色调形状，设置“均匀填充”的 C、M、Y、K 参数值为

67、30、89、10。

（4）绘制图 14-63 所示的暗面形状，设置“均匀填充”的 C、M、Y、K 参数值为 85、36、100、26。

至此就完成了叶茎的绘制，后面将对整体页面中的图形进行设置。

图 14-62　绘制中间色调形状

图 14-63　绘制暗色

14.4.2　组合图形

（1）将绘制完成的草莓图形编组，将其移动到奶汁图形的上方，效果如图 14-64 所示。

（2）调整草莓图形的顺序到前面奶汁图形的后面，效果如图 14-65 所示。

14.4.3　合并背景

（1）使用“挑选工具”，圈选绘制的全部图形，执行【编辑】→【复制】命令，复制全部图形。

（2）执行【文件】→【打开】命令，选择“背景.cdr”，单击【打开】按钮，打开背景文件。

（3）执行【编辑】→【粘贴】命令，粘贴草莓和奶花图形并调整大小，完成的效果如图 14-66 所示。

图 14-64　编组草莓图形

图 14-65　完成草莓和奶汁的绘制

图 14-66　完成效果

到这里就完成了插画的绘制。

经验与技巧分享

对于插画来说，根据不同的商业要求，需要使用不同的风格来表现，不一定都要制作得很细腻。本作品在奶的浪花的表现方面就使用了比较写意的手法。

经验与技巧分享如下。

（1）在绘制奶的浪花时，要注意溅起奶的浪花的形状，需要表现出溅起与下落两个部分，这样可以表现出奶的浪花的变化，使形状显得更加丰富。

（2）在为奶的浪花设置填充颜色时，一定要注意颜色方面和谐与否。只有使用和谐的颜色才能表现出液态奶的浪花的效果。

（3）在表现草莓方面，绘制基本形状时要注意草莓的立体效果，在绘制时可多参照一些相关美术教材中关于明暗变化的知识。

（4）在风格的选择上，这样的风格会最大程度地显示出作品的绘制性而不是图像性，以便制作出假照片的效果。